第二届中国电影伦理学·2018学术研讨会合影 ▶

主席台就坐专家（从右至左）楚小庆、周星、易连云、陈犀禾、崔延强、贾磊磊、刘军、虞吉、袁智忠 ▶

部分参会专家合影留念 ▶

西南大学副校长崔延强教授开幕式发言 ▶

◀ 海南师范大学易连云教授开幕式发言

◀ 中国艺术研究院原副院长贾磊磊研究员与上海大学陈犀禾教授翻阅《中国电影伦理学·2018》

◀《艺术百家》杂志社常务副主编楚小庆研究员

◀ 西南大学新闻传媒学院院长虞吉教授

西南交通大学高力教授翻阅《中国电影伦理学·2018》▶

主论坛现场专家进行主题讲话 ▶

分论坛一现场 ▶

分论坛二现场 ▶

◀ 北京电影学院王志敏教授发言

◀ 陕西师范大学牛鸿英教授会上发言

◀ 四川师范大学刘广宇教授分论坛主题发言

◀ 分论坛各位专家认真聆听发言

北京电影学院和未来影像高精尖创新中心科研项目成果

中国电影伦理学·2019

贾磊磊 袁智忠 主编

西南师范大学出版社
国家一级出版社 全国百佳图书出版单位

图书在版编目(CIP)数据

中国电影伦理学.2019 / 贾磊磊，袁智忠主编.——重庆：西南师范大学出版社，2020.9
ISBN 978-7-5621-9880-2

Ⅰ.①中… Ⅱ.①贾… ②袁… Ⅲ.①电影－伦理学－中国－文集 Ⅳ.①B82－056

中国版本图书馆 CIP 数据核字(2019)第 133272 号

北京电影学院和未来影像高精尖创新中心科研项目成果

中国电影伦理学·2019
ZHONGGUO DIANYING LUNLIXUE·2019

贾磊磊　袁智忠　主编

责任编辑：	雷　刚　胡秀英
封面设计：	谭　玺
排　　版：	夏　洁
出版发行：	西南师范大学出版社
	地址：重庆市北碚区天生路2号
	邮编：400715　市场营销部电话：023-68868624
	http://www.xscbs.com
经　　销：	新华书店
印　　刷：	重庆共创印务有限公司
幅面尺寸：	170mm×240mm
印　　张：	21.75　插页:4
字　　数：	419千字
版　　次：	2020年9月　第1版
印　　次：	2020年9月　第1次印刷
书　　号：	ISBN 978-7-5621-9880-2
定　　价：	88.00元

若有印装质量问题，请联系出版社调换

版权所有　翻印必究

电影伦理学:以理性的方式救赎电影的"原罪"(代序)

贾磊磊

  电影诞生的100多年来,对于推动人类社会在政治经济、文化思想领域的进步,促进艺术的繁荣发展作出了许多不可磨灭的贡献。特别是在强化国家的历史记忆与集体共识方面,电影能够起到其他艺术形式难以起到的重要作用。可是,这些耀眼的光环并不能掩盖电影在100多年来对于人类社会所造成的其他影响和所产生的消极作用。现在我们研究电影伦理学,除了因为有志于推进电影学的学科建设之外,也是因为电影这100年来对于人类在伦理道德上的欠债、负疚的过于深重。尽管我们不能把所有社会问题全部地归咎于电影,但是,毋庸置疑的是电影确实对社会、对观众造成了负面的影响。对这些负面影响的分析研究,是当代电影伦理学不可推卸的历史责任。

  然而,正像我们不能因为烟草里有尼古丁就关掉整个烟草业一样,我们也不能因为电影诱发了某些社会犯罪,就叫停全部电影产业。我们现在讨论电影伦理问题在于它指涉到我们怎么样以学术的方式来消解电影的原罪。事实上,电影是有原罪的,就像人有原罪一样。这说明电影的暴力和性是与生俱来的,从电影诞生之日开始,我们看看世界电影的开山之作《水浇园丁》,我们再看看中国电影故事片的始祖《劳工的爱情》,里面都有着不同形式的暴力场面。更不要说当代电影那种血淋淋的凶杀,更不要说现在的互联网——我们看到了枪击活人的现场,看过汽车撞击人的实况,至于熊熊燃烧的烈火,波涛汹涌的洪水,更是不在话下。就像今天我们竟然看到了沙特记者卡舒吉被分解后的肢体!这种残酷的影像,正在让我们的眼睛变得越来越残忍。

  我们研究电影伦理问题的落脚点还是在电影的影像上,我们讨论的是影像当中发生的伦理问题——这跟现实的意义上讨论伦理问题有根本性的区别。这其中包括如何在符合伦理价值的框架内完成对中国电影历史的再度阐释。比如如何判断中国电影中的良心主义,怎样看待中国电影的伦理本位取向,怎么界定中国电影的家庭伦理情节剧的叙事模式。我们在中国电影的历史研究当中,还涉及国家的历史创痛与民族的历史记忆等问题。对于那种揭示日本法西斯的极端暴力血腥的事实我们要如何表现?我们能不能对一个历史正义题材的电影,在伦理学的维度上对它提出质疑和批评?怎么从伦理的视域研究人物的性格,分析人物的命运,阐释影片的主题等等,这都是电影伦理学必将涉及的问题。

现在,电影和电视商业化的娱乐机制,是否为我们提供了一个将不道德的现象合理化的可能?我们现在如何打通伦理学与电影学的边界,或者说我们怎么样能以一种既符合电影学的学术规制,又不僭越伦理学的理论范式,把这两个学术的范式整合在一起,是我们进行伦理学研究的关键问题之所在。那些在现实生活中不可能发生的事,有时会在一个影像的世界中发生。为什么我们在生活中不允许出现的事,在影像的世界变得这么正常?我们如何完成电影本体与伦理本体的整合问题,怎么样能够在一个学术的框架里,把一个电影的艺术问题和社会的伦理问题进行相互对话。比如说我们按照中国传统文化的逻辑让坏人都死掉,让好人都胜利,可是这样的结局观众可能觉得情节太简单,故事没意思;但如果让好人倒霉、坏人横行,我们有时候说这个电影太阴暗,让我们心里不痛快。这就是个伦理的悖论。怎么样完成关于社会伦理的正确传播和电影伦理的正确表达,是我们整个研究过程中始终要面对的问题。

(贾磊磊,北京电影学院未来影像高精尖创新中心中国电影学派研究部部长、中国艺术研究院原副院长、研究员)

(本文原载于《中国美术报》2018年11月12日)

1	**电影伦理学的理论构建：上编**
3	国家的创痛记忆与电影的伦理叙述 / 贾磊磊
11	电影伦理学的命名、对象、边界与谱系 / 袁智忠　杨璟
20	中国电影伦理学三题议 / 史可扬
29	中国影视文化伦理的价值预设与建构经验 / 彭流萤
36	中国电影与现代婚恋伦理变迁述论(1913~1966) / 史博公　吴岸杨
47	伦理学视域下的电影之罪 / 袁智忠　周星宇
61	伦理学视域下的电影救赎 / 袁智忠　周星宇
71	中西比较视域下的电影伦理溯源——兼谈对中国电影学派理论建构的启示 / 潘源
88	当我们讨论伦理时，我们在讨论什么？——当代电影中的伦理概念 / 赵静蓉
97	《中国电影发展史》(上、下)与新时期以来电影史学的发展 / 虞　吉
106	概念、主体、维度：中国电影对国家伦理的建构与传播 / 贾　森
111	历史文化与人性本真的抵牾及救赎——伦理反思话语在电影《芳华》与《归来》中作者表达的比较 / 曹峻冰　杨继芳
125	**电影伦理学的多重指涉：中编**
127	中国当代主流商业电影的价值地标——妖道、魔法、幻术间的天意、王道与人伦 / 贾磊磊
135	与他者相逢：2016—2017年中国纪录电影的伦理分析 / 饶曙光　刘晓希

147　伦理视阈下的印度青春电影——基于女性和宗教的视角
　　　　/ 袁智忠　张明悦

155　世俗与神圣——宗教文化视域下泰国公益广告的伦理叙事研究
　　　　/ 牛鸿英

164　家的运动和演变——比较东西方家庭题材电影对家庭观念的不同阐释
　　　　/ 濮　波

177　中国生态电影的创作反思与审美走向 / 孙　玮

187　新世纪乡村电影的叙事困境 / 吴林博　袁智忠

194　王家卫电影叙事伦理浅析 / 秦　昕　袁智忠

200　基于生产视角的青春电影伦理反思 / 张文博　袁智忠

206　21世纪以来青春电影叙事空间的伦理意义 / 余鸿康

214　近年来中国青春电影中青年文化价值观念的嬗变及偏移
　　　　/ 贾　森　陈　丹

221　中国科幻电影的伦理镜像 / 张文博　袁智忠

227　僭越的个体——王小帅电影的伦理学分析 / 薛利霞

237　**伦理学视野的电影批评：下编**

239　《冈仁波齐》：纪实美学风格下的伦理嬗变 / 赵敏　袁智忠

244　纪录电影《二十二》的创作理念与拍摄伦理 / 武新宏

253　《嘉年华》影像世界建构的伦理性批判 / 杨　璟

258　电影《疯狂的外星人》的生态伦理意蕴解读 / 余鸿康

265　从动物到"上帝"的黑色寓言——影片《一出好戏》的后现代伦理
　　　　/ 彭　成　田　鹏

274　困境与生存交织下的女性青春镜像——影片《找到你》解读
　　　　/ 刘　好　袁智忠

277　基耶斯洛夫斯基对个体缺陷与自由伦理的思考——以影片《蓝》为例
　　　　/ 崔雨橙

282　时间的灰烬——电影《江湖儿女》的伦理学分析 / 陈方园

287　《阿拉姜色》：普世伦理困境下的自我救赎 / 田　畅

292　《江湖儿女》：影像化的道德与儿女情长 / 巴靖雯　袁智忠

294　后人类主义思潮下电影《头号玩家》的伦理反思 / 何　周　袁智忠

298－312　视觉影像的伦理追问（系列文章）

298　文以载道　美善合一 / 高天民

301　影像的伦理倾向无处不在 / 王乙涵

303　小议"较真" / 熊云皓

305　深知罪恶，但不宣扬罪恶 / 苏　刚

307　视觉、欲望与视觉伦理 / 牛宏宝

309　电影伦理学的两个维度 / 李　洋

311　如何面对电影的"负向价值"？ / 段运冬

313　**后记**

316　**附录**

上编 电影伦理学的理论构建

电影伦理学是电影学和伦理学相结合的新兴学科，是一种以影像叙事形态研究为基础，以影片表现的伦理取向为主要研究对象的电影理论体系，是研究电影道德现象的科学，是一门关于电影道德的学问。电影伦理学与美学、社会学、政治学、宗教学、历史学、传播学等学科关系密切，因此中国电影伦理学的建构必须建立扎实的理论根基，电影伦理理论是伦理学视角的电影理论，作为现代电影理论，它当然是电影实践的产物，电影丰富、复杂的实践经验促使电影学与其他学科不断融合创新，电影伦理学正是这种融合的新生物。电影伦理学的理论构建包括概念、特征、边界、学科定位、研究任务、目标等问题的确立和探讨，这是一项浩大工程，需要将电影学与伦理学真正融合为全新的电影伦理学，建构电影伦理学的体系，构造电影伦理学的范畴，这可能需要几代学者筚路蓝缕。

国家的创痛记忆与电影的伦理叙述

贾磊磊

如果说,和平与繁荣是一个国家的美好记忆,那么,战乱与灾难就是一个国家的创痛记忆。尽管我们不能将历史上的那些恐怖、惨烈的事件都简单地归结为创痛,但是,在民族与国家的生命遭受到来自自然界或人类社会的摧毁性打击之后,这种集体的灾难就会在一个国家与民族的历史进程中留下不可磨灭的创痛记忆,就像中国历史上的南京大屠杀、波兰历史上的奥斯威辛集中营、美国历史上的珍珠港事件和"9·11"恐怖袭击……电影,对这种历史的创痛记忆的表述,即成为世界电影史与人类发展史上相互映现的悲情故事。

一、深嵌在历史记忆之中的创痛

在铁血横流、你死我活的战争年代,杀戮是不可避免的暴力行为。可是,像20世纪日军在南京这样惨绝人寰的野蛮暴行,像纳粹法西斯在欧洲进行的那种罄竹难书的种族屠杀,在人类历史上却极为罕见。日本和德国法西斯的杀戮有时已经不是为了战争的胜利,甚至也不是为了战争而进行杀戮,而是一种为了宣泄人的原始欲望、为了灭绝异族,甚至是为了取乐而展开的残杀。

在那场腥风血雨的暴行之后,法西斯的恶魔必然地受到了历史的惩治。此后,那些怀着正义精神与人类良知的学者,包括德国的弗里德里希·迈内克这样的历史学家也开始对人类社会的这种血腥屠杀事件以及纳粹法西斯的形成进行反省,特别是对人类的这种野蛮暴行的原因进行深入的研究。在他看来,这些是"我们时代的最沉重的基本经验,即一切历史同时都是悲剧。悲剧性的本质首先就存在于这一事实,即人身上那种神明的成分和魔鬼的成分是难分难解地交织在一起的"[1]。有时,一个正常人的灵魂是难以承受同类所犯下的诸种野兽行径,像张纯如最后愤然告别了她所正视的这个残忍无度的世界。可见,那段曾经让人们经受了地狱般黑暗与残酷的岁月,并没有随着历史的运转而终结,它的痛苦记忆深深地嵌入了我们每个人的历史记忆之中。

二、法西斯深重的罪孽让诗意黯然失色

电影,作为一种社会公器、一种大众传播媒介,对于民族创痛的真实呈现与历

史传播，负有一种不可推卸的文化责任。在某种意义上讲，对于这种民族创痛的历史性再现，比表述那种民族的辉煌胜利更具有借鉴、警示的心理作用。

中国电影界曾经以"黑太阳"来描述日本军国主义的罪恶本质，意为日本的民族精神被法西斯主义所覆盖，就像阳光被阴影所遮蔽一样，它带给世界的是黑暗阴森的恐怖之夜。中国人民曾经就是这个阴暗世界中被奴役的"臣民"。这个阴暗世界最恐怖的日子就是1937年12月13日中华民国国都南京城沦陷后的数周！在被烈火与硝烟吞噬的南京城内，在被侵略者的铁蹄践踏的国都中，发生了惨绝人寰的屠杀暴行。中国的电影摄影机不止一次地将焦点对准了这血色的黑夜，其中有罗冠群导演的《屠城血证》（1987），有牟敦芾导演的《黑太阳：南京大屠杀》（1996），有吴子牛导演的《南京1937》（1995），有郑方南导演的《栖霞寺1937》（2005），有陆川导演的《南京！南京！》（2009），还有张艺谋导演的《金陵十三钗》（2011）等——不是因为我们迷恋历史的创痛，而是因为在这场巨大的历史灾难中，我们看到了那些惨不忍睹的野蛮暴行，看到了我们的同类竟然是这样一种泯灭了良知与人性的野兽。况且，南京30万同胞的亡灵至今没有得到真正的安息。日本右翼势力至今还在为军国主义招魂，还在为日本法西斯的罪行辩解！所以，拍摄这样的电影，本身就是一种对正义的呼唤，对历史事实的正视。一位网友说，以南京大屠杀为题材的电影，是一种与爆米花彻底绝缘的电影。这种记录民族历史创痛的电影，表现的是中国电影艺术家凝重的历史意识和深刻的社会使命。

在用影像见证南京大屠杀的电影历史中，《南京！南京！》的副标题是"生死之城"，表明这是一部以生死为主题的电影。我们知道，在战争中拿起刀枪与敌人进行殊死搏斗是一种反抗，而在手无寸铁的情况下，面对武装到牙齿的敌人所进行的反抗则是另一种极为悲壮、惨烈的反抗。我们的电影之所以把后一种反抗称为"最后的反抗"，因为这种反抗的结果不是选择生存，而是选择死亡。确切地说，是在没有生还可能的情况下选择的一种死亡的方式。如果任人宰割的死亡是一种屈服，那么，宁死不屈的牺牲就是一种反抗。在日寇机关枪狰狞的咆哮中，被俘的官兵一片片地倒下，此时他们已经没有武器再进行反抗，但是，他们反抗的精神却依旧在人群中涌动着，他们抗拒执行日寇的命令，他们不愿意像牲口一样被日寇驱赶着去屠杀，他们宁愿坐在原地静默地抵抗那罪恶的子弹……我们在电影中看过许多杀戮的场面，可是几乎都没有像《南京！南京！》这样的恐怖！一个在街上孑然独行的老人，突然间会被莫名其妙地打死，我们在此知道了什么叫滥杀无辜；一个被日寇轮奸了的中国女人，经受不住身心的摧残而坠楼自杀，我们知道了什么叫生不如死；我们看到了成千上万的平民在江边被日寇集体屠杀,我们感受到了什么叫惨无人道；我们看到一名不满10岁的女孩被日寇毫不犹豫地从窗口扔出去的时候,我们感悟到了什么叫人性丧尽；最后我们看到日寇像一群来自地狱的幽灵一样在阴森萧飒、鬼气昭彰的废墟上列队而舞,我们知道了什么叫人间地狱！德国哲学家西奥多·阿多诺在1955年出版的文集《棱镜》中提出："奥斯威辛之后写诗是野蛮的。"也有人将这句名言译为"奥斯威辛之后人类没有了诗"。我想,作者的意思不是说没有人写诗了,而是说纳粹法西斯在奥斯威辛集中营犯下了如此凶残、野蛮的暴行,人类所有美好的诗意都难以覆盖他们深重的罪孽。易言之,纳粹法西斯罄竹难书的历史罪恶使人类所有美好的诗歌都难于面世。

三、真实历史与视觉伦理的两难境地

一种恐怖的心理感受往往是和一种特定的空间联系在一起的,战争给人们造成的最恐怖的心理印象也许并不是在铁血横流的战场上,而是在远离了战火与硝烟的集中营内,在沉重的铁链之间,在嘶叫的皮鞭之下,在熊熊的烈焰之中。当法西斯主义的阴云笼罩着世界上空的时候,人间的地狱则张开了一张张血盆大口！它们在法西斯匪徒的操纵下不知道吞噬了多少人的生命！毁灭了多少个璀璨幸福的明天！

日本法西斯的野蛮屠杀不仅是在南京城内。在日本法西斯所犯下的无数罪行之中,臭名昭著的"731部队"在中国的暴行可谓是极为残暴、极为野蛮、极为恶毒的一种。他们以中国战俘、公民为实验标本,在中国的大地上进行了惨无人道的细菌实验。根据这段历史事实拍摄的影片《黑太阳731》(1988)可算是屠杀影片中的一种特殊样式。尽管我们不愿意重新面对那一桩桩惨不忍睹的法西斯暴行,但为了铭记历史、为了教育后人,我们又不得不一次又一次地在银幕上回到那些令人撕心裂肺的历史情景之中,在痛苦和悲愤之中完成对法西斯暴行的揭示以及对死难同胞的祭奠。牟敦芾拍摄的《黑太阳731》对日本法西斯血腥暴行的记录几乎已经超过了观众所能接受的极限。影片中的人体实验场景之惨烈使许多观众在观看时都不得不闭上眼睛,以免在想象的世界里遭受心灵的摧残与折磨。面对这种情景,我们有的时候真是难以区分是用真实的影像揭示法西斯的罪恶重要,还是保持电影的伦理使命重要？这种历史与伦理的两难境地会出现在我们现实生活中的方方面面。

除了对人的自然生命的杀戮,穷凶极恶的日本法西斯还在摧残人的精神世界,

摧残人性的尊严。他们残暴到极点的野蛮行径将人类带入了最为寒冷的严冬节气——大寒。中国电影史上第一部表现日军凌辱、摧残、杀害慰安妇的影片即命名为《大寒》(2018)。本片的导演在"导演阐述"中写道:"日本实施'慰安妇'制度,是20世纪人类历史中最丑陋、最肮脏、最黑暗的一页,也是世界文明进程中最耻辱的一段记忆。"影片以纪实与剧情两种形式交替叙述:在现实的路径中,观众看到了山西的张双兵老师凭着民族的正义感与人性的良知为受害的中国老人讨回尊严和名声的过程;在想象的路径中,让中国乃至世界的公众看到了日本法西斯在中国一个山村里所做出的真实的罪恶行径,以及以主人公大妮闪回的方式看到的那场罪恶战争带给崔大妮、崔二妮、兰花、兰花娘以及桃园村民深重的苦难和耻辱。影片的片名虽然定为《大寒》,可是导演说他并不是想把影片拍成一部从寒冷到寒冷的电影,而是想把它"拍成一部最温暖的电影,但这个温暖,必须是从最寒冷中走过的温暖,这个温暖,是善良,是人性的修复"。我们看到崔二妮原本是逃难来投奔姐姐的,却被村长梁长贵骗进日军军营充当慰安妇,并且不幸怀孕。她被日军放回家里,遭到了村里乡亲们的歧视和谩骂,走投无路的二妮最终跳崖而死。即使在日本法西斯战败之后,影片中的慰安妇在回家的路上还受到村民的歧视与唾弃。直到1982年,张双兵老师到学生家走访,看到地里一位老人吃力地干着活,学生还很漫不经心地告诉他:"她是炮楼里的女人,名声不好,一个人过,很少和人们来往,村里的人也很少有人去帮她。"事实上,慰安妇不仅在日本得不到道义的支持与法律的伸张,甚至在我们自己的土地上也得不到同胞的人性关怀。这种现实状况说明,那段历史给中国造成的绝不仅仅是自然生命的伤害,而且也给我们民族和国家带来了深远的精神创痛。影片的结尾,96岁的慰安妇曹黑毛老人对着镜头向所有的中国人说:"娃子们,你们以后可得把咱家的门看好了,再不能让人家说踢开就踢开,说进来就进来……"这是一位受尽欺负与凌辱的中国老人对后代的由衷期望,也是千千万万的中国人对我们国家未来的怀想。

四、以伦理的方式救赎电影的原罪

也许,正是因为法西斯的屠杀行径过于残忍,才让那些以屠杀为题材的电影导演几乎都在秉承真实美学的原则进行创作。好像如果采取了"非现实"的艺术手法就是在粉饰历史、遮蔽事实。然而,是不是凡是以屠杀为题材的电影都要将电影观众再一次带进地狱去感受屠杀的恐怖,才算是忠实于历史呢?正视历史的真实,揭示法西斯的残酷,并不意味着要将对残酷的表现变为一种恒定的电影风格,变成一种千篇一律的叙事方式。当代电影对屠杀历史的重现,并没有把集中营变成一座无法挣脱的铁牢,人们在重演一桩桩血腥屠杀事件的同时,展示了一个又一个从魔窟中逃脱的动人故事:《胜利大逃亡》(1981)、《逃离索比堡》(1987)、《辛德勒的名单》(1993)都向我们展示了一个个在阴森的长夜里奔向黎明的生死进军,人们不再把集中营作为永久绝望之地,而是把它作为一种可以摆脱的恐怖空间。尽管这些电影是在一种商业化的生成境遇中产生的,但是,这些影片的意义并不是电影的商品属性所能够解释完成的。这些影片对胜利的向往,体现了当代人对集中营这个人间地狱的深切痛恨,以及对这种阴森恐怖的黑色牢狱的永久诀别。最起码,人们在电影中所看到的不是从黑暗走向黑暗,不是从绝望坠入绝望,而是即便在那样一个法西斯恶魔横行的岁月,依然有人性的光辉能够穿透阴霾密布的集中营,将在苦难中挣扎的人们带出魔窟,奔向自由。

我们知道电影的观看在潜意识里原本就带着窥视的欲望,这种欲望就像梦中的欲望一样,通常都是僭越了人类的道德边界的。加上电影与生俱来的商业属性,不论电影中的暴力行为是正义的反抗还是邪恶的杀戮,电影中的视觉暴力都会牵动观众潜意识中的原始冲动。所以,屠杀题材的电影就比一般的战争与犯罪电影需要更加规范的伦理限定,以此来救赎电影与生俱来的文化原罪。《黑太阳:南京大屠杀》曾经拍摄了一个日军士兵将中国孕妇腹中的孩子从肚子里挑出来的血腥镜头,刺刀尖上孩子的脐带还连着母亲腹中的肠子在空中晃动。我们相信,史料记载的这种极度血腥的杀戮场面在南京确实发生过,有些甚至比这种场面更残忍! 可是,不加修饰地将历史中的真实场景搬进电影,我们的银幕上不仅会失去诗学的意境,而且在视觉伦理的意义上也将失去人类道德的认同。特别是没有分级制的中国电影,如果在今天的电影院里出现这种镜头,不知道将会是一种什么样的惊骇场面。

不论是什么题材的电影,过于惨烈的镜头与过于矫情的镜头同样让人难以接受。《一九四二》(2012)也是一部涉及日本侵华暴行的作品。剧中的一位中国父亲因为自己的孩子在逃难中失散,在气急之下将日本士兵给他的馒头扔在地上。日军军官用军刀把掉在地上的馒头戳起来,对着这位父亲的嘴巴扎了进去。导演用了多个正反镜头表现这个残忍的杀人过程。观众反复地看到日本人的军刀从中国人的嘴里刺进去,又从脖子后面穿出来的惨烈场面。这样的镜头不要说在没有分级制的中国电影中对未成年观众是一种强烈的刺激,就是对于成年电影观众,也不是那么能够接受。是不是日本法西斯的凶残本性只有用这种渲染杀戮的镜头才能够揭示？是不是非要让日本人的军刀在中国人的肢体上来回穿刺才能够再现屠杀的残酷？我们可以说，当年在华日军的杀戮行为肯定比电影中这样的场面更加凶残，可是以特定的历史事实作为直接参照来设计电影的镜头，显然不是电影创作的终极目的。对于一个血腥杀戮场景的再现可以有上百种方式，一位导演究竟选取哪一种，或者说哪一种再现方式既能够真实地展现日本法西斯的反动本性，又能够在当代观众对电影暴力的接受限度之内，这不仅涉及电影的艺术思维方式，而且还涉及一部电影的伦理意识以及它的商业底线问题。我们在充分尊重电影导演自由选择的前提下，必须要考虑到什么是应当在电影语言中进行伦理修辞的。况且，中国目前的电影市场是一个没有分级的观看环境。在这种环境中，不论暴力镜头本身的表达内容是揭示性的还是展示性的，都必须对暴力的表达方式进行限制与修饰。否则，未成年观众的心灵将会留下难于忘却的阴影。即便是对于成年观众而言，过度的暴力影像也难免会造成心理的创伤，同时，也会降低我们电影的道德指数。

五、以隐喻的方式消解影像的残酷

一部电影的镜头排序一旦完成，影片即进入了它的历史存在序列。针对电影创作的批评有时仅仅是一种基于影像的理论假设。也就是说，对于一部已经完成的影片而言，我们对其镜头的修辞再有什么建议已经无济于事。尽管如此，我们还是可以选取那些类似的杀戮场面来对比一下另一种历史的存在方式。如在诸多刽子手杀人取命的镜头中，我们并没有看到一个真正将人头砍下来的真实场面。这是为什么呢？是这些影片的叙事要修正它所涉及的历史事实，还是这些影片的导演要拒绝电影的商业选项？其实都不是。《一刀倾城》(1993)里涉及当年谭嗣同在北京被屠杀的真实事件。谭嗣同在狱中拒绝了前来营救自己的大刀王五，在牢狱的墙壁上用鲜血写下了"我自横刀向天看，去留肝胆两昆仑"的豪迈诗篇。此后他大义凛然地走向刑场！影片在表现刽子手举起屠刀挥刀落下之时，导演（洪金宝）切入的不是血淋淋的人头被砍下的镜头，而是一个从谭嗣同的嘴里脱落而出的山里红的特写。我们能够说这样的表现扭曲了当年的历史真实吗？我们能够说这种镜头是对满清封建王朝反动本质的美化吗？应当说，它不仅没有造成以上的负面效果，而且给当代电影观众留下了诸多难于用语言表达的历史联想……所有的电影，说到底其实都是一种隐喻的艺术，而不仅仅是一种记录。梅尔·吉布森在其自编自导自演的影片《勇敢的心》(Braveheart,1995)中扮演了一位苏格兰民族英雄的儿子威廉·华莱士。这个角色的一生都在为自由鏖战，最后不幸被英王的军队抓住。影片表现刽子手对华莱士实施斩首的场面时，并没有直接展示砍头的场面，而是在从空中疾速滑落的铡刀后面，接入了华莱士手里攥着的红头巾飘然滑落的镜头，伴随着的是一声响彻天空的呼喊：Freedom（自由）！对此，有一位网民慨叹道："有时候男人的一句嘶吼也可以让人泪流满面。"难怪影片获得了第68届奥斯卡金像奖最佳影片奖和最佳导演奖。一部影片的伦理意义，有时就是导演的一念之差。特别是在电影的商业压力与观众的原始欲望驱动下，控制镜头的暴力指数有时可能比控制电影的艺术指数更困难。

纳粹法西斯惨绝人寰的种族屠杀，像人类历史上一场阴森惨烈的噩梦，已经过去了半个多世纪了，但是，至今人们仍然不能忘却那些被法西斯屠杀的犹太儿女。同时，也不会忘记在那个腥风血雨的年代里冒死去拯救生灵的崇高的人道主义者。正如一句犹太谚语所说的，"救人一命，等于救了全人类"。根据真实的历史人物改编的影片《辛德勒的名单》（1993）在欧洲首映时，人们为该片的导演斯皮尔伯格铺上了红地毯。他先后受到法国总统密特朗、德国总统魏茨泽克、波兰总统瓦文萨的接见。在世界电影史上，得到如此礼遇的导演，实属罕见。其实，人们所表达的不仅仅是针对一部讲述在黑夜中拯救生灵的电影的敬仰，而且还寄托了对在那场血腥的世纪屠杀中死去的无数无辜生命的哀思。同时，这也表明：一部伟大的电影，最终都是超越电影本身的，因为它不只是属于电影界，而是属于全人类。

世界上的许多国家都曾有过不同程度、不同范围、不同时段的历史创痛，进而在这些国家的国民心中都留下了不尽相同的历史"创痛记忆"。为了铭记这些惨痛的历史事件，汲取这些悲痛的血色教训，寄托后代对前辈的不尽哀思，让世世代代的人记住这些历史的悲剧，各个国家都采取了不同方式来表达对那些历史事件的深切记忆。人们修建了烈士纪念碑、历史纪念馆，设立了国家公祭日和罹难日。人们在浓重灰暗的画布上、在沉郁低回的音乐里、在悲凄惨烈的镜头中表达着他们对于那些虽未经历却不能忘却的苦痛，最终使这些用艺术的形式构筑的悲壮历史化作永恒的记忆常驻人们的心中，每时每刻。

（贾磊磊，中国艺术研究院、北京电影学院未来影像高精尖创新中心）

注释：

［德］弗里德里希·迈内克.德国的浩劫[M].何兆武,译.北京:商务印书馆,2012:138.

(本文原载于《北京电影学院学报》2018年03期)

电影伦理学的命名、对象、边界与谱系

袁智忠　杨璟

一

电影，作为19世纪末第二次工业革命的新科技产品，其诞生之后成为世界人民喜爱的文化产品。经过一个多世纪的发展，它已经成为人们生活中不可或缺的娱乐方式之一。电影对人的影响在它的"童年期"就被有识之士发现了。

列宁曾经说"一切艺术中，电影对我们最重要"；著名的匈牙利电影教育家巴拉兹就曾预言："一旦有一天，当各国人民由于某一共同的事业而团结起来的时候，电影（它使可见的人类在人眼中都成为可见的）必将大大有助于消除不同种族和民族在身体动作方面的差异，并因而成为推动人类向大同世界发展的最有作用的先驱者之一。"[1]中国早期也有一些类似的观念，如，周剑云提出电影应该"是引导社会向前进，予人以是非善恶而暗示的……'收潜移默化之效。'这不是通俗教育的明证吗？"[2]程步高认为："编制影戏，简单些讲，有四个重要条件，就是：高尚的思想、伟大的主义、文学的价值、美术的结构。"[3]

电影的社会影响为电影的伦理研究视角提供了可能。电影产业的发展过程，正好与资本主义的全球化扩张同步。帝国主义在全球军事、经济殖民的过程中自然而然地附带着文化的殖民，它破坏了古代文明国家的道德传统，但在新的道德文化的建构过程中，新与旧、传统与现代、文明与糟粕不断地博弈与冲突，导致社会意识形态出现了一定的混乱与无序。例如，言论自由的新伦理时常被过度商业化的文化产品所利用，成为一些"文化毒品""文化垃圾"产生的温床。在世界电影史上，一些国家和地区迎合部分观众低级趣味的色情电影、暴力电影的兴盛产生了极其恶劣的影响。在中国电影史上，像《阎瑞生》（1921）、《张欣生》（1922）这样极力宣言暴力、违背中国传统道德的电影，就连当时治国无方的北洋军阀政府都不得不出面干预、禁止。

改革开放以来，电影的商业属性也逐渐被认识、被强化，在这个过程中，确实产生了一些"糟粕"电影，它们解构崇高、消解社会主义道德观，贩卖"内衣""大腿"，突出"暴力宣泄"。作为大众偶像的"大腕""明星"的道德失范行为也屡见不鲜，直接影响青少年身心健康和道德意识的成熟。

早在古希腊,先哲们就已经认识到了文艺对道德的作用,柏拉图就提出"天天耳濡目染于优美的作品,像从一种清幽境界呼吸一阵清风,来呼吸它们的好影响,使他们不知不觉地从小就培养起对于美的爱好,并且培养起融美于心灵的习惯"[4];德国文艺理论家莱辛认为:"剧院应该是道德世界的大课堂。"[5]而在中国,"文以载道"的理想源远流长,早在春秋战国时期,《礼记·经解》中就写道:"入其国其教可知也,其为人也温柔敦厚,诗教也。"及至当代,毛泽东同志曾指出:"用文化教育工作提高群众的政治和文化的水平,这对于发展国民经济同样有极大的重要性。"[6]邓小平同志提倡创作"能够振奋人民和青年的革命精神,推动他们勇敢献身于祖国各个领域的建设和斗争,具有强大鼓舞力量的作品"。[7]习近平同志强调"通过文艺作品传递真善美,传递向上向善的价值观,引导人们增强道德判断力和道德荣誉感,向往和追求讲道德、尊道德、守道德的生活"。[8]因此,电影伦理学的建构不仅是必要的,而且是紧迫的。

二

伦理学是一个古老的学科,它又被称为道德哲学或者道德科学,是以道德为研究对象的学科。在中国古代文化典籍里,"伦理"有两层含义。"凡音者,生于人心者也;乐也,同伦理者也。"(《礼记·乐记》)。郑玄注:"伦,犹类也。理,分也。"宋代苏轼《论给田募役状》:"每录一州,先次推行,令一州中略成伦理。一州既成伦理,一路便可推行。"这里的"伦理"指的是事物的条理。汉代贾谊《新书·时变》言:"商君违礼义,弃伦理。"《朱子语类》卷七二:"正家之道在于正伦理,笃恩义。"这里的"伦理"是指人伦道德之理,指人与人相处的各种道德准则。

中国伦理思想源远流长,早在先秦时期,诸子们便围绕着道德问题,从各方面进行了深入的探讨。例如,儒家学派的孔子提出了"仁"和"礼"的伦理学说;墨家学派提出了"兼相爱,交相利"的思想。西方的伦理思想也在古希腊时期就已经产生了,毕达哥拉斯提出"美德乃一种和谐";苏格拉底认为"美德即知识"。亚里士多德的《尼各马可伦理学》是西方第一部比较系统的伦理学著作。西方伦理学经过中世纪神学伦理学、近代资产阶级伦理学,到现代已经发展得非常丰富与成熟了。

电影学是电影产生之后逐渐建构起来的一门学科,它是关于电影的科学,是艺术学的分支。最早提出电影学这个概念的是德国美学家马克斯·德索,但是一般认为1948年法国巴黎大学成立电影研究所,标志着电影学的诞生。法国电影理论家麦茨在《电影语言》(1974)一书中指出,电影研究包括电影理论、电影史、电影批评和电影学四大部分,其中电影学是指其他人文学者利用跨学科的视角来研究电影的一种电影科学研究。我国学者郑雪来认同电影学"包括电影理论、电影史和电影批评三个分支的提法",认为"那些介绍电影基础知识、基本技巧的著述,或者还没有上升为理论、得出带规律性的认识的创作经验谈之类,也算不上严格意义上的电影学。"[9]

电影伦理学是电影学和伦理学相结合的新兴学科。电影伦理学从属于伦理学,但它与美学、社会学、政治学、宗教学、历史学、传播学等学科关系密切,因此它是一个跨领域、跨专业的交叉学科。电影伦理学是研究电影道德现象的科学,是一门关于电影道德的学问。道德是伦理学研究中最为基本的范畴,电影伦理学是对电影道德现象的理论反思和升华。

道德是调整人与人之间关系的一种特殊的行为规范的总和,它是由人们的约定俗成、社会舆论和内心信念来维系的,它从属于上层建筑和意识形态。道德现象是指"人类社会生活中由经济关系所决定的,用善恶标志去评价,依靠社会舆论、内心信念和传统习惯来维持的一种社会现象。"[10]道德现象包括道德活动现象、道德意识和道德规范现象。道德价值和道德规范在指导实践中形成了人与人之间的道德关系,而伦理学所研究的基本问题就是围绕着基于道德关系的道德和利益的关系,即道德与经济利益的关系、个人利益与社会整体利益的关系。

既然电影伦理学从属于伦理学,那么电影伦理学研究的基本问题就应该是电影现象中基于道德关系的道德和利益的关系。

三

电影伦理学是一门新兴交叉学科,正基于此,它可以从其他相关学科中借鉴研究内容体系。

第一,它可以借鉴文艺学的研究体系与内容。美国文艺学家艾布拉姆斯《镜与灯》(1953)中指出文艺研究的四大因素,即:

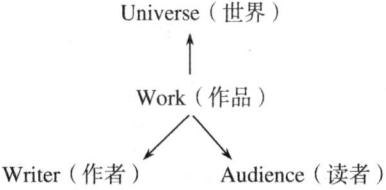

```
            Universe（世界）
                 ↑
            Work（作品）
             ↙       ↘
    Writer（作者）   Audience（读者）
```

基于此,电影伦理学的研究内容可以包括:

社会道德与电影道德。马克思主义文艺观认为,文艺来源于生活,亦对生活有一定的反作用,因此,电影伦理学应该探讨社会道德与电影道德的互动关系。"电影伦理,确切地讲就是影片中表现出来的伦理生活,又何尝不是我们整个社会伦理生活的组成部分呢?"[11]因此,电影伦理学一方面要研究社会道德是如何作用于电影的,另一方面要研究电影道德如何反作用于社会道德。

电影生产者与道德。与一般的艺术生产不同,电影的生产是集体的劳动。电影生产者有制片人、编剧、导演、摄影、剪辑、美术、演员等杂多的工种,对电影作品有决定作用并有较强社会影响力的生产者主要有制片人、编剧、导演、演员。电影作品的审美价值必然反映电影生产者的道德品质,同时,电影生产者的道德品质也必然影响着电影作品的审美价值。所以,应该研究电影生产者的道德活动现象、道德意识和道德规范现象等。

电影作品与道德。电影作品是电影生产的成果和产品,在整个电影生产活动中电影作品处于中心地位。所以,对电影作品的研究是电影伦理学的重点内容。应该研究道德在电影作品中的表现规律,包括电影艺术语言的道德表现规律、电影艺术形象的道德表现规律、电影意蕴的道德表现规律等内容。

电影观众与道德。电影作品要发挥其教育、认识和审美功能,离不开电影观众。电影伦理学要研究电影对观众道德品质形成作用的规律;观众道德评价的标准、方法与特点;观众道德对电影生产的反作用规律等基本问题。

第二,它可以借鉴大众传播学的研究内容和体系。1948年,美国政治学家拉斯韦尔在其发表的《传播在社会中的结构与功能》一文中提出了"5W"模式,即:谁(Who)→说什么(Says What)→通过什么渠道(In Which Channel)→对谁(To Whom)→取得什么效果(With What Effects)。"5W"模式衍生出大众传播的系统过程:传播者、讯息、传播媒介、受众、传播效果和反馈。

基于此,电影伦理学的研究内容可以包括:电影传播者与道德、电影传播内容与道德、电影传播受众与道德、电影道德传播的效果。因为电影传播的媒介是物而非人,其道德现象主要源自电影传播者与媒介的关系,所以可以和电影传播者与道德合并研究;电影传播内容与道德、电影传播受众与道德与前文论述的"电影作品与道德""电影观众与道德"内容相似,在此仅从传播学的角度谈两点。

电影传播者与道德。大众传播学所谓的传播者是生产者和传播组织的总和。因此,电影传播者与道德既要研究电影生产者的道德现象,也要研究电影传播组织的道德现象。按照电影产业的分层,从上游到下游分别是:电影制片、电影发行、电影放映三个领域,这其中就涉及电影传播组织经营道德现象、电影传播组织责任伦理,具体研究电影传播组织的伦理规范及失范现象等问题。

电影道德传播的效果。所谓传播效果是指"传播者发出的信息经媒介传至受众而引起受众思想观念、行为方式等变化"。[12]电影伦理学要研究电影作品中道德内容对个人、群体、社会、文化等方面的影响,还有具体研究其显现效果和潜在效果、即时效果和延时性效果等问题。

第三,它可以借鉴电影学研究的内容和体系。电影学包括电影理论、电影史和电影批评三个方面,基于此,电影伦理学应该研究电影伦理学理论、电影伦理史和电影伦理批评三个方面的内容。

电影伦理学理论。所谓电影理论,就是关于电影的理论阐释。由于电影本身是复杂的,它是审美现象、社会现象,也是文化现象,不同时期的电影理论家从不同的视角来研究和阐释电影现象,因而形成了不同的电影理论观念和体系。

一般认为,电影理论的发展分为两个大的阶段:经典电影理论和现代电影理论。"经典理论回答的问题是电影的本质是什么,其中涉及电影和其他艺术的关系以及电影和现实的关系等问题。"[13]而现代电影理论是现代人文科学理论与电影研究的结合,如利用结构主义、符号学、精神分析学、叙事学、马克思主义、女性主义等学科理论去研究电影,从而形成了符号学电影理论、精神分析电影理论、叙事学电影理论、意识形态电影理论、女权主义电影理论等。电影伦理理论是伦理学视角的电影理论,系现代电影理论。前文所论的社会道德与电影道德、电影生产者与道德、电影作品与道德、电影观众与道德、电影传播者与道德、电影道德传播的效果均可纳入电影伦理学理论体系。

电影伦理史。电影史的研究对象是电影的历史发展。由于电影本身的属性比较复杂,写历史的方法也非常丰富,这就决定了研究者可以从不同的角度来审视电影史,而伦理视角亦是一个重要的角度。

电影伦理史可以从内部和外部两个方面展开研究。所谓电影伦理史的内部研究是指研究电影历史文本中的道德现象,例如,可以研究早期中国电影中的中国传统道德观、新中国"十七年"电影的社会主义道德观、欧洲早期电影的基督教道德观等。所谓电影伦理史的外部研究,是指研究电影文本之外的如国家和区域的电影道德现象史、电影机构的道德现象史、电影创作者的道德现象史、电影观众的道德现象史、电影批评的道德现象史等问题。

电影伦理批评。电影批评是对一部或者一批电影作品以及某一电影现象的具体分析和判断的活动。电影批评是在一定理论视角基础上的具体实践,因此,所谓电影伦理批评就是伦理视角的电影批评实践。电影伦理批评研究是探讨电影伦理批评原理的科学,其研究的对象是电影伦理批评本身;其研究的主要内容包括电影伦理批评的特性、电影伦理批评的功能、电影伦理批评的主客体、电影伦理批评的视点、电影伦理批评的范式及电影伦理批评文本等。

电影伦理批评研究和电影伦理理论与电影伦理批评实践联系密切,没有电影伦理理论背景的电影伦理批评研究,极易坠入简单、偏颇的误区不能自拔;没有电影伦理批评实践支持的电影伦理批评研究,必然会是空中楼阁,缺乏实践指导价值和意义。同时,电影伦理批评研究又有别于电影伦理理论,电影伦理理论是宏观的、观念的、系统的建构,而电影伦理批评研究只是对电影伦理批评实践的理论总结。

总之,电影伦理学围绕着电影道德现象这一基本对象,其研究边界是广大的,是电影学者一个大有可为的领域,是一座急待开发的富矿。

四

电影伦理学是电影实践的产物,电影的实践经验促使电影学与其他学科融合,电影伦理学也是这种融合的衍生物。电影伦理学的建构是一项浩大工程,需要对电影学和伦理学进行一番梳理工作,将电影学与伦理学真正融合为电影伦理学,建构电影伦理学的体系、铸造电影伦理学的范畴、选择电影伦理学的材料,这可能需要几代学者筚路蓝缕。然而,以伦理视角来研究电影,进行电影批评实践,在整个电影学史上亦不是无本之源,电影伦理学应该站在前人的肩膀上,才能够实现高屋建瓴,实现理论和实践的创新。

在西方,"经典电影理论将电影作为一门艺术来对待,倾向于艺术的和美学的表达,侧重对电影艺术的本体研究,以单线型研究为主;现代电影理论则从不同学科角度、以不同研究方法来研究电影,包括语言学、精神分析学、结构主义符号学和马克思主义等,因而呈现出复杂的研究图景。"[14] 可以说,经典电影理论主要是从电影创作实践出发去探讨电影的艺术特性,虽然像列宁、巴拉兹等政治家、电影理论家早已发现电影的社会功能,但他们并没有直接将电影研究导向伦理视角。至20世纪60年代中期经典电影理论开始"现代转向",其突出特点就是其他人文科学研究方法进入电影,其中,一些涉及伦理问题的研究方法和视角为电影伦理学的生成奠定了理论基础。

例如,20世纪60年代,西方兴起了第二次女性主义运动高潮,这次女性主义运动超越了19世纪末第一次女性主义运动所追求的政治和经济权利诉求,开始争取男女平等的文化权利,直接引发了女性主义文艺批评。女性主义文艺批评批判传统的文艺作品歪曲地塑造了女性形象,建构了女性文化的标志,其中黑人女性主义文学批评、女同性恋女性主义文学批评也在这一时期得到发展。女性主义文艺批评也进入电影研究之中,其经历了形象批评阶段、叙事结构批评阶段和文化批评阶段,比较著名的研究成果包括梅杰里·罗森的《爆米花维纳斯》(1973)、毛莉·哈斯克莉的《从崇拜到强奸》、克莱尔·约翰斯顿的《女性电影笔记》、劳拉·穆尔维的《视觉快感和叙事性电影》(1975)等,总的来说,"其基本立场是:性别是生理的,社会性别是文化的和历史的,社会性别反映了以男性为中心的社会对女性的歧视和压迫"。[15]

再如,早在20世纪40年代末50年代初,彼得·诺贝尔、V.J.杰洛姆分别出版了《电影中的黑鬼形象》(1948)和《好莱坞电影中的黑鬼形象》(1950年)两本专著,开创了黑人电影形象研究。随着20世纪60年代欧美黑人民权运动的高涨,产生了詹姆士·穆瑞的《发现形象》(1973)、林塞·派特森的《黑人电影和黑人电影工作者》(1975)、托马斯·克里普斯的《黑人电影类型研究》(1978)等有影响的专著成果。黑人电影研究到20世纪八九十年代达到高潮,出现了马杜布考·迪亚凯特的专著《电影、文化和黑人电影工作者》(1980)、杰基·琼斯的论文《新贫民区美学》(1991)、拉瑞·里查德斯的专著《1959年以前的非裔美国电影》(1998)等。黑人电影批评以种族平等的伦理视角来研究电影,它和黑人电影实践一同推动了黑人文化解放运动。

除以上两例之外,西方电影研究中的同性恋电影研究、生态电影研究、明星研究、电影中的暴力和性的研究等都为电影伦理学的建构提供了很好的研究视角、研究材料、研究方法和研究范式。

在中国,电影研究尚未形成独特的研究体系,但是,电影研究的伦理视角却是中国电影研究的传统。

例如,中国最早的电影批评模式就是伦理批评。自1921年开始,中国电影的伦理批评已然形成,"电影的伦理批评以评判影片的伦理道德内容为主要目的,并主要以儒家传统文化的伦理道德观为批评标准,主题印象和技巧点评是其主要批评方式"[16]。1921年,顾肯夫在中国最早的电影杂志《影戏杂志》的发刊词上就写道:"中国人在影戏界里的地位,说来真是可耻。从前外国人到中国来摄剧,都喜欢把中国的不良风俗摄去。裹足呀,吸鸦片呀,都是他们的绝好资料;否则就把我们中国下流社会的情形摄了去。没有到中国来过的外国人,看了这种影片,便把他来代表我们中国全体,以为中国全体人民都是这样的;那么,哪得不生蔑视中国的心呢?"[17]顾肯夫以此表达了强烈的爱国主义诉求。周瘦鹃在《〈马介甫〉索话》中提出国产电影应该"大有功于世道人心"。李柏晋在《论电影与教育》一文中指出,电影"能导社会于纯朴高尚,发扬民族精神、巩固国家基础,但反面讲,同时它也能陷社会于奢靡淫逸,辱国羞邦,充其极,能使亡国灭族"[18]。

在中国电影批评的发展过程中,20世纪30年代的左翼电影批评试图引导电影初步建构社会主义道德观;抗日战争时期的电影批评以爱国主义和民族主义的批评标准宣传抗战、鼓动民众;解放战争时期的电影批评倡导民主与自由思想;"十七年"中国电影批评以社会主义精神教育人民。直到改革开放之后,电影批评的伦理视角依然影响着中国电影批评。

"电影诞生一百年来,伦理道德领域负债累累。人们不知道写了多少电影的生意经与发迹史,就是没有一本电影的伦理学,这个历史应当结束。"[19]2017年"首届中国电影伦理学学术论坛"、2018年"第二届中国电影伦理学学术论坛"的召开,《中国电影伦理学·2017》《中国电影伦理学·2018》论文集的出版以及《首届中国电影伦理学·2017重庆宣言》的发布,标志着中国电影伦理学的成立,也确定了中国电影伦理学的未来目标,即:"建构中国电影伦理学的学科体系,借鉴人类已有的坚实的哲学研究成果,完善其基本学科架构,规制其核心概念与理论范畴,助推中国电影伦理学朝着既符合时代进步的历史需求,又能够承传中国优秀伦理道德的道路上繁荣发展!"[20]

(本文为西南大学中央高校基本科研业务费专项资金重大培育项目"中国电影伦理学的学科建构与理论研究"〔批准号:SWU1909206〕的阶段性成果)

(袁智忠,西南大学影视传播与道德教育研究所;杨璟,重庆人文科技学院艺术学院)

注:

[1]李恒基,杨远婴.外国电影理论文选.上海:上海文艺出版社 1995:33.
[2]罗艺军.20世纪中国电影理论文选(上)[M].北京:中国电影出版社,2003:23.
[3]罗艺军.20世纪中国电影理论文选(上)[M].北京:中国电影出版社,2003:38.
[4][古希腊]柏拉图.柏拉图文艺对话集[M].朱光潜,译.合肥:安徽教育出版社,2007:73.
[5][德]莱辛.汉堡剧评[M].张黎,译.上海:上海译文出版社,1998:10.
[6]毛泽东选集:第一卷[M].北京:人民出版社,1991:126.
[7]邓小平文选:第3卷[M].北京:人民出版社,1993:42.
[8]习近平.在文艺工作座谈会上的讲话[N].人民日报,2014-10-15.
[9]郑雪来.电影学论稿[M].北京:中国电影出版社,1986:5.
[10]李春秋.新编伦理学教程[M].北京:高等教育出版社,2002:10.
[11]贾磊磊,袁智忠.中国电影伦理学·2017[M].重庆:西南师范大学出版社,2017:5.
[12][美]费斯克.关键概念:传播与文化研究词典(第二版).李彬,译.北京:新华出版社,2004:91.
[13]李恒基,杨远婴.外国电影理论文选[M].上海:上海文艺出版社 1995:9.
[14]陈晓云.电影理论基础[M].中国电影出版社,2009:12.
[15]郭培筠.西方女性主义电影理论述评[J].内蒙古民族大学学报(社会科学版),2003(5):33—37.
[16]李道新.中国电影批评史 1897-2000[M].北京:中国电影出版社,2002:30.
[17]罗艺军.中国电影理论文选(上)[M]北京:文化艺术出版社,1992:9.
[18]李道新.中国电影批评史 1897-2000[M].北京:中国电影出版社,2002:60.
[19]贾磊磊,袁智忠.中国电影伦理学的元命题及其理论主旨[J].当代电影.2017(8):124-127.
[20]贾磊磊,袁智忠.中国电影伦理学·2018[M].重庆:西南师范大学出版社,2018:221-222.

(本文原载于《电影艺术》2019年第4期)

中国电影伦理学三题议

史可扬

一、中国电影伦理学的文化美学源流

电影的生命力来自其表现内容以及渗透于表现内容的精神内涵,而非技术手法和工艺,对于这一点人们已经日益取得共识。最初被称为"影戏"的电影,虽然是舶来品,但其在中国110多年的发展历史中,打上了鲜明的中国文化的烙印,是被中国文化和美学滋养起来的。因此,中国电影的伦理学基础,最关键的问题就是中国传统文化美学的哪些思想观念构成了中国电影伦理学的理论源流和价值向度。

按一般的看法,中国传统美学有"儒道骚禅"四大主干。美学家刘纲纪也认为:"以屈原为代表的楚骚美学融合儒道两家的美学而形成了一种既不完全属于儒家也不完全属于道家的新的美学倾向,并在中国美学史上和文艺史上产生了巨大的影响。因此,我们研究儒道两家美学的相互渗透,主要应研究楚骚美学。自先秦以来,中国古典美学实际上可以划分为四大潮流——儒家、道家、楚骚、禅宗。其中,儒道是基本,楚骚是融合。禅宗是道家与佛教唯心主义融合的结果。"

在我看来,先秦以屈原为代表的楚骚美学,在哲学旨趣和思想取向上是接近儒家美学的,即它的内核是以忧患意识为表征的积极入世精神;而强调直指人心,不立文字之禅宗美学,以对审美心理的深刻洞察的顿悟说,不立文字、直指"自性""本体"的审美特性论,与道家美学暗通款曲。如此,仍然是儒道两家构成中国传统美学的理论骨架,中国艺术的伦理学基础和价值向度也自然由儒家美学和道家美学作为主要的来源。对此,李泽厚等人将之概括为"儒道互补":"如果荀子强调的是'性无伪则不能自美',那么庄子强调的却是'天地有大美而不言';前者强调艺术的人工制作和外在功利,后者突出的是自然,即美和艺术的独立。如果前者由于以其狭隘实用的功利框架,经常造成对艺术和审美的束缚、损害和破坏;那么,后者则恰恰给予这种框架和束缚以强有力的冲击、解脱和否定。浪漫不羁的形象想象、热烈奔放的情感抒发、独特个性的追求表达,它们从内容到形式不断给中国艺术发展提供新鲜的动力。庄子尽管避弃现世,却并不否定生命,而毋宁对自然生命抱着珍贵爱惜的态度,这使他的泛神论的哲学思想和对待人生的审美态度充满了感情的光辉,恰恰可以补充、加深儒家而与儒家一致。所以说,老、庄道家是孔子儒家的对立的补充者。"也就是说,儒家文化和美学的主要贡献在于对中国艺术进行外在价值引导,确切言之就是艺术要由"礼""仁"等进行规范,艺术的道德标准和道德意义亦即"善"高于"美",在这个意义上,儒家美学就是伦理学美学。所以,谈到中国电影的伦理学理论渊源和价值导向,主要就是儒家文化美学给中国电影提供的土壤。

儒家美学以孔子哲学为思想基础,孔子哲学的基本问题属于道德哲学范畴,由"仁""礼"等伦理学问题构成。围绕于此,孔子最为关心和不断强调的就是个体如何达到"仁"的境界,如"为仁由己,而由乎人哉?""仁乎远哉?我欲仁,斯仁至矣",以及社会等级秩序的恢复和维护——"克己复礼"。换言之,与"礼"和"仁"比较起来,人的其他所有活动都处于从属地位,必须围绕和服务于"仁"和"礼",如此,审美和艺术活动在孔子那里,不具有独立的价值,也无根本性地位,本质上只是达到"仁"、实现"礼"的途径和工具。孔子对审美和艺术进行的一系列规范,也是以此作为基点的。如要求艺术和审美要和"韶乐"一样尽善尽美:"子谓《韶》乐,'尽美矣,又尽善也';谓《武》,'尽美矣,未尽善也'";而且,内容与形式亦即质与文应该统一:"质胜文则野,文胜质则史。文质彬彬,然后君子";审美和艺术的标准是"和",所谓"乐而不淫,哀而不伤"。孔子甚至认为政治风俗的理想境界乃是审美境界:"'暮春者,春服既成,冠者五六人,童子六七人,浴乎沂,风乎舞雩,咏而归。'夫子喟然叹曰:'吾与点也'。"儒家美学缺乏对审美和艺术自身特征的深入把握,在儒家那里,审美和艺术还没有获得独立的地位,是从属"仁"和"礼"的。即,儒家美学还是从属于其伦理学的。

所以,就电影伦理学来说,儒家文化和美学无疑更具有直接性和现实性的影响。儒家文化和美学,其基本特征在于其积极入世精神,"士不可以不弘毅,任重而道远"代表了整个儒家学派的基本主张。正是在这种精神的培灌下,受儒家文化美学滋养的中国电影,一般被认为是代表了中国电影的主流形态,非常重视电影的社会作用以及强调电影艺术家的社会责任感,用中国电影早期著名的导演郑正秋的话说,即电影要"教化社会",电影艺术家要有"良心"。这样一种电影美学传统,同时也是电影伦理学的血脉,贯穿于整个中国电影史,在每个重要历史阶段都起到主流的作用,并出现了众多的代表性电影作品和电影艺术家。从最早的《孤儿救祖记》到20世纪30年代的《狂流》《都会的早晨》《春蚕》《姊妹花》《民族生存》《三个摩登女性》《渔光曲》《新女性》《大路》《生之哀歌》《逃亡》《桃李劫》《风云儿女》《压岁钱》《十字街头》《马路天使》,20世纪40年代的《一江春水向东流》《八千里路云和月》《万家灯火》《乌鸦与麻雀》《松花江上》《夜店》《还乡日记》《幸福狂想曲》,"十七年"时期的"革命现实题材和革命历史题材"的影片如《甲午风云》《革命家庭》《红旗谱》《舞台姐妹》《小兵张嘎》《英雄儿女》《农奴》,谢晋的一系列影片如《芙蓉镇》《天云山传奇》《牧马人》,新时期以来以第四代导演为代表拍摄的"文化反思"片如《良家妇女》《老井》《人生》《香魂女》和第五代的代表影片《红高粱》《活着》《蓝风筝》,直到第六代的《小武》《洗澡》《老炮儿》《鬼子来了》等。属于这一条线索的代表性电影导演,则可以按年代举出郑正秋、张石川、蔡楚生、郑君里、谢晋、崔嵬、谢飞、吴天明、张艺谋、田壮壮、黄建新、李少红、贾樟柯、姜文、张元、娄烨、张杨等。在这条线上的电影作品和电影艺术家,是入世的、现实主义的,美学旨趣上与儒家美学接近,一般都具有强烈的社会功利色彩,亦即伦理学色彩更为浓厚,中国电影的伦理学源流,也主要在此。

二、中国电影伦理学建设的迫切性

20世纪90年代以来,我国的电影文化在娱乐化、平民化的浪潮推动下,开始了对以往电影偏向于宣教功能的矫枉,开始了对老百姓的主动贴近和对贵族意识的放逐。在这个阶段出现的电影作品中,我们不能说没有令我们感动的东西。在娱乐化的旗帜之下,电影虽然不再简单地是社会历史的附属物或"时代精神的传声筒",惯于以民族整体性或者权威代言人身份发言的电视也逐渐让位给了众声喧哗,除了被现实所规定了的那部分意识形态功能外,我们的电影已经再没有了"贵族"的架子,接近民众、贴近生活一度是电影工作者的共识。可以说,这一时期的中国电影,在类型的多样化和丰富性、贴近观众以及技术手段的探索上取得了一些成绩,也出现了一批至尽仍为人们津津乐道的堪称精品的影片。但就电影的精神形态而言,我们从中却很少看到电影艺术家们是如何创造了一条通向人的心灵的独特道路,因而给它们加上过多的溢美之词明显是不恰当的。尤其是,20世纪末以来,许多电影几乎接近于以一种缺乏魅力的方式所进行的无聊游戏和无病呻吟。我们所要求于电影的,而且是真正的电影艺术所应具有的文化和美学品性,日渐成了奢侈品。甚至可以说,道德意识的缺乏、文化意味的日渐淡薄,是中国电影领域的致命缺陷。

所谓价值向度,就是以什么价值作为衡量标准。对中国电影而言,就是其所要实现的道德目标,具体而言就是真善美的追求,要具备道德意识,即对什么是真善美,什么是假恶丑有正确的判断,并自觉地歌颂真善美,抵制假恶丑。

应该说,对于电影从业者而言,道德意识是必须具备的起码素质。但现实情况是,我们的电影在这方面做得并非无懈可击,有些影片道德意识模糊,让人非常遗憾。

"真"的基本含义是真实,而真实又可以区分为现象的真实和本质的真实两个层面。前者指事物表面的、个别的、形式的真实;后者亦可叫作"哲理的真实",指事物深层的、普遍的、内容的真实,二者中无疑后者才是根本的,也是"真"的核心含义。将这样一个"真"原则应用于电视,其必然的逻辑是:电影不能局限于现象的真实,还必须透过具体的事件挖掘其反映出来的社会的、人文的、历史的内涵,从而达到本质的真实、哲理的真实。

然而,用这样一个"真"的原则去衡量我们的某些电影,尤其是近年出现的一些商业电影,我们不能不感到遗憾。以喜剧电影来说,我们不能说没有令我们感动的或紧扣时代的优秀影片,但从总体上看,在一波又一波的喜剧浪潮中,我们确实很难发现它们是如何通向真实和美的道路的。"戏说"中历史的深度被消解,"综艺电影"热潮下是对现实的回避,"言情"的莺声燕语遮蔽了真情的流露,"武侠"外衣下是偏狭私愤,更有阿Q式"幸福生活"的嗜痂之癖,各类"癫狂喜剧片"更是等而下之,"媚俗"之风刮遍大江南北、长城内外。这样的喜剧电影除了"身体的狂欢"外,没有给我们以心灵和精神上的起码触动。社会和生活的本来面目就这样被搞得模糊不清乃至面目全非,"真"的价值原则和标准就这样被弃之而不顾。

"善"是人的"目的性",是人类实践的普遍要求和现实性,即符合社会发展规律并起进步作用的普遍利益。具体到电影,必须符合人民群众的根本利益并且反映社会向前发展的进步要求,它不能以满足少数人的私利为标准,也不能以追求猎奇性、感官刺激性为满足,必须站在历史的、时代的、人道的、社会进步的高度来提出和看待问题,其中的人文主义立场尤其是电影的核心及根据。可以说,"善"的原则,即:关注老百姓的生活,为老百姓的利益服务,就是电影的理念或最高原则。也只有站在这个高度上,电影才可能发挥其应有的功能。

然而,现实的忧虑是,不知从何时开始,我们的电影已经偏离普通的百姓,镜头已经不对准他们的喜怒哀乐,电影也不再把对普通百姓的精神抚慰和对生活的拷问作为其必须具备的品格,使得我们几乎忘记了电影不仅是产品,还是文化和美学,更需要承担严肃的社会道德建设责任。如此,在电影票房一路高歌猛进之下,我们却难以听到饱经蹂躏的灵魂呻吟、迎接新世界的婴儿啼哭,以及远方的"神性"呼唤。难道不应该问一问:我们所长久期待并要求于电影的,是"这个"吗?在人心浮躁、精神的萎缩远甚于物质贫困的境况下,我们欠缺的只是"这个"吗?我们的电影是否已经偏离了应有的价值向度？

再来看"美"的标准。"美"的表层含义当然是形式的和谐与完整、包装的精致和制作的精良，即形式上的要求。但在美学上，美所涉及的问题关乎人的生存的根本，是对人的生存的本源性承诺，它落实到人的心理上，就是人的理智和情感的和谐自由状态，即"理"的规范性和强制性通过情感上的接受而成为人的自觉要求，成为人内心的渴望和满足。所以，电影如何在情感上打动人，是其能否发挥其应有的社会和文化功能的关键因素。如此，"美"的原则的形式层面和情感层面在电影中就构成了其观赏性的两个基本要素，缺一不可。

然而，我们的有些电影为了票房，却并不是在节目的人文内涵上下功夫，而是将主要的力量用在了影片的娱乐化上，如场面的铺张、美术设计的华丽，甚至是游戏化、庸俗化上，削平了影片的深度。诸如，现在有一种倾向，过于依赖数字化高科技手段，其结果是，电影的形式压倒了电影的内容，徒有其所谓"视觉奇观"，而架空了影片的文化内涵和艺术品位。事实上，手段是永远也代替不了本体的，即使是最先进的电子技术和电影语言也不能取代对电影本身的精心策划、编导和创制，艺术的贫乏和人文的贫困绝不是技术的因素可以掩盖的。这股娱乐化的狂潮，是否已经损害了电影在广大观众心目中的形象？

因此，如何在争取观赏性和商业利润的前提下，保证电影必需的文化品位和美感，是在娱乐化大潮下要注意解决的突出问题。

总之，以真善美的普遍价值标准来衡量，我们的电影已经或多或少地"失衡"。强调和强化电影的道德规范，已经是当务之急。所谓道德规范，就是在一定的道德意识的基础上，对电影设立必要的道德阈限。

这里的中心问题是：电影作品究竟为了什么？也许我们已经习惯了准备一些现成的答案，诸如电影的宣教、审美、商业功能等，并且还据此将电影划分为所谓"主旋律电影""艺术电影""商业娱乐电影"等不同种类。应该说，为了电影功能的充分发挥，这种划分有它的合理性和现实性。然而，功能和职能的划分不能成为对电影本性的遮蔽。事实上，事情很明显，只有在本体论上解决了电影的本性问题，才能深入地探讨电影的意义问题。而属人的社会事物的存在，是以它与人的关系来确证自己的存在理由和根据的。诚如马克思所说，"他们的需要即他们的本性"即，需要决定本性，而事物满足人的何种需要也确证着其本性。同样，电影只有在符合某种要求、满足人的某种需要的前提下，才可能存在并由此确定自己的本性。在这样一个基本的认识前提下，我们应该从电影究竟是为了满足人的何种需要出发,来对电影的定位做出答案或判断。

属人的事物存在的根据是它满足了人们的一定需要,而人的需要基本上可以划分为物质需要和精神需要。物质需要是人的生存和一切活动的基础,在它之上,是人的精神需要,即人对生活的"质"的要求,这里才是我们的一切精神文化及其产品存在的理由和根据。电影既然是为满足人们的精神需要而存在的,那也就是说,无论对电影的属性有什么样的争论,也无论它的创造过程有多么复杂以及与传统艺术有多么不同,它自出现于人们的生活中起,就必须按照精神产品的要求来对它进行定位和归纳,使之遵循一定的价值标准,也就是真善美的统一,以满足人们的精神生活需要,并为人民群众向善的生活愿望提供视听满足。在一定社会条件之下,一定的社会力量往往成为"话语权""价值系统"的持有者乃至制订者。在这种情况下,电影的从业者必须保持清醒的头脑,使自己创作的电影作品始终成为先进文化的代表、先进生产力的代表和人民群众根本利益的代表,也只有这样,才能说我们的电影符合了"善"的要求。也就是说,人与电影的关系必然也应该存在一种道德关系,人所要求于电影的,是它必须具备善的属性。这既是电影艺术的历史和现实,也是我们在认识电影并对其进行定位时所必须坚持的理论基点。

在我们热衷于电影的美和情感愉悦时,前提是它首先必须善,也就是与人民群众的根本利益和社会向前发展的规律相一致。因为,真善美是一体的,在美学上讲,所谓美乃自由的形式,而自由的基本含义是规律和目的的统一,实即真和善的统一。所以,对美的追求,就已经包含着对真和善的追求,片面地强调一方而忽略另一方,或者将真善美割裂开来,对电影都是致命的,其结果只能是或者局限于生活或情感的琐屑乃至猥琐,不见影片的灵魂,或者主题先行,枯燥乏味,艺术的感染力尽失。所以,道德规范的提出和落实,是我们必须面对的一大课题。

从这样一种基本观点出发,在我看来,中国电影在一定程度上还缺少道德意识和道德规范。中国电影还远没有承担起直面生活的真实、敞开人的本真存在以及揭示生命的美好和激动人的心灵的使命,再加之日益弥漫开来的世俗化、享乐化的风潮,导致了中国电影的深度的缺乏。

在整体文化素养偏低却仍在蜕化、人心浮躁而灵魂深度却横遭消解、大众传媒争相轻浮献媚而我们的现实生活却又如此沉重的境况下,电影作为艺术或精神产品,理应具有一切真正的精神产品都应具有的根本品质:给现实中的人们以精神的泊锚地,给理想以冲破现实藩篱的梦幻空间,让有限的生命获得其永恒和超越性的慰藉。我们需要轻松和发泄,但更需要生存的诗意;我们需要让电影发挥它的教育或引导功能,但它首先应以人性的方式观照人的存在。所以,让我们漂泊无依的灵魂有所抚慰和归依,使我们的精神有所提升,对人生和世界有所感悟,才是电影艺术所应追求的境界。而要达到这个目标,必须有丰厚的美学底蕴作为依托,有文化的品位作为标准,即电影作为一种精神产品,它必须具有时代和社会的烟火气,与人类心灵的幽深之境相连;它应该具有一种超越精神,把对人精神生活的观照看得远胜于对感性肉体的垂青。这,就是我们呼唤电影应具有文化和道德意识的原因所在,也是我们的殷殷期待。

三、中国电影伦理学的理论框架和主要问题

应该承认,中国电影伦理学仍然处于起步或草创阶段,一些前提性的问题还没有解决。笔者认为,如下几个问题是首先要解决的。

1.电影伦理学的学科性质和基本问题

电影伦理学作为一门学科,至少和两个学科关系紧密:电影学、伦理学。学科性质上,它属于哲学性质的理论学科,学科基础是伦理学,而非电影学。

这是首先应该明确的。

所谓哲学性质的理论学科,基本规定是它所探讨的问题是具有根本性的,所采取的思想方法是理性思维方式。

18世纪德国哲学家鲍姆加登在创立美学时就已经指出,从人性结构上,分为知、情、意三者,就应该有不同的学科对其进行研究,相对应地,研究"知"的是逻辑学,研究情感的是美学,而研究意志的就是伦理学。此种看法把伦理学与逻辑学、美学并列在一起,视作对人类心理结构进行研究的学科。从学科层次上来看,伦理学是研究人类的根本问题的。

伦理学的研究领域是意志,研究对象是道德,核心问题是价值、意义等。与此相应,电影伦理学的研究对象就是电影的道德问题,核心是电影的价值和意义。

2.电影伦理学的构架

与一些电影学科类似,电影伦理学的学科框架仍然模糊不清。笔者认为,既然是电影伦理学,就应该遵照伦理学的理论框架来构建电影伦理学比较合理。

这里,要特别注意几个概念的区别:电影伦理学、伦理电影学、电影的伦理学研究。

厘清这三个表述,是前提性的,三者是不同的:

电影伦理学是一门学科,属于伦理学的一个分支,如同电影美学、电影经济学、

电影传播学……其实质是哲学体系的组成部分,一个分支学科——应用(实用)伦理学。

伦理电影学,"伦理电影"作为一种类型的研究,是以伦理问题作为主要表现主题的电影的研究,如对谢晋电影、对"伦理情节剧"的研究等,其实质是电影学。

电影的伦理学研究,从伦理学角度对电影的研究,探讨电影中表现的伦理学问题,其实质是伦理学。

而纵观电影伦理学的研究现状,多为后两个层面的,第一个层面的很少涉及。

笔者认为,应该由如下一些内容构成电影伦理学的主要框架:

(1)电影的道德原则——电影必须遵守的基本原则(正面价值被提倡,负面价值被遏制,如"惩恶扬善、正义必胜")

(2)电影的道德评价——对电影活动所涉及的道德问题做出判断(是非、荣辱、正邪、善恶)

(3)电影道德规范体系——道德规范是一个国家的所有公民必须遵守和履行的道德规范的总和。电影必须遵循的道德要求,即对电影人及电影活动制定道德原则;如公民的道德规范是"爱国守法,明礼诚信、团结友善、勤俭自强、敬业奉献",制定电影人的道德规范也可以参照。

(4)电影的道德效果——电影对人的教育意义、人格影响、人性培养等。

(5)电影的意义——电影的价值问题,核心是判断电影是否有助于促进道德上的善。

3.电影伦理学批评的主要层面

(1)电影文本伦理学批评。没有电影文本就没有电影伦理学,或者说电影文本是电影伦理学批评的首要对象,因为电影人的伦理思想与伦理观念都会保存在电影文本中。

(2)电影人物伦理学批评。电影伦理学批评,主要针对电影作品里的人物,而不是故事情节与语言形式。因为"伦理"主要还是人物的伦理,包括人物的伦理身份、伦理意识、伦理思想与伦理观念。

这部分比较重要的是人物心理研究,包括人的伦理身份、伦理困境、伦理选择等,核心是人的心理、人的情感、人的观念、人的思想、人的意志等。

(3)电影艺术家伦理学批评。电影作品的道德观念是由电影艺术家决定的,对导演、编剧、演员等主创人员和管理人员的道德观念的研究,是重要方面。此方面的研究有很强的现实意义。

电影伦理学批评的最基本方面,就是"人性基础理论",亦即"抑恶扬善"。

4.应予澄清的问题(值得警惕的倾向)

(1)电影伦理学不等于电影意识形态学,电影伦理学批评不等于电影意识形态批评。

(2)电影伦理学批评不能沦为"道德审查"。

(3)道德的"一般"和"特殊"。

(4)道德标准不能混同于美学和艺术标准。如"爱国主义""民族主义"等,可以作为道德标准,但绝非美学和艺术标准。

笔者对电影伦理学还只是初学者,率尔操觚,期待批评。

(史可扬,北京师范大学艺术与传媒学院)

中国影视文化伦理的价值预设与建构经验

彭流萤

任一影视文本都表述着某种观念,同类异名现象千变万化。而文化"伦理"杂糅其间,无数个体不断分离聚合,却被"伦理"指示固定着彼此的关系。由视听语言及伦理观念构成的符码世界,代表着我们对话语形式和表意情绪等内容的选择。在这里,潜藏于影视语言表象之下的伦理观念的世界,才是真正跟我们一脉相承的世界。影视作品中,对事实主体的筛选和领会,诠释了创作者的视角和大众接受的背景,形成个体的辨识和观念。

当影视语言逐渐深入生活,成为某种客观的见证或某种叙事建构的主导,当代世界也向理性功能的新领域不断扩延,思想文化的观念也不断完善。透过影视作品的演绎,我们掌握的事实迹象并不总是证实对事物的公正构设。对于现实与艺术化的现实二者之间的关系问题,奠基于正当而绝对的伦理原则是文化研究较为理想的切入口。伦理建基于影视文化的呈现中,人们希望它能指引、矫正并适用于这个世界的文化结构。"伦理"观念,亦即一种进行生活解释的指导原则,我们根据它来观察影视的文化事实,以便看看它是否促进我们对真实现实的理解和规则的遵循。

一、伦理的价值预设与道德性核心

立足民族文化的当代架构,对社会文化进行反思,影视是技术发展和社会转型的产物,影视文化伦理可以视作一种全新的文化伦理的分支。"概念、判断和推理,简而言之即思想。"影视中的每一个内容事件会供给观众一个相关的"判断"动作,而这个"判断"动作的给出,从事由充分性的推论到情理合乎人文常理的演绎,正是探讨影视文化伦理价值预设的前提。

(一)伦理的价值预设与道德性核心

善恶观念含混和反常伦理关系成为近年来影视剧人性化探索的表现之一,也引发了诸多指责。伦理概念既拥有着鲜明的特征维度,也具备强烈的价值维度。在影视作品中,使用伦理概念来构建文化事实的可能性,就在于影视事实之价值。如果将价值作为一种指导材料来形成具体作品的内容选择,那么,我们只要专门研究对于这一价值事实的指导原则,寻找隐藏在表象之物和选择经验中的本质。影视中有价值的观点和内容同样来自这种经验,影视伦理认为它自身在任何时候都要用崭新的文化价值来形成它所确证的过往经验和当下的联系。

我们把这时的伦理理解为众所公认的文化价值和附着于影视表象之上的那些实在对象的综合,这些实在对象由于人们考虑到这种文化传承的价值而得以保存。这时,伦理预设就是更明确地为已经确立的制度辩护,而不仅仅是研究以前的文化事实的存在。不管是在公安题材和警匪系列中,还是在其他类型中,黑白两道、正邪之争的事实和不容沾染的法理人伦价值联结在了一起。影视文化事实所固有的价值是为全体社会成员公认合理有效的支持言行的论据,并将对公平、正义等整个过程的解释视作对文化演进过程本身的解释。这些年,影视作品有了更丰富的内容,但伦理价值并不会受到创作者和研究者偏好的影响而改变。

借助于价值联系,通过影视手段演绎的事件才能作为社会文化发展系列上的某个突出特征被提取出来。它们通过与类别化的价值相联系,影视文化事件才能融于生活观影的日常,形成于发展的社会历史,充分发挥其中伦理价值的有效性与道德的必要性关怀。

影视文化伦理是价值判断的问题,关联着道德,在或多或少的程度上也受到政治看法的影响。艺术品可能包含着某些明确表达或含蓄暗示的命题,它们采取了道德的格言形式,以更加强烈的信仰成就于理性和善的意义当中。20世纪80年代中期,纪实美学开拓推动了对现实生活中的好人好事和社会新风尚的反映。把个人的道德的势力扩张到了整个人类精神的影响,对当时的影视创作产生了积极的影响。即使现在,影视剧中有一批"晚生代"创作者开始实验所谓"个人化"表现,虽然部分作品曾经出现过以个体的本能欲望取代主题深度,走向个人内心过多感性和体验的私语性,淡化应有的对世界的观照和对人类精神的弘扬等,也并没有偏离社会生活的主潮。

要弄清影视文化文本是如何以其特殊的方式具体表现,并于悄无声息中将那一系列特定价值和信仰深入观众思想的,我们就会发现,不管是什么样的文化事实都蕴藏有一个道德性的核心。观众不是一部机器,而是会被爱情、愤怒、耻辱和虚荣所打动。他们崇尚诚实和正直,坚持过去已经发生事情的必然性,也并不推卸当前状态下自己行为的道德责任。不仅如此,"政治家希望找到行为的指南——不是以道德范例的形式,而是以在处理公共事务上的实际经验的形式"。奥古斯丁主张历史的人格与政治实体是由道德标准判断的,而不是由诸如设想的"伟大性"或对社会与政治现实的实际影响等考虑来判断的。用某种直观的方法把这些人类相继发展的状态结合起来,以发现人类的"身心、道德和政治方面的各种倾向的不断发展",这就是孔德所说的历史方法的存在理由,也适用于我们对影视文化伦理的探查。

如果艺术起到形成不道德行为的观念和信念的来源的作用,那么,根据这类艺术品的非偶然、在推定意义上经常反复出现的行为效果,它们是应该遭受谴责并被严令禁止的。这些年,影视文化的传播影响已经使它成为道德变迁与进步的主要媒介。确定积极的伦理价值,需要创作时即有一个明确的宽容的态度,尊重个体意见,凭借说服使人乐意接受。加尔布雷斯曾把"谦恭和热爱,放置在历史学的重要地位上",就像年轻的历史学家承认他们事实上的确有某种"立场",他们爱好秩序、耐性、精确性和假想身历其境,社会生活的一个条件就是成人要为自己的个性担负道德责任。

所以,影视文化所构筑的历史,关注的不仅是道德在某个个人或民族的精神中的体现,只有当这一种品质对社会生活秩序产生影响时,伦理学研究才会对人物的这一性格感兴趣。在影视作品中,一切社会活动充满意义的仪式和惯例行为,我们不仅应以个人法则的思想集中考虑,也应采用历史的法则来考察社会的形态及其更替。对过去事件、制度或政策的道德判断,对已逝者事迹之精神的洞悉和理解,一切都在影视作品中以各种意想不到的形式再次出现。

(二)伦理变迁与意识形态的症候点

每部具体的影视作品都有其特殊的精神定向,在理论与实践的密切联系中,会表述为观看过程的一种个体不可重复的体验。影视创作最终确立得以运行是行政与商业双重程序所控制的,在审查顺利通过的影视生产目标下,意识形态常常大举渗透其间。像"重大历史和军旅"题材与"红色经典和家庭伦理"等题材,其文化伦理的内涵,通常只有被大众认同并引导全社会行动的价值取向和道德准则,才能成为整合社会的主流意识形态。积极的大众心理强化社会群体的历史记忆,对于影视表现的遥远时间地点的浪漫主义激情,必须与合乎宗旨的评判标准相结合,才能识别其他价值系统的完整性。

影视创作活动一直都有其自觉的合目的性,现实语境就是影视创作扎根的土壤。在所有的影视叙述中,都有一种不可化约的意识形态成分存在。事实上,每一部影视作品都像过往的历史的回顾。"在马克思的最后推论中,历史意味着三种事情,它们之间彼此不能分割、形成一个连贯的、合理的整体;根据客观的,主要是客观的经济规律进行的事件的运动;通过辩证过程的相应的思想发展;以阶级斗争形式表现出来的相应行动。"对掌握摄影机的主权者的行动见解,越少以僵化的学说和信条的形式来阻碍其心灵之自由思考,影视文化伦理表述的立场也就越有意义,"因为人们是在一个由权力和拥有权力者的社会逻辑所限制了的图像世界中创造意义的"。影视图像世界所构建的剧情世界既包含着一定的历史必然性与合理性,也可能存在着某些历史局限性。而此时的伦理渗透其中,凌驾于所有主观意识之上。

在中国影视剧情的间隙和空白中,我们更加能够确凿地感受到意识形态的人文指向。从推动影视剧情走向的决定人类行为的力量,到银幕外观众了解"现在"的企图,都具有意识形态的意涵。群体的观影态度既受环境影响,也受到默认的文化规约的限制。只是,这种意识形态的立场也在不断修正中。影视和文学一样在20世纪90年代中期经历了先锋写作的影响,随着当代中国社会转型的加速,社会问题和社会矛盾逐渐变得十分严峻和突出,当中国人越是普遍感受到生存中的各种艰难困苦时,越是会感受到某些文艺作品表现出来的当代文化的轻薄和肤浅。创作态度不转向到现实主义的尚真和求实的现实问题上,对社会人生的高度历史使命感和社会责任感就会发生扭曲。即使在中国影视文化专题研究中,文化伦理都在试图从中外文化融合和中国文化发展变化的大势上重新伸张。伦理特征的参照,依据的不会是国际格局的变化和社会经济等的变动。伦理的变迁脉络随着历史发展而明晰,这也是使得影视艺术向前推进的内在动因。一直以来研究影视文本最重要的策略就是寻找意识形态的症候点,从探询"明说的"与"未明说的"之间的关系来寻找文化伦理的痕迹。

二、文化伦理的建构功能与叙事经验

近年来,家庭伦理和社会伦理在影视审美文化批评的表达上更为灵活开放。但伦理表述本来就是一个特征描述非常复杂的系统工程,不同影视作品之间仍然存在着巨大的逻辑差异。以往,影视史学和艺术美学是影视研究的重心,随着技术和产业等层面不断涵括其中,文化伦理也逐渐成为我们研究视野聚焦的主要问题。伦理的演绎,是影视内容得以成立的灵魂,揭示了为人们所接受的叙事解释的转化过程。

(一)文化伦理的建构功能与叙事经验

其实,影视因其直观性的语言特点,常常含有较多简单的道德判断。可以或不可以?为什么可以?影视中的文化意义究竟来自何处?我们可以读解出一个具体的影视类型的成长与盛衰,甚至认知到特定历史时期社会共同认可的道德原则与价值观念。影视实践可以根据人们的需要来研究和重组任意时刻,叙事是一种极其自然的驱动力。而在任何影视剧创作中,叙事形式的使用也几乎不可避免。一切叙事实际上都是在思考着历史或针对当下与未来的理想型建构。在影视作品中,最重要的形塑权力即各种目的的叙事功能建构。

观念形态的文化反映着物质、制度和精神等所蕴含的思想意识和情感意志,在文化理论的探讨中,价值信仰和知识能力等人的主观世界的活动会涉及如典籍、语言文字、宗教道德和风俗习惯等物化的形态和成果。叙事风格和表现形式对真实的生活和想象的世界进行着修饰和装扮。对影视文化事实进行分析已形成理性的判断,运用虚拟的现实来进行指涉和叙事,以实现文化伦理的建构,影响着影视文化伦理的自足和发展。在影视作品中,文化伦理提供对具体事件的富有意义而看似正当的解释,以及对人类活动过程中的参与者合理的指导。求美存真以实现事实的公正,深入的叙事阐释也是对一些过去社会意义的认识和对社会表现形式的理解。

个人所谋划和行动的每一个伟大的事件都需要"叙述"来做一个恰当的"工程设计",运用严格的价值判断去探究既定的"事实",探察潜藏在理性时代的伦理体系基础以及它可能有的缺陷与不一致性。在影视文化伦理讨论的范围内,尊重事实价值的预设立场,是因为所有的民族和时代里,人们的诸多言行还是有着巨大的一致性。在影视作品中,预设行动者的思想对社会事实重述必然关系着文化建构的经验指导。"所有的语言,不管它用什么媒介,都涉及说了什么与怎样说的,或者说,实质与形式这两个要素。"叙事的优点被充分地展现出来:对事件复杂性的叙述使得许多事件参与者并不能顺利地实现他们的人生目标,因为历史的表现经验给予了如何讲述比讲述什么更重要的指示。讲述什么呢?这时的文化伦理早已在经验性叙事启动之初即得以建构。

(二)真实与历史演剧理想

影视作品可以作为预设的"史实化的过去",其构成也在无限趋近于这种记录的"史实化"性质。影视剧等作为复杂的历史过程的产品,其所存留的踪迹,某种程度上也是我们所拥有的唯一"真实的过去"。在真正作为某种外在论述的实存这个意义上,这类影像踪迹也成为文化伦理所指称的实在对象。文化解释总是涉及道德判断和价值判断,重大且无法核实的有关未来的假设基础之上来理解事物的意义,也只能是如实地说明事实而已。

对已知事实的陈述,是为了人类的自我认识,以供那些希望了解这些事实的人参考。为应对自我的迷失和狂躁,而试图从已知的国族史文化中寻求精神寄托,借历史、借传奇、借玄幻等各种题材来言说现实,传递了人类自尊自信的栖止。于是,影视领域,历史题材、现实题材都是既高度繁荣又危机重重。为大众提供无限想象空间的影视,在对现代国人梦想巧妙演化绽放的赞叹声中,常常成为国人重塑生活、言说现实的理想策略。在研究中我们会不自觉地使用后现代性等西方理论来形容某些历史题材的作品,那些表现为边缘化的历史叙事戴着"新历史主义"的帽子,极易导致历史理性的消解和历史决定论的颠覆,历史是非观被悬置,历史真相变得扑朔迷离。我们知道,实证主义者对归纳法的强调是先确定事实,然后从中得出结论。影视创作者如同历史学家一般,以单独个人的想象来重新体验人类的整个生命历程,并期待能忠实于它那原型所形成的文化模式。提供给受众的历史演剧的理想影响着民族文化基础的象征符号系统的稳定,也指示了尽快建立文化传播秩序准则的重要性。

像影视剧中经常被演绎的包公、施公和狄公等著名的青天形象,就是中国普通百姓心目中理想化了的人物,这些并不能等同于真人。创作中,人们常常将普罗大众极具智慧的理想跟这些人物结合,"理想的最优构成理论会将理想视为最大化运动的实际工具",所以理想型的人物设计也会考虑到它应遵循的方式。另外,像在家庭伦理亲情题材中,大团圆的理想结局层出不穷。现在,影视剧中已无有真伪之辩撰述的年代、时因和动机,包括文化伦理在内,种种研究都可以适用同一的研究法:即以同情于人类所曾做过的事而致合理的生活于可能的境界。

事实上,影视对现实题材的把握往往会使社会记忆的结构模糊化。这种尝试不考证影片是否再现、是否真实,但是人们会从实证主义的视角借助其他标准来评估文化伦理显现的准确性。影视作品形式范畴所拥有的,如虚拟的生活流程和情节结构等,以及接近生活原貌的声、光、色的处理,在这些日常生活表象偶然性的背后,仍然存在着一个能支撑我们永恒实在的真实世界。而伦理来源于此,也凝聚于此。对伦理的探讨,是我们可以使用的方法,以通向这个世界,感受影片中所营造出的无异于生活的"真实感"。但历史真实的追求并不是最大的理想,历史精神和文化伦理的传承和表现才是关键。

尽管如此,人们也尝试过要将现实生活直接复现,艺术与生活的界限逐渐模糊,关于影视艺术的真实不再是问题的关键。真实性与现实的区别,恰是前者以后者为本质特征。在历史人格的追求中,求真的品性帮助人们实现对德性的理解和对生活宏观的把握。

人们要过优美的高尚的生活,必须要有内心的修养。既然如此,就必须把人的全部情绪、信仰、信念、价值观和道德判断并入文化解释的结构。至于影视叙述是否应当具有一种形而上学的客观性,李凯尔特在同样的历史叙述的这个问题上持明确的否定立场。他始终强调价值观作为历史叙述的指导原则的重大作用,承认历史叙述中不可避免地含有"主观主义"成分。不管是心灵体验还是生活客观,不管是真实的人生还是历史演剧的理想,在任何场合下,都需要把本质之物与非本质之物区分开。认知受众主体在认识活动中不管是直观存在的还是被心理预期所想象着的,都需要对接受下来的事物采取某种态度。科学的认识不仅依赖于进行想象的主体,而且依赖于做出评价的主体,科学的材料在我们的叙述中不得不含有一定的"主观主义"成分,但这正是通过叙事经验对文化伦理的主动性建构。

(彭流萤,中国文联电影艺术中心、《电影艺术》编辑部)

中国电影与现代婚恋伦理变迁述论(1913～1966)

史博公　吴岸杨

婚恋伦理是社会伦理的组成部分,泛指夫妻或恋人应当遵循的法律和道德规范。[1]这些规范及其价值导向会随着时代的更迭而嬗变。推崇与时俱进的婚恋价值观,显然有益于个人幸福、家庭和睦、社会发展和民族兴旺。在中国电影史上,与婚恋伦理相关的作品可谓不绝如缕。譬如《难夫难妻》(1913)、《挂名的夫妻》(1927)、《王先生》(1934)、《小城之春》(1948)、《我们夫妇之间》(1951)、《谁是被抛弃的人》(1958)、《李双双》(1962)、《红石钟声》(1966)等。这类影片之所以数量众多且广受欢迎,除了激荡其中的爱恨情仇、生离死别等戏剧魅力外,还在于沉潜其中的时代波澜和价值观念能够触动观众的心弦,乃至形成社会影响。对这类作品的流变状况加以系统阐释,既可以呈现时局演变与婚恋伦理沿革之间的互动关系,也能够有效地拓展电影研究的视野,[2]裨益于中国电影学派的建构。

一、民国电影中的婚恋伦理(1913～1949)

民国电影的崛起、发展与兴盛步履,刚好伴随着我国社会从传统向现代的转型过程。[3]在这一过程中,婚恋伦理也出现了不少变化,并且在民国电影中得到了较为生动的反映。概括而言,这种反映主要体现在三个方面:

(一)对传统婚恋伦理的扬弃

我国传统婚恋伦理源远流长,是传统社会维护家庭及宗族关系的重要道德规范,因此向来备受尊崇。但从清末民初开始,受西风东渐的影响,特别是经过辛亥革命和新文化运动洗礼之后,人们对传统婚恋伦理的态度发生了变化:一方面,那些倡导夫妻双方要相濡以沫、同舟共济的内容仍然得到尊重;另一方面,有些违背人性的糟粕则受到了蔑视、抨击或摒弃。在这个移风易俗的过程中,民国电影起到了相当积极的推动作用。

例如,在《难夫难妻》(1913,张石川、郑正秋)中,被推入洞房的一对男女竟然从未谋面。影片由此含蓄地表达了对其未来生活的担忧——这样的婚姻能幸福吗?而在《劳工之爱情》(1922,张石川)中,则畅快淋漓地对"自由恋爱、婚姻自主"给予了充分肯定。由此,民国电影不仅质疑了传统婚恋伦理的基础——"父母之命,媒妁之言",进而还对其做了一定的嘲讽乃至颠覆。

再如,"寡妇守节"在历史上曾被当作"妇道"的至高境界。然而,《玉梨魂》(1924,张石川、徐琥)、《挂名的夫妻》(1927,卜万苍)等影片却通过年轻寡妇的际遇剥下了封建礼教的虚伪面纱,揭示了它泯灭人性的本质。至于童养媳、指腹为婚、抱死人牌位成亲、冥婚等畸形婚俗,更是在《最后之良心》(1925,张石川)等作品中受到了严厉鞭挞。

又如,"门第观念"向来是传统婚恋伦理恪守的金科玉律,但在《野草闲花》(1930,孙瑜)、《桃花泣血记》(1931,卜万苍)、《恋爱与义务》(1931,卜万苍)等影片中,却受到了旗帜鲜明的挑战。而这些影片的公映也必然会鼓励更多的青年冲破门第藩篱,去勇敢地追求真爱。

此外,对于传统婚恋伦理中那些仍符合现代公序良俗的品德操守,民国电影也予以了充分褒扬或同情。譬如:古往今来的"贤妻"大都具有尊老爱幼、吃苦耐劳、忍辱负重的品德,而这些品德在《孝妇羹》(1923,任彭年)、《歌女红牡丹》《1931,张石川》《一江春水向东流》(1947,蔡楚生、郑君里)等影片中,均有浓墨重彩的渲染。颇有意味的是,这批影片在剧作上鲜少采用"苦尽甘来"式的传统戏曲套路,而是让其中的女主人公多以悲剧告终。可见,民国电影并非一味推崇"妇德",而是在肯定其良善的同时,也对因此而陷于困境的女性表达了惋惜之情。这对于文化程度较高的观众来说,或许多少有些"女权意识"的启蒙价值。

(二)对现代婚恋伦理的倡导

就思想文化、生活方式而言,民国社会总体上呈现为兼容并包、日趋开放的特征。因此,现代婚恋伦理也逐步得到了大众认可。与夫为妻纲、从一而终等传统伦理不同,现代伦理不仅提倡已婚男女要平等相待,同时还允许双方可以与其他异性适度交往,并且二者都享有离婚、再婚以及参加工作的自由[4]。显而易见,这样的价值观更尊重人性,更利于社交,也更适应时代发展的需要。纵观民国电影,《弃妇》(1924,李泽源、侯曜)、《卫女士的职业》(1927,张石川、洪深)、《三个摩登女性》(1933,卜万苍)、《女儿经》(1934,张石川等)、《十字街头》(1937,沈西苓)、《遥远的爱》(1947,陈鲤庭)、《太太万岁》(1947,桑弧)、《小城之春》(1948,费穆)、《哀乐中年》(1949,桑弧)等很多作品,都从不同角度对现代婚恋伦理做了生动诠释。

在《小城之春》中,妻子周玉纹和病弱的丈夫戴礼言过着沉闷的日子。一天,礼言早年的朋友章志忱(医生)来访,住到了他家。志忱和玉纹早年曾有恋情,此时俩人旧情复萌,但彼此都有顾忌。礼言察觉后,想以自杀成全他们。最终,玉纹难舍礼言,志忱怅然离去。该片在视听语言上的成就堪称民国电影之翘楚,其怨而不伤的格调亦颇受赞许。但它在婚恋伦理方面的突破,却鲜少被人发掘。不言而喻,若以传统观念审视,玉纹的表现无疑有违"妇德"。然而,该片却以温婉体贴的叙事给予了她人性化的观照,亦由此拓展了观众对婚外情的认知经验。稍显遗憾的是,受国情和时代的局限,该片刻意铺垫了昔日恋情的背景,并且始终恪守着"发乎情,止乎礼"的分寸。凡此种种,虽然让影片避免了"道学家"的攻讦,但在帮助观众理解"中年危机"方面,似乎亦因此而显得不够深刻。[5]

如果说《小城之春》探讨了婚恋伦理中最为敏感的问题,那么《太太万岁》的着力点则在于:面对婆婆的跋扈、丈夫的荒唐,家庭主妇不能总是委曲求全、克制隐忍。而《遥远的爱》更进一步主张:妻子完全可以挣脱自私丈夫的牵绊,到时代热潮中去书写自主的理想人生。显然,这类作品虽然角度不同、故事各异,但它们所强调的重点都在于:已婚女性依然享有作为"人"的尊严和自由。当然,民国电影在捍卫"女权"的同时,并没有忘记批评那些蛮横霸道的"河东狮"——《马介甫》(1926,朱瘦菊)、《王先生》(1934,邵醉翁)、《马路天使》(1937,袁牧之)等影片,都对这类令人瞠目的悍妇做了入木三分的刻画。

此外,民国电影还对中老年人的"再婚"愿望给予了深切关怀。譬如:影片《哀乐中年》就以轻喜剧风格诙谐地晓谕人们:每个鳏寡者都享有再婚的权利,而且年龄差异不应当成为婚姻的羁绊。在世俗生活中,中老年人想"续弦"时,常会受到成年子女的阻挠,甚至为舆论所不齿。因而,该片的上映显然有助于人们更新这方面的观念。

(三)长期战乱对婚恋伦理的影响

纵览民国时期的影片不难发现,一方面,有不少作品都描写了与婚恋伦理有关的矛盾、纠纷甚至冲突;另一方面,却几乎看不到有哪部影片正面表现了与此有关的司法案例,或者说看不到政府在改良婚恋伦理方面做过怎样的努力。当然,这种状况并不意味着电影创作对相关情形的漠视,而是受时代条件掣肘,各级政府在这方面的作为确实有限。[6]

民国仅存在了38年,且长期处于战乱之中,整个国家始终没有实现真正意义上的统一(区域割据是常态),这就使中央政府根本无力也无暇进行系统、持续、全面的社会改造。事实上,当局也曾试图从法律和道德层面改良婚恋伦理,但收效甚微。譬如，包办婚姻、蓄妾纳婢乃至虐死媳妇的情况，直至民国末年在各地依然屡见不鲜。[7]

换个角度来看，民国时期虽然打开了通向现代社会的大门，但是传统习俗和伦理对整个社会依然有着根深蒂固的影响，婚丧嫁娶犹然，这就使新式婚恋伦理的确立和推广困难重重。比如，"一夫一妻制"虽然得到广泛提倡，但从1912年颁行首部法律《暂行新刑律》开始，直至1946年实施《中华民国民法典》，在司法实践中始终未能真正禁止民间"纳妾"，只是略微增加了若干有利于改善"妾"的处境的条款而已，这实际上是对纳妾习俗的妥协或默许。[8]

事实上，民国新式婚恋伦理的倡导者主要是部分文化精英和少数政界人士，而践行者则多为大城市的青年知识分子。至于普通民众（无论贫富），基本上依旧踯躅于传统的婚恋模式之中。[9]如此看来，相关司法判例缺席于民国电影的情形也就不难理解了。

此起彼伏的战乱贯穿了整个民国时期，这不单使政府难以采取可持续的司法或行政手段改良婚恋习俗，同时也使民间的婚恋问题变得更加复杂和严峻——很多家庭因战乱而解体，不少恋人因战乱而离散，更有无数恩爱夫妻因此而产生裂隙乃至反目成仇。譬如，历时十四年的日本侵华战争就造成了无数家破人亡、妻离子散的人间悲剧。凡此种种，在民国电影中均有所反映。在影片《一江春水向东流》中，丈夫张忠良原本是个热血青年，对妻儿老母也十分关心。然而，他在参与"抗日战地救护"时不幸被俘，后来被迫流落异乡。在走投无路之中，逐步堕落、沉沦于腐朽生活，最终背叛了对他一往情深的妻子。该片犹如一部哀婉的史诗，为观众呈现了战火给亲人造成的创痛，给婚姻带来的伤害。

又如，国民党政权为了应对规模空前的国共内战（1946～1949），曾多次滥发纸币，结果导致物价飞涨、市场凋敝、民不聊生。有些人为了谋生，简直无所不用其极，其中就包括婚姻欺诈。在影片《假凤虚凰》（1947，黄佐临）中，一家公司的经理为了搞到资金避免破产，便诱使一名英俊的理发师杨小毛冒充其身份，向登报征婚的华侨富翁之女范如华求婚。而范实则是个交不起房租的寡妇，结果俩人交往不久便露了馅……尽管该片采用了喜剧风格，并且还让男女主人公最终真诚面对、共结连理，但它显然也揭示了战乱与婚恋伦理混乱的关系。此外，《还乡日记》（1947，张骏祥）、《乘龙快婿》（1947，袁俊）等影片，也从不同角度呈现了战乱对婚恋伦理所造成的种种冲击。

当然，在战火纷飞、颠沛流离的情势面前，并非所有婚姻都不堪一击，即便在艰苦卓绝的14年抗战期间亦同样如此。何应钦与王文湘、吴稚晖与袁云庆、孙立人与张晶英、梁思成与林徽因等名流的爱情自不待言,[10]即便是普通民众的婚恋也有很多可歌可泣的故事——在《生死同心》(1936,应云卫)、《铁骨冰心》(1946,裴冲)、《吉人天相》(1947,何通)、《八千里路云和月》(1947,史东山)、《满庭芳》(1948,钱渝、梅阡)、《松花江上》(1948,金山)等影片中,均呈现了经得住战火考验的至情至爱,从而为抗战时期的婚恋伦理谱写了一曲曲荡气回肠的时代赞歌。

二、新中国电影中的婚恋伦理(1949~1966)

如果说民国时期的婚恋伦理变化体现出的是民间性、渐进性的色彩,那么,新中国的婚恋伦理变革则具有官方性、突变性的特征。这主要是因为后者已完全统一了大陆,并且在移风易俗方面施行了强有力的行政干预,从而使中央政令和国家意志能够在全国得到迅速、广泛的贯彻。综合来看,在新中国电影中,婚恋伦理的变化主要体现在两个方面:首先是《婚姻法》等法律法规的实施,全面改良了传统婚恋习俗;其次是社会主义道德体系的确立,在一定程度上重构了民众的婚恋价值观。

(一)新中国法律对婚恋伦理的改良

在世界各地的历史上,对婚恋伦理影响较大的因素主要是传统习俗、民族宗教和国家法律。新中国讲求破旧立新,因此当时对婚恋伦理影响最大的因素,就是由新政权颁布的国家法律。

新中国对婚姻问题极为重视。早在1950年5月1日,中央政府颁行的第一部法律就是《中华人民共和国婚姻法》(以下简称《婚姻法》)。当时,毛泽东曾专门就此强调:婚姻法关系到千家万户、男女老少的切身利益,是普遍性仅次于宪法的根本大法。[11]1953年,各级政府开展了宣传贯彻《婚姻法》的运动。由此在短短数年间,新型婚恋伦理便在民间得到了广泛普及。

由父母等长辈包办婚姻是传统婚恋伦理的基础,也是其典型特征。这类婚姻具有禁锢人性、扼杀爱情的秉性,千百年来衍生了无数"陆游与唐婉"式的人间悲剧。因此,以"废旧立新"为特点的《婚姻法》第一条就开宗明义:"废除包办强迫、男尊女卑、漠视子女利益的封建主义婚姻制度。实行男女婚姻自由、一夫一妻、男女权利平等、保护妇女和子女合法权益的新民主主义婚姻制度。"在第二条中更是明确强调:"禁止重婚、纳妾。禁止童养媳。禁止干涉寡妇婚姻自由。禁止任何人藉婚姻关系问题索取财物。"[12]从此,传统婚恋伦理中那些非人道、反人性的内容在法理上被彻底终结。这意味着,绝大多数中国人将享有婚姻自主的权利,堪称具有划时代的重大意义,对于保护女性权益而言尤为如此。[13]

电影是当时的重要宣教工具之一,在《婚姻法》颁行当年,就有导演迅速推出了新中国首部"普及教育片"《儿女亲事》(1950,杜生华)。影片讲述了农村青年王贵春和李秀兰自由恋爱、终成眷属的故事。其中,不仅展现了在村妇女主任和区政府支持下,男女主人公战胜包办婚姻的过程,还呈现了办理结婚手续、举办新式婚礼等细节。其间,还借妇女主任之口讲了一个"童养媳跳井自杀"的故事。此外,影片在渲染小两口婚后甜蜜生活的同时,还特意穿插了他俩帮秀兰爹收割麦子的场面。由此表明:自由恋爱而成的婚姻并不会影响儿女孝敬父母。

显然,该片对《婚姻法》的宣传可谓十分周到,几乎涉及了相关问题的方方面面。尤为令人赞赏的是,该片虽属应时之作,却没有命题作文式的生硬,或者急就章式的苍白。整部影片叙事饱满流畅,情节合理生动,采用的几首歌曲也很精当,既丰富了视听元素,也升华了宣传主题,堪称点睛之笔。用如此出色的作品去推广《婚姻法》,其传播效果可想而知!

在普及《婚姻法》的过程中,政府又于1955年颁行了《婚姻登记办法》,从而进一步从制度上保障了婚姻自由。这意味着成年人都有自愿结婚或离婚的权利,只要履行合法的登记手续即可,而不必再像从前那样受制于父母或他人。出人意料的是,在这些法律和法规出台后,竟然出现了连续几年的"离婚潮"。据不完全统计,各地法院仅在1953年就受理离婚案117万件;全国在1951~1956年离婚的夫妇高达600万对。[14]尽管这其中难免会存在一些问题,[15]但不可否认的是,很多备受屈辱的妇女也因此获得了解放。例如:影片《两家春》(1951,瞿白音、许秉铎)就讲述了一个苦闷的童养媳在村妇女主任的劝导下,先与"小丈夫"离婚,再和心上人结婚的故事。

此外,这一时期抨击传统婚姻陋习,倡导现代婚姻观念的影片还有《小二黑结婚》(1950,顾而已)、《赵小兰》(1953,林扬)、《一场风波》(1954,林农、谢晋)、《妈妈要我出嫁》(1956,黄粲)、《刘巧儿》(1956,伊琳)、《凤凰之歌》(1957,赵明)、《李二嫂改嫁》(1957,刘国权),以及沪剧电影《罗汉钱》(1957,顾而已)等。它们从不同侧面揭露了包办婚姻、童养媳、寡妇守节等旧习俗的丑陋,赞颂了自由恋爱、婚姻自主的益处,同时也表现了法律和司法在移风易俗中的关键作用,对民众树立新式婚恋伦理观起到了相当积极的推动作用。

需要顺便提及的是,在这一时期出现的《芦笙恋歌》(1957,于彦夫)、《秦娘美》(1960,孙瑜)、《刘三姐》(1961,苏里)、《摩雅傣》(1961,徐韬)、《阿娜尔罕》(1962,李恩杰)、《阿诗玛》(1964,刘琼)等很多少数民族题材影片中,以及《祝福》(1956,桑弧)、《青春之歌》(1959,崔嵬、陈怀皑)、《早春二月》(1963,谢铁骊)等若干民国题材的作品中,也都描写或触及了婚恋伦理问题。这些作品以一个个感人至深的故事,表达了对封建婚姻陋俗的憎恶,同时也从反面印证了新中国实施《婚姻法》,厉行婚恋伦理改良政策的必要性和正当性。

(二)新中国道德对婚恋伦理的重构

早在1949年,毛泽东就自信地宣称:"我们不但善于破坏一个旧世界,我们还将善于建设一个新世界。"[16]新中国成立后,为尽快确立民众对新政权的信仰,也为了尽早赢得世界的尊重,党和政府自然要想方设法加快建设"新世界"的步伐。为此,不仅提出了"鼓足干劲,力争上游,多快好省地建设社会主义"等一系列斗志昂扬的路线、方针和口号,[17]而且还把一些原本用来要求党员干部信奉的理想信念,如公而忘私的集体主义精神等,推广成了要求全民共同崇尚的道德规范,以便借此激发民众的忘我劳动热情和无私奉献精神。

正是在上述背景下,千百年来一向属于"私德"范畴的婚恋伦理,从1950年代起被广泛植入了"公德"的理念。这些公德在思想上体现为坚定明确的政治立场和信仰;在行动上体现为一心为公、任劳任怨的劳动态度。这就意味着,婚恋不再完全是私人的感情抉择,而在很大程度上要受到国家意志与时代语境的影响。换言之,对于构成婚姻的基础而言,男女双方在世俗意义上的"般配"程度如何,乃至两人的感情基础如何,似乎都已不再是首要因素,重要的是两者在新中国推崇的价值观上能否达成共识。

当然,时代公德对民间私德的普遍改写或彻底重构并非易事。事实上,理想和现实总会有不小的差距——受传统婚恋伦理的惯性影响,以及人们在选择婚恋对象上的本能使然,民间的大多数婚姻其实依然运行在世俗化的伦理框架之内。但这并不妨碍官方在主流媒体上旗帜鲜明地大力倡导新的婚恋伦理观。在这方面,体现得最直观,社会影响最广泛、最持久者无疑还是首推电影。例如:《结婚》(1954,严恭)、《幸福》(1957,天然、傅超武)、《上海姑娘》(1957,成荫)、《护士日记》(1957,陶金)、《生活的浪花》(1958,陈怀皑)、《悬崖》(1958,袁乃晨)、《布谷鸟又叫了》(1958,黄佐临)、《女社长》(1958,方荧)、《今天我休息》(1959,鲁韧)、《五朵金花》(1959,王家乙)、《万紫千红总是春》(1959,沈浮)、《笑逐颜开》(1959,于彦夫)、《我们村里的年轻人》(1959,苏里)[18]、《慧眼丹心》(1960,伊琳)、《李双双》(1962,鲁韧)、《锦上添花》(1962,谢添、陈方千)、《青年鲁班》(1964,史大千)、《山村姐妹》(1965,张铮)、《红石钟声》(1966,傅杰),以及豫剧舞台艺术片《朝阳沟》(1963,曾未之)等影片虽然讲述的故事各异,但同样都是对社会主义新式婚恋伦理的艺术化抒写。

就上述影片来看,将政治诉求和艺术品位平衡得较好者或许首推《布谷鸟又叫了》。该片演绎了发生在江南某地一支农村青年突击队里的故事:女队员童亚男漂亮、能干、爱唱歌,人称"布谷鸟"。她与男队员王必好正在热恋,但王有点自私,甚至不许她当众唱歌。后来,她逐渐钟情于肯钻研也爱唱歌的男队员申小甲。在党组织关心下,俩人终于喜结良缘,一度沉默的"布谷鸟"又亮出了动听的歌喉。显然,该片是在教化人们:只有投身于社会主义建设事业,才能赢得组织的信赖和群众的赞赏,也才能收获美满的爱情。[20]

需要特别指出的是,新中国道德对婚恋伦理的影响并不局限于年轻人。在影片《锦上添花》中,山区火车站的职工与当地生产队打算联合建造一个小水电站。老站长与妇女队长胖大娘早已相互倾慕,但彼此忙于工作,加之又怕旁人议论,所以一直没有表明心迹。好在这一切都被大伙儿看在眼里,大家想方设法要促成他俩的好事。秋收时节,水电站顺利竣工,众人就势为老站长和胖大娘举行了热闹的婚礼。这是一部颇为别致的喜剧片,它用一个"锦上添花"的故事表明:那些为集体事业辛勤工作的人不仅会受到群众拥戴,而且还能迎来幸福的婚姻,即便中老年人也不例外。

此外,影片《青年鲁班》也值得重视。在该片中,建筑工人李三辈解放前是苦出身,文化程度很低。但他通过上夜校不断学习,在实践中大胆尝试,最终不仅成功改进了施工方法,加快了工程进度,还赢得了美丽聪慧的夜校教师秦淑贞的真挚爱情。这部作品以鲜活的事例表明,通常被人们看作"大老粗"的工农兵,只要爱学习、肯钻研,不但同样可以出人头地,而且还能获得知识分子的爱情。进一步来看,这样的情节实际上也是从侧面驳斥了那种歧视工农,讲求门当户对的陈旧观念。[21]与此相反,《如此多情》(1956,方荧)、《寻爱记》(1957,王炎、武兆堤)、《青春的脚步》(1957,苏里、严恭)、《金铃传》(1958,刘沛然)等影片,则从不同角度批评了在婚恋问题上攀富结贵、喜新厌旧等不良习气。

(三)新中国出现的婚恋伦理新问题

随着新中国的建立,大批贫雇农出身的、曾经屡立战功的军队转业干部被充实到了各级政权当中,并且大都担任了领导职务,享有较高待遇。地位、身份、处境的变化,常常会对人的思想、情感、心态乃至价值观、人生观产生影响。加之这批干部的文化素养普遍偏低,其中甚至不乏文盲、半文盲,因此他们天然地认为自己过去革命有功,现在革命成功了,当然应该好好享受一下。正是在这样的背景下,当时在部分干部中出现了程度不同的享乐腐化倾向。在这当中,千方百计抛弃乡下妻子,想方设法迎娶城市姑娘的"婚姻改组"现象尤为突出。这种情形在 1950 年代甚至一度引发了离婚潮,严重影响了党政军的声誉。为此,中央曾专门加以整治。[22]

尽管上述状况是属于特殊时期出现的特殊现象,但它仍然是讨论新中国婚恋伦理沿革所不能忽略的一个话题。事实上,这种情形在当时就曾引起过舆论关注,[23]电影也对此有所反映。例如,在影片《谁是被抛弃的人》(1958,黄祖模)中,某机关办公室主任于树德在外地乡下已有俩孩子,但他诱骗了陈佐琴姑娘的纯真感情,致使对方怀孕。他为了保住名誉、地位,竟向战争年代对其有救命之恩,并已结婚十多年的妻子提出了离婚。最终,妻子认清了他的污秽灵魂,毅然同意离婚。而陈佐琴也在组织教育下幡然醒悟,向法院举报了案情。结果于树德被撤职查办,成了"被社会抛弃的人"。与该片主题相关的作品还有《我们夫妇之间》(1951,郑君里)、《霓虹灯下的哨兵》(1964,王苹、葛鑫)等。虽然这些影片受时代影响,有的未及公映便被封存,有的受到了严厉批判,[24]但它们却以其直面现实的敏锐和勇气,为后世全面了解新中国婚恋伦理的变化,留下了殊堪珍贵的资料。

结语

尽管民国和新中国在政治制度、意识形态等诸多方面都截然不同,但仅就婚姻伦理的革故鼎新而言,两者却做出了一脉相承的努力。例如,在整个民国长达 38 年的光阴里,虽然童养媳、蓄妾纳婢、寡妇守节等陈规陋习曾受到舆论的长期批判,民国的法律和司法也在这方面做过一些积极尝试。在进入新中国后,通过实施《婚姻法》,再加上强有力的行政措施,基本根除了这些恶习,由此在真正意义上确立了一夫一妻制。

当然,民国和新中国在婚恋伦理价值观上并不完全一致,在某些方面甚至还有很大差异。其中最典型之处就在于,婚恋伦理在民国时期始终属于私人生活问题,而新中国却为之赋予了公德色彩。当这种状况在电影里被加以艺术化、典型化处理后,就显得更为鲜明,愈发突出,以至于让人觉得婚恋的前提不是两性感情如何,而是彼此在思想觉悟上能否产生共鸣。在这类作品中,靓丽聪慧的女性实际上已经成为一个符号化的"奖品",而"获奖者"必定具有吃苦耐劳、公而忘私的美德。尽管这样的艺术表现有悖于人性,但它在增强人们的集体主义观念,引导大家积极参加生产建设方面确实有效。因而,这样的婚恋伦理及其电影呈现便具有了一定的时代合理性。

(史博公,中国传媒大学电影研究所;吴岸杨,中国传媒大学)

注:

[1]王歌雅.中国婚恋伦理嬗变研究[M].北京:中国社会科学出版社,2008.

[2]贾磊磊,袁智忠.中国电影伦理学的元命题及其理论主旨[J].当代电影,2017(08).

[3]史博公.建构中国电影社会学——以抗战题材电影研究为例[J].电影文学,2017(09).

[4]史博公《1920年代:民国电影崛起的缘由及影响》,在2016年中国电影史年会上的专题发言。

[5]王新宇.民国时期婚姻法近代化研究[M].北京:中国法制出版社,2006.

[6]可参考一些同类题材的世界名片,如《廊桥遗梦》(1995/克林特·伊斯特伍德)等。

[7]陈昊.中华民国时期婚姻家庭立法研究[D].山东大学2008届硕士论文。

[8]邓伟志.近代中国家庭的变革[M].上海:上海人民出版社,1994.

[9]王新宇.民国时期婚姻法近代化研究[M].北京:中国法制出版社,2006.

[10]吴智龙.中华民国时期婚姻法研究:以婚姻立法和司法为视角[D].重庆:西南政法大学2013届硕士论文。

[11]宁馨《民国爱情——遇一人白首》中的相关内容,中国友谊出版公司2015年版。

[12]汪铁民《毛泽东两次主持联席座谈会讨论婚姻法草案》,《检察日报》2014年3月3日。

[13]引自:《中华人民共和国婚姻法(1950年)》,载【法律图书馆】http://www.law-lib.com/law/law_view.asp?id=43205

[14]黄传会.共和国第一部《婚姻法》诞生纪事[J].档案春秋,2006(12).

[15]黄薇.新中国第一部法律1950年《婚姻法》:一场观念与制度的革命[J].文史参考,2011(18).

[16]当时,各地对《婚姻法》的宣传过于草率,贯彻过于仓促,致使不少干部群众在理解上产生严重偏差,出现了男女关系混乱、离婚率陡增等现象。参见:汤水清《"离婚法"与"妇女法":1950年代初期乡村民众对婚姻法的误读》,《复旦学报(社会科学版)》2011年06期。

[17]毛泽东.在中共七届二中全会上的报告[M]//毛泽东选集·第四卷,北京:人民出版社,1991:1424—1439.

[18]在1958年5月党的"八大二次会议"上,由毛泽东建议,中央提出了"鼓足干劲、力争上游、多快好省地建设社会主义"的总路线.

[19]该片在1963年还拍摄过一部同名续集影片.

[20]史博公、黄瑞璐.银幕民歌与时代语境互动关系研究——以"十七年时期"电影中的插曲为例[J].音乐传播,2016(01).

[21]这里需要指出的是,尽管主流舆论导向对民间婚恋取向确有影响,但银幕理想和现实人生仍有较大差距。在1950～1970年代,绝大多数女性择偶的首要因素依然是要看男方的收入和地位如何。当时随着局势的变化,曾先后流行过"一军二工三教员,第四才嫁庄稼汉";"一工二干三军人,宁死不跟老农民"等顺口溜。但在"知识青年上山下乡运动"期间,确实也出现过一些知青和农民结婚的事例。参见:张海钟,刘慧珍.女性择偶标准的社会历史变迁及当代走向[J].邯郸学院学报,2010,(20,4).

[22]张国新.论新中国成立初期邓小平谈"我们是有缺点的布尔什维克"[J].毛泽东思想研究,2006,(23,6).

[23]柏生.北京一年来的婚姻案件[N].人民日报,1950—04—28.幽桐.对于当前离婚问题的分析和意见[N].人民日报,1957—04—13.

[24]陈墨.银幕档案:看20世纪50年代婚恋风情(四)[J].名作欣赏,2017(8).

伦理学视域下的电影之罪

袁智忠　周星宇

引言

2世纪,古罗马神学家图尔德良首次提出基督教的"原罪"观点,后被北非神学家圣·奥古斯丁加以发挥和充实,形成了包括傲慢、嫉妒、暴怒、懒惰、贪婪、饕餮以及淫欲在内的人类七宗罪[1]。在基督教看来,人类始祖亚当听信蛇的诱惑偷食禁果、悖逆上帝,导致人类生而有某种意义上的"原罪";而被逐出伊甸园的人类只有追随承担世人罪孽的耶稣基督,才能获得救赎。"原罪"被认为是人思想犯罪和行为犯罪的根源,主动祷告和自我反省是希伯来教义推崇的人类自我救赎方式。依托《圣经》的教义,相应的宗教行为范式被广大信众追随,人类的"原罪"也在信仰的回归中获得最终的"救赎"。人之初,性本恶,如果说宗教学中人类带着"原罪"从母体诞生的观点是哲学、伦理学、人类学和社会学等相关学科的题中之义,那么作为人类精神产出的文化和艺术也必然会具备相应的"原罪"特性。文化和艺术有某种意义上的"原罪",电影自然也不例外。

自1895年卢米埃尔兄弟《火车进站》《水浇园丁》等影片诞生伊始,电影就以其强大的娱乐性在西方社会受到普遍关注。经历110多年的发展,西方工业化、商业化思维不断渗透进电影艺术作品中,电影创作在反映社会进程的同时,由于大量浸染和输入了资本的血液,加之缺乏相应的制度和伦理规训,便一直背负着《金手指》式的"非道德"标签。近年来,随着开放程度普遍加深,信息化进程不断加快,世界已然进入了知识经济时代;各个国家的电影不断受到资本逻辑的冲击,也纷纷走出国门、面向世界。尽管各民族、各国家与世界的对话与融合可圈可点,但在全球化日益加深的今天,电影艺术在飞速发展中带来的一系列精神困境亦越发凸显。电影作为"梦""镜子""窗户"进入中国时,"道德教化"一直是中国电影开创出来的传统,其长期以一种"改革社会、教化民众"的工具而存在。早期的《孤儿救祖记》《渔光曲》《神女》《马路天使》《一江春水向东流》等影片都是被动承担了社会道德教化的责任。然而,在全球化日益加深的今天,中国电影同各国电影一样也一度面临着相应艺术创作法则的挑战。

现如今,本土美学的流变缺失与伦理价值的虚无消解已成为各国电影共同面临的突出问题。110多年来不断滋生的电影"原罪"还尚未得到清理,现代社会的审美虚无和伦理消解又层出不穷。人类带着"七宗罪"行走在自我"救赎"的征程,电影也应当寻根溯源、回归理性,以探究"精神原罪",定性艺术边界,寻求救赎之法。

一、"窥视"合理化,诱导心理犯罪

关于窥视,弗洛伊德曾经从心理学的角度加以分析,他认为:"偷窥欲是人类的一种天性,好奇心的驱使与偷窥的欲望最初起源于性的'窥视冲动'。"拉康指出:"他者凝视是主体的一种无意识行为,也正因如此,可见性的领域才得以呈现为在场,主体的想象性观看才成为可能。"学者劳拉·穆尔维也提出了三种男性窥视模式:"第一,认同式的窥视模式,即观众与银幕上的男主人公认同,作为自己是银幕的代替者;第二,窥淫癖模式,实质是男人对女人的窥视;第三,恋物的观看癖。"通过以上理论,我们不难发现:电影的出现也本能地迎合了人类潜意识的窥视心理,影院的"黑暗"环境犹如柏拉图所述的"洞穴场景",为窥视创造了无需避讳的绝佳场所,这种所谓的艺术公开同样堂而皇之地为匿名观众的集体窥视提供了授权。当私密性的窥视行为在艺术面前获得了合法的外衣,对艺术的品评读鉴沦落为迎合潜意识心理的合法渠道,窥视就俨然变成了一种正当的艺术行为。《芳华》里的女文工团员一个个都洋溢着青春、活泼的气息,自然成为文工团的焦点,出于人类"异性相吸"的本能性满足需要,文工团里的男性便更加时时刻刻关注着自己心仪的对象。"窥视的本能"是机体特征赋予个体的原始能力,身体构造的不同使得男女之间有着本能的偷窥欲望。当观众被认为是在场,当故事与观众产生了身份的认同,共鸣式的窥视体验便油然而生。

当心中的欲望直接移驾至银幕前的视听,观众凭借影像认知的刺激体验便可达到心理的满足。男女之间强烈的探知欲会导致双方对于彼此间私密的行为信息进行适当方式的主动获取。而窥视的过程一般而言是男性作为主动的窥视主体,女性被动成为窥视客体,多表现为男性观众对女性曼妙胴体的无限迷恋。银幕作为客体在光亮中播放电影画面,观众作为主体隐藏于黑暗之中窥视"银幕"。通过这种主动与被动、看与被看的关系,男性观众的"视觉快感"能够获得极大的满足,不正当的"窥视"也通过电影而变成了现代人生活的一部分。在希区柯克的电影《后窗》(1954)中,摄影师杰弗瑞在家养病,时值炎夏,为清凉透气其将家中窗户大开,观察对面楼座上各色人物的日常生活成为他排遣无聊的方药,而他也因此发现了一桩谋杀案。影片中女性形象的设置正是为了吸引男性观众的目光,以满足其窥视的欲望。在《阳光灿烂的日子》(1995)里,处于青春懵懂期的马小军对父母上了锁的抽屉表示好奇,趁没有人的时候偷偷翻看。而在《西西里的美丽传说》中,年仅13岁的雷纳多为风情万种、丰姿诱人的少妇玛莲娜所着迷,还悄悄地成为她不知情的小跟班,如影随形地跟监、窥视她的生活。这些"窥视"合理的影片,都通过影像共鸣的方式走进公众视野、侵入文化传播,成为部分群体尤其是无民事行为能力的青少年心理犯罪的重要诱因。

在弗洛伊德看来,被称为无意识的"本我"无疑是人心理存在的最大内容,它超越意识,并无时无刻不影响我们的行为。而这种无意识的行为又与包括欲望、性行为以及攻击性等在内的本能遗传冲动相关,可以涵盖吃喝、饱暖与性爱这类简单直接的欲望,甚至也包含我们记忆在内的更为复杂性的动机[1]。电影是造梦的艺术,其所叙述和反映的"无意识"内容能够最大限度地唤醒人类心智的非理性,当影像世界的欲求情节和生物本能的现实需要产生一定的共鸣,"本我"的原始非道德本质就会猛烈地释放出来。

二、淫秽内容,触发色情幻想

性作为人类生存的基本状态之一,它既是美好之物,亦是罪恶之源。福柯指出:"人类在把性变成禁忌,对之进行严厉的审查之外,社会从来没有停止过对性的谈论,也没有停止过把它间接地公开化。"电影中的视听影像是直观性的表述,其往往成为性展示、性暗示的"绝佳"舞台。约翰·巴斯特认为:"相比于其他艺术门类,电影拥有的天然优势可以放肆地向观众提供性满足。"[2]当现实世界被压抑的"力比多"(libido,又译为原欲)在影像中被"合理化"转换,这种接近现实的精神驱力就能够在观影中侵入,成为观众欲望发泄和延伸的罪恶之源。部分电影为更大地获取关注度、博取商业利润,往往会将"大尺度""激情戏"等作为电影营销的关键和噱头。甚至有些时候,影片创作者自身的本能意识流露也会在创作中将个体不当的偶发欲求加入艺术文本。过量的性暗示甚至性描写等粗俗化内容一度挑战着伦理的底线,相应的道德原则以艺术作为借口被逐步消解。

弗洛伊德、荣格和拉康的精神分析实践研究表明:生理和心理的发育不平衡会导致思想和行动的不一致,而以图像符号为主要形式的现代化媒介在提供娱乐方便的同时也毒害心智,诱发了未成年人早熟、成年人精神空虚的社会危机。当意识之外的潜意识和无意识幻想被隐藏,每个个体就都戴上了"人格的面具"。电影将个体被隐藏的私密部分充分公开,观众内心的另外"十分之九"在频繁的观影体验中也逐渐会被唤醒。国内《色·戒》的热播曾被称为当代中国人思想迷途和审美错乱的危险信号[4]。而在中国传统观念中,国人对关乎性的话题是极度保守的,它一直都属于个人的隐私。在中国传统的社会观念里,婚前性行为被认为是可耻的,尤其对于未到达法定婚龄的低龄人群,不当的性行为通常会受到来自父母、教师及社会各界的道德谴责。全媒时代,未成年人具备的成人化思想和行为多来自媒介经验;电影作为一种重要的传播媒介若以其所使用的直观视觉符号肆无忌惮地展现性场面,那么这种内容的不当传播对于心智尚未成熟的未成年人而言无疑有着极强的冲击力和吸引力。过多的展示和唤醒这种陌生的、隐秘的诱惑,则极易致使未成年人头脑中的性观念早熟,极易诱使未成年人发生性行为甚至是性犯罪。

此外,电影中的一些缺乏伦理引导的性场面(诸如"性虐待""同性恋"等场面的不当展示)也极易导致某些具有性犯罪倾向的群体通过电影习得经验,继而在现实社会中付诸实施,对整个社会产生极其恶劣的影响。正如麦茨所说,银幕中所涉及的知觉活动是真实的,但人们所感知的东西并不是客体本身,而是它的分身、它的复制品,在一种新形式的镜子里。在完整的影像面前,观众已不再压抑自己,银幕作为一面"镜子"将我们的所思所想映射其中,他者的所作所为将指引我们。

每一部电影都是一个"新生儿",每一种艺术都有它的"适用域"。我们需要深入地认知无意识,但并不代表这种依托共鸣的艺术基点可以无限度地脱离伦理的规制。许多电影"艺术家"打着"艺术表达"的旗号肆意打着擦边球,殊不知,其影像作品的露骨性表现和色情阐述很大程度上导致了社会的道德价值滑坡,消解了观影人的理性思考。一些人正是在此类影片的"熏陶"下被欲望吞噬,诱发了现实社会的性犯罪。这种无所顾忌的"性"化"艺术表达"行为,伴随其审美价值的消解无疑要打上影像"原罪"的标签。艺术与道德的矛盾、国内国外的创作环境差别、观影经验的落差,这三方面的不调和并不是依靠电影分级制度就能完满解决的,不是所有的影片都适合集体地、公开地观看。当玛丽莲·梦露在地铁口压住飞起的裙子,那一瞬间已经完成了镜头对性感的诠释;当《七年之痒》的女房客转身一瞥,那一时刻已经将戏剧张力把控得恰到好处;当《断背山》《四个婚礼和一个葬礼》《东宫西宫》等类似的电影开始对同性恋进行正常化处理,现实社会包容观念的传达已经寓意其中。电影可以表现性爱,但如果缺乏高尚严肃的审美趣味,过分地追求现实场面照搬,拘泥于性过程的写实,以高清晰度对性器官、动作和姿态做密实的显示,自然就进入了误区,而电影观众的观看行为又是那么的"理直气壮"。欣赏美的目光并不总是纯粹的审美,在性与美之间往往很难区分哪种元素更具备吸引力。

三、血腥场面,导致暴力模仿

保罗·威尔曼认为:观众的体验建立于观看男性暴力行为中的伤残和恢复而获得的不安宁的愉悦感之中。每位观众都享受观看银幕上的男性,在观看男性身体遭受损害时,观众能够得到虐待狂式的享受。保罗·史密斯更是将暴力归结为色情化、毁灭、重现和重生的四个主要阶段。这种杂糅进血腥和暴力的元素不论是在西部片、犯罪片还是战争片中,都已经成为影像叙事中能够吸引观众的类型特质[5]。现如今在市场经济条件下的贫富差异、官本位的价值观以及突破底线的道德失序等所导致的社会暴力时有发生,电影中的暴力镜头为社会中隐藏的施暴者也提供了更直观的施暴方式,甚至在某种意义上相关画面是在为施暴者提供"合法性依据",在为暴力张目。比如:犯罪题材电影在一定程度上为潜在的犯罪分子展示了更"高超"的犯罪技能,暴力倾向人群通过模仿这些"侵略性脚本",极有可能将电影中的暴力行为付诸实践。当影像的暴力催生出实际的械斗,由此产生的宣泄力和爆发性很有可能比电影中造成的影响更为严重。观众长期处于暴力场面观看的愉悦状态,却少有关注文本意识形态的复杂。艺术源于生活,电影在很大程度上也是现实生活的反映,并能够反作用于生活。在《英雄本色》《白日焰火》《烈日灼心》《暴裂无声》《战狼》《红海行动》《无双》《"大"人物》等犯罪类别电影中,各种犯罪场景的展现让人瞠目结舌的同时,其暴力展示也会产生模仿效应,诱发社会犯罪。"暴力美学"是20世纪90年代中期以后流行起来的词汇,主要指电影中对暴力的形式主义趣味,是文艺作品对暴力进行包装、修饰后的产物。尽管像昆汀·塔伦蒂诺和吴宇森等人的电影能够被冠以"暴力美学"的名号,但在伦理学视域下,"暴力"是否可以被"美化",是否可以称为"美学",依然有待商榷。

维文·索布切克指出:"暴力就是我们道德痉挛的意义和内涵。"电影中对暴力的指向应当具有反暴力的本质,倘若失去了正义的指引,就有可能催生出暴力的现实。众多的调查研究和现实事件表明:青少年极易对影片中的暴力场面和施虐人物加以代入,导致犯罪,电影所塑造的"现实"往往由于传播而产生模仿、关注和获得崇拜,一旦被移植到现实的生活中,就造就了真正的暴力。正如"预示效果"所言,观看暴力使人更注意和关注暴力,引发相关思考和评价,导致人在实际行动中更倾向于使用暴力。对此,电影也的确负有不可推卸的责任。倘若电影中的暴力场面得到广泛的传播,就会形成一种社会化的暴力文化:诱发犯罪,导致社会危机,爆发群体性事件,对整个社会尤其是青少年有着极大的负面影响。

在一些电影的暴力场面中,英雄主人公快意恩仇、毅然决然,为了所谓的正义以暴力手段将坏人致死。诸如此类的场面比比皆是,但很少有电影在故事中交代——英雄杀人是否具备相关的法律依据或者最终是否受到了法律制裁。在影像作品中,英雄们都生活在一个法制缺失的社会之中,他们内心的侠义、仁义精神是其使用暴力的合理依据。当这样的逻辑传达给青少年观众,就容易让青少年将电影中的快意恩仇代入生活和学习的实践之中。当英雄主人公的做法在他们的头脑中被认定为可操作的行为方式,部分青少年就会形成"想怎么做就怎么做""能怎么做就怎么做"的错误逻辑。这种"随心所欲"的逻辑并不依托或从属于法律的依据和社会的准则,而是以个人臆断、情感推测、义气法则作为处事的行为标准。

四川新闻网 2015 年 4 月 25 日有一则名为"南充男子年少时沉迷《古惑仔》酿命案逃亡十年"的报道;中华新闻网 2017 年 12 月 15 日又有一篇"保定 4 名青少年模仿电影持刀抢劫便利店被刑拘"的长文……打开搜索引擎,相关的案例不胜枚举。受所谓"江湖义气"的"熏陶",古惑仔式的价值偏离导致学生斗殴殒命;受所谓"刀枪处事"的"启发",黑社会式的生存法则使得少年身陷囹圄……而从近几年的欧美青少年犯罪实例中,也可以看到 2009 年 5 月 17 岁纽约曼哈顿少年模仿《搏击俱乐部》自制炸弹和 2011 年 14 岁少年模仿《加冕街》锤杀生母等案例。太多的青少年犯罪都源于对影视暴力手法的模仿,电影在娱乐中一旦缺乏一定的道德指引,就会沦为暴力的"帮凶"。

在电影制造的逻辑面前,一些青少年的理性判断被消解,社会规范、法律意识也被架空。由于观看了大量的电影暴力场景,部分青少年头脑中的暴力倾向在潜移默化中就会陡然增多;当遇到矛盾冲突时,他们首先想到的是使用暴力解决问题。更有甚者,部分青少年会将暴力手段视作解决问题的最优途径。在电影暴力场景的长期"涵化"作用下,许多青少年深受其害,斗狠不以为意、施暴乐在其中。电影的暴力情节和题材往往是基于现实的再造,现实的血腥内容和攻击行为镜像化到银幕,是否采取适当的方式进行处理或回归到普世价值的导引,这是电影暴力展示必须要权衡的内容。

四、曲解正义,带来社会失序

兴起于 19 世纪的"社会正义"这一概念,旨在对主要的政治、社会和经济制度进行规范。而在亚里士多德看来,正义是与政治社群的基本规范和准则密切相关的,关乎一个循规蹈矩的良序共同体的建立。而在传统的中国武侠、动作电影里,正与邪、善与恶是绝对对立的,电影结局的最终指向往往都是邪不压正。正面主人公克服重重困难,犹如正义的化身,打败一个又一个敌人,最终取得胜利(如《少林寺》《战狼》等),正所谓"善有善报,恶有恶报"。正面主人公一贯奉行仁、义、信等伦理原则,这些伦理原则深深扎根于中国传统道德体系中,成为被普遍认可的道德标准。当然,许多具有审美价值和艺术价值的电影不一定都要符合同样的伦理法则,而是最终指向特定意义上的诗性正义,在象征意义上完成对伦理法则的皈依。

另一方面,受西学东渐思潮和商业发展的影响,在电影创作的过程中,诸如《白日焰火》《暴雪将至》《英雄本色》《无双》等类型的犯罪片、武侠片增强了戏剧性,获得了更多的关注和商业利益。但,它们常常将正义与邪恶进行倒置,弱化和模糊正义与邪恶的边界,甚至正邪不分,颠覆公平正义,最终导致观众陷入伦理的困惑。在这类影片中,名门正派往往潜藏恶霸,道貌岸然的正人君子是罪大恶极的反派,所谓的"邪教"中却存有善良的人群……

当邪恶的本质被穿上正义的外衣,正义的角色在影片中表现邪恶的行径时,亦正亦邪的人物操作便会使观众的伦理道德体系陷入混乱;甚至在某些时候,会让观众相信伦理的可覆盖性和可操作性。吴宇森在《英雄本色》中塑造了善良多情、重情重义、亦正亦邪的黑道人物——小马哥。在观众眼中,尽管小马哥是黑道中人,香港某伪钞集团的主将,但其又是善的、惹人喜爱的形象。这和同类影片《古惑仔》中的主人公陈浩南的设定相似。此类电影的主人公往往身处黑道,一方面干着违法犯罪的勾当,另一方面呈现着讲义气、够朋友的仁义精神,甚至是"黑道中的一股清流",深受广大观众的喜爱和追捧。这也曾经影响了20世纪八九十年代的部分狂热分子,导致其模仿电影中的义气风范,替兄弟出生入死,严重扰乱了社会秩序,甚至诱发惨案。

除犯罪、武侠电影外,类似于《我不是药神》的现实题材影片在展现人性救赎的同时,强烈的贫富差距、利益集团之间的斗争、民众水深火热的生活图景也颠覆了传统的诗性认知。当人命被极少数利益集团掌控,社会的公平正义不复存在,伦理也就被迫成为一纸空谈。电影中"命都没有了,还怕什么犯法"的台词,似乎诉说着在法律与情感面前,法律底线是否可被突破的天问,这也从一定程度上影响了社会秩序。正如贾磊磊所述:"电影的伦理秩序就是社会的伦理秩序。"[6]因此,电影伦理生活的失序,其实就是我们的社会生活失序的另一种呈现而已。

文艺是善行的引导者,亦是灵魂的催化剂。鲁迅先生在《论睁了眼看》中深刻指出:"文艺是国民精神所发的火光,同时也是引导国民精神所发的火光。"阿里斯托芬认为:"艺术最根本的目的就是在于提高公民的道德,而为了使每个公民成为较高尚的人,艺术也只能表现高尚的内容。"影像既是娱乐的方式,也是教育的手段;电影如果不能肩负"点醒观众"和"呼唤善行"的使命,艺术就没有了灵魂。

五、泛化审美,降低受众思维

人文主义倡导者莫里斯呼唤理性和人的自然本能的勃发,希望借此来唤醒被现代工业文明之理性机器所扼杀了的生命的价值和意义。莫里斯主张用艺术的方式设计世界,他清晰地看到了人类人文消解、审美泛化的重要原因是处于现代社会的人逐渐在科技中产生了物化[7]。人类征服了自然,如今却成了机器的奴隶。尽管影像阅读最大化地满足了大众不断增长的视觉需求,但由于其长期侧重于对象的表层阐述,也导致日常的事物在未经严格的艺术纯化前就直接进入审美和传播领域。视觉形象的虚无在一定程度上导致了审美的泛化,传统阅读中对诗意、浪漫的审美追求被电影直观化、浅表化。当受众逐步习惯于"影像阅读"的表面直观的方式,就再难以适应传统阅读的慢速、品味和思考的方式。人类创造和参与了控制世间万物的诸多方法,却也在方法渐趋便捷智能的同时渐渐失去作为人本身的机体技能。

文字媒介以其较强的逻辑和理性特点能够不断促进人的思维发展,增强个体的审美耐力和逻辑思辨能力。被文字沁润而成长起来的人群,其思维方式更加趋于理性,人类通过动用自身的逻辑思考也更能感受文字诗意的美感。在新型视听媒体冲击下,人与现实的关系从语言转向图像,传统阅读方式在日益蓬勃发展的图像文化时代面临着空前的压力和危机。图像文化的兴盛已然颠覆了文字的霸权,使文字沦为影像的附庸。在当前的媒介环境下,影像对感官的刺激渗透于生活的方方面面。如果青少年长期沉浸于表面的、直观的影像环境,其心智难免会有所损伤,感性化的浅阅读势必会弱化其思维能力。日趋发达的影像传播媒介,让当下儿童的阅读生活多被影像所占据。一方面,利用电影的形象性、直观性确实能够达到知识获取的"影像化"目的,以增加儿童的学习兴趣。但电影作为一种"热媒介"和"可读性文本",其清晰度高、完备度高,不需要动用太多的想象力。对此,人类似乎只需要作为一个单纯的"接收器"即可。影像作为一种浅表化的方式进行知识传递不需要人过多思考,尤其对于低龄儿童而言,知识记忆和大脑的自主训练就很难起到应有的效果,在一定程度上甚至会阻碍其抽象思维和自身想象力的发展。当遇到新事物、新问题,青少年长期采用一种简单的、直接的、缺乏理性思考的方式,势必不利于其心智的成长和理性思维的培育。

六、戏谑传统,消解道德伦理

中华传统美德与国人的德性成长相辅相成,它是我国历史流传下来,具有影响、可以继承,有益于后代的优秀道德遗产,亦是我国社会伦理道德体系的主要组成部分。我国早期的许多电影秉承"道德传承"和"伦理救世"的宗旨,滋养国民,促进道德建设,维护社会和谐。在而今这个强调和张扬个性、凸显自我的时代,个人主义在快节奏的发展时期成为人们普遍接受的处事原则。尽管电影多元化的格局发展是文化蓬勃的象征,但其在发展的同时也有着对艺术和伦理界限的无节制触碰。诸如《心迷宫》《老兽》《相爱相亲》《追凶者也》等这类电影就将自私、任性、贪婪等人性的弱点展露无遗。现代人在多元价值的浸染下,着眼于个人利益,被眼前的金钱、权利、欲望等所迷乱,伦理道德也就此沦丧。而国内很多电影类型在表现人物的现代品格和现代意识时有意无意地消解了传统的伦理观。

在缺乏伦理的故事中,青春竟成了迷茫的代言人,主人公在面对关于亲情、爱情、友情、利益等方面的问题时总是会迷失于道德的围城。如《七月与安生》里,13岁时两人成为最好的朋友,相互陪伴,然而在18岁那年,她们却爱上了同一个男生苏家明,从此,两人的关系出现裂痕。又如影片《再见,在也不见》展现了父子不相认、兄弟暧昧、忘年师生恋的伦理乱象,三段错综复杂的情感故事交织在一起,传统道德和人性在瞬间崩塌。再如影片《嘉年华》中,小米面对小学生被性侵的真相,因为怕丢掉工作而选择沉默,传统美德因此也被消解。纵观近年来出现的青春电影,无一例外地都呈现出明显的类型化、符号化、过度化的消费趋势;情感、诚信、理想等方面的偏离和缺失是这类影片最为人诟病处。

再如王家卫导演的具有现代色彩的电影,以大都市为背景,往往浓墨重彩地去再现和强化都市人群异化的生存状态。《阿飞正传》《花样年华》《堕落天使》等影片都反映了人与人的沟通问题,展示了人本质的丧失和与社会的疏离。现代社会,孤独是都市人普遍的生存状态。《重庆森林》也是一个真切的例子,当戴着假发墨镜、身着雨衣、没有情欲的女毒枭只求隐藏并苟活于奢侈的物质生活中,并残忍地拒绝一切时,都市人为生存而出现的心理扭曲就已经展露无遗。传统的道德观念在都市冷漠的环境中失去了意义,法治、伦理在奢靡的生存面前也变得如此无力。

另外,像周星驰导演的无厘头电影也在古怪诙谐的戏谑中有意无意地迎合了

"无中心、无体系、无深度"的后现代主义文化风潮。无厘头的阐述以恶搞、夸张的手法,对中国传统中"天地君亲师"中最重要的君臣、父子、师徒关系进行了完全的解构,几千年的伦理关系在笑声中崩塌。在电影《大话西游》中,唐僧与孙悟空师徒关系的重新诠释是极具颠覆性的:唐僧被变形放大为一个唠叨、婆婆妈妈的传统家长形象,孙悟空被设定为狡诈贪婪的形象,甚至多次出现徒儿挥棒冬"打"师父的情节。《大内密探零零发》中,君臣关系被界定为昏君与弄臣。《唐伯虎点秋香》中,母子关系被完全戏谑化。

迷茫的青春、异化的都市、无厘头的搞笑,这是近年来中国电影的一个缩影,通过颠覆传统,电影在创作过程中消解了美德。其所传递的伦理观使得现代人对于传统道德嗤之以鼻,逐渐漠视几千年的道德根基,诱发社会道德沦丧。康德认为,道德形而上学高于自然形而上学,道德世界高于自然世界。伦理道德是社会规训意义上的秩序依托,电影是人类在潜在文化基础上对现实世界的呈现。艺术是有道德意味的形式,美是道德的象征。溶解道德、对主流艺术实践不予理会的"坎普式"审美是缺乏善良指引的有罪产出,妄想在戏谑伦理中去构筑新型艺术范式一定是不足取的。追求电影的自身存在价值并不是让影像坠入虚无,任何艺术都要回归于人的产出,文艺决不能游离于道德的法庭之外。

七、负面传播,消磨大众意志

电影能够带领观众在艺术的世界里寻找自身定位、体味人生百态、观瞻社会变革、见证时代发展,不同的角色、事件、背景和价值观都能在影像的世界里一一呈现。一定程度上,电影具有为人类造梦的现实功用。在充分满足大众审美需求、昭示梦想、抚慰心灵的同时,电影也为了满足民众的猎奇心理,拍摄少有人知的画面,将摄影机的镜头指向了各个时期或真实存在、或有意架空的"特殊事件"。这种事件反映的大都是社会失序的另一截面,权色主义、奢靡主义、享乐主义、拜金主义等相关情节的个例展示经过银幕的不当传播和影像的反复强化极易导致传播事故的发生。大量缺乏认知能力的受众会以影像为证,以自我满足和强化个人社会认知为目的,参与负面信息的传播。当电影反映的特例由于不当展示被好事者和无知者断章取义、以偏概全时,影像叙述的故事就成了消解社会正能量和群体憎恶宣泄的现实理由。备受法兰克福学派推崇的皮下注射传播模式观点也认为:信息以一种简单的方式传递,观众不会怀疑他们看到了何种信息,而是下意识地进入一个叙事的意识形态。早在1929—1932年,佩恩基金会就对电影对人的相关影响展开了研究,并在后期指出:电影作为媒介会对观众产生认知、心理和行为的一系列影响。当电影传播的内容具有不当展示的内容,观众的意识形态会受到冲击,银幕上的内容极有可能被复制和联系到生活的现实世界。

当影片没有了伦理根基和法制规训,善的宣扬迟缓、恶的呈现过度,即便影片最终回归理性,依然容易令观众陷入现实的迷途。贾樟柯导演的《天注定》由社会热点事件改编而来,影片大量展示了官商勾结、贫富差距、血汗工厂的现实问题。《白领日志》所述的实习医生故事涉及引发社会广泛关注的医患纠纷,由医护人员真实、无偿参演,而其中反映的社会问题相当严峻。当洪流下卑微的百姓在痛苦中挣扎,国家的正面形象就极易在民众的唏嘘中轰然倒塌,片面的社会现实就会被过度放大,成为部分人的歪理佐证。田壮壮导演的《蓝风筝》在为其赢得国际声誉的同时也导致他被禁拍十年,影片通过孩童视角追忆过往,反映了一个如何看待历史与政治的社会议题,片中芸芸众生都无法摆脱社会的无情与灰暗。电影《搜索》讲述了网络对私人生活的窥视造成的影响。张元导演的《看上去很美》探究教育的本质,讲述了特立独行的幼儿园男孩方枪枪的故事,其表现了与《飞越疯人院》同样的含义:福柯所述的规训无处不在。由小说改编的韩国电影《熔炉》取材于现实中的真实案例。《黑色大丽花》改编自美国"二战"后的著名悬案,这个案件直到21世纪初仍没有被侦破。《杀人回忆》改编自韩国华城连环杀人案,而杀人犯却始终未被抓获。《踏雪寻梅》改编自轰动全香港的王嘉梅分尸案。还有根据台湾一起杀人事件改编的《牯岭街少年杀人事件》,案件发生在1961年牯岭街5巷10号的后门,有一名穿童军服的女学生被杀,而凶手是其男友……大量反映社会现实的影片以社会基本矛盾和社会失序的特例为范本,忽视了社会正义的表达和纯粹人格的呼唤,导致传播失当,诱发社会危机,助长了社会负面人群的反社会气焰,带偏了理性的社会价值观。电影在反映社会现实的同时也必须呼唤出人性的至善,倘若映射社会矛盾的大量"问题剧"被长期不适当播放,势必会加重社会的失序。

在传播学视域下,电影作为当今社会的一种重要传播媒介,其展示的内容和反应的思想会随着影片的影响力迅速上升为带有情感说服性的媒介议程。电影首先作为意见领袖以相对可信的表述方式代替并引导公众发声,而电影带来的规模化传播也使观众在信源与信宿的分裂式转换和不同角色的扮演中不断将影像所指推上公众议程。电影将故事进行艺术化、图像化的诠释,无疑扮演了初始信源的重要角色;如果在影像的传播中,公众的真善美未能被影片唤醒,而吸引眼球的负面信息、特殊内容却被曲解放大,那么电影这一媒介就有可能沦为黑暗信息的传播推手,继而消磨大众意志,诱发大规模的精神危机。

　　传播本身并不是有闻必录,而电影创作也绝不能无所不拍。电影能够跨文化、跨地域地进行大规模传播,引进和输出都要"以我为主",避免影像的"文化折扣"首先要讲好"自己国家的故事"。传统的大众传媒尤其是主流媒体在传播过程中是需要反复斟酌和考虑传播效果的,其必须符合既有的舆论监督体系和相关法律法规,对于事件的真实性不容改换或曲解,而这亦是推进文化强国建设的重要内容。

结语

　　电影凭借其综合化、新颖化的艺术构筑方式,充分满足了大众集体观赏的需求,并在商业资本的驱动和大众传媒的影响下日益发展成为一种重要的文化传播方式。电影艺术的影像叙事功能使其能够更直观地反映人类社会的文明进程,更广泛地传达特定的时代风貌,倘若其内容偏离、表述不当,就会在一定程度上产生恶劣的社会影响。电影发展110多年来,尤以商业市场活跃、大众文化崛起的近年为甚,各国电影市场逐步呈现出开放的格局,电影产业也展现出蓬勃发展的态势。在市场推动形成的艺术指标面前,广大电影制作者们为最大限度地追求商业利益和所谓艺术探索大都选择了向世俗妥协,不断将影像审美的重心带入"泛娱乐化"的窘途。由于个体信仰的缺失和道德的滑坡,绝对的是非标准和教化准则似乎失去了社会伦理的规训和价值意义的界定。就目前的中国电影环境而言,道德理想主义作为一种文化无意识,本应以一种普遍理性的精神去建构华语电影的思想形态,但兼具反叛精神的后现代主义不断构建、嫁接,形成了令人担忧的本土新型的文艺标准。最近几年,商业市场活跃,大众文化崛起,各国电影市场都普遍呈现出开放的格局,电影产业也展现出蓬勃发展的态势,助推了后现代主义的传播。一大批电影艺术创作者为满足商业需求,迎合资本市场,带偏了相当规模的受众,加剧了电影内容的媚俗化、粗鄙化、功利化。在这些所谓"艺术家"的倡导下,电影所表达的主题思想也带着低俗化和电影语言的过度暴力化、性暗示等,使得影像艺术逐渐走向技术的虚无。由于缺乏应有的伦理性观照,加之个体信仰的长期缺失,这种带有原罪的商业艺术标准无疑对公共道德和社会风气造成了极大的负面影响。同时,在一定程度上,电影"原罪"的表征与整个社会的多种因素黏合后,也使得人类陷入更难以把控的道德困境。不论是早期中国传统式的严苛教化,还是西方"艺术化"的娱乐至上,都是走向了艺术创作的极端;现代社会,电影传播的影响力和能够产生的社会效力也充分表明教化和娱乐在影视创作中应当相辅相成。过分地强调教化会造成受众主体意识的缺失,偏激地迎合市场易导致审美虚无,二者的表述失衡往往是触发电影"原罪"产生的重要原因。

电影自诞生开始就是有"罪"的产出,110多年来,它历经教化和娱乐的争论,获得本土和外来的融合,受到资本和商业的冲击。在文艺的后现代发展进程中,由于缺乏应有的规训和指引,部分电影已经走向技术的虚无和伦理的消解。电影从母体带出的"原罪"由于在审美的曲解中长期获得大众滋养,导致了电影行业正面临道德伦理和商业娱乐的双重变奏;许多电影艺术家走向了创作的极端,相当规模的受众曲解了文化的自由。因此,对电影的原罪加以辨识是必要的,对影像的伦理展开救赎是急需的。影像伦理的问题不论是在商业电影还是在艺术电影中,也不论是在中国还是在外国,都同样存在[8]。电影伦理是社会伦理的一种诠释方式,因此,我们直面渐趋失语的电影叙事价值和逐步缺位的人类思想信仰,也不得不从伦理和价值的角度去追问和思考电影艺术的发展现状。"伦理危机"作为市场经济环境下现代社会普遍面临的危机,其实质在于道德自律体系的日益他律化[9]。在后现代哲学不断演变的时代,在虚无主义根植于现代社会的今天,我们对于电影原罪的救赎也急需仰仗伦理并诉诸技术的转向、人文的思考、审美的救赎和法制的规训。

(本文为西南大学中央高校基本科研业务费专项资金重大培育项目"中国电影伦理学的学科建构与理论研究"〔批准号:SWU1909206〕的阶段性成果之一)

(袁智忠,西南大学影视传播与道德教育研究所;周星宇,西南大学美术学院)

注:

[1] 赵敦华.基督教与近代中西文化[M].北京:北京大学出版社,2000.

[2] [英]埃瑟林顿·莱特·道提[M].余德成,译.北京:世界图书出版公司,2016:198.

[3] 托马斯·R.阿特金斯,西方电影中的性问题[M].郝一匡,徐建生,译.北京:中国电影出版社,1999:11.

[4] [英]埃瑟林顿·莱特·道提[M].余德成译.北京:世界图书出版公司,2016:213-214.

[5] [英]埃瑟林顿·莱特·道提[M].余德成译.北京:世界图书出版公司,2016:259.

[6] 贾磊磊,袁智忠.中国电影伦理学·2017[M].重庆:西南师范大学出版社,2017:5.

[7] 于文杰.现代化进程中的人文主义.[M]重庆:重庆出版社,2006:210-211.

[8]贾磊磊,袁智忠.中国电影伦理学的元命题及其基本构想[J].当代电影,2017(257),130—133.

[9]袁智忠.大众传媒时代电影批评的伦理化思考[J].电影艺术,2010,(332),88—90.

参考文献:

[1][法]雅克·拉康.拉康选集[M].褚孝泉,译.上海:上海三联书店,2001.

[2][法]米歇尔·福柯.宽忍的灰色黎明:法国哲学家论电影[M].李洋,等,译.郑州:河南大学出版社,2014.

[3][古希腊]柏拉图.理想国[M].郭斌和,张竹明,译.北京:商务印书馆,1986.

[4][奥地利]西格蒙德·弗洛伊德.梦的解析[M].周艳红,胡惠君,译.上海:上海三联书店,2008.

[5]Laura Mulroney. Visual and Other Pleasures[M]. Pal—grave Macmillan,2009.

[6][英]劳拉·穆尔维.恋物与好奇[M].钟仁,译.上海:上海人民出版社,2007.

[7][法]米歇尔·福柯.性经验史[M].佘碧平,译.上海:上海人民出版社,2005.

[8]李银河.新中国性话语研究[M].上海:上海社会科学院出版社,2014.

[9]阿特金斯.西方电影中的性问题[M].北京:中国电影出版社,1999.

[10][瑞士]卡尔·荣格.原型与集体无意识——荣格文集(第五卷)[M].徐德林,译.北京:中国国际文化出版社,2011.

[11][德]弗里德里希·黑格尔.美学[M].南京:江苏人民出版社,2011.

[12]汪献平.暴力电影:表达与意义[M].北京:中国传媒大学出版社,2008.

[13][古希腊]亚里士多德.尼各马可伦理学[M].北京:商务印书馆,2003.

[14]陈宜中.何为正义[M].北京:中央编译出版社,2016.

[15]皮亚杰.儿童的语言和思维[M].北京:文化教育出版社,1980.

[16][德]马丁·海德格尔.存在与时间[M].陈嘉映,王庆节,译.北京:生活·读书·新知三联书店,2006.

[17][古希腊]亚里士多德.诗学[M].北京:商务印书馆,1996.

[18]于文杰.现代化进程中的人文主义[M].重庆:重庆出版社,2006.

[19]赵光武,黄书进.后现代哲学概论[M].北京:首都师范大学出版社,2013.

[20]杨丽婷.虚无主义的审美救赎:阿多诺的启示[M].北京:社会科学文献出版社,2015.

[22]袁智忠.影视文化纲要[M].重庆:西南师范大学出版社,2017.

[23]袁智忠,虞吉.影视批评纲要[M].重庆:重庆大学出版社,2009.

[24]虞吉.中国电影史纲要(第2版)[M].重庆:重庆大学出版社,2017.

[25]虞吉.外国电影史纲要[M].重庆:西南师范大学出版社,2007.

伦理学视域下的电影救赎

袁智忠　周星宇

长期以来,电影艺术对伦理性观照不足,导致了大量带有"原罪"输出的非道德影像进入公众视野。同时,伴随个体信仰的迷失,资本导向的商业艺术标准也对公共道德和社会风气造成了极大的负面影响。在《伦理学视域下的电影之罪》一文中,我们从伦理学视域出发,对大量具有"原罪"属性的电影案例进行了剖析,并在多学科论证的基础上提出了包括"窥视化合理""内容情色""场面血腥""正义曲解""审美泛化""戏谑传统"以及"负面传播"在内的影像"七宗罪"。对于电影原罪的界定,我们以一种历史的追问意识呼唤影像伦理,而对于救赎的探索,我们同样需要怀揣诗性的正义去建构道德法则。

康德认为:"认识和道德是两个不同的领域,道德是高于认识而存在的。"电影既是"梦""镜子"和"窗户",又是"道德""文化"和"教育"的现实物。影像艺术尽管可以凭借创造的图式和基于现实的世界架构出新的世界观,但道德的本质却必须依托于现实存在。而道德的选择是一种价值取向,是人为达到某一道德目标而主动做出的取舍[1]。影像的伦理是人类尝试创造美、自我规约善的社会选择,是一种反映和保证人类精神文明进程的重要手段。因此,我们在电影初步获得道德界定的基础上,也将继续深究电影"原罪"产生的根本原因,并从技术、人文、审美等多个角度去建构影像伦理,寻求救赎之道。

一、技术尺度的审视

技术是诠释和架构艺术最直接的表现方式,它与内容是密不可分的。电影既是当代艺术形式的一种特有表现,更是先进技术的集中展示,它已成为艺术与技术紧密结合、商业和工业互相渗透的当代文化艺术产物。如今,影像技术已成为实现电影创作完满性的重要内容。但让人担忧的是,近年来,国内外的大量电影制作团队多把视线移向过去发掘灵感,这便导致风格创新、题材超越成了艺术的奢求,而技术比拼和类型杂糅成了一成不变的手段。技术的发展最终没能够为主题和内容服务,而是沦为了吸睛的乏味消耗品。这也正如詹姆逊所述:"我们正处于一个已经不可能再进行风格创新的世界里,我们能做的只是在模仿已死的风格。"

技术作为最高意义上的虚无主义是现代意义上的最高危险[2]。技术时代,"新的无深度性"已成影像艺术突出的现代表征，如今消费已经无关于艺术产品的样式，而是涉及个体的盲目选择和购买认同。正因如此，便导致许多电影艺术作品大量地利用技术来迎合市场，以满足人类的原始欲求，达到商业盈利的目的。影像在今天已经发展成技术的艺术，但如果技术被滥用于艺术，势必将导致艺术性的瓦解。而当创新被模仿替代，也一定会导致作品本身的虚无。我们细说电影"原罪"的目的并非要用伦理去限制艺术的发展，而是要以法度去观照人类的审美生活。人对存在的关注和顺应应当具体表现为对物的泰然任之和对神秘的虚怀敞开[3]。人类是各类艺术形式的发起者，也是各类艺术作品的承受者，艺术作品的优劣与否都将会通过媒介直接作用于人类本身。想象力和创造力是相辅相成的，任何艺术创作都是关乎人类灵魂的产物，不论处于何种时代，缺乏个体间心灵对话的"无语境性"都不可能作为艺术蓬勃发展的动能。避免影片的"原罪"产出，必然要保证技术的合理运用，合理构思主题、情节和假定观众的视觉感受是要兼顾的重要内容。在《目击者》中，安曼马与乡间小路停留的拖拉机通过技术对比显示，最终反映的是文化的对比；在《曼哈顿》里的戈登和丽尔的镜头技术组接是为了营造影片基调；而《徒步旅行》的凯奇在树上玩耍的温情拍摄也是视觉比喻镜头的合理运用。技术只有回归到艺术本身的合理运用，才具备技术表现的意义和美感。倘若技术沦为制作低俗审美的机器，且不遗余力地去玩味诸如窥视、裸露、暴力，并不断参与低俗元素和个别负面争议事件的传播，那么艺术势必会背离其价值，最终走向伦理的崩塌和文化的虚无。艺术当然也必须是包容的，阳春白雪和下里巴人皆是值得品鉴的对象，商业大片和文艺小品也都是可以表现的题材。技术是人类文明的成果，是推进人类文化进程的"时代法器"；呼吁技术的合理运用和目标转向并不是要盲目抵制技术发展，而是要对技术保有既能产出又敢终结的理性态度。电影艺术作品所反映的状貌往往是社会进程和人类生存样态的镜像，具有直观性、艺术性、时代性，甚至具有架空的假定性。电影作为视听艺术必须依托于技术进行表达，而强大的技术在处理各类故事和剧情时应当采取何种表述方式去避免"原罪"和呼唤艺术价值，是技术伦理需要直面的课题。对于电影中的时代背景呈现、人物的状态解读、主体的思想导引等方方面面，我们在进行艺术构思后应当采取何种技术是必须要考虑的准则。某种程度上，只要保证影片主旨最终指向正义，伦理内容最终抚慰人心，适度的"技术处理"也是可允许的。对于带有时代烙印的影片和架空幻化的作品，只要其反映主题不走向技术伦理的虚无就不至于引发大规模、不可控的社群危机。仅以创作而言，还原、消解、夸大、戏谑等各类艺术表现方式本身并无对错，追求场面、营造氛围、塑造人物、宣泄情绪等操作手法也符合标准。但艺术表现的"度"和影片反映的"题"却必须兼顾对题材的取舍和保证与时代的契合。艺术不是技术的附庸,技术的存在是为了丰富艺术的可能,在影片制作上绝不能本末倒置。

电影依托于技术,可以制造更丰富的视听效果,设置更综合的叙事方式,产生更震撼的艺术效果,但其在丰富视听、完备叙事、渲染震撼的同时应当遵循相应的技术伦理,构筑合乎道德、合乎目的的艺术语境,对真善美保有最基本的现实观照。在社会镜像艺术化的进程中,历史的真实不容替代和曲解,现存的伦理需要遵循和守护,这是每一个电影人的创作底线。伦理是一种警醒,技术是辅助艺术表达的手段,避免电影的非道德的产出必须首先在影片产出上遏制技术单一、依托资本,摒弃艺术性的盲目滥用。社会本来就是多元的,人性本身亦是多面的,摄影机的叙事可以包罗万象,但绝不能无所不拍,影视作品可以最大限度地追求表现力,但并不意味着其具有道德的豁免权。

二、文艺视角的思考

斯宾诺莎在论著《伦理学》中从本体论、认识论等多重角度进行了阐述,认为:"只有凭借理性的能力而获得的知识才是最可靠的。"电影艺术在当今社会作为一项综合性突出的艺术门类,目前已成为现代文艺发展进程中的重要文化担当。依托影像的输出和传播,电影也逐渐发展成了可以反映当前社会面貌和人文进程的重要参照。长期以来,我们为了追求艺术的多元发展,在艺术创作上都是基于个体或部分群体的感性产出和自我认知参与艺术性的优劣评判,却很少从艺术接受者本身去构建、推进个体文艺知性和群体理性认同。因此,在电影的世界,我们迫切地需要将文艺的理性思辨纳入影像的现存框架。

电影是一种新型的符号系统,它起源于现代,根植于人文。人文主义十分关注现代化进程中业已流失或严重受损的信仰、道德以及理想[4]。影像的道德规约在社会的发展进程中经历了多次流变,终归要落脚于现实的人文土壤,走向理性的回归。当前处于全球化进程,文化的碰撞与融合更加频繁,本土与外来的思维碰撞也存有部分抵触,普世通用的文艺法则在学科的不断颠覆与重构中已然成了没有定论的空谈。也正因如此,我们呼唤和崇尚的理性文艺绝不能是带有个体感性的"一家之言"。因此,我们对艺术功能的探讨不论结合何种理论,标准最后都是要回归"真、善、美"的人类终极价值。对于艺术产出的理性思辨,我们需要依托伦理学这一普世学科,构建文艺伦理,回归电影理性。马克思指出:"理论在一个国家实现的程度,总是决定于满足这个国家需要的程度。"电影艺术依托文艺理性寻求人文思考、参与知性传播、建构艺术判断,才有可能成为规训现实的重要理论依托。构建文艺理性就是在寻找艺术善恶判断的依据,从某种意义上说就是致力于规定艺术创作的边界。对于文艺理性的呼唤,中国古代"尽善尽美"的认知由来已久,但这也只能作为一种具有历史性的可行方案。"美和善和谐论"的学术探讨不仅仅需要结合特定的艺术门类,在丰富其内容的过程中更需要参照当前社会的发展进程。全球化对电影的影响主要表现在处理传统与现代、本土与国外的关系上。对于中国而言,美国好莱坞、印度宝莱坞等各国的类型化影片进入国人视野,都会以不同的表述方式、文化内涵和技术手段冲击国产电影的制作思维。在全媒体时代,各国都在加速引进和输出,对不同文化的好奇驱使我们去效仿、实验,少部分作品由于坚守获得了成功,但大量作品却在解构伦理的邯郸学步中曲解了艺术。当电影创作失去了自有的语境,失去了载道的神圣,就只能是一系列无用的试错,最终在舆论的唏嘘中沦为驴唇马嘴式的商业消耗品。放眼国内外,我们会看到大量的本土影片由于受到外来文化曲解的影响,恶搞传统,削平深度,不断打破伦理和情感底线,将电影艺术冷漠化、虚无化,将主题市场化、恶俗化,最终使得电影沦为滋生"原罪"的温床。当然,文化是民族的,更是世界的,优秀的文化成果自然值得借鉴和学习。在世界人文主义进程中,任何国家都不能轻易动摇和怀疑自有文化。倘若伦理意识缺失、人文精神消解,艺术作品必然会受人类原始物欲的驱使,导致大量反映色情、暴力和拜金的作品疯狂产出。"商务现象"和"艺术功利"是当前各国电影普遍面临的突出问题。电影在商品化的道路上已经渐行渐远,这一现象或许有利于各国电影超越传统、走出国门,但如果粘连过量的资本、市场元素,在尺度上不断挑战伦理底线,就会曲解人文精神,消解道德价值,继而导致艺术正能量传承的历史性崩塌。因此,我们迫切需要构建文艺理性,让电影服膺于伦理的表达。文艺回归理性,影像选择道德,既是一项自我审查、自主控制、自觉遵守的个体精神活动,也是一种需要群体约定、共同维护、相互依托的社会发展准则。

  文艺的发展需要道德的正确指引。电影的文艺理性之思,就是要立足影史去提炼和构建影像伦理的群体认同,说到底就是要明确电影作为文化产出在道德传承和商业利益面前如何调和的问题。全球化的时代,也是一荣俱荣、一损俱损的时代,各国的文艺样态是多元的,但"人类命运共同体"的终极观念却是普遍适用的。文艺能引人向善,艺术的创作需要倡导更多的"良心主义",文艺的发展必然需要伦理的理性规约。电影艺术若要在未来的发展中谋求长期的艺术主导地位,就需要在构筑本土人文精神的同时怀揣理性判断,回归群体认同,不断结合当前社会的发展进程,及时制订与现存文艺相适应的影像道德伦理标准。

三、审美精神的定位

伦理思想能够依托影像形式加以传播,影像审美也需要依托社会构建学科认同。艺术通向道德,影像审美最终需要指向正义。斯宾诺莎认为:"自然事物的本性就是自保,相应的人的本性也就是自保。每个人的所作所为皆出于其本性的自然性,每个人都各自按照自己的意识寻求自己的利益。"对于电影艺术性的解读,每个个体都或多或少夹着自我的感性判断,而这种感性内容的输出如果脱离了道德理性的基本判断,也就只剩下满足人类原始欲求的低俗产物。如果这种由无知群体推崇的影像审美机制被迎合和夸大,并不断被商业化、正常化,那么影像审美就会不断走向低俗,真正正常化的电影创作也必然会备受打击。正如霍尔巴赫所述:"人必然会把自己作为整个自然的中心,结果就必然导致他只能根据自己的感触去判断事物。他只能爱那些他觉得对自己生存有利的东西;而必然要憎恨和畏惧使他感受痛苦的一切。"

在现实的世界,人类是各类社会契约的制定者和执行者,个体的行为都要受到法律和道德的规约;而在影像的世界,人类却几乎无所不能,人类甚至更钟爱于在艺术的世界里为所欲为。在通常情况下,现实社会是规训的世界,艺术世界似乎是脱离社会规则之外的自我空间,但由于艺术的自我内容被不断地传播壮大,其反映的部分非理性成分便可能对社会产生不可估量的影响。艺术来源于现实生活,也最终作用于现实生活;对于艺术的规训,是基于其现存影响力而不得不做的。如今艺术的审美格调和文化品味已成为反映整个社会审美能力所处阶段的重要参照。对于影像的审美,我们有必要走出个体欲求,从社会伦理的角度重新思考美感本身,影像之美与道德之善需要相辅相成,艺术的内容完全可以在伦理的范畴中得到创新。如今的我们处于后现代的发展进程,而后现代主义又是处于问题的最后部分而不是解决办法的最后部分[5]。其往往包含着太多无深度、无中心、无根据的现实内容,大量自我反思的、游戏的、模拟的、折中主义和多元主义的艺术也正反映着这个时代性变化的各个方面。电影作为一种视觉文化,以其强大的感召力和综合性日益渗透进大众的日常生活,数以亿计的民众都会受到影视信息的影响。如今的我们,已经模糊了高雅和大众化,以及艺术和日常经验之间的界限。因此,形成符合道德的社会性审美,并对其进行伦理的规范,更显得弥足珍贵。在后现代这样特殊的时期，各国电影必须勉力前行，在直面"好莱坞式"商业资本导向模式的冲击下，不得不背水一战，重新去审视和构建新的影像作品价值体系。经济的全球化也带来了文化的全球化，在发展和继承中如何用辩证的思维来"以我为主，为我所用"是审美救赎的原始母题。在信息社会，媒介的发展似乎填平了文化的鸿沟，精英文化和大众文化的界限正逐步模糊，传统的审美体系伴随着部分群体对传统伦理的嗤之以鼻走向了传统审美的对立面。于是，厚重和鄙陋之间让大众难辨是非，崇高和媚俗之间让创作无法取舍。创作者的怀疑和尝试在商业的"你死我活"现状中选择了盲目迎合，欣赏者带着不解在伦理的消解崩塌中机械地认同。当深度模式的操作渐趋平面化，缺乏道德审查的影片便会频频登上荧幕，传统审美的准则也势必会受到如拼贴、恶搞等低成本策略的打压。此外，高度发达的社会知识状况也使得部分艺术家极力宣扬着自我认知，不断怀着后现代的反叛精神状态去表现自我感性。其对于电影所谓的"新艺术化诠释"甚至打破了当前理性的社会法则，酿成了一定规模的社会危机。在电影产出上，由于审美失衡，宏大叙事被微观表述所取代，大量后现代产物也就充斥于公众审美中。电影艺术的终极指向一旦果断放弃了对历史真相、个体价值以及社会本质的伦理解读，审美的意义也就在众说纷纭的误读中荡然无存。大工业时代，电影是依托技术手段来诠释社会之美的突出艺术形式，而我们对于技术之美的追求过程向来都有一个过程。艺术应当是一种具有道德意味的形式，美也需要依托和参照社会内容成为善的象征。

  电影作为一种新型的叙事策略，其伦理内容的最终指向必然是要回归社会认同的美学法则。中华民族有着几千年的文化根基，本土的审美准则在历史的大潮中不断更迭和发展，最终形成了与伦理相契合的审美体系，早期的儒家审美即如此。美与善结合的理论在中国文艺发展史上由来已久，而善对美规约的实质就是要求审美要符合相应的道德准则。在很多人看来，儒家的"美善不分"在美学的终极探讨上似乎有失偏颇，但值得注意的是，在道德限定的文艺创作阶段，我们同样产出了一大批宝贵的文化遗产。因此，对于当前浮躁、偏离的艺术审美标准的救赎，我们的祖辈已经给出了先例。如果说文艺是道德的引导者，那么美学发展到最后就应当是未来的伦理学。并且，审美在培养受众的直觉和创造丰富想象的同时，也能够锻炼理性思考，促进个体的社会化进程。所以，为了避免和减少电影文化的"原罪"产出，当代社会也必然需要用善来规训，用道德来引导，与当前的先进文化相结合，构建和弘扬符合当前既存伦理的电影美学传统。

四、伦理规训的观照

《荀子·乐论》说:"乐合同。"《礼记·乐记》说:"德者情之端也,乐者情之华也。"经得起时间考验的艺术向来都是指向至善的产出,电影同样需要投身于人类终极价值的呈现和社会理性的思考。然而,道德并不是与生俱来的个体本能,它是具有历史性尝试和阶段性传承的群体规约。我们要走出艺术与道德对立的误区,除了认清艺术是什么之外,还要厘清什么是道德[6]。道德本身就是一个自律的过程,是一种面向历史、作用时代的既存产物。它的存在意义是毋庸置疑的,它的规训范畴也是不断发展的。电影是新的文化形式,基于它如今发展的规模和体量,也必然需要在艺术的自律之外注入伦理他律的崭新内容。电影伦理学创立的目的也正是为了在艺术之外寻找"善意",引导形成依托伦理的影像创作法则。

福柯曾指出:"实现规训需要一个固定化的空间,这个空间可以是封闭式的,具有隐秘性,保证人们在其中有序地生存和生产,另外这个空间也可以是高度分化和灵活的空间,是将人们依据单元定位和分割的原则。"[7]现如今,百家争鸣的创作形态已然渗透到当前所有的学科体系之中,电影自然也不例外。我们坚信道德能够在艺术的世界大放异彩,用理智驾驭的感性一定能够契合社会法则。技术和艺术相辅相成,文艺和伦理互相补充,感性和理性彼此兼顾,人类精神空间的发展就不可能走向死胡同。影像伦理作为一种文化的既有空间,它的出现不仅仅标志着另一种新颖学术范式的诞生,同时,道德规训的影像创作法则亦是一场崭新而又全然不同的文化运动;它将从理性的角度引导大众去重新审视和体验身边的艺术问题,进行广泛而深入的思考。在现代社会中,道德的终结很大程度上也是因为伦理立法的空白。电影艺术的创作是个体的行为,但其反映的内容、运用的形式以及影射的主题却是群体关注的话题。在各类信息纷繁搅扰的时代,电影作为一种新型的艺术手段,有责任和义务以其特有的形式来回应和推动社会文明进程。艺术创作在传达道德文化和给予道德人格化上具有独一无二的作用,理直气壮倡导电影艺术的修正人心、道德感化和精神熏染作用,是电影创作的题中应有之义[8]。电影艺术在当代已发展成一种不可忽视的信息交互平台,这种影响力极深的信息源若未得到有效的把控就容易诱发相应的群体事件,催生社会危机。对此,每个国家都设有专门的文化监察机构,从创作和传播的源头去把控整个文化市场。但对于广大的民众而言,相应的规训还有待完善。道德是需要被尊崇的,大众可能对于传统的"仁义礼智信"早已熟稔,但对于文化尤其是影像传播的法度很可能知之甚少,甚至是一无所知。很多时候,影迷都是在戴着"有色眼镜"进行观影,而电影的制作和运营团队也在有意推动这些"个体感性"成为社会话题。我们的艺术是感性的产出,或许个体的共鸣可以继续回归感性,但群体的判断必然要回归理性。伊壁鸠鲁曾提出:"确保幸福的不是别的而是理性,因为只有理性才能找出一切我们的取舍的理由,清除那些在灵魂中造成最大的纷扰的空洞意见。"我们在伦理层面对电影进行选择和取舍的最终目的就是为了回归文艺理性。艺术的传承需要伦理的支撑,伦理的呈现需要艺术的形式,我们不认同影像是伦理的附庸,同样也不主张艺术放弃自我的个性。

海德格尔曾在"不莱梅演讲"中,引述了荷尔德林《帕特莫斯岛》的名句,即:"哪里有危险,哪里也生救渡。"在当前的文艺形态下,艺术的创作环境是极其包容的,创作手法是五花八门的,传播渠道是综合多样的,反馈机制也是迅速即时的。包容的社会环境给了电影多元的艺术产出,这种产出由于缺乏理性,也必然会将人类社会的方方面面纳入其自有的叙事体系,而伦理道德的失序也正裹挟其中。处于全媒体时代,负面影像信息源的扩散速度和影响程度已经很难把控,大批电影艺术创作者在多元文化发展的样态下也频繁地陷入后现代的反叛泥沼,电影的管控难度正在无形中不断加大。因此,倘若民众没有形成相应的道德意识,仅仅依靠文化监察部门的纠察和管控是微不足道的。我们只有将相应的道德约束更精准地纳入相应的管控体系,将必要的道德规约上升为公众议程,才能跟上当前时代的发展步伐,更好地促进电影这一艺术朝着良性的方向发展。伦理规训的影视创作法则是一场崭新的全然不同的文化运动,它必然要从理性的角度去引导大众重新审视和体验身边的艺术问题,进行广泛而深入的思考。

结语

自康德以来,"自律论"几乎在每个世代都形成了相应的艺术思潮。电影业同样提倡自律,不能仅仅依靠宣扬暴力、激发性欲和物欲等低劣的手段来吸引眼球。美与善不能简单理解为等同,更不能无端扭曲成对立,影像的伦理和社会的伦理在本质上是一致的。伦理以情节、故事、情感的形式表达出来,就成了艺术,文艺关注人的生命、情感、理想,也就成了道德[9]。阿恩海姆认为"艺术的极高声誉,就在于它能够帮助人类去认识外部世界及自身"。在多元价值碰撞的新时代,电影艺术与道德价值的关系理应被重新审视和评估。被控制与不被控制之间的差别就是文明与野蛮之间的差别。艺术本身就是在戴着镣铐跳舞,对于电影行业的管控同样是发展文化功能、传播文化内容的重要组成部分。

  善恶一直以来都是一对既相互对立又相互联系的历史性范畴,它长期存在于人类行为的方方面面,并依托社会发展的进程不断注入新的研究内容。电影是新时代的产物,电影原罪也是基于社会善恶而滋生的。电影伦理失序是社会病态的呈现,这种危机若不救赎,任其发展扩大,势必会导致电影产业走向艺术创作的虚无,从而参与负面传播,动摇理性文化的根基。我们应该反思和重建电影人的道德使命感,将电影的"伦理思想"从学术形态蔓延至影像的创作实践活动,乃至整个大众的观影过程中。在自律和他律的双重规约下,不断提升电影创作者和观众的文化素养和伦理道德意识,重建电影市场的伦理秩序,电影才能在罗兰·巴特所述的"去庸俗化"的过程中真正走出"伦理危机"的困境。

  (本文为西南大学中央高校基本科研业务费专项资金重大培育项目"中国电影伦理学的学科建构与理论研究"〔批准号:SWU1909206〕的阶段性成果之一)

  (袁智忠,西南大学影视传播与道德教育研究所;周星宇,西南大学美术学院)

注:

[1] 罗国杰.伦理学[M].北京:人民出版社,2014:344.

[2] 杨丽婷.虚无主义的审美救赎:阿多诺的启示[M].北京:社会科学文献出版社,2015:87.

[3] 杨丽婷.虚无主义的审美救赎:阿多诺的启示[M].北京:社会科学文献出版社,2015:86.

[4] 于文杰.现代化进程中的人文主义[M].重庆:重庆出版社,2006:4.

[5] [英]特里.伊格尔顿著.后现代主义的幻象[M].华明,译.北京:商务印书馆,2000:152.

[6] 赵红梅,戴茂堂.文艺伦理学论纲[M].北京:中国社会科学出版社,2004:4.

[7] [法]米歇尔·福柯.规训与惩罚[M].刘北成,杨远婴,译.北京:生活·读书·新知三联书店,1995:162.

[8] 周星,庞建.电影艺术的社会道德建设责任[J].当代电影,2006(4),43—45.

[9] 赵红梅,戴茂堂.文艺伦理学论纲[M].北京:中国社会科学出版社,2004:4.

参考文献:

[1] [法]雅克·拉康.拉康选集[M].褚孝泉,译.上海:上海三联书店,2001.

[2] [法]米歇尔·福柯.宽忍的灰色黎明:法国哲学家论电影[M].李洋,等,译.郑州:河南大学出

版社,2014.

[3][古希腊]柏拉图.理想国[M].郭斌和,张竹明,译.北京:商务印书馆,1986.

[4][奥地利]西格蒙德·弗洛伊德.梦的解析[M].周艳红,胡惠君,译.上海:上海三联书店,2008.

[5]Laura Mulroney. Visual and Other Pleasures[M]. Pal－grave Macmillan,2009.

[6][英]劳拉·穆尔维.恋物与好奇[M].钟仁,译.上海:上海人民出版社,2007.

[7][法]米歇尔·福柯.性经验史[M].佘碧平,译.上海:上海人民出版社,2005.

[8]李银河.新中国性话语研究[M].上海:上海社会科学院出版社,2014.

[9]阿特金斯.西方电影中的性问题[M].北京:中国电影出版社,1999.

[10][瑞士]卡尔·荣格.原型与集体无意识——荣格文集(第五卷)[M].徐德林,译.北京:中国国际文化出版社,2011.

[11][德]弗里德里希·黑格尔.美学[M].南京:江苏人民出版社,2011.

[12]汪献平.暴力电影:表达与意义[M].北京:中国传媒大学出版社,2008.

[13][古希腊]亚里士多德.尼各马可伦理学[M].北京:商务印书馆,2003.

[14]陈宜中.何为正义[M].北京:中央编译出版社,2016.

[15]皮亚杰.儿童的语言和思维[M].北京:文化教育出版社,1980.

[16][德]马丁·海德格尔.存在与时间[M].陈嘉映,王庆节,译.北京:生活·读书·新知三联书店,2006.

[17][古希腊]亚里士多德.诗学[M].北京:商务印书馆,1996.

[18]于文杰.现代化进程中的人文主义[M].重庆:重庆出版社,2006.

[19]赵光武,黄书进.后现代哲学概论[M].北京:首都师范大学出版社,2013.

[20]杨丽婷.虚无主义的审美救赎:阿多诺的启示[M].北京:社会科学文献出版社,2015.

[22]袁智忠.影视文化纲要[M].重庆:西南师范大学出版社,2017.10.

[23]袁智忠,虞吉.影视批评纲要[M].重庆:重庆大学出版社,2009.

[24]虞吉,中国电影史纲要(第2版)[M].重庆:重庆大学出版社,2017.

[25]虞吉.外国电影史纲要[M].重庆:西南师范大学出版社,2007.

中西比较视域下的电影伦理溯源

——兼谈对中国电影学派理论建构的启示

潘　源

作为一种大众文化形式,电影深受民族文化滋养。了解一个国家、民族的电影的独有特色,需从其传统文化中求本溯源,且在与异域文化的比照中辨识该民族电影文化的特质。相较于西方文化而言,中国文化具有鲜明的伦理特征。中华民族的历代先贤崇德重礼,将修身养性、社会教化同国家治理相结合,形成了德治思想和伦理文化。舶自西方的电影形式在中国落地生根后便一直浸润在这种伦理文化之中,无论创作、批评还是理论建构,一定程度上都受本民族的价值判断与伦理取向影响,与西方电影的发展呈现出不同的路径和特色。

因此,在中西比较视域中认识电影形态及理论与批评的差异,并从传统文化,特别是伦理文化的角度分析其成因,可以更好地认识我国电影发展的独有优势和薄弱环节,并能够在充分了解西方有益经验的基础上有所借鉴,为中国电影学派建设提供学理支撑。

一、电影创作体现的伦理差异：注重人伦与探求法理

中西方伦理的不同取向和特质往往潜移默化地体现在电影创作之中,构成不同的电影文化和创作传统,且往往能够从主流电影类型的发展中呈现出来。其中,就伦理取向而言,中华文化注重人伦教化,强调内求于心；西方推崇科学理性,倾向外求于世。这种伦理取向与思维方式不但是电影研究方法论的主要出发点,也体现在电影创作之中。在影片类型表现上最具代表性的便是家庭伦理片与科幻电影在中西方的不同地位与发展面貌差异。

1. 注重人伦之宜的家庭伦理片

中国传统文化在儒家思想的长期影响下,政治生态、社会生活和艺术审美之中早已渗透着传统文化倡导的人伦之宜。儒家思想以家庭为本位论,以伦理为中心,以等级为基础,不但"治国、平天下"的人生理想是以"正心、修身、齐家"为基础,就连社会结构也是从"父慈子孝"推至"忠君爱臣",社会治理以"礼治""德治"为主、法治为辅,主张"圣贤决定礼法","身正则令行"[1]；主要通过道德原则、伦理规范和宣传教化解决人与人之间的关系问题,依靠德性权威维护社会秩序,即"融国家于社

会人伦之中,纳政治于礼俗教化之中"[2],将家庭的血亲伦理关系外推为国家的伦理法则,家国同构成为主要特征。中国电影亦明显体现伦理文化、道德思维下以人伦教化和社会责任为重的电影观,形成中国电影类型发展的独特形态。

早在中国电影诞生早期,表现家庭伦理题材的影片便深受大众欢迎,第一部故事短篇《难夫难妻》(1913)便是通过家庭伦理题材体现出创作者的现实批判意识。中国第一部取得商业、艺术双成功的《孤儿救祖记》(1923)也是家庭伦理片,该片不但挽救了明星公司,还"标志民族电影业草创阶段的结束和初盛时期的到来","促成了'国产电影运动'"[3]。20世纪20年代是中国电影的自觉艺术探索时期,各影片公司在竞争中所凭借的不是新奇的形式,而是"精神品牌",如明星公司的"家庭伦理片"、长城画片公司的"社会问题片"、神州影片公司的"人情伦理片"等,均强调电影的伦理功能。家庭伦理电影在中国一直雄踞主流地位,从蔡楚生的《一江春水向东流》、费穆的《小城之春》、谢晋的《天云山传奇》《牧马人》《芙蓉镇》、张艺谋的《菊豆》《大红灯笼高高挂》《我的父亲母亲》、黄健中的《良家妇女》、颜学恕的《野山》,到近年来的《钢的琴》《相亲相爱》《失孤》等,这一系列家庭伦理电影都从表现家庭亲情、伦常关系来探讨社会问题,形成了具有中国特色的伦理表述传统。

中国的家庭伦理电影往往承载着中华传统伦常观念,张扬中国伦理文化所崇尚的乐"群"贵"和"原则,彰显"仁爱孝悌""笃实宽厚""谦和好礼"等中华传统美德,在表现家庭悲欢、天伦之乐时给观众以情感抚慰,描述社会人生、世态炎凉的同时渲染浓浓亲情,净化心灵,呼唤责任,同时警示爱的失落,促使人们反思人生意义,进而有效播扬中华民族主流文化意识,巩固中华民族的传统价值观,形成稳定的道德规范系统。

然而,西方电影虽然不乏家庭伦理内容,但并未发展成主流电影类型,因为从文化性质和社会制度来看,与中国文化偏重"伦理"、注重"礼治"不同,西方文化更加倾向于"法理",以法治为主、德治为辅,基于自由、平等、正义等理性精神,主张通过建立严密的法律来处理社会关系,通过建立各种制度和规范维护社会秩序。而且,西方强调个体独立性和自由的人格,以个人取向为主,忽视家族或宗族纽带,更加关注个人与社会和国家的关系,家庭伦理关系在向社会、国家过渡时逐渐弱化。在黑格尔看来,家庭生活和国家生活分别遵循不同的规律,前者基于血缘关系,后者基于国家法律,即他在《精神现象学》中所称的"神的规律"和"人的规律"。所以,中西不同的伦理观往往存在着原则上的冲突和对立,决定了中西主流类型片不同的走向。

2.彰显科学探索精神的科幻片

英国哲学家伯特兰·罗素曾从文化价值观的角度指出:"我们文明的显著长处在于科学的方法;中国文明的长处则在于对人生归宿的合理理解。"[4]西方"主客二分"的"认知型"思维方式更加崇尚"科学理性",即将宇宙作为外在的客体进行研究和探索。在伦理选择中,西方主张把科学知识作为通向道德的最高境界的方法与手段。譬如,古希腊哲学家柏拉图总结的"四德"为智慧、勇敢、公正和节制,智慧位列其首;苏格拉底也明确指出:"美德就是知识。"在他看来,知识或理性是道德的前提,也是人们获得幸福的关键。所以,西方将对科学知识的渴求和对自然界的探求精神也熔铸于电影创作之中,在电影发明不久科幻电影便应运而生。

1902年,法国导演乔治·梅里爱拍摄了《月球旅行记》,1927年德国摄制了《大都会》,美国也陆续推出《科学怪人》(1910)、《化身博士》(1913)、《海底两万里》(1916年)等科幻电影,好莱坞科幻片的产业在20世纪三四十年代已渐成熟,20世纪五六十年代首度繁荣,20世纪90年代以后更是借助电脑特效等高新科技全面繁盛。

十年来,好莱坞科幻片大举进入中国电影市场。自2009年《2012》获得中国票房冠军之后,好莱坞科幻片在我国进口片票房前十名中经常独拥四五席,且一直占据中国电影市场大部分份额。然而,中国电影诞生一百多年来科幻电影的数量惊人地稀缺。据统计,20世纪中国大陆仅出品了14部科幻电影;21世纪头十年仅有11部,此后科幻电影数量有所增加,但主要是网络大电影,进入院线且引起反响的影片稀少。科幻电影类型在我国的稀缺现状虽然一定程度上源于我国在资金和技术方面的短缺,但很大程度上是因为我国传统文化中欠缺崇尚科学的伦理基础。与西方偏重向外探究宇宙、控制自然的伦理取向不同,中华民族更加看重修养内心,注重"内求于心",而非"外求于世"。王安石在《礼乐论》中便说"圣人内求,世人外求",道家把"为学"(知识)与"为道"(道德)对立,指出"为学日益,为道日损"[5],认为"求仁"高于"求智",注重伦理之功、道德之用,忽略科学之真,认为道德品质比科学知识更重要。这不但导致我国近代以来科学精神匮乏,自然科学发展缓慢,而且使科幻片在我国的发展先天不足,缺乏有利的文化土壤。

3.中西动作片中不同的英雄观

英雄观反映出不同文化背景下人们所持的道德理念和理想追求。中国崇尚"舍生取义""舍小家,为大家""精忠报国"等家国情怀和集体主义精神。西方则强调人的主体性,重视个体价值的自我实现,这使西方英雄形象往往表现出鲜明的冒险精神和个人英雄主义。塑造英雄形象是动作片的叙事核心,中西不同的英雄观体现在各自典型的动作片类型中,便折射出中西方对于德与法、家与国、集体主义与个人主义等伦理价值的不同侧重。

武侠电影是最具中华伦理特色的动作电影类型,倡导源于中国春秋时期的侠义精神。顾炎武在《日知录》中曾说"春秋以后,游士日多",而士之中,"文者为儒,武者为侠",文儒与武侠同出一源,且"侠之大者,为国为民"。电影传入中国之后,自然吸纳武侠小说与武侠戏剧的叙事内核与传统,如1925年推出的第一部中国武侠电影《女侠李飞飞》。但真正获得成功的是1928年明星电影公司出品的武侠神怪片《火烧红莲寺》,连续拍了18集,创下中国电影史上续集最多的单片电影记录。此后,武侠片作为中国独特的电影类型之一进入电影史。从张彻的《独臂刀》(1967)、《刺马》(1973),李小龙主演的《精武门》(1972)、《龙争虎斗》(1973),成龙主演的《蛇形刁手》(1978)、《醉拳》(1978),胡金铨的《侠女》(1971)、《忠烈图》(1975),到李安的《卧虎藏龙》(2000)和徐克导演的黄飞鸿系列片,武侠电影不但展示与传播了中华武术,还张扬了中华民族的精神和气节,在银幕内外传扬仁义、诚信、谦让的游侠之德;标示着中华民族的道德取向和情义伦理,即对舍己为人、扶危济困的侠义精神的推崇,故而既在中国电影史上拥有不可替代的地位,亦以独特的神韵获得世界电影界的青睐,成为中华文化的标志之一。

然而,由于中西文化传统与伦理观、人生观、价值观的不同,在国际传播过程中,国际观众乃至电影学者在观看中国武侠电影时存在认知上的差异,对武侠片体现出的价值取向、信仰体系、社会制度和行为模式产生不同理解,即因文化结构差异而出现"文化折扣"现象。譬如,美国著名电影学者大卫·波德威尔在其所著《香港电影的秘密》中提到,中国的侠义传奇缔造了一个人们心目中的国度,那里虽有稳固的传统,但既不属于法律,也不属于政府,而是关乎光明磊落的个人操守。武侠英雄武功高强,效忠对象往往是师父、家人或朋友,为保护他们不惜对抗强权。尽管他们有时杀人无数,却总是站在正义一方。在此,波德维尔把中国武侠片与美国西部片加以比较。西部片是美国的古老片种之一,在电影技术传入美国不久的1903年,埃德温·鲍特便拍摄了《火车大劫案》,全片虽仅8分钟,却奠定了西部片在美国电影史上的地位。作为美国电影的特殊类型,西部片并非注重再现美国西部大开发的真实历史,而是着重营造一种理想的道德规范,播扬美国人的民族性格和精神指向。在西部片中,作为英雄的警长或牛仔代表了执法者、探险者和征服者,为保护白人移民而除暴安良,反映了美国人对秩序、和平、公正和法律的向往。

波德维尔指出,在美国西部片中,英雄人物若非搬出文明社会的公义,便无法将坏人绳之以法,但中国武侠片中缺少超越个人的法律传统,社会无法可依,且往往由坏人操控,英雄必须行侠仗义,暴力成为解决问题的唯一办法,这种男儿的荣辱观似属儿戏,但别具感染力。

美国学者蒂莫西·艾尔斯在其文章《〈黑客帝国〉与武侠片的颠覆:重新确立好莱坞的意识形态霸权》中将美国动作片《黑客帝国》与中国武侠片的传统英雄观加以对比。他认为,《黑客帝国》参考了中国武侠片以及亚洲哲学的特性,但中西方对英雄的刻画方式有所不同:经典武侠片的情节要素是英雄为维护被压迫人群的利益而与不公、暴虐的政权抗争,虽然这一情节线并非武侠片专属,西方动作片也描述了类似情节,但在中国武侠片中,"'游荡的剑客'并不孤独——他和一群人一起战斗;实际上,愿意接受别人的帮助是其成功的前提,武侠片由此避免夸大孤寂的英雄"[6],而西方英雄必须通过自我牺牲或持续不断的个人努力才能达到目标。武侠片在刻画英雄时避免"非他莫属"观念,即他的成功有赖于他人帮助,并由此产生谦卑感。《黑客帝国》则坚持西方英雄观,即用个人力量拯救世界,最终通过殉难成为伟人,这与东方多人协作的集体主义英雄观不同。正是通过对孤独救世主自我牺牲的描绘,《黑客帝国》彻底"背叛"了亚洲的哲学根基和对它的影响力,颠覆了武侠片为正义而复仇的过程。[7]

可见,不同伦理走向的文化语境衍生出的电影创作形态各具特色,构成了民族电影风格的独特底色,这无疑是在电影创作、接受和批评之间的长期互动中逐渐形成的,也成为电影研究的基础,使中西电影理论与批评体系建设呈现出不同的面貌。

二、电影批评伦理的基点差异:教化求善与探索求真

中西方伦理观对于真、善、美的强调各有侧重,我国的传统思维范式注重善美统一,即以善为美,认为"求善"高于"求真",倾向于从道德情感中寻求美感体验;西方则以真为美,所强调的"真"主要指客观世界的本来面目和其发展的客观规律。这种偏重再现、理性、真理的倾向对西方美学影响深远。

体现在电影批评实践上,中国注重伦理文化、道德思维下的社会责任和教化功能。而对西方电影研究者而言,一种能够模糊现实与虚构之间界限的媒介,自然会引发伦理问题,然而,他们并不试图建构一个单一的道德框架,而是努力在"虚构—现实"关系的配置中研究电影应如何通过虚构的结构将真实的现实呈现给观众。

1. 美善结合的教化功能

中国古典美学偏于伦理学和心理学，强调美善结合，此处的"善"指的是具有实用功利和道德伦理的善，即认为善以合目的性为美，把理想的善看作最高的美和真。譬如，孔子十分重视文艺的社会功能，他提出"尽善尽美"理想，认为诗可以兴、观、群、怨，"迩之事父，远之事君"[8]，把诗乐与家庭伦理与国家政治联系起来。他还主张"志于道，据于德，依于仁，游于艺""兴于诗，立于礼，成于乐"，将礼与乐、仁与艺紧密结合，并把道、德、仁、礼置于诗、艺之上。[9]中国古人往往将伦理的善和认知的真相互混同，认为不必通过对客观现实的体察来获得客观世界的"真"，而是只需加强自我道德修养，达到"善"的境界，即可获得"真"，这也是中国古人着重内修的原因，从而使艺术作品注重伦理道德的教化功能。

在中国电影批评演进过程中，重伦理教化功能和社会实践价值的"实践理性"使中国电影人自始至终怀有高度的社会责任感和民族危机感，推动电影实践呼应时代脉搏，呈显浓厚的人文精神，也决定了中国电影批评与社会实践始终保持着紧密联系。譬如，中国电影早期的"影戏观"便注重电影的社会性和教化性，侯曜在《影戏剧本作法》(1926)中对"影戏"的探讨便是先从社会功能入手；李昌鉴在《提倡平民化电影》(1931)中提倡平民化电影，使其起到感化作用，从而有益于社会；[10]席耐芳在《电影罪言》(1933)中呼吁应拍摄暴露性的电影作品，将现实的矛盾、不合理赤裸裸地摆在观众面前，使他们深刻感觉到社会变革的必要；[11]徐公美在《电影艺术论》(1938)中指出，电影应忠实地传达国家和阶级意识，成为思想斗争的一种武器。[12]20世纪30年代，随着日本对中国的侵略程度不断加深，中国民众的民族意识和爱国意识高涨，中国电影界左翼"影评人小组"和"软性电影"论者之间爆发了论战，主要围绕电影的宣传教育功能与娱乐审美功能的取舍、影片题材内容与形式技巧的权衡等问题展开辩论，反映出双方在电影意识形态属性与社会功能问题上存在的根本分歧。新中国成立后，"十七年"的电影批评强调电影制作直接为政治服务，历经几次重大政治运动后，电影的政治宣传功能被提升到更加突出的地位，并在"文革"中走到极端。新时期以来，电影学术界多次开展关于电影性、电影民族性、娱乐片、主旋律影片等主题的讨论，一定程度上将学术思维的支点转向电影本体研究，但电影社会功能和价值问题仍是学界与创作界关注的焦点。

2. 以真为美的认知功能

西方强调人与自然的"物我两分"和"二元对立"，人是主体，自然是客体，人与自然的关系是认识与被认识的关系。西方伦理主张"爱智，求真"，强调合规律性、现实性和真实性，努力揭示现实的本质、时代的特征以及未来的走向。西方古典艺术也偏于再现，强调"美真统一"，把美同对客体、自然的科学认识联系起来。亚里士多德在《诗学》中提出了重摹仿、再现，重美、真统一的基本原则。贺拉斯说艺术"必须切近真实"[13]。法国新古典主义的代表布瓦洛在《诗的艺术》中把"理性"奉为诗的准则，认为"只有真才美，只有真可爱，真应统治一切"。[14] 能否真实反映现实成为西方电影伦理判断的重要基点。

所以，西方学者认为电影的审美问题也是艺术如何表现历史和现实的问题。这一以求真为取向的媒介伦理认识基础可以追溯至1922年美国新闻评论家沃尔特·李普曼的《公众舆论》中的"拟态环境"概念，借此说明媒介引发伦理问题的原因。李普曼认为，人们关于真实世界的认识很大一部分需要通过大众传播媒介间接获得，媒介构造出来的符号环境构成了信息环境，即"楔入在任何环境之间的拟态环境（Pseudo-Environment）"[15]。人们对"客观真实"的认识往往基于大众传播媒介所呈现的"符号真实"，进而形成人们的主观认识，即通过"符号真实"的中介，获得与"客观真实"有所不同的"主观真实"。现代社会中"虚拟环境"的比重越来越大，且主要由大众传播媒介所造成，李普曼就大众传播媒介可能"歪曲"环境的负面功能提出了警示。从宏观上来看，大众传播是一种社会控制的手段，即"具有促进顺从某种既定秩序或行为模式的系统性倾向。其主要效果是通过意识形态和'意识工业'来支持既存权威的合法性"[16]，故而通过其呈现的"拟态环境"建构社会，影响意识形态和社会文化发展。就微观而言，媒介可以影响人们的思维与行为方式，电影作品无疑都或明或暗地反映了作者的道德观念和思想情趣。在这些作品的欣赏和接受过程中，观众自然会有意无意地接受作者的价值观念和审美取向，从而影响自身对意义的阐释。

在西方电影理论发展早期，法国电影批评家安德烈·巴赞提倡的"纪实美学"便反对用蒙太奇手段干预现实，认为运用蒙太奇手段会剥夺观众的自由选择权和独立思考能力。巴赞提出了电影影像本体论、电影的心理学起源和电影的进化观，强调电影应该重视社会现实，并从"木乃伊情结"的宗教心理和完整再现现实的愿望出发，论证长镜头和景深镜头所具有的保持时间延续和空间完整的优势，强调它们不但能够保证影像世界的自然真实，而且可以确保观影主体获得心理真实。巴赞通过宣布一种不干涉主义的审美为"道德"，反对向观众提供已被解释和重新组合的生活，体现出独特的电影伦理态度。

1978年，美国摄影师约翰·沙科夫斯基（John Szarkowski）区分了"镜子"摄影和"窗户"摄影。按照他的观点,"窗户"摄影应当客观表现现实,不受镜头或摄影师倾向性的影响;"镜子"摄影通过操纵光线、比例、背景乃至拍摄对象,主观地重塑世界。当反映摄影师倾向性的"镜子"摄影被冒充成再现现实的"窗户"摄影并被提供给观众时,观众便受到欺骗[17]。这与阿曼达·比尔德在其《朝向"折磨"美学礼仪:〈刺杀本·拉登〉和〈标准流程〉中的礼貌形式》[18]中的观点不谋而合。比尔德在该文中结合芝加哥学派理论家欧文·戈夫曼关于礼仪的表演性理论,对《猎杀本·拉登》(2012)和《标准流程》(2008)在表现酷刑方面提出了批评。她指出,两部影片表现内容不同,但在形式上具有互补性。《猎杀本·拉登》是一部虚构影片,却蒙上了纪录片的面纱;《标准流程》是一部纪录片,却近似虚构。两部电影都模糊了现实与虚构之间的界限。通过对酷刑的程式化描述,两部电影都使观众质疑电影和摄影图像的真实性。文章批评这些影片在暴力行为的表现上走向了酷刑礼仪,而礼仪也是一种审美形式,当在代表反恐战争的电影中对其加以构建时,它便获得了政治与伦理的潜在含义。

21世纪以来,数字技术统领电影制作领域,惠勒·温斯顿·迪克森在《合成电影:21世纪的主流电影》[19]中指出,随着电脑特效时代的到来,电影世界正在向更塑料化的不真实方向转变。随着数字电影和漫画电影的兴起,用电脑合成的豪华场面加强了感官诱惑力,主流电影几乎全部进入幻想专营区,漫威(Marvel Comics)与DC(Detective Comics)公司的漫画电影、宇宙电影、超级英雄电影等几乎完全依赖于特殊效果,使人们进入"合成电影"时代。各种漫画改编及"宇宙"电影中的角色可能具有一些人类属性,但他们都是超人、突变体、外星人或介于真实与非真实之间的混合体等"后人类"形象。这些电影不再提供对人类实际生存状况的反思,甚至与真实世界毫无关联。所以,当传统电影被数字影像所取代,图像处理获得了无尽可能性,主流电影被合成世界所覆盖时,电影世界有可能最终与现实决裂。毋庸置疑,这对电影的未来不利。

三、电影理论本体的认识差异:内容之道与形式之道

教育家蔡元培曾在《中国伦理学史》中指出,我国以儒家为伦理学之大宗,"一切精神界科学悉以伦理为范围",在美学方面同样如此,即"评定古诗文辞,恒以载道述德、眷怀君父为优点,是美学亦范围于伦理也"[20]。可见,在中国美学的评价体系中,与伦理密切相关的"道"具有决定性意义,且在艺术形式与内容的关系上强调"文以载道",认为技术与形式是工具性载体,注重艺术作品的题材内容及其体现

的思想内涵。在西方,古罗马诗人贺拉斯根据其诗学理论提出了"合理"与"合式"之说,其中"合理"是合乎人情事理,合乎理性,"合式"是在表现形式上要做到尽善尽美,给人美感。但与中国古典美学偏重内容的伦理功能不同,西方非常关注艺术的形式表现,甚至将形式奉为艺术的本体。毋庸置疑,对道与文、内容与形式的认识一定程度上构成了艺术理论建构和批评实践的逻辑起点之一,反映在电影研究上,形成了中西电影理论与批评的不同范式。

1. 重道轻器的研究视角

中国泛道德的"伦理型"文化反映在艺术理论归纳上,表现为"文以载道"的伦理向度和"知行合一"的实践原则,要求理论应具有实际效用,体现了社会、经验和实用三位一体的"实践理性"。自古以来,荀子要求"文以明道",韩愈强调"文以贯道",周敦颐提出"文以载道";刘勰在《文心雕龙》中认为"道沿圣以垂文,圣因文而明道"[21],李汉在《昌黎先生集序》中指出"文者,贯道之器也"[22],都强调"文"的作用是要阐明"道"。在"道"与"文"的关系上,南宋理学家朱熹认为,"道者,文之根本;文者,道之枝叶"[23],清代思想家黄宗羲提出"文之美恶,视道合离"[24],都认为有效"载道"的"文"才是好"文",将"文"当作"道"的载体;而"形而上者谓之道,形而下者谓之器"[25],将文学艺术创作的目的定位为宣扬儒家的纲常伦理,或是为政治教化服务,重道轻器,较少探讨文辞或形式自身的伦理意义。

在中国电影问世至今的各个发展阶段中,人们对电影实践和理论的主要关注点虽然也涉及对电影本体的审美潜能和哲学意义的探讨,但总体而言更加强调电影题材内容的社会功能,即内容阐述的"道",认为技术和形式是中立的载体,本身并无伦理取向,伦理问题产生于技术和形式如何被应用,形式上的技法主要用以辅佐内容表达,表现伦理观念,较少对媒介本身的伦理特质进行研究。追本溯源,这可以说是中国传统的"文以载道"及"重道轻器"观念在电影创作和理论见解中一定程度的体现。

20世纪30年代前后,中国电影界对电影艺术的形式也有所探索,《电影导演论》(孙瑜)、《编剧二十八问》(洪深)、《创造中的声片表现样式》(思白)、《"倒叙法"与"悬想"作用》(费穆)、《略谈"空气"》(费穆)、《再论演技》(郑君里)等理论性著述虽涉及电影艺术的本质属性、本体特征、审美价值等问题,但主要以感性认识和经验总结为主,重归纳、轻演绎,重直接的感悟、轻严密的论证,强调电影形式为内容服务,侧重电影技术与形式的实践意义,即如何有利于电影创作者通过其影片表述内容和表达伦理。譬如,我国20世纪三四十年代,"国防电影""抗战电影"的理论思维、批评取向与创作实践走"电影救国"路线,强调影片的抗日宣传功能,形式以使内容浅显易懂为宜。凤吾在《论中国电影文化运动》(1933)中强调,技术越好,对于内容的宣传力量愈大;形式上应明快展开,多动作、少对白,不要运用倒叙、回忆等只有知识分子或是看惯电影的人才懂的手法,就连暗示也应以看得懂为限。尘无提倡放映纪录片、短片和露天电影,认为这些是中国反帝反封建电影深入大众的必要条件。[26]虽然这种对形式的相对弱化与巴赞所称的"语言希望被忽略是电影语言进化的必然现象"相似,但巴赞提出电影成为现实社会的渐近线的目的是为了保持现实的多义性,其理论支点和论证依据是实现电影形式完整呈现现实的功能,而非确保宣传内容的单一性和易解性。

20世纪80年代初,中国对电影本性的讨论从电影与戏剧、文学的关系入手,着重对电影性、戏剧性和文学性差异的探讨。在这次讨论中,张暖忻、李陀的文章《谈电影语言的现代化》(1979)具有艺术宣言性质,提出应该向世界电影艺术学习,指斥我们"在文艺创作上只讲政治、不讲艺术,只讲内容、不讲形式,只讲艺术家的世界观、不讲艺术技巧"[27]的倾向,提倡电影语言现代化。文章指出了在我国传统伦理观念下电影观的偏颇与痼疾,点明了我国电影理论探索的某些特征与不足,并认为这将阻碍我国电影理论形成逻辑严密的科学体系。

2. 形式主义的伦理开掘

西方伦理崇尚科学理性和逻辑思辨,形成较为发达的抽象思维及相对严密的逻辑推理方法,构成以"纯粹理性"为特征的实证主义和形式逻辑。从古希腊哲学家赫拉克利特开始,西方形式美学的判断一定程度上从自然存在转向了人类本身和内在精神,概念也从"数理"转向人伦,开辟了形式美学研究的新领域。20世纪以后,俄国形式主义将"形式"确立为艺术的本体性存在,结构主义形式美学也强调对社会政治、经济以及文化的研究,西方的心理学和精神分析研究也都与形式美学有所融合,多元发展。西方的这种科学理性和形式逻辑在电影艺术理论中体现为对技术与形式自身伦理意义的探讨,即探究技术与形式本身的"道"。

我国艺术研究者一般认为伦理选择取决于技术使用者的意图,而非技术或形式本身,但西方理论界往往认为任何技术和形式都隐含着价值观。法国技术哲学家雅克·埃吕尔(Acquis Ellul)明确提出,技术的核心是价值体系在做出采取何种技术决定之前必须理解这一套价值体系,不理解隐含于技术之中的价值可能会导致意外的后果。[28]所以,西方学术界往往把电影视作一种特殊的结构对其进行形式分析,关注电影形式自身的伦理意义,或是研究电影机制与观看主体、社会机制的关系，并基于既有的人文社科理论体系，就媒介技术及形式本身探寻电影媒介的伦理价值乃至政治和意识形态意义。

苏联蒙太奇学派与中国 20 世纪三四十年代的进步影人一样都强调电影的意识形态功能，但他们并非仅从题材内容出发，而是不同程度地受俄国形式主义、结构主义和列宁国家学说的影响，把蒙太奇这种电影技术手段作为形成隐喻、象征的媒介，以"理性蒙太奇"表达对现实的哲学理解和伦理认识，使蒙太奇超越传达意义的"能指"功能，成为有意义的"所指"。其中，苏联纪录片大师、"电影眼睛派"的创建者吉加·维尔托夫主张在保持镜头内容真实的条件下，摄影师应运用镜头剪辑技巧发挥电影分析、概括现实的作用，将蒙太奇发展成为意识形态工具。爱森斯坦认为蒙太奇不仅是技术手段，其本身便是思想意识的表达。在他看来，美国导演大卫·格里菲斯的平行蒙太奇结构将观众纳入影片叙事情节之中，反映的是资产阶级社会制度，而苏联学派的蒙太奇体现的是辩证法。他把蒙太奇作为一种思维方式和哲学加以看待，主张电影艺术不仅要反映生活，推动冲突中的社会生活的统一，而且可以将抽象概念按照逻辑转为银幕形象，形成"蒙太奇思维"和"理性蒙太奇"。爱森斯坦的电影观深受俄国形式主义影响，认为形式可以创造内容，并强调形式自身便具有意识形态意义和党性。

20 世纪中后期，北美大众传播研究的一个重要方向是"媒介技术决定论"思想，即媒介技术的进步导致社会的变化。20 世纪 50 年代，加拿大学者马歇尔·麦克卢汉的研究重点从大众传播的信息转到传播形式本身，将科技看作造成效果的原因，认为任何新传播媒介都会使其使用者的观念完全改观。他在 1962 年出版的《理解媒介》中提出"媒介即讯息"的思想，指出人们过去认为传播的内容（讯息）产生"效果"——影响我们的思维和行动，但实际上，产生效果的是媒介形式本身。媒介形式的变革改变了我们感知世界的方式，促使我们的行为发生变化，进而导致社会结构发生变革。所以，传播研究的重心不应该是内容，技术本身便决定了社会变迁和文化发展，成为一切效果的根源。美国媒介学者尼尔·波兹曼则认为媒介不是"讯息"，而是"隐喻"，因为讯息是对世界明确具体的表达，隐喻则具有强大的暗示力，能够定义现实世界。他赞同哈罗德·伊尼斯提出的"传播偏向论"，即不同媒介形式会偏好不同的内容，如果该媒介在某一时代居于中心位置，其偏好将影响社会的主导思维方式和价值取向，创造出一种新的认识论，最终控制文化。所以，媒介强大的隐喻力量表现在为某个时代培养出了普遍的认识论。影视等电子传播媒介将电子革命和图像革命结合起来，对语言和文字产生了强大攻击力，把原来的理念世界改造成为影像世界。影像要求人们诉诸情感而非理性,它让人们去感觉而非思考,信息的形式从理性转为感性,人们不再停留在一个主题上深入开掘。因此,包括电影、电视在内的电子媒介削弱了人们的理性能力,摧毁了文化的价值,造成了整个社会文化智力的下降,从而对人类文明的发展产生了负面影响。

当代美国社会学家丹尼尔·贝尔也从传播技术和传播内容、传播者和接受者的角度,揭示了大众传媒与文化危机之间的关系,他指出,20世纪以来当代文化正在变成一种视觉文化。他认为,印刷媒介允许读者调整阅读速度,强调认识性和象征性,鼓励抽象思维,允许对话;以电影、电视为代表的视觉媒介则把自己的速度强加给观众,强调的是形象而非词语,诉诸的是戏剧化而非概念化,在表现灾难和悲剧时引发的不是净化和理解,而是滥情和怜悯。[29]在他看来,视觉媒介的传播效果并非来自内容,而是形式。譬如,电影利用蒙太奇手法调节情感,通过刻意选择形象、变更视觉角度、控制镜头长度和构图等技术手段组织审美反应,追求新奇、轰动、冲击等效果,[30]瓦解文化聚合力,使文化意义更快枯竭。

可见,西方的电影伦理研究有其独特的哲学视角和价值观念,跳出针对电影题材内容的单一视角进行文学式评析的窠臼,主要从电影的形式与机制出发探讨电影等电子媒介对理性认知、行为方式、社会控制、人类文明的影响,与我国传统美学思维中偏重内容的社会性、否定形式的自足性观念不同,更倾向于对媒介形式本身特质的开掘与研究。

四、对中国电影学派理论建构的启示

中国电影代表中国的文化形象,带有中华民族的文化标识,承载中华民族的文化基因。因此,中国电影发展不能仅以技术水平、票房收入等物质层面的提升作为首要目的,而需在扩大产业规模的同时,担负起精神表达的历史重任,这就使建立体现国家品格的中国电影学派势在必行。建设中国电影学派,建构中国电影学派的理论体系,需要在紧密结合本土经验与国际视野的基础上,基于中国电影艺术创作、电影批评实践、电影教育与产业等各个领域的全面研究与推进,才能为中国电影事业的发展与繁荣提供智力支撑。

1. 努力发扬我国的既有优势与特质

中国电影学派并非朝夕之间就可以确立的,其理论与创作传统自中国电影出现之初便开始点滴累积,要获得国内外的认可,不仅需瞩望未来具有中国特色的理论与创作创新,还需梳理提炼既有理论与创作的原有成就,从我国的传统哲学观、

价值观、伦理观与艺术观出发，发掘我国原有电影研究成果在学术思维和理论阐释上体现出来的民族特色，进一步阐发我国电影理论的民族特征，使"中国电影学派"从历史的尘封中逐渐显现，利用我国电影研究的既有资源为中国电影学派的学术建设提供扎实的理论基础，丰富中国电影学派的学术体系。在此基础上，深度开掘中华文化传统精髓，结合我国电影学术研究对于电影创作的指导与借鉴意义，在电影创作上努力制作承载中华民族精神、展现中国国家品格、体现中国伦理取向和价值判断的优质影片，并不断将之推向世界，打造中国电影学派这一国家电影品牌，向世界观众讲述中国故事，使中国传统文化价值观与当代社会主义核心价值观获得更为广泛的传播。

2.借鉴科学理性与逻辑思辨传统

教育家蔡元培在其《中国伦理学史》中指出，中国伦理学在先秦便已极盛，与西洋学说之滥觞无异，然自汉以后，虽思想家辈出，但大旨不能出儒家之范围，且所得"乃止于此"，这主要因为：一、无自然科学以为之基础；二、无伦理学以为思想言论之规则；三、无政治宗教学问之结合；四、无异国之学说以相比较，"此其所以自汉以来，历二千年，而学说之进步仅仅也"。[31]

可以说，蔡元培指出的不仅是我国伦理学的发展问题，也切中我国包括电影学在内的各学科领域理论体系建设的痼疾，即缺乏西方所崇尚的科学理性、逻辑思辨传统，较少运用抽象思维及严密的逻辑推理方法，故不但自然科学不甚发达，在人文社科领域的研究中也很难形成系统而完善的理论体系和学科范式。

在电影研究领域，以"求知""求真"为诉求的伦理取向使西方学者热衷于形式探索和理论建构，惯于用概念、判断、推理等逻辑手段从不同角度分析和阐明电影现象，多使用较具稳定性、精确性的概念构建理论范畴，同时依靠层层深入的推演与剖析方法，对电影进行全方位探索，将电影研究延伸到各个学术领域。

就我国的电影研究而言，虽然也有近百年的悠久历史，但至今一直没有出现具有规模效应的电影学术流派，尚未形成能够同世界电影理论界对话的新学说，缺乏独特而完整的标志性理论话语，这在很大程度上源于传统思维模式的拘囿和伦理取向的限制。总体而言，我国电影思维主要以电影的社会功能、政治意义为伦理取向和价值诉求，重"德性之智"，轻"闻见之智"，虽然在整个电影发展进程中也不乏对电影本性的研究，但大多重灵感、轻逻辑，重体验、轻思辨，重直觉、轻论证，其成果主要是基于感性经验和直觉感悟，在"实践理性"思维方式的影响下侧重于总结电影技法的实践操作意义，且一定程度上存在重道轻器、忽视主体意识的问题，较少有意识地开掘电影艺术形式本身的伦理或文化蕴含,对电影本性的研究大多通过区分电影与其他艺术形式来获得零散的感性认识,很少从理论视角对电影本体进行形式探究,束缚了电影理论研究的深度、广度和多元性,故而很少形成体系完备的理论体系和学科范畴,这也是我国未被世界以"中国电影学派"冠名的原因之一。

因此,加强中国电影学派的理论建设,需要吸收借鉴国外电影研究的逻辑思维方式和理论建构的科学方法,在充分开掘本土宝贵文化资源的基础上寻求理论创新的多元视角,开掘新的研究路径与方法,有意识地依托中华民族的价值判断和审美原则,发挥人的主体性、能动性和创造性,实现实践理性与纯粹理性、伦理与科学、功用与本体的统一,使内容探讨与形式研究并重,感性体悟与理性论证有机结合,从而为具有中国特色的创新性电影理论的发展打下重要基础。

3. 打破学科界限,丰富电影学体系

西方伦理崇尚的科学主义和形式逻辑表现在学术研究上,便是对知识纯粹性和学科独立性的追求,这使西方在电影诞生之前便已形成各种自然科学、社会科学及艺术理论体系,也使西方电影理论研究能够一开始便从各种已经相对成熟的理论体系出发,采取不同的学术立场对电影进行多方位、多角度的诠释和剖析,并在此基础上构建独立的概念体系和理论范畴。如依据心理学原理研究电影声画特性、电影创作和电影欣赏中的心理现象及规律的电影心理学;把电影作为特殊符号系统和表意现象进行研究的电影符号学;依据文学叙事或符号学原理研究电影的表述元素和结构的电影叙事学;运用精神分析原理解释电影现象的电影精神分析学;把后结构主义与西方马克思主义结合起来进行研究、努力寻找电影颠覆"现实"或"主导意识形态"途径的意识形态电影批评;旨在瓦解电影业对女性创造力的压制和银幕上对女性形象的贬低的女性主义电影批评等西方电影理论体系。诚然,西方的理论研究一定程度上存在重局部分析、轻整体归纳的问题,从而使其理论探索有时只专注于某个部分或层次,忽略整体面貌,失之片面。而且,过于形而上的理论旨趣又使某些西方电影理论脱离创作实践而流于空泛,体现出一定的局限性。然而,西方把20世纪以来西方人文科学的成果最大限度地运用于电影理论研究的做法,开拓了西方电影理论的新路径,丰富了电影的学科体系建设,确立了电影的艺术地位和学术价值。

4. 在求同存异中拓展电影发展空间

任何伦理观念都是人们对世界与自身的认识和总结,即便脱胎于不同的文化土壤与思维方式,也都是人类智慧的凝聚,且有相通共融之处。多元文化追求中的共同价值取向可以成为求同存异、消除隔膜的良好基础。在理论建设上,我们需要充分了解西方的民族文化心理和伦理道德诉求,找到中西共通的价值观念和审美倾向,将之应用于电影创作实践之中,这样才能加强彼此之间的心灵沟通,争取对话的权利与空间。譬如,美国在《独立日》(1996)、《后天》(2004)、《世界大战》(2005)、《我是传奇》(2007)、《2012》(2009)、《天际浩劫》(2010)、《洛杉矶之战》(2011)、《世界末日》(2013)等外星人入侵或末世题材的科幻电影创作中极力塑造人类在面临巨大灾难时勇于舍生忘死、义无反顾地拯救世界的英雄和勇士形象,并以高科技手段和富有美感的艺术形式凸显其价值与意义,这不仅强化了影片征服灾难的题旨,也为影片助添了符合人类共同伦理准则、能够为中西方观众所接受的人性力量。因此,中国电影学派的建设需要采取更加开放的姿态,研究、借鉴西方电影人的创作思路和西方观众的审美习惯,在理论上加以总结和归纳,支持电影创作界创作出既能探讨人类发展的共同问题与困境又能反映人类的共同愿望及人性的基本诉求,既能为国际观众所理解和认同又能体现中华民族价值取向与伦理判断的优质电影作品,同时采用国际化运作和包装形式,推动中国电影参与全球交流与对话,以此消除不同文化之间的疏离状态或不同社会制度之间的意识形态屏障,拓宽我国电影创作的国际空间,赢得更为充沛的电影创新活力。

因此,中国电影学派的学术建设不仅需要深入研究电影艺术本身的内在规律,还要打破中西文化及电影与其他人文社科领域之间的界限,努力对电影进行国际性、跨学科的研究,通过引入新的思维方式、理论体系以及研究方法,为中国电影研究提供新的增长点;同时吸纳多元领域的学术研究与创作力量,构成电影建设的合力,壮大中国电影学派的队伍,丰富电影理论的学术维度与研究路径,努力构建独立、完整、科学、规范的中国电影理论体系,并在与国外电影研究与创作的对接过程中找到中国电影学派的独特定位,从而建构中国电影思想体系、美学体系、工业体系"三位一体"的宏伟大厦,提升中国电影在国际艺术领域的声誉与影响,推动新时代中国特色社会主义电影的发展建设。

(潘　源,中国艺术研究院、北京电影学院未来影像高精尖创新中心)

注：

[1]孔子：《论语·子路》.

[2]梁漱溟.中国文化要义[M].上海：上海人民出版社，2003：27.

[3]陆弘石，舒晓鸣.中国电影史[M].北京：文化艺术出版社.1998：14.

[4][英]伯特兰·罗素.中国问题[M].秦悦，译.上海：学林出版社，1996：39.

[5]老子：《道德经·第四十八章》.

[6][美]蒂莫西·艾尔斯，《黑客帝国》与武侠片的颠覆：重新确立好莱坞的意识形态霸权[J].张颖，译.世界电影，2007：153.

[7][美]蒂莫西·艾尔斯，《黑客帝国》与武侠片的颠覆：重新确立好莱坞的意识形态霸权[J].张颖，译.世界电影，2007：152.

[8]孔子：《论语·阳货》.

[9]周来祥.文艺美学[M].北京：人民文学出版社，2003，167.

[10]李昌鉴：《提倡平民化电影》，原载《影戏生活》，1931(1,16).

[11]席耐芳.电影罪言[J].《明星》1933(1,1).

[12]徐公美.电影艺术论[M].商务印书馆，1938.

[13][古希腊]亚理斯多德，贺拉斯.诗学·诗艺[M].罗念生，等，译.北京：人民文学出版社，1962：155.

[14]周来祥.文艺美学[M].北京：人民文学出版社，2003：169.

[15][美]沃尔特·李普曼.公共舆论[M].阎克文，江红，译.上海：上海人民出版社，2010：11.

[16][英]丹尼斯·麦奎尔.麦奎尔大众传播理论[M].崔保国，李琨，译.北京：清华大学出版社，2006：363.

[17][美]菲利普·帕特森.媒介伦理学：问题与案例[M].李青藜，译.北京：中国人民大学出版社，2018：195.

[18]Amanda Greer,"Towards an (Aesth)etiquette of Torture：Polite Form in Zero Dark Thirty and Standard Operating Procedure", Film Criticism, Volume 41, Issue 1, February 2017

[19]Wheeler Winston Dixon,"Synthetic Cinema：Mainstream Movies in the 21st Century", Quarterly Review of Film & Video, 7 Jul 2017, pp.1—15

[20]蔡元培.中国伦理学史[M].北京：北京大学出版社，2009：8.

[21][南朝梁]刘勰：《文心雕龙·原道》.

[22][唐]李汉：《昌黎先生集序》.

[23][宋]朱熹：《朱子语类·论文上》卷一百三十九.

[24][清]黄宗羲《李杲堂墓志铭》.

[25]《易经·系辞》.

[26]凤吾在.论中国电影文化运动[J].明星,1933(1,1).

[27]张暖忻,李陀.谈电影语言的现代化[J].电影艺术,1979(3).

[28][美]菲利普·帕特森.媒介伦理学:问题与案例[M].李青藜,译.北京:中国人民大学出版社,2018:52-53.

[29][美]丹尼尔·贝尔.资本主义的文化矛盾[M].赵一凡,等,译.北京:生活·读书·新知三联书店,1989:157.

[30][美]丹尼尔·贝尔.资本主义的文化矛盾[M].赵一凡,等,译.北京:生活·读书·新知三联书店,1989:155.

[31]蔡元培.中国伦理学史[M].北京:北京大学出版社,2009:180.

当我们讨论伦理时,我们在讨论什么?
——当代电影中的伦理概念

赵静蓉

翻阅现有的伦理学经典著作,我们似乎很难对"伦理"做出精准的界定。伦理的要义无法用科学方式来判断或论证,只能通过描述、列举、归类等来理解。比如,我们无法一言概括"什么是伦理",但我们都知道,谈论伦理一定会涉及善恶、正义、道德、良知、情感、理性、欲望等因素。我们能够肯定的是,伦理关乎我们的价值标准和行为体系,关乎我们对自由的掌握和对幸福生活的追求,就像西班牙哲学家费尔南多·萨瓦特尔所说的,伦理学是关于"生活的艺术",它的核心就是为我们提供"知道如何生活"的智慧。[1]所以说,在某种程度上伦理是个小概念,因为它与每个个体以及这个个体的每种生活态度、生活方式和生活行为等都息息相关;伦理又是个大概念,因为它涉及所有的生活世界、作为整体的社会现实,与制度、时代精神、民族、风尚、传统等重大问题又有千丝万缕的联系。

那么,我们如何才能认识当今的伦理事实呢?当我们从哲学、政治、文学、艺术等多个角度来讨论伦理时,我们其实是在讨论什么呢?伦理学所着重强调的两个基本问题——自由和生活(或幸福生活),在我们的知识系统中究竟被体现为什么?在由众多观念、意识和思想所构成的精神生态中,什么可以帮助我们区分伦理的与非伦理的?或者说,在纷繁复杂的现实生活中,伦理还是一个独立自治的概念吗?伦理学的边界在哪里呢?

美国理论家丹尼尔·勒纳认为,电影是"整个社会系统发生变化的晴雨表和推进器"[2],本文就以电影为例来尝试解答上述问题,借助对伦理概念的辨析,来探讨伦理学与意识形态以及我们的日常生活之间的关系。

一、伦理作为安全的政治

伦理是政治吗?从宽泛的意义来看,毫无疑问是的。因为伦理与政治所要处理的问题都是自我(个体与群体)与他人、与社会的关系,以及对这种关系的判断、评价、建构和重组,二者的根本出发点是一致的。以关系核心而论,我们甚至可以说,一切皆政治。但伦理当然不等同于政治,政治着力于对人类关系和社会关系进行界定,关注对真假是非的甄别;伦理则有倾向性地判断关系,注重对善恶好坏的区分。

　　伦理与政治之间的分野始终贯穿在传统的电影叙事中,或者是"好人"或"坏人",或者是"正确的人"或"错误的人",电影人物的道德身份与政治角色定位都是比较明确的。比如 1992 年上映的《秋菊打官司》,以法律为代表的政治和以乡土人情为代表的伦理之间就是一种明显的对立冲突关系。秋菊坚持要"讨个说法",但对最后村主任被法院带走的现实却迷惑不解,因为她实际上是认可了执法粗暴的村主任首先具有"政治正确"的力量,秋菊的追讨是要讨回"正确的人"所犯下的"不善的错误",而不是要在伦理的立场上颠覆所谓的法律正确,所以她的目的只是一种道德意义上的"正义性"。最终村主任被抓,意味着秋菊的官司是打赢了的;但官司胜利的背后,已被修复的伦理关系又再度破裂,这一点则体现出伦理与政治之间的不可通融性。

　　进入 21 世纪以来,电影在处理二者的关系方面有了很大的转变,无论电影的着力点是在政治还是在伦理,电影叙事都比以往更复杂,也更深入了。伦理和政治往往被缠绕在一起,人物的道德特性和政治表现常常通过影像、镜头甚至是情节本身而被重叠塑造。很多时候,伦理被分解成若干个与之相关的亚概念,比如家庭、婚姻、爱情、手足、社交等。政治表现也更加生活化。实际上,这就是一个伦理和政治相互渗透的过程,或者说是一个伦理对政治化用的过程,我们看到的不再是鲜明强势的政治演现,而是以伦理的方式执行政治的功能,是用伦理来置换政治,或者把政治内化为伦理的"伦理政治"。

　　比如与《秋菊打官司》非常相似的另一部电影,2016 年上映的《我不是潘金莲》。这部电影也讲了一个"告官"的故事,以法院和一系列行政官员为代表的政治,与以对"真假离婚"纠缠不清的李雪莲为代表的伦理形成了尖锐的冲突。但是,与《秋菊打官司》不一样的是,在这部电影里,伦理不仅仅是政治行为的基础,而且是最终解决政治冲突的手段。因为从情节设置上看,李雪莲的法律诉求本身就有一个不合法的前提(为多买房子和生二孩而假离婚),但与秋菊不同的是,法律上不正确的李雪莲所追求的并不单单是道德上的善(被假离婚所骗),实际上她还希望借助对道德的修正来否定法律判决,最终用政治正确来安慰她的一切遭遇。大概正是因为这样,"真假离婚案"才早早就仓促退场,而实际上,状告法院院长、县长和市长才是推动故事发展的真正力量,甚至到了故事的后半段,告状行为本身变成了一切的缘起和动力。

　　支撑李雪莲的是婚姻的背叛及其带来的伤害,"受害者"的自我界定赋予李雪莲一种道德上的"先在的优势",使她根本忽略或无视法律正义,也固执地相信法律决策也应该服从道德安排。"我是受冤的,因此我就是对的"——这种将伦理与政治混同在一起,甚而使伦理凌越于政治之上的逻辑贯穿了故事的始终,正是这种逻辑导致李雪莲越活越硬气;而那些似乎始终努力寻求解决办法的官员(尤其是马市长)则进退两难,虽然穷尽了一切手段,但十多年来事情越处理越僵化,以致最终所有的人都狼狈不堪。尽管从法律的立场来看,法官王公道最初的审判是唯一正确的审判,这一"唯一性"甚至可能让观众对那些因此案"被告倒"和"被撤职"的官员产生一种无奈的同情,或者更深入地猜想,也许政治、法律与人情现实之间的复杂纠缠才是这部电影真正想要引发讨论的主题。也许电影正是要借助这桩"剪不断,理还乱"的案子隐晦地表达对现行房产政策、婚姻制度、生育制度、城乡矛盾、法律体系等的不同看法。但不管这部电影的真正意图是什么,都被李雪莲想要寻求道德正义和"绝对清白"的执念所掩盖住了,即使是故事结尾处伦理与政治的最后一场决斗——李雪莲讲述因为离婚而失去孩子,以及因为无作为被李雪莲告倒的史县长通过经营企业而"复活"并与李雪莲偶遇——李雪莲仍然凭借流产孩子的不幸遭遇再一次获得了胜利,李雪莲的淡然和史县长的震惊瞬间可以证明这一点。

如果可以把《我不是潘金莲》这部电影分成几个不同的层次来看,我们或许可以这样说,伦理只是最初的、最基础的和最内在的一层,伦理之外,都是政治影射。然而,政治叙事在这部电影中始终都是假以伦理之口来发声的,强烈的道德倾向甚至成为潜隐在政治矛盾之中的内核,真正主导着故事的发展和人物的命运。笔者认为,这是一种政治书写的话语策略,即用伦理话语置换政治话语,或把伦理冲突作为一种结构性的因素,将其安置在"一切皆政治"的日常生活中,以伦理冲突的强度及其形成、激化和解决来带动政治意图的表征。

再来看一部影片,2017年上映的以军事为题材的《战狼2》。很多人从爱国主义和英雄主义的角度来解读这部电影,认为它隐喻了中国的崛起,是中国梦的集体表达。也有人认为这部电影沿用了好莱坞大片的商业模式,顺应了国人对民族主义的历史需求。不过,笔者认为,在宏大的家国情怀和民族叙事之外,首先值得关注的是,《战狼2》有一个个体性的、私密化的伦理前提,即"为爱寻仇"。冷锋不是以军人的形象进入故事之中的,他的一切行为的可能性都基于他对女友之死的不能释怀,而他后来在非洲撤侨事件中的一系列英雄壮举也都始于他对寻找子弹头事件真相的信念。当冷锋独立受命,在海军首长面前承诺自愿担当一切责任和后果时,他作为一个个体,其精神独立性及道德高尚性达到了巅峰。这个时刻是全剧最关键,也最富包蕴性的时刻,为之后冷锋的所有政治行为赋予了一种道德意义上的正当性和正义感。在此之前,伦理与政治是各行其是的,而且伦理叙事极其强势,几乎就等于整个电影叙事;而在此之后,政治的发声越来越响,伦理与政治开始交汇重叠,冷锋独特的个人遭遇及其身份的自治性,使他成为在执行从非洲撤侨这一政治行动中最合适、最正确,也最不可替代的人选。伦理在此变身成为一种"狡猾的"政治——假如冷锋成功,那就暗证了政治策略的准确性和有效性;假如冷锋失败,那就是一个个体善良高尚的意愿与惨烈战争的斗争。

我们可以看到,无论成败,伦理的基调都可以为政治决策准备完美的说辞。所以说,伦理在此承担了重大的责任,即作为一种安全的政治。不论是《我不是潘金莲》里的法律与民情,还是《战狼2》里的国家与个体,用伦理叙事来置换政治叙事,都是非常有效也极其具有亲和力的表现方式。因为它丰富了政治公共领域的表现形态,借助伦理表征把私人领域与公共领域联结起来;而从伦理道德的立场来思考政治,它也进一步推进了民众政治参与的日常化。

二、伦理对情感的修复

近30年来,随着日常生活及其研究越来越为学界所关注并日益成为一门显学,伦理学的复兴和社会生活的"情感转向"也日渐成为当下的学术热点问题。在此消彼长的理论更迭的大潮中,伦理、日常生活和情感这三个概念越来越紧密地联结在一起,成为一个概念共同体。如果说伦理与政治关涉"善与真",讨论了"因为我是善的,所以我是对的"这样一种逻辑关系,那伦理与情感则指向"善与美",强调的是"因为我是善的,所以我是美的"的逻辑顺承。我认为,政治、伦理和情感,实质上仍然可以对应真、善和美。不过,在现代生活中,"真"和"美"都是变化多端、形态各异的,政治可以被置换为伦理,情感也有可能被伦理所代替,只有伦理本身(也即善本身)是最朴素也最容易被辨认的。我们仍可以从电影中来认识这一点。

比如说2010年上映的电影《米香》。女主人公米香带着弱智的儿子离开了冷酷暴力的旧家庭,到河南一个矿山上讨生活,在那里遇到了丑陋的老矿工王驼子。为了给弱智的儿子寻找未来生活的依靠,米香狠心掐灭了对年轻英俊的穷矿工大年的喜爱之情,矛盾重重地嫁给了王驼子。在婚后生活的很长一段时间内,因为王驼子的丑陋和对待夫妻生活的粗暴方式,米香对王驼子都是没有感情的。贫瘠的情感导致了道德的缺席和堕落,又反过来把日常生活推向崩坏和毁灭,米香的悲剧性结局是早早就被注定了的。

人物命运的转机和故事的转折最终还是要靠道德的拯救来完成,而在这个影片中,道德力量的唯一拥有者和体现者就是王驼子。王驼子对于婚姻生活的向往或许首先基于一种宽泛的"同情和怜悯",但究其根本,这种"同情和怜悯"并不是一种情感需求,而是对于建立(或说恢复)一种日常或正常的伦理秩序的渴望。正是因为这样,我们或许很难判断王驼子对米香是否有真正的感情,但我们可以很笃定地认为,组建家庭、照顾米香的傻儿子,于王驼子本身而言都是一种"善举"。与米香相比,王驼子的道德优势是显而易见的,米香忽略了伦理道德对日常生活的深刻影响,把情感置于道德之上,而王驼子则恰恰相反,以道德价值取代情感的意义,两相对照,王驼子因此成为故事的真正主导者。

在这个故事中,情感变成了一种对价值贫乏和伦理缺失的确认,只是一种没有方向性和认同感的"盲目的力量"。套用美国哲学家玛莎·努斯鲍姆在评价《艰难时世》中的人物形象时所说过的话,这种盲目"是一种价值的盲目,她没有能力看到她自身之外的东西的价值和重要性,没有能力看到她需要什么和不需要什么,没有能力看到在哪些地方她的生命需要通过和他人的联系来加以完善"。[3]王驼子对婚姻和家庭所担负的道德责任,在他最后蓄意为自己"自掘坟墓"的一瞬间达到巅峰,他举起铁锹砸向矿井的那一刻是整个故事最高尚也最饱含深情的时刻。这个时刻宣示了伦理对情感的完全胜利,也意味着伦理即使完全以自身为目的,也可以实现人性的完满。

米香在这场婚姻中受益最多的,不是王驼子按照她所期待的那样对她付出感情从而激发自己的感情,不是情感的生产和增殖;而是王驼子遵循善的本能去照顾米香母子,恢复她对道德正义的信任,把因为上一段失败的婚姻而破损失衡的自己重新拉回到一个正常的生活轨道上来,是对伦理的修复和建设。米香最终没有去拿回因为王驼子的死而下发的、本应属于她的八万元矿难抚恤金,而是带着傻儿离开了与王驼子共同生活过的地方。这证明米香最终理解了王驼子的心意,也看清楚了自己的匮乏。所以说,尽管米香母子像初来时那样空荡荡地离去了,但故事结尾处的米香已经被这一段经历所"修复"了,那块以妻子和儿子的名义为王驼子之墓而刻的碑就是明证。

再比如2012年上映的电影《万箭穿心》,同样是一个关于婚姻和家庭的故事。故事一开始正逢女主人公李宝莉一家乔迁新居,本是件高兴的事情,却因为李宝莉的强势尖刻令她的丈夫马学武在搬家工人面前丢尽了面子。过往的矛盾集中爆发了,马学武要和李宝莉离婚,家庭伦常以最俗套的方式展现出日常生活的难堪和悲剧。究其根本,这个悲剧的渊源就在于李宝莉对伦理之严肃性和情感之现实性的不自知。在李宝莉的世界里,情感是抽象的,它来自早已被生活消磨无光的过去,隐约闪现在她和马学武热恋时后者为她写下的诗句当中;情感也是单薄而日渐枯萎的,只属于回忆。然而,这样的情感却是李宝莉据以理解丈夫、婚姻和家庭的主要基础。也正是因为有此基础,李宝莉才完全不觉得她在众人面前对丈夫厉声呵斥有什么不妥,她才能转身就像没事似的以全然不同的、温柔的面孔面对她的丈夫,并想当然地认为她的想法和做法都是正常而且正确的。

李宝莉的错误就在于她把伦理从情感当中抽离出来,情感成了不切实际的、干瘪瘪的东西,而伦理也退化为一种墨守成规的、程式化的机械动作,不仅显得虚情假意,而且常常伤害到他人。伦理和情感成了各不相干的两张皮。就像李宝莉对年幼的儿子只会重复"你作业做完了吗?"一样,她对马学武也像对待一个"物件"而非一个有血有肉的人,她照顾后者的吃穿住行,却唯独不顾念后者的自尊和内心,甚至可以说,她把婚姻、家庭和马学武这个人当作被操持的家务的一部分,只要每个部分都还在原来的位置上保持不动,那就一切正常,生活的流水线作业如常进行。可以说,李宝莉是故事中唯一的主角和中心,她对马学武偷情事件的告发,马学武的跳江自杀,都没有打乱或阻止生活和工作的流水线的正常秩序。换句话说,这些令李宝莉的情感发生动摇的意外事件并没有促成李宝莉的伦理觉醒,在这个层面上,她依然是一个沉睡和贫乏的人。直到儿子小宝在她自以为苦尽甘来的时候把她逐出家门,更准确地说,直到她在江边的一群少男少女的嬉戏中看到她过去生活的巨大的"黑洞",并意识到一种"万箭穿心"的虚空时,她才获得了真正伦理意义上的新生。而这种新生,就是意识到假如没有伦理的内核,空洞的情感在现实生活中不仅孱弱无力,甚至有可能是"恶"的。真正的"善"不等同于"善的规则"或"善的方程式",还包含情感、价值、信念、理解、尊严、需要,甚至美等多种含义。除非伦理和情感以相互积极影响和共同完善自身为目标,否则,自我就绝不会是完满的。

三、反道德的伦理重构

在所有的人类关系中,最深刻也最宽泛的一种是两性之间的关系。两性关系不仅体现了两性之间生理性的自然差异,也反映出文化性的社会差异。现代都市伦理最核心、最本质的就是两性关系,如何界定以及建构两性关系,决定性地影响着现代都市生活的结构,也为我们理解人性提供了多种可能性。我们可以 2012 年上映的电影《浮城谜事》为例来分析这一点。

《浮城谜事》里的男主人公乔永照是一个谜一样的人物，他同时一明一暗地建立了两个家庭，明面上是富有优雅的妻子陆洁和女儿安安，暗面上是拮据平凡的情人桑琪和儿子宇航。两个孩子在一家幼儿园上学，两位母亲也常常碰面，但桑琪知道陆洁母女，陆洁却毫不知情，一直生活在自以为是的幸福中。谁想乔永照不甘寂寞，在两个家庭之外又去和女大学生小敏偷情，事情先后被桑琪和陆洁发现，两个愤怒的女人一先一后想要去惩罚小敏，却意外造成了小敏的死亡。从梦中醒来的陆洁在一番抗争之后选择离开，桑琪如愿和乔永照生活在了一起。在故事的结尾，桑琪把小敏死亡当天的秘密告诉了乔永照，乔永照在滂沱大雨中杀死了现场的唯一目击者。雨过天晴之后，桑琪和乔永照一起去看儿子上课，生活似乎又恢复了平静。

在这个故事中，乔永照是唯一以"快乐原则"生活的人，他对自己的欲望（尤其是对性的欲望）毫不遮掩，恰恰相反，他把自己的本能和欲望过成了现实生活。与陆洁所组成的家庭反映出乔永照的理想和向往——豪宅香车、完美的妻子、可爱的女儿、收入丰厚的工作和令人满意的身份地位。这一切都曾是乔永照发誓要去实现的目标，也是当他拥有之后，必然要去经营和维护的东西。在这个家庭中，乔永照是隐忍克制的，因为他的自我定位低于这个家庭，所以他要隐藏自己的本性，要以理想化的规则来塑造自我，要最终能以主人的姿态征服这个家庭及其所代表的世界。而桑琪为他所营造的家庭则截然不同，后者象征着乔永照的过去，是他一切梦想的出发地，也是他的本性和初心。所以，他仍然无法离开——没有谁能真正抛弃自己。而且在这个家庭中，乔永照是自然放松的，他不仅能够不戴面具地与真实的自我友好相处，而且要承担作为他人的照顾者和主宰者的责任。如果说前一个家庭遵循的是社会层面的伦理规则，即他必须作为一种"应有的样子"来生活，那么后一个家庭遵循的就是自然层面的伦理规则，即他只要按照他"本来的样子"来生活就足够了。

从社会伦理的角度来审视乔永照的生活方式，我们可以很确定地说，他的生活是不道德或者反道德的，因为他的一切决定和行为都是以自我世界为中心的，这实质上是一种"无限制的"利己主义。"个人充满维护个人生命以及使之避免遭受包括匮乏与穷困在内的一切痛苦之无限欲望。他想过极尽可能愉悦的生活，想得到他所能意识到的一切满足；确实，如果可能，他企图演化出崭新的享乐能力。一切有碍于他的利己主义竞争的事物，都会引起他的不快，他的恼怒，他的憎恨。这就是他要设法消灭的生死存亡的敌人。如果可能的话，他喜欢为自己的享乐而拥有一切;鉴于这是不可能的,他希望至少能控制一切。"[4]乔永照想要同时拥有他的历史和未来,他不放弃真实的自我但又沉迷于理想的生活状态,所以他宁肯每天都兼顾两个家庭,也不愿意顾此失彼。不仅如此,他对生活的渴望还远远超出他掌控生活的能力。他对女大学生小敏的猎艳就是一种对常规生活的冲撞和冒险,是他在必要的生存斗争之外为自己寻找的奢侈品,是一种对自己拥有支配生活的能力的证明。

对于每一个和他相关的女人、孩子和家庭来说,乔永照与他们的共处都是"善"的和美好的,但这是一种被蒙蔽、被封闭的"善",是黑暗世界的美与法则。乔永照试图隔离每个相对完整的家庭或世界,自以为能够为自我的过去、现在和未来设立不同的规则,并保持一种整体的伦理秩序。但极具讽刺意味的是,不仅他所创造的伦理秩序是一种绝对的臆想,而且他想要创造伦理感的动机也是反道德的,所以,幻想世界最终的分崩离析是必然的,也必然会导致"恶"的后果。

在流动不居的现实生活中,伦理的面孔也是变化多端的。乔永照作为一个"反道德的伦理主体",他所执着的,不是伦理对政治的置换功能,也不是伦理对情感的修复作用,而是伦理重构,即借助重建"利己的"伦理规则来重新构筑一种两性关系,用某种"想象的伦理共同体"来替代真实的道德世界。不得不说,伦理的力量是在生活之上的,是出乎我们的意料的,无论赋予伦理怎样的内涵,即使是像乔永照那样的"反道德"形式,伦理都始终是时代精神和社会生活中的主导性因素。笔者始终相信,伦理之所以是重要的,是因为伦理的宗旨是最终要教会我们如何获得美好的生活,大概也是因为这一点,伦理对现代人的宗教意义和价值才越来越被重视起来。

(基金项目:本文系国家社科基金项目"国家记忆与文化表征研究"〔15BZW005〕的阶段性成果)

(赵静蓉,暨南大学中文系)

注：

[1][西]费尔南多·萨瓦特尔.伦理学的邀请:做个好人[M].于施洋,译.北京:北京大学出版社,2012:12.

[2][美]丹尼尔·勒纳.传播体系与社会体系[C]//张国良.20世纪传播学经典文本.上海:复旦大学出版社,2003:317.

[3][美]玛莎·努斯鲍姆.诗性正义:文学想象与公共生活[M].丁晓东,译.北京:北京大学出版社,2010:98.

[4][德]叔本华.伦理学的两个基本问题[M].任立,孟庆时,译.北京:商务印书馆,2013:221—222.

(本文原载于《文艺争鸣》2018年第3期)

《中国电影发展史》(下、下)与新时期以来电影史学的发展

虞 吉

(一)

翻拣中国电影史述的历史可以较为清楚地看到,民国时期稀疏的、延续30余年的史述实践与新中国"十七年"阶段《中国电影发展史》(上、下)(1963年)的公开出版,二者之间存在着历史延线的巨大断裂。民国时期的电影史述,无论是程树仁的《中华影业史》(1927.《中华影业年鉴》),谷剑尘的《中国电影发达史》(1934.《中国电影年鉴》),还是郑君里的《现代中国电影史略》(1936.良友图书出版公司)都是从个人的视角,对早期处于发展中的民族电影业实施的历史叙述。由于是个人的史述,因此在历史视野、史撰重心、史述方法与体例等主要著述指标的选择,史述评价的衡定等方面,均存在着较大的差异性(随意性)。例如程树仁的《中华影业史》撰述极尽简略,侧重于"影戏之造意原始于中国"的文献收罗和考据。而谷剑尘的《中国电影发达史》概述影事,从中抽取具有代表性的影片、事件,单列条目进行分述。郑君里的《现代中国电影史略》所论相较翔实,对早期中国电影的出品和重要电影现象的社会文化性质、美学性质和社会历史因素间的影响最为看重。比如在谈及"土著电影的复兴"之时,郑君里就明确指出:"土著影业之经济的转机,是从美国影业家放弃了默片而专事有声电影的生产这一契机里酝酿起来的。"而终其所述,最终的史论判断也是在"影响"之中加以综合:"由于电影企业之现代化运动与声片业的兴起,由于上海事变中社会思潮的影响,中国电影之经济的与文化水准才得以从半封建的状态中提高至'现代化'的地位。"[1]

相较于民国时期中国电影历史叙述鲜明的个人性特征,《中国电影发展史》(上、下)却是新中国政治文化语境下电影(历史)想象的产物。从20世纪90年代以来,胡菊彬、吴迪、钟大丰、饶曙光等学者已经对新中国建国初期(十七年)的电影政策、电影产业规划、政治批判运动和全社会的好莱坞(影响)清除运动等不同层次的电影文化现象进行了较为深入的揭示和研究。实际上《中国电影发展史》(上、下)的撰著,也是这一系列"电影政治文化工程"中有关历史的有机构成部分。这就决定了《中国电影发展史》(上、下)先天就带有"体制的集体行为"所赋予的"党派政治史"的规划特征与特定色彩。

有关这一特征与色彩,在《中国电影发展史》(上、下)两卷、前后四编的总体史述架构间,已体现得十分直观和醒目。[2]概略地说,在《中国电影发展史》(上、下)的内里,深嵌着一个由党派政治(价值体系)与民族主义(爱国主义)套装而成的"史论范式"。这一范式的史述与史论运作,具体而言基本是既依据这一范式梳理和选择历史事件,确定史述重心(史述聚焦),又以这一范式对历史事件、企业行为、主创者与影片实施归类和站队。当然《中国电影发展史》(上、下)所显现的这一史著特征,并非一著独具,实际上在中华人民共和国成立之后的很长一段时期内所撰修的总体史与门类史中都共同显现出史学界称之为"革命史"或"斗争史"的形态。只不过由于民国时期中国电影自身的诸多特殊性,使其多了复杂与隐晦的一面。

避开与治史思想直接相关的宏观指标,从另一个角度看,《中国电影发展史》(上、下)作为国家层面编制的"官修"电影通史类著述,对(新)中国电影史学术与学科的建构有着不可替代的基础性地位。由于是倾国家之力修成的通史类著述,其全景观照、史料浩繁的气魄"意味着《中国电影发展史》为早期中国电影史的写作奠定了一个不同凡响的起点和较难逾越的高度"。[3]在此,"较难逾越"按我们的理解主要是史料的丰富。《中国电影发展史》(上、下)的编著者之一,电影史学家李少白先生曾引用《剑桥中国史·中华民国史(下)》(第九章注,1986版)的注文:"这部两卷本著作至今仍是研究中国电影的内容包罗最广的著作。"所要说明的似乎也是此意。[4]但是需要指出,《中国电影发展史》(上、下)之于此后中国电影的历史叙述与研究,所产生的影响实际上是一种整体性的参照作用,它所采用的"全景观照",客观上带来了时代语境与史述内容触点众多的联系性,虽然其选择与评价受制于核心范式,显现出某些刻意的强制性,但这种"全景"视角所造成的既强调"单向",客观上又存在着"综合"的歧意的史述架构与史述效果,为此后中国电影史述实践所惯用的(综合性)"总体史"体例的普遍采用,提供了从内到外的参照。[5]

(二)

在(新)中国电影史学发展的进程中,《中国电影发展史》(上、下)是一个"起点",也是一个孤悬了十多年的"孤点"。从1963年2月初版到1981年10月再版,"起点"之后真正步上发展之途的第一个阶段,是被称之为"复兴时期"的"1979—1989年"。

"文革"结束之后,中国电影逐步走向复兴和繁荣,中国电影史学研究之门也轰然开启。当时同为国内"首批电影学硕士"的钟大丰和陈犀禾先后发表《论"影戏"》

(《北京电影学院学报》,1985年第2期)、《中国电影美学的再认识》(《当代电影》,1986年第1期)、《从剧作看影戏美学——对中国电影思维的历史反思》(《影视文化》第2辑,文化艺术出版社,1989年)等集中研究早期中国电影现象的专题论文。这些文章将中国电影的观念、理论与美学总结为"影戏观"与"影戏美学"的系统阐释。

统观"改革开放"以来40年的中国电影史研究,"影戏""影戏美学"的提出,无疑是中国电影史研究在"起点"之后最具标识性和建构性特征的第一个"节点"。因为这一专题研究的立论和论证,不仅将中国电影史的研究明确地置于一个关键性的基点——有关中国电影和电影历史的本质论原点,而且赋予了中国电影史研究较为充分的学理性品质。这在无形之间形成了"起点"与"节点"由外在到内在、由现象(史实)到本质、由参照到专题性阐释的"梯式关联"。

作为"复兴时期"中国电影史研究最为显著的研究成果,"影戏观""影戏美学"影响广泛,一度被多种版本的"中国电影史"和论述早期中国电影历史问题的研究论文大量引用。即使像罗艺军这样的老一辈学人,在其主编的《20世纪中国电影理论文选》"初版序言"中,也采信了"影戏观"的基本观点,认为:"中国人并未从科学技术的角度去探究,无意追寻电影机械的性能和电影放映设施。""中国人一开始就将电影规范为戏剧,冠以'电光'的形容词,以光源之不同,区别于中国传统的'灯光影戏'"。[6]

当然"影戏观"与"影戏美学"的理论总结,从出现之初也引发了全然的质疑和否定。在1989年中国艺术研究院《影视文化》编辑部召开的"电影理论与批评学术讨论会"上,陆弘石就质疑:"这种所谓的'影戏美学'是否能涵盖中国的所有电影现象?戏剧电影是否就是中国所特有的电影观念?中国电影是否已经建立或曾经建立完整的美学体系?复杂的民族文化传统是否仅仅作用于'影戏'这一路子的电影创作?候曜的《影戏剧本作法》是否有资格被视作中国传统电影理论的标尺?"陆弘石认为:"把'影戏'这个词钩沉出来作为一个美学概念和美学原则,在今天看来是不甚切当的。"[7]

对于"影戏观"的相关理论问题,"复兴时期"之后的20世纪90年代和"新千年"阶段,钟大丰仍然有持续不断的关注,[8] 1994年在《中国电影的历史及其根源——再论"影戏"》和2008年《有没有重谈"影戏"的必要》两篇文章中,他所强调的始终是:"试图从'影戏'来认识和把握中国电影的历史,就是企图从中国电影发展中占主导地位的艺术观和电影观入手,寻找左右中国电影历史发展的较深层次的根源。"[9]从今天的视角反观中国电影史研究的"复兴之举",应该说当时重新启动的电影史学建构,是以回归中国电影(历史)本位和立足反思传统时代思潮双重占位的方式达成的,是对中国电影及其历史发展的本质论阐释和总结。

(三)

20世纪90年代,中国电影史学研究首先在"专题化"向度上持续拓展。"专题化"态势的生成一方面有其诱发的具体原因,另一方面也是中国电影史学研究在整体上尚无力提供新的史料、知识体系与理论支撑所形成的折中性走势。总体来看,这些"专题化"研究尚未形成系统的、领域性的研究,更多是以"散点并在"的形式涉及中国电影历史的叙事特征、导演创作、作品价值等多个方面。类似如关于"早期中国电影镜头语言体系"的专题研究[10],有关"首批国产片"的专题研究[11]"谢晋电影与谢晋电影现象"的专题研究[12]等,当然其中最为热闹的是"费穆与《小城之春》"的专题研究。

实际上,具体的专题研究的形成是在历史契机与参照效应双重或多重力量影响下所生成的问题聚焦。以"费穆与《小城之春》"研究而论,研究态势的形成系由港台而起,延及大陆,而《中国电影发展史》(上、下)对费穆及其作品,特别是《小城之春》的史述与评价,显然也提供了一种重新认识与评价的可能性。

到20世纪90年代后半期,中国电影史研究开始发生质的转变。在史述实践方面,郦苏元、胡菊彬的《中国无声电影史》(中国电影出版社,1996年版),陆弘石、舒晓鸣的《中国电影史》(文化艺术出版社,1997年版)先后出现。《中国无声电影史》以"制片业和影片创作为描述重点","兼顾其他"[13]的撰著架构和大量翔实丰富史料的运用,首开中国电影类别史的先河。而《中国电影史》虽然只是一部简史性质的著述,却大胆尝试在历史叙述中有机统合产业、技术、美学、社会政治与时代文化多元因素的史述方式;在历史分期、章节拟定、历史概念运用、史论判断等多个方面均显现出个人化特色和力求突破既有史述范式的企图。

20世纪90年代后期,国外有影响的电影史学著作也开始被引进,由李迅翻译的《电影史——理论与实践》(罗伯特·艾伦、道格拉斯·戈梅里著,中国电影出版社,1997版)[14]全面展现了西方电影史研究变革的图景,在"观念—方法"的层面上,给予了中国电影史研究全新的学理性启示,进而促成了这一研究领域明确的"开放的电影史观念"的学术倡导。[15]此外,在史料集成方面,《中国无声电影》(中国电影资料馆编)、《中国左翼电影运动》(陈播主编)、《三十年代中国电影评论文选》(陈播主编、伊明编选)等史料汇编的出版,填充和增加了中国电影史学的史料学层次。延及世纪之交,又有李少白的《影心探赜——电影历史及理论》(中国电影出版社,2000年版)、李道新的《中国电影史 1937—1945》(首都师范大学出版社,2000年版)、丁亚平的《影像中国——中国电影艺术 1945—1949》(文化艺术出版社,2000年版)等史学专论和断代史著述的出版。

应该说,20世纪90年代后半期是中国电影史学发展历程中的一个关键的转折性节点。在电影史学界高涨的"重写电影史"的呼声中,中国的电影史学迈过了新世纪的门槛。

(四)

进入新世纪,中国电影史学的发展渐显兴盛繁荣的景观。在史述实践的层面史述界域大为拓展,涉及中国电影历史的各个时期。戴锦华的《雾中风景:中国电影文化 1978—1998》,尹鸿、凌燕的《新中国电影史》,李道新的《中国电影批评史》,陈晓云的《中国当代电影》,陆绍阳的《中国当代电影史:1977年以来》在21世纪之初的几年内先后出版。而以中国电影百年华诞为契机,在2005年前后,中国电影出版社、文化艺术出版社、北京大学出版社、中国广播电视出版社等机构又集中推出《中国现代电影理论史》(郦苏元)、《中国电影理论史评》(胡克)、《中国电影文化史》(李道新)、《中国电影艺术史》(周星)、《中国电影史(1905—1949)》(陆弘石)、《中国戏曲电影史》(高小健)、《中国武侠电影史》(贾磊磊)、《中国喜剧电影史》(饶曙光)、《中国电影产业史》(沈芸)、《中国科教电影史》(赵惠康、贾磊磊)、《香港电影史(1897—2006)》(赵卫防)、《中国纪录电影史》(单万里)等一批专题史、断代史著述,实现了史述与史学研究的范畴内的细化。

与之同步,中国电影史研究的学术论文的发表也数量激增,据李道新统计:"仅仅在2005—2006年两年间,发表在《电影艺术》《当代电影》《文艺研究》《上海大学学报》等重要学术刊物上的中国电影史学研究文章,在数量上已经超过此前26年的总和。"[16]而在当时举办的大型学术研讨会,如在北京(北京大学)、上海(上海大学)两地举办的"全球化语境中的中国电影与亚洲电影——中国电影百年纪念暨ACSS2005年会","历史与前瞻——连接中国与好莱坞的影像之路"国际学术研讨会(2006,上海)对中国电影史学的相关问题的讨论,都异常热烈。[17]

新千年以来,中国电影史学所显现的兴盛与繁荣,是在20世纪90年代后期中国电影史学发展实现转折的基础上,持续拓展所达成的整体抬升形势。其间的变化,一方面直观地体现为出版著作与发表文章的数量,另一方面则直接导源于"观念—方法"的更新。如果说20世纪90年代后半期所生成的"开放的电影史"观念的所指和由此主导的史述实践,主要还是指向了电影之内由产业、技术、美学和电影文化多元构成的内在层级的话,21世纪以来"开放的电影史"观念则更多地引导了电影史学研究走向多路径、跨学科、跨文化(乃至跨媒介)的"大开放"范畴。

详细审视21世纪以来在中国电影史学研究领域已经发生和正在发生的诸多现象,我们能够清晰地看到,在内、外两个区间及其关联之中的多线并举、多元并在的学术景观。

在中国电影史的区间之内,作为中国电影史基本知识面和基础性台基的"总体史"的相关问题研究与横向开放度更大的"泛电影史"研究并行延展。虞吉重回中国电影的本质元点,通过对《孤儿救祖记》本事与字幕本的深入细读,探查"中国电影'影像传奇叙事'的原初性建构",寻求对中国电影观念与美学的历史生成和范式描述与阐释的全新拓展,其系列论文[18]和史述实践成果《中国电影史》(重庆大学出版社,2011年版)的取得,因循的是"传统新解"的路径。而由北京大学李道新教授领衔开展的"影像与影响——《申报》与中国电影"的系列研究、吴冠平的《心态史观〈大众电影〉(1979—1989)研究》、西南大学电影学研究团队围绕"大后方电影"对抗战时期陪都主要报刊影剧副刊和报载电影广告的系列研究、徐文明对民国时期宁波电影放映和电影文化生活的系列研究、顾倩对民国时期国民政府电影管理体制与政策的研究,则是立足媒介史、心态史、问题史、区域史、城市史的"泛电影史"研究的实例。

在内、外两个区间相互关联的界面上,汪朝光立足民国社会史和电影史的内在相关性,对"民国时期电影检查制度""电影业与上海城市现代化""好莱坞电影在中国的市场处境"等问题进行了深入的研究;而梅雯则利用通俗文学史的浩繁史料和已有成果,考察早期中国电影大批"鸳鸯蝴蝶派"文人加入电影创作而影响中国电影历史发展的史实,写出了颇见新意的专著《破碎的影像与失忆的历史——从旧派鸳蝴电影的衰落看中国知识范型的转变》(中国电影出版社,2007版)。

在跨文化的向度,国外学者的中国电影史研究成果不仅被译介和发表,而且以讨论与对话的方式获得了某种程度的学术互动,例如美国学者米莲姆·汉森的《感觉机制的大众生产:作为白话现代主义的经典电影》《堕落女性,冉升明星,新的视野:试论作为白话现代主义的上海无声电影》等论文,就对早期中国电影的研究颇具启发意义,而上海大学曲春景教授的《中国电影史研究中的"感官文化学派"——

以美国学者为主的上海早期电影研究》(《文艺研究》2006 年第 10 期)则是中国学者有关于此的学术回应。21 世纪以来,中国电影史学的跨文化研究的兴盛,直接得益于李欧梵、张英进、陈犀禾、孙绍仪、鲁晓鹏、张真、马宁、包红卫、傅葆石等学者的介入,他们沿着这一向度,甚至催生出了"华语电影研究"的新领域。

当然还有堪称"电影史学工程"的"中国电影人口述历史"研究项目的实施。这项由国家电影资料馆和央视第六频道合作主持的大型项目,自 2008 年启动以来,已完成对大量电影人的访谈,发表访谈录及相关手记,相关研究论文一百余篇,已出版《中国电影人口述历史丛书》4 卷(计划出版 10 卷)。"中国电影人口述历史"研究是中国电影史学发展的全新维面,不仅具有巨大的电影史料学意义,而且在"观念—方法—史述实践"的全环节中标示了中国电影史学研究走向"大开放"的实演。[19]

(五)

经过概略的梳理,可以清楚地看到三十多年来中国电影史学发展流变的轨迹。从起点到每一处拔节生长的"节点",所划就的是一条坚韧上行的上行线。诞生于中华人民共和国成立之初"十七年"时期的《中国电影发展史》(上、下),作为中国电影史学发展历程中的特殊历史存在、新的电影史学建构的起点,之于新时期以来的电影史学研究,有着特殊的"双重特征"和"双重机制"。

一方面,由于《中国电影发展史》(上、下)是一部承载着中华人民共和国成立之初电影历史想象,倾国家之力收集,集合巨量史料编制而成的"国修通史形态的电影史",筑就的是一座"至今难以逾越"的经典。这也就意味着此后的中国电影史学发展有了一个"高高在上"的起点。这样的史学发展格局,自然赋予了《中国电影发展史》(上、下)始终"伴随性参照"的效用。具体而言,对史料与史述的查阅、援引、借鉴、佐证,生成了最为直观的工具性功用。翻阅新时期以来产生的中国电影史学文献,《中国电影发展史》(上、下)近乎海量的引用量本身,就是绝好的说明。

另一方面,由于《中国电影发展史》(上、下)的产生更多依赖的是政策(政治)与行政的驱动力,本身并未经由中国电影史学发展成熟的学术洗礼,用李少白先生的话说:"存在着各种不同的缺点和局限。"[20] 在电影史观、史述架构、史述方式、史论判断乃至史实的不同层面,《中国电影发展史》(上、下)又为后续研究提供了一种校正、更改、补足、反证的可能性,与后续的中国电影史学研究形成了一种映照、对比的(互动式)参照、关联。新时期以来,中国电影史学研究和史述实践在对民国电影史的叙述中,恢复使用"国产电影运动""国片复兴运动""教育电影运动""新兴电影运动""战后新电影"等原有概念,并用以取代"左翼电影运动""进步电影"等政治史学概念,补充早期商业电影、国民党官营电影、软性电影、孤岛商业电影和沦陷区电影的史实内容,确立中性化史述尺度等现象,实际上都是这一关联、参照的结果。

(虞　吉,西南大学新闻传媒学院)

注:

[1]郑君里:《现代中国电影史略》,良友图书出版公司1936年版。

[2]如《中国电影发展史》上卷　第二编"党领导了中国电影文化运动"(1931年—1937年)。

[3]李道新.《中国电影史研究专题2》,北京大学出版社2010年版。

[4]李少白.《影史榷略》,文化艺术出版社,2003版,第3页。

[5]"总体史"体例是指综合形态的历史叙述体例。参见陆弘石主编《中国电影史——描述与阐释》(中国电影出版社,2000版)的相关阐述。

[6]罗艺军《20世纪中国电影理论文选》(上).中国电影出版社,2003版。

[7]西北《科学精神与多元化格局——电影理论与批评学术讨论会综述》《影视文化》第2辑.文化艺术出版社,1989。

[8]以"影戏观"为主导撰著的《中国电影史》(教材)(钟大丰,舒晓鸣,著)由中国广播电视出版社1995年出版。

[9]两篇文章分别发表于《电影艺术》1994年1期、2008年4期。

[10]此一论题,香港学者林年同、刘成汉,大陆学者倪震、李亦中均有专文论述。

[11]此一专题李少白、陆弘石、邢祖文、李晋生等参与,论文主要发表于《当代电影》和《影视文化》。

[12]见《电影艺术》1990年第2期,李奕明、戴锦华、汪晖、应雄的专题论文。

[13]郦苏元、胡菊彬《中国无声电影史》,"前言"中国电影出版社1996年版。

[14]此著作2010年由世界图书出版公司重新出版(插图修订本)。

[15]参见陆弘石主编《电影史——描述与阐释》序言,中国电影出版社2002年版。

[16]李道新《中国电影史研究专题2》,北京大学出版社,2010年,第267页。

[17]见孙绍宜《在影像的跨国流动与消费中理解中国电影与亚洲电影》,《世界电影》2005,第6期。

[18]计有:《中国电影影像传奇叙事的原初性建构》《文艺研究》2011.11,《早期中国电影:主体性与好莱坞的影响》《文艺研究》2006.10,《影像传奇叙事视野里的谢晋电影》《艺术百家》2011.2,

《新中国电影,影像传奇叙事的变异与承续》《现代传播》2010.9,《中国主流电影的电影史理据》《文艺研究》2012.2,《影像传奇叙事范式的扩展与延续——基于〈空谷幽兰〉史实本事、字幕本的史论研读》《文艺研究》2013.5。

[19]参见李镇《与电影史对话——中国电影人口述历史工程》,载《电影史:理论与实践》(插图修订版)269页,世界图书出版公司2010版。

[20]李少白《影史榷略》文化艺术出版社,2003版,第2页。

概念、主体、维度：中国电影对国家伦理的建构与传播

贾　森

近年来，随着中国在世界上的影响力的不断提升，中国国家形象与价值体系的研究成为当前学术领域的热点问题，在电影艺术的层面，许多学者对国家形象的建构与传播也进行了大量的研究。但是，从中国电影理论界对于国家形象和价值体系现有的研究成果来看，关于构成国家形象有重要作用的"国家伦理"的论述却没有得到深入的展开。国家形象在银幕上的塑造不仅仅是从国家文化、人物形象、价值预设等方面出发的，它应该有着更深刻的国家伦理内涵，特别是在涉及国家层面的宏大叙事时，国家伦理的传达对于国家形象的建构是有着同一性的。因此，为了更好地在电影中塑造中国的国家形象，对国家伦理的建构与传播研究则是不能忽视的重要命题。鉴于此，本文从国家伦理的概念界定、伦理主体形象、多重维度表达等方面对国家伦理进行研究，试图寻找中国电影中国家伦理的内涵与特点。

一、国家伦理概念的界定

国家伦理的概念确立，首先的关键问题就是国家伦理的主体的确立，因为国家作为阶级矛盾不可调和的产物，它并不具有主体意识，"集团并不能思考、感受、理解，只有人才能如此"。因此，要阐明国家伦理的概念与内涵，我们首先要厘清的就是国家伦理的主体究竟是什么，国家是否能够成为道德的载体。恩格斯指出，国家的出现是人类社会发展的必然结果。人类社会始终存在着两种生产，即物质资料和精神资料的生产、人类自身的生产。在物质资料生产水平低下时，以血缘关系为纽带的氏族制度，成为国家产生以前对社会进行管理的基本社会制度。随着物质资料生产的发展，人们在物质资料生产过程中结成的生产关系逐渐代替了血缘关系，使社会结构发生了根本变化。新的社会制度取代了由血缘关系决定的氏族制度，这就是具有公共权力的国家制度。在这样的层面上来看，"国家既是一种现实的政治实体，它统治着属于其范围内的所有事务；同时，国家又是一种精神实体，它存在于人们的主观世界，它本身就是一种被建构、被表述的话语体系"。[1]因此，当我们在探讨国家伦理时，就要将伦理的实体与精神辩证地综合，必须要考虑到国家伦理实体的特殊性。因为伦理原本是指在处理人与人、人与社会相互关系时应遵循的道理和准则，它包含着对人与人、人与社会和人与自然之间关系处理中的行为

规范,其行为主体主要是针对人类的情感、意志、人生观和价值观等方面,是指人与人之间符合某种道德标准的行为准则。显然,从主体的角度来看,国家是不能成为伦理主体的,因为国家不具备情感与意识。但从另一个角度来看,国家的价值观念、行为规范是能够体现出精神实体上的伦理构成的,"一个社会和一个个别的人一样,是完全按照相同的体系组织起来的,以致我们可以感到它们之间有着超过类似的某种东西。""国家也是一种生命,并和一个生物一样遵从相同的成长和组织规律。"因此,具备伦理实体的国家相应地具有国家伦理。

在电影文本中,因为国家并不具备单体可感的外在形象,其呈现的最终形式不像个人形象一样具有直观性,国家伦理的塑造与表达有着独特的属性。一是电影中国家伦理的塑造与意识形态有着密切的联系,电影生产的本质是意识形态的生产。在影视艺术创作中,电影总是直接或间接地表现着种种社会关系和社会现实,而国家伦理则是意识形态在国家机器、社会、人三者之间体现出来的道德准则,其中以国家意志为主导;二是国家伦理的形象主体是由特殊语境下的特殊群体来承载的,这与行政伦理的主体有着高度的一致性,其中以政府、军队、公务员等为主要的形象载体;三是电影中的国家伦理具有阐述的多重可能性,国家伦理的现实特征在不同的电影类型中有不同的表达,并不是每一部电影都会体现出国家伦理的形态,也不是每一部电影都反映出一种国家伦理。在不同的电影类型中,国家伦理的塑造与传播是既相互关联又相互独立的。

二、国家伦理形象主体的特殊性

通常说来,"国家伦理的表现形式有两种:一是国家本身的行为;二是公职人员的行为。两种表现形式,都要遵循国家的内在意志"。[2]在电影叙事中,呈现国家伦理的主要载体是由具有特殊身份的公职人员来承载的。因为国家伦理的主体行为并没有具体的施动者,其行为动作都是靠为国家机器工作的政府机构公务员、军队人员等群体来执行,通过这些特殊群体的行为模式来传递国家机器的意志,国家公职人员的道德水准与行为规范在很大程度上与国家伦理具有"互文性"。因此,在电影艺术创作中,对国家伦理的塑造是通过两个层面来进行的,一是国家伦理内涵的影像化构建;二是国家伦理精神的可视化呈现。

国家伦理是国家作为主体形象的道德标准与行为规范,要在电影创作中体现中国国家伦理的价值内涵,势必要进行影像化的改编,使国家伦理的内涵能够具体可知。"作为中华民族所坚持的国家哲学的集中表达,国家伦理承载着对中华民族生生不息、刚健有为的国家精神和公民道德的价值引领。'富强、民主、文明、和谐'四个价值词,基于国家之德的前提反思,描述了当代中国价值观的四重引领,是国家伦理所内含的认同之德的集中体现,在更深层次上指向国家伦理的道德前提。"[3]纵观新中国成立以来中国电影的发展,国家的道德和行为在一定程度上与执政党的伦理诉求是一致的。具体来说,就是在全心全意为人民服务的宗旨的引领下,党和政府的行为所提现出来的伦理倾向。从整体上来看,国家伦理的塑造就是对主流意识形态的宣传,例如在影片《超强台风》中,徐市长为了120万群众的安危和保护国家财产,在气象专家的指导下,组织人员抗击台风、保卫家园、抢救生命。当超强台风登陆市区时,市长没有选择撤离,而是和工作人员一起站在抗击台风的最前线,完全没有顾及个人的安危。影片中的徐市长作为政府的形象代言人,他在危难关头的行为举止是能够传递出国家伦理的价值内涵的,特别是他对工作人员和老百姓说"灾难面前,人人平等",可以看作代表国家所传递出的价值内涵。在影片《建军大业》中,对军队这一群体的描述反映了国家在军事战争上的伦理价值准则。影片描述了在中国共产党的领导下为了建立一支属于人民的军队,许多革命英雄人物前赴后继地投身到战斗中。我们看到了共产党人的坚定信念与革命意志,在"这些被战火洗礼过的灵魂,将同人民的命运融在一起,无上光荣!""任何时候,都不要忘了我们是从哪里出发的!"等语句中,可以明显感受军队这一特殊群体对国家伦理价值内涵的传递。更为重要的是,在中国电影中塑造的国家伦理不仅是由外在影像构成的视觉形象,而且是有着精神内涵的伦理文化载体。作为国家伦理的形象主体,国家公职人员除了在意识形态上与国家保持一致之外,他们自身的道德水平也是具有深厚的伦理性的。在外在的国家伦理指引下,他们内在的精神世界,如坚定的信仰、崇高的理想、无私的奉献、高尚的人格等同样具有强大的道德感染力。例如影片《红海行动》对中国军人的形象刻画得非常生动,在观众心中留下了深刻的印象。影片中,中国军队在海外执行营救任务,体现出了国家的人道主义价值观,同时宏大的战争场面给观众带来强烈的震撼,但影片里中国军人坚毅的精神力量和道德力量更是深深地打动了观众。在这样的叙事格局中,国家伦理的塑造与个人形象的塑造高度契合。

三、国家伦理塑造的多重维度

国家伦理的影像塑造不是普通的描述与再现,它与人物形象的建构有着截然不同的方式,国家伦理的塑造是要通过特殊语境生成的,是一种符号化的影像构建。前面提到国家伦理的主体形象是以政府和公职人员为载体的,但国家整体行为的伦理语境生成则是与现实社会的政治问题紧密相关的,国家伦理的价值倾向是与社会现实、地缘政治、国家外交等实际状况相适应的。不管一个真实的国家伦理形象对电影而言是在场还是不在场,"电影中的国家意志始终存在,通过电影所要实现的国家利益更是毋庸置疑。不同的只是它有时是以直接的方式呈现在银幕上,有时则是以"匿名"的方式蛰伏在影像之中"。[4]

在许多的电影文本中,国家伦理是直接展示的,这是国家伦理塑造与构建的显性维度,即国家伦理明显存在于电影叙事中,通过台词或者象征性的符号进行展示。例如在"十七年"电影时期,受到当时政治因素的极端影响以及意识形态的高度统一,国家伦理的价值体系多是以"中国共产党人在领导革命和建设的伟大实践中所形成的道德规范体系",革命道德以"为人民服务为核心,以集体主义为原则,以爱国主义、自力更生、艰苦奋斗等为主要内容"[5]。在当时的电影中,国家伦理是以近乎宣传的方式呈现的,观众可以直接从影片叙事中看到在场的国家伦理范式。以至于后来的主旋律电影也继承了对国家伦理价值体系的直接描述。而随着时代的发展,国家伦理在电影中的塑造方式发生了转变,不再是以宣传的方式进行展示,而是逐渐渗透在电影叙事之中了。

21世纪以来,全球政治经济问题日益严峻,国家安全危机丛生,生态环境持续恶化,国际恐怖主义不断滋生等成了社会现实中不可避免的问题。作为国家主体来说,在面对这些现实问题时,采取何种应对策略反映出国家的伦理价值标准。例如在影片《战狼2》中,前战狼中队队员冷锋到达非洲之后卷入了一场非洲国家的叛乱,本来能够安全撤离的他无法忘记军人的职责,重回战场展开救援。影片将对中国国家伦理的描述巧妙地融入剧情之中,冷锋虽然离开了军队,但他仍然保持了中国军人的正义精神,在一定程度上冷锋是中国国家军队伦理形象的载体。在影片中有一个特殊的段落,巧妙地传递出了中国国家伦理的价值内涵。冷锋与中国企业员工陷入了雇佣军的重重包围之中,但中国舰队人员没有随意地登上他国领土,而是出于对主权国家的尊重,严格遵照了国际秩序和法则。在影片《红海行动》中,非洲北部的伊维亚共和国政局动荡,恐怖组织连同叛军攻入首都,当地华侨面临危险。中国蛟龙突击队的队员奉命前往执行撤侨任务。这与近年来中国政府在国际突发事件中的保护中国公民的真实举动是一致的,体现出了国家对每一位身在海外的中国公民的重视。在"撤侨遇袭可反击,相反则必须避免交火,以免引起外交冲突"的大原则下,海军战舰及蛟龙突击队在恶劣的环境下停靠海港,成功转移等候在码头的中国侨民,并在激烈的遭遇战之后营救了被恐怖分子追击的中国领事馆人员。在掩护华侨撤离之际,蛟龙突击队收到中国人质被恐怖分子劫持的消息。众人深感责任重大,义无反顾地再度展开营救行动。《红海行动》将国家伦理的价值体系隐蔽地放置在中国军人与叛乱分子的交锋中,把中国国家伦理中的正义性、正当性和责任担当重组在剧情之中。

国家伦理的塑造与传播对于中国电影来说无疑是非常重要的,它是中国电影伦理的重要构成部分。国家伦理的塑造不仅是关系到国家文化与国家形象的问题,而且是关系到国家社会政治稳定的重要问题。国家伦理的道德标准与价值体系对于每一个个体伦理都有着至关重要的影响,它涉及文化、政治、经济,国家伦理的强大影响力对公民个人伦理建立提供了有力的依据和引导。处理好国家伦理的道德标准与价值内涵在电影艺术中的塑造与传播,既是解决电影艺术创作中国家形象建构的有效途径,又有利于国家伦理价值观念在大众文化中的传播,从而使作为国家伦理主体的执政党的核心价值观真正成为整个社会普遍认可并践行的主流价值。

(本文为2019年中央高校基本科研重大项目"基于电影伦理学视阈下的电影'原罪'清理及其研究"〔课题号:SWU1909561〕的阶段性成果之一)

(贾　森,长江师范学院传媒学院)

注:
[1]贾磊磊.正义国家的影像建构[J].当代电影,2014.10(53).
[2]姜晓武,邓敏杰,国家伦理概念的可能性及其构建浅析,湖南工业职业技术学院学报2017,17(4).
[3]田海平.国家伦理的基本价值预设及其道德前提[J].学术研究,2016,(09),25-31.
[4]贾磊磊.正义国家的影像建构[J].当代电影,2014.10(57).
[5]朱金瑞.试论中国革命道德的基本特征[J].高校理论战线,1999(6).

历史文化与人性本真的抵牾及救赎
——伦理反思话语在电影《芳华》与《归来》中作者表达的比较

曹峻冰　杨继芳

在某种意义上可谓"后五代"导演的冯小刚[1]执导的电影《芳华》和典型的"第五代"("前五代")导演张艺谋执导的电影《归来》均改编自严歌苓的小说，不少内容涉及"文革"这一敏感的政治历史时期，但又避免直接再现时代和史实。《芳华》建构了"文革"时代一个"另类存在"的军区文工团，借不无虚饰意味的文工团青年男女的青春故事，及其间何小萍与刘峰两人于集体环境中所遭遇的孤立、排斥与异化来反思因意识形态的强烈询唤而对普通人性的扭曲。《归来》从"右派分子"陆焉识两次归家说起，描写"后文革"时期知识分子在饱受身心迫害后的自由重塑与精神疗救。原著《陆犯焉识》即建立于"后伤痕文学"的语境，以对知识分子的性格和心灵书写介入历史审视的格局，来挖掘潜藏于历史表象之下的创伤经验和悲剧意味。

路易·阿尔都塞认为："意识形态存在于物质的意识形态机器之中，而意识形态机器规定了由物质的仪式所支配的物质的实践，实践则是存在于全心全意按照其信仰行事的主体的物质行动之中。"[2]"意识形态"通过准确的"询唤"式操作产生效果或发挥功能作用，"把个体询唤为主体"[3]，进而使主体这一被询唤了的个体在"询唤"与"误认"的双重"镜像结构"中臣服于居于中心位置的意识形态。在《芳华》和《归来》这两个以特殊时代为主要语境的文本中，每一个人都是路易·阿尔都塞所指称的为意识形态所询唤了的"主体"。但由于"意识形态是一种'表象'，在这种表象中，个体与其实际生存状况的关系是一种想象关系"[4]，于是两部影片均另辟蹊径，尝试提供一种新的反思视角。具体说来，它们在某种程度上都以隐喻性的影像语言触及历史，但都回避政治化和现实性的叙事方式，进而在消解意识形态的基础上书写历史和个体的反思话语。阿尔都塞在《阅读〈资本论〉》（1965）一书中又明确指出：阅读一个文本（显本文），要通过解释这一"客观的本文"中埋藏的无意识"症候"，"要看见那些看不见的东西，要看见那些'失察的东西'，要在充斥着的话语中辩论出缺乏的东西"[5]，来揭示深隐的无意识结构，从而发现一个不同的文本（潜本文）及其内涵。鉴于此，《芳华》与《归来》建构的"二元想象性"叙述及其留置的空白所延伸的深度反思显然有进一步挖掘的必要，也即"寻求电影文本中那些未曾说出，但必须说出，而且已然说出的因素——瞩目于文本那些意味深长的空白，瞩目于文本中的'结构性裂隙和空白'"[6];而建立于此基础上的异同比较于国产电影今后的某些实践或某种探索不无裨益。

一、视角：个人经验与历史经验

《芳华》和《归来》显然不是安德烈·巴赞"真实美学"意义上的写实再现，它们最多是与现实密切相关的不无批判反思色彩的但又是"美丽"的形式化构形。其间，在意识形态的表象之下，雅克·拉康所命名的"想象界"的个体与其实际生存状况的想象关系被用来解决历史的书写问题，充满光亮且具温暖情怀的影像抵消了历史的沉重，稍显夸张的形式"鲜艳"冲淡了厚重内容的"悲剧性"意图。这是同样作为"主体"的导演对主流意识形态的妥协和作品能得以现实传播的编码策略。无疑，它们在某种意义上契合了J. 欧达尔在《论缝合系统》(1969)一文中所认为的，电影的一切艺术或技术手段都是意识形态的策略符码；它们总是表面自然实则强制性地使观影主体接受意识形态效果但又感觉不到其作用，从而在不知不觉中使观影主体与影像世界的二元想象关系的裂隙得以缝合。[7]所不同的是，《芳华》选用青春追忆的方式，以剧中人物萧穗子的第一人称为叙事视角；《归来》则直接跳过曲折跌宕的特定历史变革，仅在原著最后30页的基础上用爱情、亲情的重塑与回归来展开叙述。换句话说，这两个电影本文为观影者提供了不同的反思视点，进而让人借此一窥那一非常时期对不同人物所形成的不同影响，进而把握"全本文"所揭示的要义。

《芳华》开头就以画外音的形式标明了叙述视角——"我要给你们讲的是我们文工团的故事，不过在这个故事里，主角不是我。"萧穗子作为故事的经历者、旁观者带领观影者随着镜语去接触人物、追溯历史；而作为"显本文"故事的唯一讲述者，她不自觉地占据了观众的感知视野(摄影机也因之代替了观众的眼睛)，成为他们获取经验的重要途径。文工团的生活环境使萧穗子描述的只能是她所置身的这个相对封闭但相对自由的集体。而关于"泛本文"，片中字幕"上世纪七十年代"及影像中红底黄字的"无产阶级文化大革命万岁"、高呼"伟大领袖毛主席万岁"的游行队伍等则清晰地标明了；但这一理解语义所不可缺失的语境在萧穗子的叙述中显然在较大程度上是被虚置了的——"文革"时期的社会动荡和阶级斗争大多消隐于影像中，更多地代之以文工团青年男女的唱歌跳舞、游泳嬉戏、慰问演出等场景(当然，也有属于小圈子甚或个人的凡俗世界)。有观众认为，影片的不少情节与史实不符，易使人产生跳脱感。其实此应归因于观影者的自身经验(往往有大众文化关于"文革"的经验认知的潜入)与叙述者的自身经验的差异,被个人视角引领的叙事所提供的较多的是个人的记忆回溯和自我反思(尽管那在一定程度上也带有普泛的意义),当然带有不少主观性的评论介说与自我解剖;文工团之外的大世界、大环境的经验认识的缺失,则是因为萧穗子(叙述者)确实没有看到,在时间的进程中也不需要看到。叙述者自然是被意识形态强烈询唤了的主体,当她不无主观色彩地回忆文工团里每一个同她一样被意识形态询唤了的战友时,他们不免被烙上叙述者的体验和认识的印迹,在某种意义上成为叙述者个人情感召唤的反映。

萧穗子的父亲于"文革"期间被划为右派,与其分开了十几年。自小缺失父爱的她或许有同故事女主角何小萍相似的创伤性经历。在那个"以阶级斗争为纲",处处高喊"老子英雄儿好汉,老子反动儿混蛋"的年代,非"红五类"[8]出身的人极易被冠以"狗崽子"的蔑称,因此,"血统论"的甚嚣尘上意味着萧穗子的家庭背景并不"光彩";但她不仅与父亲划清了界限并当上了文艺兵,在演出里跳 A 角,还能在集体中与他人融洽相处,受到大多数人的"尊重"。"出身"与"身份"的矛盾对"主体"的困扰折射出意识形态对社会大众的复杂影响与矛盾标引。显然,叙述者代言着"沉默的大多数",偶尔也表现出"迟到的正义感":当"红五类"的代言者郝淑雯等人兴师动众地搜查何小萍的照片时,她愣在一旁保持沉默;当众人围观用海绵加厚的乳罩并大加讥讽时,她也附和着狂笑,甚而当郝淑雯等人在宿舍门前集体检查何小萍的衬衣时,她也没伸出援手,只是事后指责闹得最凶的小芭蕾"确实有点儿过了"(换来的却是郝淑雯的一句:"你也别当好人了,下午就属你笑得最欢")……毋庸置疑,出身意味着萧穗子乃是遭受时代创伤的那一类人,但她当时选择的身份也表明其受到意识形态的强烈询唤之后亦自觉臣服于发出诫命的高高在上的主体。她的沉默并非因为理性,而是因为屈服于集体话语后丧失了个体判断;"她"的泛化组成了沉默的大多数——话语圈里的"所谓弱势群体,就是有些话没有说出来的人"[9]。作为弱势群体中的一员,萧穗子虽然意识到并同情何小萍、刘峰所受到的不合理的伤害,但因个体话语权的丧失她也不能将精神层面的同情转化为行动层面的支持。诚然,在萧穗子的反思视野里,何小萍的被孤立、刘峰的被伤害又都披着"合情化"的外衣:林丁丁在被刘峰真情真爱地拥抱后,则因"他是活雷锋,他不能抱我"的普泛性论断而举报了他,而这在萧穗子看来,"一个干尽好事占尽美德,一个一点儿烟火味都没有的人,突然告诉你,他惦记你很多年了,她感到惊悚、恶心、辜负与幻灭";在萧穗子看来,郝淑雯动不动就"检举""报告"的说辞无非就是一句玩笑话,朱克对何小萍、刘峰的当众嘲讽其实就是哗众取宠或良知暂失的"青春亢奋"。萧穗子的主观诠释为这些也是"主体"的言行添了些许合情理的成分。联系到泛本文，可以见出林丁丁等人的行为更多是为意识形态所引导的集体性癔症：意识形态的强力询唤和极"左"思潮的浸淫以致对何小萍、刘峰等老实的好人的人性扭曲和泯灭自然不自然地被遮蔽了；只是萧穗子当时并没有意识到，甚至在她多年后的反思话语中也被有意无意地回避或隐瞒了，因为她与林丁丁、朱克等人一样也是被特殊时代意识形态询唤的主体（偏离历史、文化正确航向的主流意识形态与盲目的大众文化合谋的"恶"里，亦有她自己的"贡献"）。概言之，影片所建构的似乎与"文革"环境脱离开来的文工团里，要么是像郝淑雯、陈灿、刘峰等人一样有着"红五类"出身的人，要么是像何小萍、萧穗子等人一样与家庭严格划分了阶级界限的人，被极"左"思潮所统摄的意识形态已深入每个人的思想且意识固化。导演借萧穗子这一主观叙述视角，于片中形成一个结构性裂缝，在屏蔽某些敏感话语的同时，又有意无意地通过无意识症候引领观影者穿越萧穗子的个人经验，来挖掘话语空白和影像缝隙中潜隐的对特殊历史时期"人"这一鲜活生命主体的深度反思。

与《芳华》选取个人经验观照主体反思不同，《归来》讲述了"右派分子"陆焉识于"文革"后期及其结束后重寻精神归属和重塑婚姻爱情的故事，以民间化的历史叙事视角关注人物、家庭的真实命运，进而对特殊时期及其影响予以揭示与反思。对于《归来》的历史叙事，有研究者认为其"叙事中历史缺位，将'文革'叙事情感化"，从而"丧失了原著的历史感和批判性"[10]；也有研究者则称影片采用的是"曲笔书写历史"的策略，用"非政治化"的叙事方式，"在寻找完整、闭锁式核心家庭的过程中，成功实现历史悲剧主题的超越与'超政治化'的叙事"[11]。显而易见，《归来》有意忽略了历史的真实书写，将人物从"文革"史实中剥离出来，成为不无虚幻色彩的隐喻存在；回避宏观的社会历史叙事，而是用民间叙事立场来深刻反思特定历史及其遗留问题。片中无任何显性存在的叙述者，自我讲述的故事所反映的不是有私人感情介入的个体经验，而是于观众而言较为客观疏离的历史经验。

《归来》从陆焉识的第一次回归说起，第一个镜头是从劳改地逃出来的陆焉识躲在火车站铁道旁的情境（火车从他身旁疾驰而过）；影片省略了陆焉识在之前的"文革"时期的悲惨遭遇，直接以被摧残折磨的苦难形象呈现于银幕上，一直到他第二次的回归——身体的自由回归。面对物是人非的生存环境和患上心因性失忆症的妻子，陆焉识于困顿的精神压抑中寻找自由、寻求身心和家庭的真正回归，而他所经历的那段惨痛的历史抑或关于它的记忆则被导演隐入电影显本文的结构性裂缝中。历史"一方面意味着过去的事实、事件、行为举止，而在另一方面，它又意味着我们对这些事件的重组和认识"[12]。在本质意义上,历史是非再现的、非叙述的。"历史本身在任何意义上不是一个本文,也不是主导本文或主导叙事,但我们只能了解以本文形式或叙事模式体现出来的历史,换句话说,我们只能通过预先的本文或叙事建构才能接触历史"[13];"历史不会先于书籍、小说或影片的出现而存在,历史是被建立起来的,而且通常是为传播媒介梳妆打扮的"[14]。也因如此,接受者只能依靠重组和解释,从影片显本文具有的隐喻性裂缝、空白中寻找缺席的历史事实。"影片特有的时空定位为人们提供了业已普遍存在的民族模式的实证,而影片中那些为人熟悉的人物肖像和象征则提供了已被用来描绘过历史事件的形式的实证。"[15]张艺谋谈到《归来》时这样表示:"不想直接反映时代,用折射、留白的方式,从一个家庭的视角反映整个时代。"[16]鉴于此,《归来》虽然描写了特殊历史时代中一个普通家庭的惨淡遭际及一个知识分子所遭受的精神折磨和不得不面对的生存窘状,喻示了家庭、亲情、爱情的破裂之易与重塑之难,但影片始终以普泛的历史经验来折射大时代洪流中的社会现实与底层境遇,既体现出历史主体意识的回归进程,又用风格化的影像表达触及历史痛点并展开深刻反思。这显然更需要观影者慎读、慎思。在某种意义上,这也应和了伽达默尔所说的:"真正的历史对象根本就不是对象,而是自己和他者的统一体,或一种关系,在这种关系中同时存在着历史的实在以及历史理解的实在。"[17]

二、主题:人性的修复与存在性的归属

一如杰弗里·亚历山大在《迈向文化创伤理论》[18]中所指出的:"当个人和群体觉得他们经历了可怕的事件,在群体意识上留下难以磨灭的痕迹,成为永久的记忆,根本且无可逆转地改变了他们的未来,文化创伤(cultural trauma)就发生了。"[19]文化创伤"这个新的科学概念也阐明了一个浮现中的社会责任与政治行动领域。借由建构文化创伤,各种社会群体、国族社会,有时候甚至是整个文明,不仅在认知上辨认出人类苦难的存在和根源,还会就此担负起一些重责大任。一旦辨认出创伤的缘由,并因此担负了这种道德责任,集体的成员便界定了他们的团结关系,而这种方式原则上让他们得以分担他人的苦难。"[20]显然,文化创伤乃是《芳华》与《归来》两部影片共同揭示的精神现象。无论是《芳华》中何小萍在遭受长期的排挤、欺负与重压后因突如其来的荣誉而精神崩溃,刘峰对爱情、友情和人生的绝望或平淡性的无奈抉择,还是《归来》中冯婉渝历经孤独岁月里的艰难等候而终

患心因性失忆，失去爱情、亲情和家庭但又渴望回归的陆焉识对人生的大彻大悟与孤寂坚守，无不体现出历史之痛加之于个人而导致的精神伤痕。尽管两部影片都将文化创伤赤裸裸地加以展现，且都以消解意识形态的艺术批判形式（或冷冽，或温情）对个人或群体不可逆转的精神困境、人生悲剧及文化失语进行想象性缝合，但二者于同一母题架构下撷取不同的人物、迥异的故事以确立不同的主题意旨及言语环境，则呈现出韵味各异的斑斓色彩。

在青春情怀的催化下，《芳华》跨越20余年的历史背景，将大社会、大时代的风貌凝练于刹那芳华的人物与故事中，片中呈现的青春滥觞和历史嬗变确令人动容。然而，影片并没仅仅停留于"青春"的显在表征，而是用稍显冷冽的批判视角来剖析"人"这一复杂主体面对客体施加的压力和制造的矛盾时所表现出的价值选择：善，或者恶。影片始于"文革"后期，历经1979年发生于中国南部边境的那场战争，一直到改革开放后的1990年代，揭示出何小萍、刘峰等老实、善良的人一次次被伤害、被摒弃的孤独与残酷，同时以审视的眼光和反思的精神来拷问人性善恶，流溢出修复人性创伤、彰显人性本善的企图和力量。

当善良成为原罪，一切意识形态便被消解于"人性"这一复杂的命题中。初入集体的何小萍因"偷军装"事件旋即成为集体的一个笑柄。如果说这是一起因"品质问题"而引发的简单化正确的政治谴责，那之后"塞海绵的乳罩"风波和"朱克嫌汗臭"恶作剧则是个体自发的道德排挤：何小萍的善良、隐忍被作为人性的弱点而受到无情践踏，进而酿成了她苍凉的人生悲剧。在那个单纯追求人性善但又是极动荡的年代，尽管"歌颂默默无闻的英雄，歌颂平凡中的伟大"，"对同志如春天般温暖"的意识形态强烈召唤，但人性深处的黑暗力量依然用难以窥见的恶意、猜忌、偏见无情欺凌、摧残始终善良、本真的人。畸形现实中理性思考缺失的最终审判留下一个个悬而未决的疑问。即使对刘峰这样的榜样人物，人性也无半点儿宽容的余地。刘峰的老实、善良成为被集体漠视的存在，甚而成为定义罪恶的元凶——他的乐于助人变成朱克等人嘲讽取笑的对象；一次表达真诚爱意的拥抱将这个"干尽好事占尽美德"的模范贬为作风腐烂的伪君子；本真的善良终被一行印在背包上"难看的好字"而抹杀；其"求死"的奉献精神终在失掉右臂后得以成全；自谋生路的老实本分竟被无来由的一千元钱消解在资本、权力与贪欲的漩涡中。然而，具有主体性的导演对主流意识形态的妥协和对本文能得以实现传播的考量，使《芳华》以一种悬置于现实之外又反身弥合现实的想象性表征去撕开人性的创伤，但又从道义、情感上进行道德缝合和文化抚慰。20世纪80年代初"精神病患者"何小萍回团观看文工团的最后一次演出时在草地上翩翩独舞且精神病康复（人性本真觉醒的直接表征）；参加那场边境战争复员的刘峰重返文工团后从破损的木地板下无意翻出被撕碎的何小萍的首次军装照并用独臂将其拼凑完整；1995年刘峰在海口做生意时遇见文工团战友郝淑雯和萧穗子后与何小萍一起在蒙自小镇给战友扫墓（最终的影像也定格于二人于小站告别前一个坐姿的拥抱）；画外音讲述的刘峰2005年病重恰得何小萍照顾而拣回一条命及2016年在芳华已逝的文工团战友聚会上安于平淡的何小萍与刘峰相互扶持等。这无疑具有雅克·拉康所命名的"象征界"的某种标引，启人深思，让人回味。也就是说，影片不无亢奋色彩的靓丽青春，对灾难的刻意回避，即使残酷的战争也被赋予了导演的形式化意图（它并不是，也不需要战争的真实场景再现）等，实是用不无觉醒、忏悔、救赎意味的情节自然流露出对善良、本真的呼唤，而这种可谓对人性主题的抚慰式探讨又是基于将意识形态作为隐喻性象征消解于影像结构裂缝的前提下的。或许，影像欲诉诸观影者的是：治愈人性创伤最好的良药是善良与真诚。严歌苓在谈及小说《芳华》的创作时如是说："对这两个人（指何小萍、刘峰——笔者注），我心里是充满忏悔的。书里有很多我对于那个时代的自责、反思。"[21]

若说《芳华》的主题直接指向人性的复杂性，那《归来》则更多地探讨人作为渺小的个体在严峻的历史时期中的归属问题。《归来》的片名所标识的"归"与"来"实为导演对小说本文进行影像改编时一切叙事线索的落脚点：谁归来？如何归来？归来后又如何生存？影片重点观照的是：陆焉识所代表的一代知识分子在经历残酷时代的鞭笞后归来时，如何在个人世界和家庭生活中找回自我、找到寄托、获得救赎，进而检视惨痛岁月对生命的蚕食和对精神的束缚，并于悲痛命运的底布中描绘出一线光亮和一丝温情。虽然有研究者认为原著中的主要人物陆焉识在影片里被其妻冯婉瑜所遮蔽并造成"陆犯归来，焉识丢失"的遗憾[22]，但毋庸置疑，陆焉识于片中一定程度上的形象改变或曰某种形式上的缺失感则更贴合时代且更能突显主题。

陆焉识第一次归来时是以"劳动改造者"和"逃跑者"的身份出现的：被锁门外，与妻子近在咫尺却不能相见的焦灼，被女儿以仇视"阶级敌人"的冰冷目光漠视的无奈，躲在火车站天桥底下用雨水洗脸的潦倒等，无不见出被阶级斗争所迫害的知识分子于非人时期所遭受的身心磨难。随着"文革"后对极"左"思潮的清算与对冤假错案的平反，被摘掉右派帽子的陆焉识得以归来，但他很快就发现畸形文化意识形态对言行的长久束缚和对精神的简单禁锢导致其社会地位、家庭角色的缺失。

他全然找不到归属。这显然揭示了陆焉识所指称的知识分子在"文革"后所面临的"身份确认"困境;而这也彰显了社会剧烈动荡所造成的文化创伤和知识分子由此产生的对自我体认的焦虑、犹疑。"异质性的复合形态是文革后知识分子形象生成的基本特征。"[23]《归来》中第二次归来的陆焉识正是经历了身份缺失、身份错位、身份焦虑到身份体认的艰难嬗变,方达至个体的"身份超越"。在严歌苓的笔下,陆焉识原本是"一个清高、傲慢、脆弱、自以为是的知识分子",但在经历漫长的坎坷和痛苦的追寻后,他终于意识到"真正的自由不是别人能够剥夺的,在那种严酷的环境下,他在内心都能有选择的自由"。[24]

在影片中,"文革"后的陆焉识虽在精神上被放逐了,且获得了形式意义上的自由,但因在现实社会、家庭中的被放逐,反而陷入自我存在认知的困惑与迷茫中。这种显然被简化了的陆焉识反倒更能体现其形象、性格的矛盾冲突:作为一个精神上自由的人,陆焉识的两次归来无非是为了寻找自我存在的位置,尤其是第二次归来的他,极为期盼一个确定的身份认同以安放自我存在,但期盼自由的他却在自我身份长久丧失后的困境中失却自由。作为不正常时期被意识形态抛掷的人,当正常的社会身份痕迹被抹去之后,随着时间的快速流失及大众文化的遽变,即使最终通过身份验证,但他再也无法回归到原有的位置。当冯婉瑜坚持认为陆焉识就是方师傅的时候,他的存在性归属即告灭失;他竭力靠近妻子,刻意制造久违重逢的努力也告失败,即使欲靠老照片找回记忆的尝试亦因自己照片的彻底被剪而难以达成。萨特认为:"人始终处在自身之外,人靠把自己投出并消失在自己之外而使人存在;另一方面,人是靠追求超越的目的才得以存在。"[25]陆焉识不停地变换身份:清晨打招呼的街坊、修钢琴的师傅、念信的同志,并尝试用弹钢琴、念信等方式来确认进而恢复自己的存在;他渴望回归但又困惑犹疑:"我给你妈念信的时候,她的眼睛死死地盯着我这张脸,如果我再这么念下去,在她的眼里,我真成了那个念信的了。"当迷乱、焦躁相融的复杂形态莫须有地困扰一个内心惶惑、空虚的个体时,凄苦、悲凉的气氛油然而生。典型的文化意义昭示着极"左"思潮对一代知识分子的漠视与伤害不可逆转地改变了他们的生存状况与生活轨迹,历史留给人们的只有难以抚平的伤痛与无语凝噎的沉思。

《归来》通过对陆焉识这一典型人物的挖掘,反思了人类命运的深层次命题:人在困境中的坚守与残存。当然,片尾的全景镜头里将自我投掷于身体之外、舍弃身份认同执念的陆焉识静静地站在妻子身旁继续等待一个永远不可能归来的人的场景,已经标明他业已完成身份超越并找到精神层面的自我存在。无疑,这是他所代表的那一代受伤害的知识分子能够回归的最佳方案。

三、审美意蕴:"作者论"视阈的《芳华》与《归来》

彼得·沃伦的"结构作者论"认为:任何电影都在不同程度上是导演本人的自序传。他援引法国诗意现实主义电影的杰出代表、曾执导过《大幻灭》(1937)、《游戏规则》(1939)等优秀电影的导演让·雷诺阿的名言"一个导演一生只拍摄一部影片"来阐明这样一个道理:一个严肃认真的导演的一系列作品中都必然存在某种稳定不变的深层结构,其不同的作品仅是此种深层结构的变奏形式;导演所生存的时代、所置身或参与的历史及其个人生活遭遇共同构成那一文化的深层结构,并持续影响与制约其可能的呈现方式。[26]"'作者论'提倡的观念突出了导演作为'作者'在电影创作中的主体地位和个人风格,明确了艺术作品的身份及来源,这对电影能成为具有独特的审美价值,而非单纯取悦大众的艺术种类具有重大意义。"[27]有研究者如是说。

1980年代"作者论"传入中国以后,"第五代"受其影响颇大。"恐怕没有比'作者论'更深刻地影响第四代、第五代创作的了。至少在整个80年代,每一个中国大陆电影导演都在追求成为'电影作者'。而且作者论的精髓"导演中心、编导合一",在第五代出世以后一度空前地强有力:导演纷纷介入编剧过程;甚至一些商业片导演也在追求自我命名、建立自己的序列。[28]可以说,自1983年登上影坛的"第五代"导演们一直致力于在影片中实现"作者化"的自我表达。经历过20世纪90年代中国电影的另类写实与娱乐大潮,进入21世纪之后,国产影坛的不少导演又一次在自我创作中体现出作者化的倾向,"导演/作者"的个性化、风格化表达成分在电影审美意蕴中渐趋丰富和明朗。冯小刚、张艺谋作为严肃认真并具有高度话语影响力的导演,已超越作品本身成为被广泛关注的对象,其声名已成大众文化的符码。在某种程度上,《芳华》与《归来》甫一上映,观众之于导演的讨论、批评甚而大过影片。显然,导演业已在电影中"努力发现自我、确认自我、彰显自我,对其表现的世界赋予独特意义的言说"[29]。毋庸讳言,冯小刚和张艺谋对自我作品美学风格的多元探索和对主体意识觉醒的自我表达是《芳华》与《归来》能够成为现象级电影的主要因素。在一定意义上,二者可以看作两位"作者"对自我创作进行深度反思的体现。带有显明主体意识的他们对历史、文化、人性等多重表征进行结构性艺术观照,并赋予作品独特的审美意蕴。

《芳华》片头字幕"冯小刚导演作品"的书写,无疑标明导演有意在作品中强调自我的"作者"标签,以及将影片的主题意旨、艺术个性、审美意蕴等元素"作者表达化"。实际上,无论是作为中国大陆现代意义上"类型"始作俑者的《甲方乙方》(1997)、《不见不散》(1998)、《没完没了》(1999)等贺岁喜剧,还是《唐山大地震》(2010)、《一九四二》(2012)、《我不是潘金莲》(2016)等良心之作,无不体现出冯小刚电影创作风格的多元和人文情怀的浓郁。2017 年 9 月,在第 26 届金鸡百花电影节上,凭《我不是潘金莲》斩获中国电影"金鸡奖"最佳导演奖的冯小刚宣称:今后只拍"有情怀"的电影。作为近年不可多得的优秀之作,《芳华》无疑是有情怀的;它彰显的独特审美意蕴不仅凝聚了动荡时代和沉重历史的"作者化"记忆,还沉淀了导演对"我一辈"青春年华的追逝和缅怀;在一定程度上,它可以视作较为真诚的导演本人的自序传。也因如此,尽管个人化的自我记忆难免有残忍和灰暗的成分,作为"作者"的导演则巧妙地反向运用靓丽的影像与稍带夸张意味的形式建构使影片的审美意蕴显得鲜艳而明亮。这从导演对原著一些细节上的改动亦可看出。如用一个简单真诚的拥抱替代原著中刘峰拥抱林丁丁时把手伸进她衣服里的细节,爱情渴望因之被表现得更为圣洁、美好;片尾将两个曾遍体鳞伤的人在火车站的休息椅上相互依偎着慰藉彼此刻在灵魂里的创伤的画面终止性定格来替换原著中刘峰后来的惨死,主人公的命运因之增添了些许亮色。影片的这种影像表达折射出导演所赋予的不仅仅是影片本文意义上的"芳华"的美学意蕴:纯粹而不失热烈,美好而稍显夸饰。在谈到本片的创作时,冯小刚表示《芳华》在自我心中酝酿了很长时间,"我一直觉得它是一个美好景象,挺模糊、不具体";而关于创作意图,他坦言:"我其实就是想满足自己对那段生活的一个眷恋,而且我可能还放大了一点那种美感。"[30]也因如此,片中亢奋激情的青春岁月、歌舞交汇的芬芳年华、虚幻残忍的理想使命等影像表达都打上了导演独特、深邃的美学思考的烙印。

相似于此,作为"作者"的张艺谋心中的"归来",不仅仅体现在电影《归来》的主题上,其实也是导演创作初心的一次归来。张艺谋在影片中淡化了以往惯用的"浓墨重彩"的风格化处理,而是用一种平淡温暖的情怀展现沧桑浓郁的历史经验,拓展"归来"这一个性与共性并融的主题意象的美学深度。其实,一如有的研究者所说,电影"作者"的本土语境之于作者表达是有一定的局限的,"其主要原因是政治意识形态和商业意识形态的强大支配力量使试图表达自我的'个人'被废黜"[31]。不必讳言,政治意识形态话语对创作主体的影响和制约长久以来都是"作者"在作品中需要平衡的。同时,随着中国大陆改革开放的进一步深化,数字技术的飞速发展,神圣化的政治、道德结构的消解,摒弃现代"乌托邦"式文化理想的娱乐性、消费性、后现代性,大众文化的飞速成长及其对精英文化、主流意识文化的强力渗透,基于此种文化语境的商业意识形态话语对"作者"的自我表达也造成了某种程度的阻碍。正因如此,参照现实条件的"归来"话语及其影像表达在美学与思想方面都被做了适度的调整,有些调整或曰缺失甚至是不尽人意的。但也因这些限制,我们反而更能在《归来》中看到导演对传统美学(仁爱、爱人、本真等)的回归与对精英文化(超越、淡然、自由等)的坚守。不管是对特殊历史的沉淀和讲述,还是在结构形式上的新颖与执着,张艺谋都尽可能地保持了作品的审美品质,并在自我言说过程中流露出淡淡的人文情怀和较为深刻的文化反思。

作为"作者",作为具有自觉意识和美学品格的主体,电影导演应在个性化、风格化的创作实践中强调自我表达,尽力探寻主题意旨、审美意蕴等方面的创造性、艺术性深度建构。实事求是地说,不论是冯小刚还是张艺谋,两个人在多年的电影创作中都进行了各自不同的也是较为成功的风格探索与影像表达。就《芳华》与《归来》而言,两位导演都在有限的甚而是"艰难的"创作语境里,在历史文化与人性本真的抵牾及救赎反思中,完成了一次颇为大胆的艺术探索与初心回归:一个是熔峥嵘岁月和激荡青春于芳华,一个是化厚重历史和残酷伤痕于归来。

(曹峻冰,四川大学文学与新闻学院;杨继芳,四川大学文学与新闻学院)

注:

[1]1958年出生的冯小刚,由于1990年与郑晓龙合作撰写"后五代"导演夏钢所执导的电影《遭遇激情》(1990)与《大撒把》(1992)的剧本,且执导带有明显"后五代"风格的电影处女作《永失我爱》(1994,讲述一个专门帮人从外地往北京运送汽车的个体司机在得绝症前后与两个美丽空姐的爱恋情缘,不仅有着感人至深的温情和诗意的风格化处理,也悄然溢出淡淡的感伤情调和浓郁的人文色彩),因此,冯小刚在某种意义上也可视作曾经的"后五代"导演。

[2][法]路易·阿尔都塞.意识形态和意识形态国家机器[A]//李恒基,杨远婴.外国电影理论文选.上海:上海文艺出版社 1995:652.

[3][法]路易·阿尔都塞.意识形态和意识形态国家机器[A]//李恒基,杨远婴.外国电影理论文选.上海:上海文艺出版社 1995:653.

[4][法]路易·阿尔都塞.意识形态和意识形态国家机器[A]//李恒基,杨远婴.外国电影理论文选.上海:上海文艺出版社 1995:645.

[5]孟登迎.意识形态与主题建构:阿尔都塞意识形态理论[M].北京:中国社会科学出版社,2002:68.

[6]戴锦华.电影理论与批评[M].北京:北京大学出版社,2007:329.

[7]峻冰.20世纪外国现代电影理论的发展轨迹[J].西南民族大学学报(人文社科版),2002(1).

[8]"文革"期间泛指革命军人、革命干部、工人、贫农(雇农、佃农)、下中农五类人及其子女。

[9]王小波.沉默的大多数[M].北京:中信出版社,2015:16.

[10]尹兴.《归来》的"超政治化"叙事与"历史屏蔽"——从《陆犯焉识》的电影改编管窥张艺谋电影叙事模式[J].西南科技大学学报(哲社版),2016:2.

[11]尹兴.《归来》的"超政治化"叙事与"历史屏蔽"——从《陆犯焉识》的电影改编管窥张艺谋电影叙事模式[J].西南科技大学学报(哲社版),2016:2.

[12][德]恩斯特·卡西尔.符号·神话·文化[M].李小兵,译.北京:东方出版社,1988:85.

[13][美]弗雷德里克·杰姆逊.马克思主义与历史主义[A]//张京媛.新历史主义与文学批评.北京:北京大学出版社,1993:19.

[14][法]皮埃尔·索兰.历史学家用作研究工具的历史影片[J].当代电影,1996(2).

[15][法]皮埃尔·索兰.历史学家用作研究工具的历史影片[J].当代电影,1996(2).

[16]解宏乾.张艺谋谈新片《归来》,用折射和留白反映时代[J].国家人文历史,2014(10).

[17][德]伽达默尔.真理与方法(上)[M].洪汉鼎,译.上海:上海译文出版社,1992:384-385.

[18]《迈向文化创伤理论》为耶鲁大学社会学系教授杰弗里·亚历山大(Jeffrey C. Alexander)所编辑的《文化创伤与集体认同》(Cultural Trauma and Collective Identity)一书的导论,该书由加利福尼亚大学出版社(University of California press)2004年出版。

[19][美]杰弗里·C.亚历山大.迈向文化创伤理论[J].文化研究,2011(00).

[20][美]杰弗里·C.亚历山大.迈向文化创伤理论[J].文化研究,2011(00).

[21]贺梦禹.严歌苓:《芳华》是我最诚实的一本书[N].北京青年报,2017年4月28日.

[22]尹兴.《归来》的"超政治化"叙事与"历史屏蔽"——从《陆犯焉识》的电影改编管窥张艺谋电影叙事模式[J].西南科技大学学报(哲社版),2016年(2).

[23]惠雁冰.身份体认的痛苦与迷乱——知识分子在20世纪末的角色定位[J].佳木斯大学社会科学学报,2003(3).

[24]刘心印.严歌苓:看《归来》感觉非常疼痛[J].国家人文历史,2014(10).

[25][法]让-保罗·萨特.存在主义是一种人道主义[M].周煦良,汤永宽,译.上海:上海译文出版社,2005:31.

[26]Peter Wollen, *Signs and Meaning in the Cinema*, Indiana University Press, 1972.

[27]孟君.作者表述:源自"作者论"的电影批评观[J].北京电影学院学报,2008(2).

[28]戴锦华.革命·意识形态批评·文化研究:1968年5月与电影[J].电影艺术,1998(3).

[29]孟君.作者表述:源自"作者论"的电影批评观[J].北京电影学院学报,2008(2).

[30]谭飞,冯小刚.对话冯小刚:《芳华》展现三十年无人敢碰题材背后[2019-01-18].搜狐网,http://www.sohu.com/a/193100315_257537.

[31]孟君.作者表述:源自"作者论"的电影批评观[J].北京电影学院学报,2008(2).

电影伦理学的多重指涉
中 编

价值观的多元化已成为中国极为普遍又尖锐的社会问题，电影伦理学也并不是一个只关注色情与暴力的道德学说，而是一个覆盖个人、家庭、社会及人类的终极问题。同样，电影伦理学的研究对象并不仅仅针对中国电影，而是对100多年来人类已有的多种多样的电影，从各个角度出发进行伦理追问。任何一种学科在科学理性的学术研究方法的指引下，都不会局限于单一的传统话语体系和背景，多重方向和视域的问题指涉才是电影伦理学研究确定范式、协调视角的重要支点。

中国当代主流商业电影的价值地标
——妖道、魔法、幻术间的天意、王道与人伦

贾磊磊

在中国电影学派的建构过程中,我们不能将电影的价值诉求寄予在某一种题材、某一种类型、某一种风格的电影之上,而是应当将其寄予在中国电影的总体艺术形态之中。因为我们致力建构的是中国电影的全面发展,包括制片、发行、放映三位一体的整个电影产业的繁荣。中国电影的世纪勃兴,不仅仅是影片数量的激增与票房指数的攀升,其中特别重要的一个标志是在电影产业化的道路上各种不同类型、不同题材、不同风格的影片的共同发展。我们过去并不多见的恐怖片、魔幻片、悬疑片、神话片在电影产业的时代浪潮中也都纷纷登上中国电影的历史舞台。它们为中国电影的总体格局增添了新的视觉空间、新的产业形态,使中国电影在传统的战争、武侠、动作、爱情、喜剧等类型之外增加了新的市场品种。尤其是那些融魔幻、神怪、恐怖、动作于一体的影片类型,像《画皮》系列、《捉妖记》系列、《西游记》系列,以及具有兼容类型的《道士下山》《妖猫传》,这些在中国传统的电影类型序列中并不多见的影片,我们过去很少论及它们的思想导向与文化属性,更多关注的是它们创造出的突出的市场业绩。固然,电影的经济指数所包含的不仅是经济的意义,它同样包含着必不可缺的社会文化意义,特别是文化认同的心理意义。如果一部电影根本不具备在文化心理与社会情绪方面的吸引力,它就不可能引导观众走进电影院。所以,我们不能忽略主流商业电影在文化价值观方面的建构与传播意义,特别是基于对中国电影的总体判断以及对中国电影学派的理论建构,对于这些影片的文化解读更是理论批评界不应忽视的时代课题。

一、天意

在中国由于没有一种类似于西方那样的基督教的文化传统,没有一种被民众普遍信奉的宗教信仰来支撑人的精神世界,当来自自然、社会等方面的困境无法通过自我的力量得以解决的时候,人们同样会期望一种超自然、超社会的力量来解决他们在现实层面无法解决的问题。这就是说,西方人祈求上帝的东西,中国人会祈求于天意。尤其是在想象的精神世界中,中国文化更是对天意寄予了许多终极性的期待。至于魔幻、神怪、恐怖、武侠电影,它们不过是为人们进行超自然、超社会

的自我想象提供了一个可以抵达自我梦想的合理通道而已。

中国传统文化中的天意是超越任何法度的最高道德范畴,是世界的最高主宰。《墨子·天志上》云:"顺天意者,兼相爱交相利,必得赏;反天意者,别相恶交相贼,必得罚。"[1]墨子的意思是,顺应天意,就是要与别人相敬相爱,分享各自的利益,这样必定得到上天的赏赐;所谓违反天意,就是把别人和自己区分开,厌恶人家,致使大家相互伤害,这样必定遭到上天的惩罚。对天意的敬奉与否在墨子看来是人"得赏"或"得罚"的根本依据。在中国道家哲学中,往往把天意引入无极。老子有"天地不仁,以万物为刍狗"[2]的论述。从字面上看,好像老子说的是宇宙是无情无义的,它不受人类社会的任何道德约束,对世间的万物没有爱憎、轻重之分。其实,老子的真正意义并不是说天地没有仁爱,而是说天地之间对于所有人、所有物的仁爱都是同样的。所谓"天地不仁",其实讲的是万物在天地中没有远近亲疏、没有尊卑贵贱、没有男女老少,无论是帝王还是乞丐,是雄狮还是蝼蚁,是高耸入云的山峰还是随风漫卷的尘土,世间万物都要面对狂风暴雨、山崩地裂,在自然界的天意面前一律平等。老子所讲的自然界的这种天地大法,其实,就是自然界中超越一切力量的天意。其实,天意在中国传统文化中并不仅仅是一种超然物外的绝对精神,而是一种与人的伦理取向相同、相合的文化理念。作家老舍在谈到他的创作理念时也说过:"凡事都有天意,顺天者昌,逆天者亡。"[3]不论是中国古代的哲学家还是现代的作家,他们都在强调世间的万事万物冥冥之中都会因循一种不可抗拒的运行法则,而这个法则的核心就是亘古不变、无远弗届的天意。

过去,中国电影对天意的表述集中地体现在传统武侠电影中人物命运的结局上。其中主要彰显的是所谓"善有善报、恶有恶报"的伦理意识。21世纪以来,这种天意的观念随着不同电影类型的相互兼容,开始进入不同的影片类型之中。像集宫廷、魔幻、悬疑、惊悚于一体的《妖猫传》,那个在古墓的石棺里用手指抠动着"棺木"、在不停地呼喊着救命的杨玉环,与一个躺在透明的水晶石上无声无息的杨玉环,我们真不知道哪个是真、哪个是幻。只是感觉到冥冥之中有一只无形的巨手在掌控着天地万物。所有的生命都在这个不可言喻的世界面前呈现出其变幻莫测的结局。电影的镜头在历史和神话之间、在现实和历史之间轮番映现,摄影机的视点在魔幻和想象之间、在真相和假定之间不断交替。在这些亦真亦假的世界中穿梭的黑猫时常会目露凶光,张开血口发出声声的鸣叫。与其说它是猫,不如说它是妖;与其说它是妖,倒不如说它是精。不错,它是一只猫,可当人鹤同体的丹龙的灵魂附着在它身上时,它实际上成为人、猫、鹤三种生命混合而成的精灵。它在人间惩恶扬善,替天行道。它在皇宫顶上的云端里自由行走,俯视着苍茫大地上的芸芸众生,不论是权倾天下的当朝皇上,还是弄臣的后裔,凡是它认定的负罪之人,一概格杀勿论。在剧中它经常代表着超越了自然与社会力量之上的某种天意。

取材于中国古代文学名著《聊斋》的系列影片《画皮》,是在电影产业化进程中实现对中国传统文化资源进行现代性转化的成功典范。《画皮2》里面那个浑身尽是巫术、妖术、道术和魔法的天狼国的巫师(费翔饰),不论是武功过人的霍将军还是身怀绝技的捉妖师,谁也不是他的真正对手。可是,最后巫师却被成千上万只从天而降的神雀啄食成了一具骷髅!我们可以说,那些神雀是雀儿死后召唤而来的无数化身;我们同样也可以说,那是在天之灵对天下恶势力的无情惩治。天意,至此不仅能够决定成败生死,更具有道德训诫的旨意。尽管我们不能将电影的思想表达都归之于对天意的阐释,不能将中国历史的发展总结为善恶循环的道德定律,不过,在电影这种现代神话的叙事体系中,道德的隐喻时常是"作者"青睐的一种叙事策略。《画皮2》的结尾小唯以精公主的名义去与天狼国的王子成婚,可是等待着她的是一个惊天的阴谋:天狼国要把精公主的心挖出来移植给天狼国的王子,让他起死回生。而这个天狼国王子的心恰恰在当年被小唯挖出来给吃了。冥冥之中,那些他人攫取了的东西,要被再拿回去。作者采用的这种循环叙事的逻辑岂不是在告诫人们,世间的事情往往就是这样,善恶有报、生死轮回,不论是人是妖,谁也逃不出上天的旨意?

二、王道

王道,并不是帝王之道、王者之道。在中国传统文化中,王道,其实是指一种理想的社会政治路径。《尚书·洪范》:"无偏无党,王道荡荡。"[4]儒家崇尚的是那种公正、正统的治国理政之道。孟子有曰:"不违农时,谷不可胜食也;数罟不入洿池,鱼鳖不可胜食也;斧斤以时入山林,材木不可胜用也。谷与鱼鳖不可胜食,材木不可胜用,是使民养生丧死无憾也。养生丧死无憾,王道之始也。"[5]孟子在这里将王道的思想从自然世界推演到人伦世界。他从倡导按照农时进行耕种,根据时令开采山林,引申到人能够遵照自然的规律休养生息,达到生老病死而无憾的人生境界。《礼记·乐记》云:"礼乐刑政,四达而不悖,则王道备矣。"[6]王道在此包括礼、乐、刑、政四个方面的通达和谐与公正廉明。可见,在中国传统文化的范畴里,王道是一种包括礼制、艺术、法律、政治在内的和谐通达的社会规范。它的引申义则是指那些决定着社会成败、荣辱、兴衰、存亡的治理之道。

一部电影的叙事逻辑有时很难演绎出如此完整、深刻的王道的社会意义。可是，在电影的叙事逻辑中时常会体现出一种对社会、对人生理想的深切寄予。像《道士下山》实际上我们可以将它看作一部关于王道的寓言故事。影片为我们区分了仅一门之隔的山上与山下两个天地，一个天地寄予了人们对世间美好生活的无限憧憬；一个天地则将这种美丽的憧憬颠覆无余。在山上的世界，不论是佛门还是道家，都是春意盎然、阳光璀璨的世外桃源。这里真正是一个王道斐然的世界。开场时徒弟们沿着太极的石台飞跃而上的情景，此后周西宇在道观里飞身卷起缤纷落英的仰视镜头，包括查老板在山洞外凌波微步的英姿，都是山上的璀璨风景。其间最令人感动的是崔道宁与玉珍在道观内外的相识。俩人之间没说一句话，全部是目光的交汇，笑靥的"对白"，以及在小桥上飘移的雨伞，在茂林间"落花人独立，微雨燕双飞"的柔情，全然一幅人间天堂的人伦美景。而在山下的世界，江湖上却到处血雨腥风。弟弟毒死哥哥，妻子背叛丈夫，师傅杀害徒弟，师兄残害师弟。何安下的下山之路，几乎就是伦理蜕变、道德丧尽的地狱之路。最后，何安下按照师傅的指引找到了查老板，最终完成了他下山寻道的夙愿。在经历了世间的生生死死之后，何安下终于明白，人生本来就是上山、下山两个天地。只是道心宽广，可容万物，不论是山河大地，还是万古星辰。《道士下山》作为陈凯歌导演的一部电影，一如既往有一种对人生意义的终极关怀，这是他的电影中一辈子也扫不完的落叶，正如我们每个人都有某种无法摆脱的宿命一样。冥冥之中，这种牵引着个体生命的王道却在制约着我们的一生。

从表面上看，《妖猫传》像是一部奇幻、搞笑甚至近乎癫狂的喜剧，可实际上，在这个看似竭尽娱乐的魔幻影像下，却蕴含着作者始终如一的对人生、历史、社会的阐释。在这个被置换之术与迷幻之术共同支撑的电影中，陈凯歌始终有一种人文情怀贯穿其间。剧中的人物赞誉李白"只写苍生，不写权贵"；杨贵妃也将李白的伟大与唐朝之所以伟大相提并论。特别有意思的是，在影片中李白和白居易分别在自己陶醉的诗歌创作中找到了各自的"无上秘"，他们在一个情趣盎然的想象世界中忘却了世间的所有烦恼和痛苦。《妖猫传》要告诉观众的也许就是：解除这世上痛苦的秘密，就在每个人自己怡然忘怀的此岸之中。

在一个泾渭分明、黑白对立的传统武侠世界的延长线上，《绣春刀2·修罗战场》修建了一座验证人格归属的"修罗场"。如果修罗战场就是洞悉历史、透视人心的王道之地，那么，没有谁能够逃脱它的法眼。不同的只是，这里的人物，有的从黑变红，有的从红改黑，更多的则是红黑交替，只要你步入这个刀光剑影的江湖，无一例外地会呈现出做人的本色,而这所谓的人的本色就是电影阐释的王道。其实,"阿修罗"一语出自佛教经典,是天龙八部中的一种神道,传说是个半人半神的护法,修罗战场是他与帝释天生死大战的地方。这里正邪混淆、善恶纷呈、黑白交错,这就是所谓的"修罗场",就像影片开始时发生的那场恶战的疆场,遍地的尸骨、漫天的狼烟、啼血的残阳。在这场血战中,侥幸有两个从死人堆里爬出来的将士,一个是后来成为北镇抚司的沈炼,他为自己心中的情义最后不惜赴汤蹈火;另一个是杜总兵麾下参将,后来成为镇抚司千户的陆文昭,他要的是摆脱蝼蚁一样的命运,想换个"踩着尸首往上爬"的活法。沈炼最后在生死绝杀的战场上彻底悟出了自己的人生境遇,"生在这世道,当真没得选……可若是活着只为了活着,这样的活法,我绝不能忍受!"可见,即使面临的就是战死沙场,沈炼也不是一个放弃追求自我生命价值的人,这是沈炼与那些行尸走肉般的朝廷鹰犬最大的不同。不论这种人格的形成是出于自我意识的升华,还是出于对生命意识的珍视,即便就是在宫廷内部的权力角逐中有可能使义士的所有壮举的积极作用都归零,这种对生命意义的追求也会闪烁出耀眼的光辉,哪怕他的尸骨已经化为尘埃!这岂不是做人的王道吗?

尽管王道的思想并没有成为一种普遍的价值取向在电影中"流通",可是,对于人生正道与生活理想的追寻,一直存在于中国当代电影中。《寻龙诀》讲述的是在千年古墓中展开的一场前所未有的奇幻之旅。影片在创作理念上将动作、悬疑、惊悚、奇幻、冒险、言情熔于一炉,并且巧妙地将原作中"鬼"的意念逐一隐去,强化了奇幻、冒险、悬疑的分量。不过,在这种光怪陆离的视觉影像背后,影片依然将人性欲望与人生理想并列地放在了这部魅影出没的舞台上。如果有人问,影片正向的价值导向在哪里?那么,显然它就在对深不可测的人性世界的探测之中:人在墓穴里走得越深,他们内在的人性世界展现得就越充分。不过,影片中的王凯旋(黄渤饰)虽然是一个具有良知的人物,但是,他并不是一个正向价值的指认对象,而只是价值的参照对象,他只能在影片的价值体系中提供一个用于相互参照、相互比对的价值标尺。他对丁思甜的真诚爱慕在"文革"那样一个人性泯灭、情感荒芜的时代,无异于荒野上燃起的烈火。这种赤诚、纯真的情感在经历了 20 年的岁月轮替之后,依然可以像地宫中的烈焰一样熊熊燃烧,照亮他的人生道路。也许,他代表了曾经走过那个年代,有过刻骨铭心的情感经历的青年男女,他们的情感记忆中永远不能忘记青春的初心,可是,即便那些青春的故事再美好,终究也是在黑暗的夜空下闪现的人性之光,很难成为照亮人们在波涛汹涌的大海中航行一生的指路灯塔……

综上所述，王道是指一种正确的、正统的、占主导地位的社会政治理想与人生理想的统一体。它符合社会发展规律，顺应时代的前进方向。它还包括与这种社会政治理想相一致的文化礼仪、伦理道德、文学艺术、法律秩序。这种思想理念在当代中国电影的叙事作品中是贯穿在整个叙事体系之中的一种思想取向，一种寄予创作者社会理想与人格理想的价值地标，只是地标上"雕刻"的王道会因作者的好恶而有所不同罢了。

三、人伦

我们现在经常讨论中国优秀传统文化的弘扬与传承。在中国传统文化的价值体系中始终存在着一种伦理至上的思想。这就是说，中国文化实质上是一种伦理本位主义的文化。我们的前辈对于艺术的最高评价都是建立在伦理道德的基准上的。在中国传统社会的各种关系谱系中，人伦所规定的是君臣、父子、夫妇、兄弟、朋友之间各种尊卑长幼的人际关系。《孟子·滕文公上》将"人伦"定义为："父子有亲，君臣有义，夫妇有别，长幼有序，朋友有信。"[7]《管子·八观》有"背人伦而禽兽行，十年而灭"[8]。《诗大序》云："先王以是经夫妇，成孝敬，厚人伦，美教化，移风俗。"[9]《汉书·东方朔传》有"上不变天性，下不夺人伦"[10]的论述，建立的是以家庭为中心的一系列伦理道德准则。它是中国传统农业社会在数千年的繁衍生息中逐渐形成的一种价值体系。它约定着中国人在社会政治、家庭生活以及艺术创作中的一系列价值取向，并且通过不同路径进入当代电影的叙事机制之中。对于当代中国的主流商业电影而言，人伦的表述不可能按照传统文化的序列完整地嵌入电影的故事情节之中，它更多的时候是作为一种划分不同人物内心世界图景的内在依据，有时还是一种寄予创作者人文情怀的价值地标。有人曾经将美国电影《速度与激情8》的市场胜利归结于该片对"家庭本位"伦理意识的回归。不管这种论点是否正确，该片的主人公最后之所以舍生赴死，其目的就是去营救自己的亲生骨肉。好莱坞电影已经不止一次地在极其炫目的数字技术支撑下来讲述一个个为亲情赴死的奇观故事。现在我们看看为中国电影市场创造了巨额票房收入的《捉妖记》等片。尽管这是一部集魔幻、神怪、喜剧于一体的故事片，不过，在这里妖的世界本来就是为人的世界而设立的。它不是作为人间世界的反衬，就是作为人类世界的映现。从这种视域上看，妖的世界并不是邪恶世界的代名词，鬼的府邸也不是地狱的同义语。《捉妖记》中作为与人的江湖相对应的妖的世界，出现了前所未有的变局。作者在妖的世界里划分出正邪两个不同的天地。胡巴作为一种正向价值的指认对象,实际上代表着妖界中善良、智慧并富于人性的力量,而它的对立面则是一种负向价值的体现者,成为妖界邪恶、狡诈的代言人。

在当代中国的主流商业电影里,我们能看到世俗的美艳,能够感受到窥视的愉悦。同时,你也能够在电影中感到一种来自内心的对人伦境界的呼唤,一种对于生命价值的追寻。《妖猫传》里的人物无论来自哪里,即便就是来自幻想世界的白鹤与丹鹤,在影片中除了完成剧中角色的特定作用,也在完成电影伦理叙述者的重要作用。丹龙最后看尽凡尘的狡诈与邪恶,萌发了对于人生价值的追寻欲望——"人心那么黑暗,我要去寻找没有痛苦的秘密",他纵身于万丈的深涧之中,就像30多年前《黄土地》中的翠巧,明明知道黄河的尽头是死亡,也义无反顾地驶入了万顷波涛之中。他们在用告别生命的方式维系着生命最后的价值与尊严!

正确地认识我们的传统文化,将中国传统文化的优秀内容作为我们艺术创作取之不尽的资源,必须唤醒中国文化中的优秀传统文化基因,同时赋予其现代化的灵魂。这是中国电影创新性发展的必由之路,特别是在以中国传统文化资源为题材的作品中,更要有所取舍,有所甄别。影片《大武生》中有两个到上海的武术弟子,由于他们的师父在此前的比武中被打死,所以,他们一边在上海滩争雄比武,一边暗地里却在复仇杀人。问题的关键是他们杀的不只是仇敌,还包括仇敌们的亲属。这种建立在复仇基础上的故事情节,不仅损害了这两个人物的伦理形象,而且也扭曲了中华武术中始终恪守的武德精神。

我们似乎已经习惯于在主旋律电影的框架内讨论电影的思想导向,在商业电影的范畴里讨论影片的票房收入,在艺术电影的领域中分析作品的审美个性。其实,商业电影中的思想导向有时比主旋律电影更值得关注,因为它所传播、影响的人群往往比主旋律电影更广泛、更深入;主旋律电影的票房指数时常又比商业电影的更重要、更严峻,因为它直接关系到我们如何通过商业渠道来传承优秀的文化传统,怎样通过大众传媒建构公众正确的价值取向;艺术电影思想表达的正确与否常常比主旋律电影的思想表达具有更为广泛的示范作用,因为它会影响受众所认同的人生观、历史观、世界观……

(贾磊磊,中国艺术研究院,北京电影学院未来影像高精尖创新中心)

注：

[1]孙怡让.墨子闲诂[A]//诸子集成[C].北京:中华书局,1986:120.

[2]王弼.老子注[A]//诸子集成[C].北京:中华书局,1986:3.

[3]《神拳》第三幕.

[4]孔颖达等.尚书正义[A]//十三经注疏[C].北京:北京大学出版社,2004:368.

[5]焦循.孟子正义[A]//诸子集成[C].长沙:岳麓书社,1996:35.

[6]孔颖达等.礼记正义[A].十三经注疏[C].北京:中华书局,1980:1529.

[7]孙奭.孟子注疏[M].北京:北京大学出版社,1999:146.

[8]戴望.《管子校正》[A]//诸子集成[C].长沙:岳麓书社,1996:90.

[9]毛诗序[A]//中国历代文论选·第一册[C].上海:上海古籍出版社,1979:63.

[10]班固.东方朔传[A]//汉书[C].北京:中华书局,1962:2841.

(本文原载于《北京电影学院学报》2019年01期)

与他者相逢:2016—2017年中国纪录电影的伦理分析

饶曙光　刘晓希

"纪录伦理"问题再次引起世界范围内的讨论,是因为中国台湾纪录电影人吴耀东的《在高速公路上游泳》于1999年在日本山形国际纪录片电影节上脱颖而出。《在高速公路上游泳》是一部讲述导演如何一再地与他的拍摄对象进行协商,从而最终完成拍摄的作品。因此,这部纪录电影的内容其实就是影片本身的拍摄过程,属于"反身式纪录片"模式。导演与其主角的紧张关系和拍摄过程中的痛苦纠缠是本片最大的情节张力所在。随着镜头的推进,我们看到,占据强大主动权的被拍摄者一再"耍弄"面临着结案压力的无助导演。由于被拍摄者如此的镜头展演,让这次对"纪录伦理"问题的提问超越了传统层面的思考,也即:被拍摄者是否也应当对拍摄者具有一定的伦理责任?

在纪录片领域里,"纪录伦理"对于纪录片的制作、观赏和研究都是不可忽略的一个重要课题。这是因为,纪录片拍摄的对象——现实世界的人物、纪录片可能产生的现实效应,都是纪录片观赏与讨论的重点之一。纪录片拍摄既然涉及观点,就涉及价值的取舍,以及传播价值的过程当中所涉及的伦理和责任,所以,纪录片的拍摄不仅是拍摄者对于"知识"或"真实"的追求,更是一种伦理关系。"在纪录片研究的经典里,米迦·勒雷诺(Michael Renov)认为纪录片的拍摄基本上是一种与'他者'的相逢(Ethical Encounter with the Other),这个相逢与互动以'公平正义'(Justice)、'责任'(Responsibility)和'为他者的存有'(Being-for-the-other)为优先考虑。"[1]环境伦理学里的"他者"不仅限于"人"或"有感知"的动植物,也包括生态界里所有的东西。伦理的探讨,因此不以"自我"或是"存有"的课题为主要目标,而在于他/我的"关系"。纪录片拍摄以关怀他者为动力,并且在此实践过程当中检视我与他者的关系。纪录片的空间基本上是伦理的场域,因为伦理的要求规范了纪录片的拍摄、制作以及放映。综上,一般看来,纪录伦理基本上包含两个重点:一个是纪录片工作者对于被拍摄者的道义责任,另一个是纪录片工作者对于观众的责任。就被拍摄者而言,纪录片工作者应该本着不伤害拍摄对象和保护弱者的基本原则,在追求纪录片的真实和艺术性时不能以牺牲被拍摄者的利益为代价。针对观众,纪录片工作者则必须遵守诚信的原则,不可欺骗观众,例如在布查特(Garnet C. Butchart)看来,"提醒观众注意纪录片的'虚构性',是导演对于观众的伦理责任"[2]。

毫无疑问,"纪录伦理"始终围绕着与其相关的"真实""虚构""艺术"等命题,而将这种胶着关系体现得最为复杂的,显然是纪录电影的存在,因为电影本身就不仅始终漂泊在"真实"和"虚构"之间,还不可避免地始终穿梭在"艺术"的殿堂。回顾近两年的中国电影,一个前所未有的现象是,在整体上增速放缓的步调下,我们拍摄出了《我在故宫修文物》《生门》《我们诞生在中国》《那美》《摇摇晃晃的人间》《我的诗篇》《舌尖上的新年》《二十二》《天梯》《中国梵高》《重返·狼群》等十余部纪录电影。这些融合了国际视角、传统文化和技术美学的纪录电影或于院线上映后取得了一定的票房成绩,如《我们诞生在中国》《二十二》;或在世界影展上崭露头角,如《摇摇晃晃的人间》《中国梵高》。它们总体上一改"网生代"电影碎片式的拼接叙事,用较为真实的"捕捉"为我们呈现出一个多重视角下的"中国"。值此,讨论中国纪录电影以及与其相关的"真实""虚构""艺术"等命题,对其叙事伦理的探索无疑将更加有益于纪录电影自身的发展。

一、纪录电影的叙事伦理

诚如"'电影叙事伦理'讨论的是作为一种伦理实践的电影叙事与相对伦理之间的关系问题"[3],对纪录电影的叙事伦理分析也应当同时着眼于纪录电影叙事行为的伦理属性和所叙之事的伦理。

2016年年底,第29届阿姆斯特丹国际纪录片电影节(IDFA)上,IDFA长片主竞赛单元评委会对范俭的作品《摇摇晃晃的人间》授予了评委会大奖。[4]《摇摇晃晃的人间》之所以是一部"诗意现实主义"之作,不只是因为主人公余秀华的诗歌文本和诗性人生,更有导演范俭对影像的要求和他对意象、意境、隐喻这些诗歌属性的积极使用。不容忽略的是,助成导演范俭如此"转喻"行为的还有这部片子的合作团队:摄影师薛明曾经拍摄过多部纪录片;剪辑师马修(法国),是贾樟柯的御用剪辑师;声音设计李丹枫,是导演毕赣新作的录音指导;调色师阿凯(中国台湾),曾为《刺客聂隐娘》调色。可以想见,这是一部"精心设计"的纪录电影,因为早在2014年,范俭就曾想过要拍一位非职业诗人,这个对象的工作和生活状态要跟诗歌截然相反。在《摇摇晃晃的人间》里,有一段真实记录余秀华离婚的影像。而事实上,这段"捕捉"也是一种"预设真实",在余秀华去民政局办离婚证的前一天,她便及时通知了范俭,范俭和摄影师火速从外地赶到余秀华的家乡,只为捕捉这段"随机事件"。此外,余秀华很早就动过离婚这个念头,但是因为以前经济不独立,只好就此作罢。等到她离开了那个封闭的村落,接触到了更广阔的世界时,她便再一次萌发了离婚的想法,但毕竟是将近20年的婚姻,她仍然心存纠结,所以她跟很多人谈论过这个话题。甚至也在与范俭的交往过程中征求过范俭的看法,范俭将自己姐姐的离婚经历和离婚前后状态告诉了余秀华,因此,难说这种交流对余秀华的最终抉择没有影响,也难说电影中的"离婚"没有一丁点儿"被安排"的意味。正如在《摇摇晃晃的人间》百城放映活动中,余秀华坦言,面对每天摆在家里的摄像机,"既然你们想要,而我也正好想要摆脱,那就早点把事情(离婚)办了……"

与此相类似,将原本由意象、意境等掺杂着许多虚构成分在内的载体——诗歌和相当程度上遵守着忠于现实原则的纪录电影相融合,力求"真实"反映当代底层打工诗人生存状况的《我的诗篇》也于2016年完成拍摄。对于这部纪录电影,导演秦晓宇说,纪录电影更接近于影像艺术品,因为要符合大银幕的放映,必然会使用更加精良的设备来拍摄,"然而,纪录片的拍摄镜头往往只能拍摄到生活的外观,它不能把摄像机深入到一个人的内心世界里面去,但是诗歌是可以的。经由这些诗人自己所书写的诗篇,我们可以更深层地走进他们的内心世界。其实,诗歌就是'在心为志,发言为诗',所以在我看来,通过诗歌和影像的结合,我们可以更全面也更真实而深刻地了解工人的命运。"[5] 在此,诗歌之于本部纪录电影的意义不言而喻,可以说,诗歌文本先于影像文本而存在;影片中的"真实"打工生活便也成了诗歌的"视听写意",是一种配合"抒情"而产生的"预设真实"[6]。

对比此思路,2017年创下纪录电影票房纪录的《二十二》则在另一个维度上引发了我们对纪录电影叙事行为本身的伦理性和所叙之事的伦理这二者间关系的思考。作为郭柯"慰安妇"题材的第二部纪录电影[7],导演在接受记者采访时说:"我就是想专注在老人的日常生活上,社会与'慰安妇'的关系不是我想表达的。老人晚年的生活里有哪些人出现,我就拍摄哪些。"因为,有一个客观的事实存在,1982年秋天,"中国慰安妇民间调查第一人"——张双兵带着学生在校外活动,偶然结识了一位当地老人,通过聊天得知,这位老人曾经两度被日军抓去做慰安妇。当时,张双兵想尽可能地记录下这段历史,于是他在日后与老人的聊天过程中经常把话题引向那段经历。但每次,那位老人都说:"不说了,说出来让人笑话。"直到1992年,张双兵在报纸上看到一则民间对日索赔的报道后,再次找到老人,希望能帮老人找日本政府索取赔偿。老人想了很久,终于开口。据张双兵回忆,老人讲了很多次,断断续续的,本来开开心心的老人每次讲到这里都是以泪洗面,直到最后讲不下去。但是为了"证据"的全面,张双兵继续走访着像这位老人一样的第二个、第三个……然而到了2007年,日本最高法院做出终审判决:承认历史事实,但不予赔偿。理由是:一是,诉讼时效已经过期;二是,日本法律规定个人不能起诉政府。张双兵后悔了。[8]在电影《二十二》的最后,郭柯引用的正是张双兵后悔时说的一番话:"可是到头来,一分钱赔偿、一句道歉也没有。反而通过这种方式,让全村甚至全国的人都知道了她们的身份。"即便如此,导演还是想为这些不断离去的老人做些什么,比如将这部纪录电影从一开始就构思为一部要走进院线的商业片,而把最终的票房收益用于老人的生活;比如,希望对老人日常细节尽可能真实的记录而让更多的人记住这些在我们民族历史上饱受磨难的女性。虽然,郭柯自己也明白,钱,或许并不是这些老人最需要的,而这些老人也并不见得都愿意被人知晓自己身上的那段往事。影片中也多次出现不同老人面对镜头说着类似的话,比如"他们(采访的记者)每次问我的那些问题,我都不跟他们说真话","自从十七岁之后,我就再没有提过这些事了,没有、没有,我想把它们带走","我说完了,不说了,我说得不舒服","这么大年纪有什么说头啊?过去就过去了"……按照记忆的伦理原则,"我们伦理上应当记住的原因是基于以下两点:为了关系中的善和源自关系的善"。同时,"使伦理关系是好的的充分条件是关爱。关爱对源自关系的善做出了伦理贡献"[9]。显然,导演郭柯是怀着"关爱"之情一再地出现在这些老人的视野中,倾力将这些即将被遗忘的历史老人捕捉在他的镜头之中并呈现给他者。然而,郭柯自己讲道,"《二十二》公映时,老人李爱连的家人打电话说,她的大儿子在公路段工作,工作比较体面,接触的人比较多。他的同事问他,'你妈妈最近有一部片子啊,你妈妈是慰安妇啊?'"显然,在这次关涉"记忆"的纪录拍摄行为中,就"关系中的善"而言,电影《二十二》并非为一次恰当的伦理实践,这既体现在拍摄者与被拍摄者之间的非坦诚相对上,也体现在影片接受效果对拍摄对象及其家人关系的消极影响上。

二、纪录电影的技术伦理

与以往大家对纪录片的理解不同,导演陆川曾在访谈中说过,如果只从创作角度来说,他一直坚持《我们诞生在中国》是一部故事片,因为纪录片的原则是对现实的一种记录和还原,但《我们诞生在中国》的创作跨越了这个界限,违反了很多准则。这主要是由于该片的合作方——迪士尼的动画片出身,其本身是很在意"故事性"的,而这样一种带有"情节"的纪录形式一方面在导演植入自己个人色彩的同时也不悖迪士尼的口味,另一方面,电影自身也因为更具趣味性和可看性,能够在院线上映时吸引更多的观众。当然,这样一部纪录电影之所以能将故事性很好地呈现出来,主要是依托其背后有力的技术支撑,比如他们用"九只雪豹"的素材剪辑出了"一个雪豹"的故事感觉,用导演陆川自己的话说,"纪录片是还原现实,而《我们诞生在中国》创造了现实"。该片的摄影和剪辑团队主要来自美国和英国,他们长期给 Discovery 和 BBC 做纪录片,在拍摄和剪辑上更加注重科学性。陆川在采访中提到,整个影片的制作期都在"科学性"和"故事性"的拉锯中曲线进行。

其实,在《我们诞生在中国》完成拍摄转而进入后期制作的一年多时间里,导演陆川一直都在思考纪录电影拍摄"监视器"后面的"故事",他一再强调"技术"对于纪录电影"虚拟真实"的重要性。陆川指出,《我们诞生在中国》中的声音都是后期配音,比如,电影中熊猫吃竹子时发出的声音和哼唧的声音都是在后期制作过程中经过压缩重新配置的,此外,最后在银幕上呈现的画面颜色也与最初采集的原始素材有着不小的差距。而这一切,都是出于刚刚升级为父亲的导演本人对低幼观影者的考虑。拍摄者在整个后期制作的过程中都特别警惕暴力、血腥等因素给儿童带来的负面影响。

除了《我们诞生在中国》于 2016 年"暑期档"亮相于全国各大影院并且走向国际市场,《我在故宫修文物》也在当年于央视纪录频道播出后被搬上了大银幕。这部纪录电影以专家修复文物的生活揭示了故宫的神秘一幕,同时展示了修复专家的专业技能与人生态度。诚如导演萧寒所言:"很多年轻观众被故宫文物修复师们'择一事,终一生'的工匠精神所打动。这种坚持和耐心,正是当下最缺失的。正是这部作品所挖掘和呈现的工匠精神拨动了年轻人的心弦。"[10]数据显示,该片在互联网上引起了广泛关注,豆瓣评分高达 9.4 分,B 站(Bilibili 网站)点击量超过 200 万,累积有逾 6 万条弹幕评论,也有不少网友留言希望以后能到故宫工作,哪怕只是做清洁工。此外,电影中的文物修复专家迅速成为"网红",其中,故宫钟表修复师王津成更是成了众多网友心中的"男神",这似乎传递出某种值得思考的信息,"纪录片作为一种相对小众的文化产品,其中某些元素会借助互联网传播找到特定受众,进而激发起群体热情"[11]。有媒体称,"2016 年,是新媒体纪录片播出的井喷之年"[12]。此外,也有不少学者认为,新媒体环境的日渐成熟将必然为纪录电影的未来发展带去更多新机遇,例如"网络视频的发展为纪录片提供了更广阔的空间,它以多种方式为纪录片做支撑,通过互联网营销、互动营销等手段不断创新纪录片的传播形式,让更多的用户更频繁地接触纪录片"[13]。不仅如此,影片中一些老师傅们的焦虑(技艺传承者)或多或少也在全媒体的传播下得到了一定程度的缓解,因此，有人戏称这部纪录电影也是故宫最有影响力的招聘广告。

不可否认，无论是《我们诞生在中国》的"大片"气魄，还是《我在故宫修文物》的全媒体放映，又或者《我的诗篇》以"众筹"的方式完成拍摄，网络科技、电影语言技术的革新无疑将为纪录电影带来更多的可能性。但是，不管何种媒介形式的传播，其介质都不是"无人之境"，在这样一个由人与人构筑的网络关系之中，纪录电影的摄制以及放映都应当遵循着意识先导的文化自觉。事实上，我们在2016年上映的几部纪录电影中感受到了技术之于伦理呈现的推动力，比如制作精良的《我们诞生在中国》让全世界观众认识到了中华大地的自然奥秘与中国传统文化中的生命轮回哲学；通过《我的诗篇》的"众筹"参与模式，有一些人已经开始对这些社会底层的打工者们给予了力所能及的帮助和关怀，而这样的模式也延续到了2017年诸如《重返·狼群》等几部纪录电影的制作和营销当中。

2017年，同样有两部渗透着"技术"气息的纪录电影分别在国内院线和国外院线上映。《天梯：蔡国强的艺术》是以当今世界上最有名的艺术家之一蔡国强为拍摄对象的纪录电影。本片由奥斯卡金奖导演凯文·麦克唐纳（Kevin Macdonald）指导，耗时两年。拍摄期间，凯文·麦克唐纳遍访了纽约、布宜诺斯艾利斯、上海、北京、浏阳和泉州，以及在这些地方曾与蔡国强一起工作、生活过的亲友们，并从数千小时的影像素材中撷取精华，还原了一个出走于20世纪80年代的中国，30年间行走于五大洲，并最终在家乡实现最初梦想的真实艺术家的形象。

艺术家天才的体现，在于能够寻找、发现一种"材料"，并将其运用到对理念的创作发挥中。蔡国强正是这样一个在对材料的把握上有着过人天赋的艺术家，他将中国古代四大发明之一的火药的爆破技术原理与自己艺术生涯的求索过程和电影的传奇、造梦机制相结合，让观众沉浸在烟火绚烂的画面中的同时，也感知到这样一位中国艺术家的梦想与情怀。类似于《汾阳小子贾樟柯》和《金城小子》，《天梯》也是借返乡完成作品的契机，道出了艺术家的毕生情结与创作追求。在这里，技术与艺术之间的隔膜彻底消解，依托着对火药技术的艺术性操作，和焰火顺着500米天梯扶摇而上并震撼燃烧的艺术渲染，蔡国强终于在自己的家乡实现了少年时代便拥有的梦想。

围绕着技术和艺术，纪录电影《中国梵高》2017年在荷兰上映，影片描述了以赵小勇和其家人为代表的中国底层打工者从纯粹的技工期待蜕变为原创艺术家的心路历程。《中国梵高》的导演余海波之前就以大芬油画村为背景拍过一系列摄影作品，用以表现大芬油画村画工与达·芬奇、梵高等艺术家之间虽然存在着巨大的时空错位,但在作品所体现的艺术感上仍体现出彼此之间相互重叠的生命感知。而纪录电影《中国梵高》则是聚焦在赵小勇这样一些通过复制梵高作品改变生存状况的中国底层打工者的日常生活,旨在折射变革中中国社会的方方面面。其实,这些日复一日做着同样一件事情的中国画工们,在每天复制着"他者"的同时,难免也会将自己对西方的想象"粘贴"到其中。与普通纪录电影平行跟拍的形式不同,摄影师余海波对构图与人物思想传递之间的关系有着精准的理解,电影里,大量俯拍镜头下,就在一间屋内,同时充斥着凌乱不堪、五颜六色的油画复制品和全部赤裸着上身、横七竖八躺在床上休息的工人,这种色彩上的反差、高雅艺术和世俗市井的对照都在无形中揭示出中国底层打工者在艺术向往和现实生计之间存在的诸多矛盾,而俯拍全景的画面感则又暗示着这种矛盾的普遍存在。

  2014年,长期临摹梵高作品的赵小勇终于有机会在导演余海波的陪同下一睹梵高的真迹。在荷兰阿姆斯特丹的梵高博物馆旁边,赵小勇在一家纪念品店里看到了自己复制的画作,并遇到了跟自己合作多年的荷兰商人。但这一刻的到来让赵小勇的心情颇为沉重,因为一张大幅的高仿作品在德国、荷兰等地可以卖到1000多欧元,而中国画工得到的却仅仅是200元人民币。在梵高博物馆,赵小勇看着被自己临摹了无数遍的《星空》和《咖啡馆》的真迹,禁不住流下复杂的眼泪。"不一样,还是不一样,颜色有差别。"他自言自语。这时候,不断切换在赵小勇的眼睛和梵高自画像之间的特写镜头,仿佛传达着相隔几个世纪的两个人之间都有着相似的某一瞬间,"在自我的困顿中试图唤醒自身"。这次欧洲行对赵小勇触动非常大,他差不多用了20年的时间临摹了梵高所有的作品,他可以在短短28分钟内画出一朵向日葵,但他所有的复制加起来,都不及眼前这一幅真迹的价值,在他看来,"原创的意义是无价的,任何临摹都无法与之相比"。

  在"中国油画第一村",赵小勇的临摹技术可谓其中的佼佼者,20多年来,他从跻身城市一隅到为家人买房买车,但物质的满足并没有让他感到快乐。大芬村的街道上仍然堆满了曾经饱含着创作者无数激情和才情的世界名画的复制品,一个个老板却无精打采或心不在焉。赵小勇说:"这部以自己为主角的电影之所以能在国内外获得多个大奖,是因为内容真实、震撼,而且'中国油画第一村'的地位摆在那里,'我是这部电影的主角,也是大芬村画师的代表,通过我的故事,能看到大芬村的成长经历。中国经济现在全世界都关注,所以这部电影火了,我也火了。"[14]但同时,赵小勇正在思索的,也是全世界的人们正在共同面对的一个生存伦理问题:机械复制的生活和幸福感之间的关系。

《中国梵高》摘得了第五届亚洲阳光纪录片大会唯一的"最佳中国提案奖",因为它与时代主题——"中国故事的国际表达"十分契合。正如导演余海波所说:"《中国梵高》作为一部中国两代人携手创作完成的国际故事,这也是中国未来纪录片发展的一个方向:不局限于中国,而是具有全球视野、全球话题和人文关怀的故事。"[15]

三、纪录电影的批评伦理

电影批评,或可理解为电影评论,在其"为文"[16]的同时,也必然承载着对伦理现实的道德追求。

2012年,成都女画家李微漪就将她在若尔盖草原上和小狼崽格林相遇、相伴又忍痛将之放归自然的真实经历出版成书,李微漪以人性的关怀感知格林的际遇与命运,并理智地服从自然的法则,归还格林以野性的自由与尊严。《重返狼群》一书出版后,感动了无数读者,正像作家张抗抗所言:"李微漪的故事最大的特点在于它的不可复制性。如今我们带着摄像机再去草原,我想即使转一个月也不见得再有一只小狼等你救,等你把它养大、野化,最后放归自然了。所以,李微漪的故事是概率几乎等于零的一种冒险。李微漪是一个年轻画家,所以她观察事物细腻、精准;她的写作充满了女性和母性的温情,柔中带刚,有很多小幽默,跟《狼图腾》恰好形成对比。"《重返狼群》文学作品本身就拥有着天然的传奇色彩,而李微漪在心系格林的日日夜夜里,持续六年跟拍格林狼群生活的每一瞬间,在众多读者对格林返回狼群后的情况的期待下,李微漪和其男友亦风将这六年来长达一千多小时的影像资料剪辑成纪录电影《重返·狼群》。其实,《重返·狼群》并非一部制作精良的影像作品,为了抓拍格林草原生活的点滴,作为非职业导演的亦风和李微漪更多时候只能用录像机甚至是手机临时拍摄,而影片中给人们留下极深刻印象的狼的仰天长啸,还是由当地人的手机录音所提供的。不过,正是在亦风和李微漪真诚的爱护行动中,在全社会对这个人、狼和草原相关的故事的持续关注下,那些曾经扒掉格林狼爸身上狼皮的当地人,也许将会从此放下屠杀野生狼群的刀枪。

这样一部带有强烈的个人情感色彩和饱含着生态伦理的文化精英意识的纪录电影最终走进商业电影院线,亦风和李微漪坦言并未有充分的自信,但是,从《重返·狼群》的观影体验和票房表现来看,《重返·狼群》确是一部得到了观众的认可,受到欢迎的"好看"的作品。这显然与近年来逐步趋于冷静、注重审美的电影市场环境和观众趣味的提升有关,当然也和营造出多元化观影认同、多样化电影生存形态可能性的电影批评相关。例如,关于纪录电影《重返·狼群》,《中国电影报》刊发评论文章,认为"狼爸狼妈陪伴格林重回狼群的故事,无论是借助之前的图书还是现在的电影,这个发生在家庭内部的私人事件,因为进入了公共媒介而具有了可见性,难得的是,在公共媒介日趋私人化的当下,这一可见还有着充分的公共利益的相关性。从作品的社会价值与责任的维度上而言,这是值得称赞的'好看'"[17]。如此影评当然在媒体层面为更易操作的当前纪录电影拍摄营造了利好氛围。除此以外,几乎每一部纪录电影的上映,主流媒体都有与之相关的积极报道,比如《文艺报》2017年11月8日刊发周文萍的文章《艺术家的火焰要为祖国而绽放——评纪录片〈天梯:蔡国强的艺术〉》;还有专业学术期刊对纪录电影类型的分析和在纪录电影艺术性方面给予的充分支持和肯定,比如《当代电影》杂志于2017年第11期刊发的《于时间的缝隙低语——〈二十二〉导演郭柯访谈》。

综观近两年来的纪录电影评论,主要是围绕纪录片本体研究、纪录片作品研究、纪录片产业研究和纪录片新媒体传播研究。比较重要的有:孙红云的《数字时代纪录片形态及美学嬗变分析》;李坤的《交互纪录片:一种纪录片的新范式》;路海波的《纪录片:民族文化国际传播的新动力——由纪录片〈西湖〉、〈南宋〉、〈中国村落〉引发的思考》;陈大立的《国产纪录片供求关系的思考》;韩飞的《2016年中国纪录电影市场透析》;何苏六、樊启鹏、梁君健、刘轶伦的《媒介·市场·生态——对当下中国纪录电影发展问题的一次讨论》;李孟婷的《微纪录电影:"互联网+"时代合力催生的新样态》;刘迅、宋骋丹的《市场化背景下纪录电影的发展策略》;朱梦娜的《纪录电影的发展及其现状分析》;刘璐的《当代生态纪录电影的审美表达》;刘丹的《当代生态纪录电影的镜头语言解析》等。其中,一些具体的纪录电影作品研究虽然不甚系统,但在伦理导向方面十分有益于纪录电影的发展。《人民日报》《光明日报》《中国艺术报》等主流媒体的评论,始终观照近两年纪录电影的动态,例如针对《我的诗篇》和《生门》,上述纸媒包括新媒体平台曾多次刊发评论文章讨论这些作品的艺术突破和审美价值,也尤其关注作品内含的社会意识与现实的关系。2016年12月11日,新华社发表评论文章《纪录片〈生门〉:庄严生命与和谐医患的礼赞》;12月15日,《人民日报》以《纪录片的复兴时代》为题,刊发了导演陈为军的专访;此外,还有李文学的《从纪录电影〈我在故宫修文物〉谈工匠精神的传承与培育路径》。这些传统媒体,与新媒体形式(例如豆瓣评分)一起,为当年的纪录电影发展做出了不可小觑的贡献。事实上,"在新媒体语境下,中国影视评论场域众声喧哗。从影视评论的发表阵地、传播方式到批评主体的创作观念、主体意识,再到评论文章的表达方式、文本形态等都发生了巨大变化"[18]。但无论如何,电影批评都应当充分体现出足够的伦理自觉,应当对读者和观众,同时对自己负责。纪录片的空间基本上是伦理的场域,因为伦理的要求规范了纪录片的拍摄、制作以及放映,所以,同样作为一种伦理实践的纪录电影批评行为必然对纪录电影的生成机制和放映空间有着直接而深远的影响,在充分认识到电影批评的实践意义的前提下,在纪录电影批评与纪录电影创作、放映的良性互动关系中,继续建构符合纪录电影规律和时代语境的纪录电影批评显得尤为必要。

整体上看,中国纪录电影在近两年间取得了少有的突破性发展,比如《摇摇晃晃的人间》除了获得 IDFA 长片主竞赛单元评委会大奖,还曾在东京纪录片提案会(Tokyo Docs)上获得亚洲最佳提案奖,在第六届 CCDF 华人纪录片提案大会上荣获 ASD 亚洲纪录片及东京纪录片提案会双重推荐奖,在 2017 年公布的上海电影节主竞赛单元影片名单中再次成功入围。此外,还有《我们诞生在中国》《我的诗篇》《中国梵高》也都在一定程度上助推了"中国电影走出去",它们不仅为我们呈现出一个平日难以看见的"他者中国",同时也为世界带去了一个想象不到的"他者中国"。无论是这些纪录电影形式、语言的伦理实践,还是这些纪录电影所叙之事之伦理的展示,它们一起在与"他者"的相逢中探讨了与纪录电影本身休戚相关的伦理命题。其实,"伦理"不仅应当成为纪录电影研究的一个范畴,并且应当引起研究者多角度的思考,因为,"纪录片作为一种具有高度伦理反省的'再现'模式,目标不在于代言(Speaking For)或是谈论(Speaking About)他者而已,更探讨如何和他说(Speaking With)、和他并列一起说(Speaking Alongside),这暗示一种多音(Polyphony),而非传达导演单一观点的态度。他者的声音如何浮现?又该如何呈现?这些问题(都)是纪录片导演念兹在兹的责任和伦理"[19]。与此同时,伦理更应当成为纪录电影研究的一个重要课题,因为,与伦理相关的问题本就是电影研究的一个重大课题,它已经引起了部分电影研究学者的足够重视,自然也应该成为纪录电影研究的聚焦所在。

(饶曙光,中国电影家协会、上海大学;刘晓希,广州大学新闻与传播学院)

注释：

[1]邱贵芬."看见台湾"——台湾新纪录片研究[M].台北:台大出版中心,2016:156.

[2]邱贵芬."看见台湾"——台湾新纪录片研究[M].台北:台大出版中心,2016.

[3]刘晓希.论"电影叙事伦理学"建构的逻辑必然性[J].当代文坛,2016(3).

[4]阿姆斯特丹国际纪录片电影节(IDFA)评审团对该电影做出如下评语:"这部作品以诗意、激烈和富有张力的形式探索人们经历的复杂性,影片的内在力量、主角的精彩表现与影片的精良制作相得益彰。想要制作有关诗歌的影片而不落俗套很难,但《摇摇晃晃的人间》做到了,它如诗一般,以细腻而富有启迪的形式描述了一个非凡的女人。"参见:诗歌报.《摇摇晃晃的人间》将在上海国际电影节首映[J/OL].http://www.sohu.com/a/148231000_523107,2017－06－12.

[5]刘晓希,秦晓宇:作为文学的诗歌和纪录电影的诗性表达[N].文学报,2016－11－24.

[6]这不禁让我们想起当年弗拉哈迪(Robert Flaherty)在拍摄《北方的纳努克》(Nanook of the North)时,拍摄者们在"预设立场"的基础上主观能动地调动了包括摄影机在内的一切手段去参与人物的行为,甚至改变现实事件的进程,进而暴露出"纪录真实"的"预设真实"的本质。弗拉哈迪为此甚至提出了"参与性摄影机"(Participatory Camera)的概念来凸显摄影机作为媒介让观看者参与到被拍摄事件进程中的方法。这种方法突破了纪录片中摄影机仅仅参与场景调度的界限,而让创作者以事件走向的设计者面目出现,不仅"见证"了拍摄对象的客观实体,而且主导了改变他们观念的事件过程,从而建立了一种全新的拍摄者与被拍摄者之间的关系。在这里,纪录片电影人意图成为他们认定的"真实"的缔造者,正如德勒兹(Gilles Louis Rene Deleuze)所言:"真实不是被发掘、塑造和复制,而必须是被创造的"。参见:开寅."真实"与"直接":纪录片创作方法的对弈——《杀戮演绎》和《疯爱》的个案分析[J].贵族大学学报(艺术版),2014(3).

[7]导演郭柯的第一部"慰安妇"题材纪录电影《三十二》获得了2013年中国纪录片学院奖最佳摄影奖、2014年凤凰视频纪录片大奖,英国万象国际华语电影节、滨海国际电影节最佳纪录片等各类大奖。作为郭柯的同题材第二部纪录电影,《二十二》用22天时间突破1.7亿人民币票房,成为中国纪录电影的奇迹。该片也在各大电影节上屡创佳绩,先后获得伦敦华语视像艺术节评审团杰出奖和最受观众欢迎奖、雅尔塔国际电影节评委会特别奖、第十四届精神文明建设"五个一工程"特别奖等。

[8]新华网韩国频道.慰安妇问题:韩日和解 中国何时能等来道歉?[EB/OL].http://korea.xinhuanet.com/2015－12/29/c_134961210_5.htm,2015－12－29.

[9][以]阿维夏伊·玛格丽特(Avishai Margalit).记忆的伦理[M].贺海仁,译.北京:清华大学出版社,2015:78,95.

[10]人民网.《我在故宫修文物》为何成为"网红"新媒体不可或缺[EB/OL].http://media.peo-

ple.com.cn/n1/2017/0109/c40606-29007013.html,2017-01-09.

[11]张同道.中国纪录片发展研究报告(2017)[M].北京:中国广播电视出版社,2017:95.

[12]牛梦笛,徐谭.《我在故宫修文物》为何成"网红"[N].光明日报,2017-01-09.

[13]牛梦笛,徐谭.《我在故宫修文物》为何成"网红"[N].光明日报,2017-01-09.

[14]人民网.二十年临摹梵高十万幅 "中国梵高"经历被拍成纪录片[EB/OL].http://society.people.com.cn/n1/2017/0607/c1008-29322616.html,2017-06-07.

[15]江西娱乐网.《中国梵高》获北影节最佳中外合拍长片[EB/OL].http://ent.jxnews.com.cn/system/2017/04/21/016039853.shtml,2017-04-21.

[16]"《诗经·灵台》一诗的笺说:'论之言,伦也'。《尔雅·释名》说:'论,伦也;有伦理也'。这释义的相通,'自然是在半个仑字,仑是他们的公分母,而其所以相通之理,与其说是通于声,毋宁说是通于义,因为各字所共同表示的是条理、类别、秩序的一番意思'。因此,如果说任何一次电影叙事都无外乎是一场伦理实践,那么,作为另一种存在形式的叙事——电影评论,则无疑以有别于镜头语言的样态穿插在电影行为的展开之中。此外,在中国,"文以载道"的传统古已有之。在潘光旦先生看来,"事物的刺激唤起情理的反应,这反应又假托了声音、姿态、符号而表达出来,就是文"。虽然历史发展到今天,就广义而言,"文"应当涵指所有的文化形式,而不变的是,"文有言情的,有说理的,有叙事的,有状物的。不过绝对客观的叙事文与状物文不可能,其背景中必有若干情理的成分;绝对主观的言情文与说理文也不可能,其外缘必有一些事物的烘托。情理因事物而反应,因语言、姿态、声音、符号而表白,表白而有效"。参见:潘光旦.自由之路[M].北京:群言出版社,2014:33-34.

[17]虞晓.《重返·狼群》:好看的意义[N].中国电影报,2017-06-21(11).

[18]饶曙光.网络影视评论应坚守底线伦理[EB/OL].光明网 http://wenyi.gmw.cn/2017-02/08/content_23670275.htm,2017-02-08.

[19]邱贵芬."看见台湾"——台湾新纪录片研究[M].台北:台大出版中心,2016:164.

(本刊原载于《北京电影学院学报》2018年第3期)

伦理视域下的印度青春电影

——基于女性和宗教的视角

袁智忠　张明悦

近年来,印度电影作为世界商业电影的重要构成力量,成绩斐然,特别是从2010年至今,许多优秀的印度电影被引进到中国,其中包括《我的名字叫可汗》(2010)《三傻大闹宝莱坞》(2011)、《丛林有情狼》(2011)、《偶滴神啊》(2012)、《幻影车神:魔盗激情》(2014)、《新年行动》(2015)、《我的个神啊》(2015)、《脑残粉》(2016)、《巴霍巴利王:开端》(2016)、《摔跤吧!爸爸》(2017)、《乡村摇滚女》(2017)、《苏丹》(2018)、《起跑线》(2018)、《厕所英雄》(2018)、《神秘巨星》(2018)、《巴霍巴利王:终结》(2018)、《小萝莉的猴神大叔》(2018)、《嗝嗝老师》(2018)等。除《巴霍巴利王》系列和《丛林有情狼》外,其余主要是青春电影。所谓青春电影,"是以青年人为表现对象,描述其生活、事业、家庭和爱情等生命活动,同时具有鲜明的青年文化性的电影"[1]。印度民族拥有悠久的歌舞传统,自"宝莱坞"兴盛以来,歌舞与爱情等类型的融合是印度电影的主要形态。纵观印度电影近年的国际表现,新世纪特别是近十年以来的印度青春电影呈多元化的发展态势,其创作已经不再局限于传统的歌舞爱情片,在"歌舞升平"之外,更多新时代青年群体的形象得以丰富呈现:既表现年轻一代面对印度社会、历史和现实生活的冲突时在事业、家庭、爱情等方面存在的种种问题,也表现印度当下的种种伦理现状;既有青年群体情感的展示,也有个人价值的追求,以及对印度教育、女性及宗教信仰的自我审视。

亚里士多德研究伦理,强调社会习俗和管理在道德品格构建中的重要作用。他主张德性的获取不仅仅需要个人的理智审察,还必须进行反复的德性行为实践。印度是宗教发源地之一,一些宗教习俗在印度如同法律一般具有强制规约性。在印度,人们主要信仰印度教,少部分信仰伊斯兰教,印度教信仰多神崇拜的主神论和种姓制度,而伊斯兰教的基本信条为"万物非主,唯有真主;穆罕默德是主的使者"。在印度电影里,可以看到许多宗教习俗和宗教陋习,这是对印度社会现实的折射,而21世纪以来的新青年一代面对宗教的束缚,敢于跨越宗教与国界对宗教和社会习俗进行反叛。在传统文化积淀深厚的东方国家,对于女性往往会形成一套特有的礼教制度,例如印度女人无论多热也要穿传统的沙丽,不准穿短袖、短裤和过于暴露的服装,女孩在月经期间不准在家里住等。在现代文明的冲击下,新时代的印度青年女性开始觉醒。

一、女性/男性相对照的影像伦理

在印度传统社会,女性地位低下是难以规避的社会问题,同时女性自身的观念也难以破茧。尤其是印度教复兴以后,女性的地位明显较以往下降,经济发展的落后和法律法规的不完善更加剧了这种状况。重男轻女思想在印度农村流行,令人沉重的嫁妆,残酷的童婚,导致女孩被强奸、乱伦等残酷现象泛滥。

宗教文化、种姓文化和社会礼教都有束缚女性的自由和歧视女性的观念。著名的印度教经典《摩奴法典》是婆罗门教伦理学的法论,写于公元前2—公元前1世纪,在印度被称为圣典,它以宗教的名义,用法律的形式划定了古代印度各种姓之间的生活秩序,有大量的条款歧视妇女,从而决定了古代印度妇女在社会各方面屈从于低下的地位。其对女性本体的认知,认为妇女是祸水,更容易成为"邪恶"的猎物:"耻辱源自女人,争斗源自女人,尘世的存在也来自女人,因此必须除去女人","在人世间妇女不但可以使愚者,而且也可以使贤者背离正道,使之成为爱情和肉欲的俘虏"。规定"女子必须幼年从父、成年从夫、夫死从子;女子不得享有自主地位"[2],女人从出生到老要完全依附于男性,一个忠诚的妻子想要和丈夫一同升天,不论生与死,永远不能违背丈夫。另外,据说妻子、儿子和奴隶是没有财产权的,他们属于谁,所挣的钱就是谁的;妻子和奴隶处在同一地位,政治和经济权力被剥夺,女性只是生育机器和男人的奴隶罢了。

印度作为一个以农业为主的发展中国家,在生产活动中并不处于主要地位的女性在社会观念上遭到不公平对待,女性被认为是负担。这种两性观点也是印度教社会中歧视妇女和导致妇女地位低下的理论基础。印度妇女地位极其卑微,而较低的种姓阶层则更为严重。

教育上,仅有极少数婆罗门的女性可以参与学习,其余均禁止出入特定的宗教场所和学校,没有接受宗教教育和知识教育的机会,导致广大女性知识匮乏和愚昧,丧失了认知能力,缺失独立人格和应有的社会权利,处于依附的地位,沦为父权家庭社会中男性的附属品,身份和历史地位极低。《神秘巨星》里的母亲娜吉玛就是传统社会中被父权压制下的女性形象代表,片中的第一个镜头就让我们看到一个被丈夫家暴的母亲在丈夫回家前要做好饭端好水,对丈夫的有理无理的要求要全部满足,并且不能有丝毫反抗。女儿希望她离开爸爸,可是娜吉玛的潜在心理觉得男人在这个家出去工作是为她们挣钱,她是依附着丈夫生活的,离开了丈夫就没办法生活,没有钱,没有办法供养女儿上学,所以她默默忍受丈夫对自己的家暴和侮辱。《三傻大闹宝莱坞》里的法汗非常热爱摄影,父亲却认为是不务正业进行阻挠,母亲眼看着儿子痛苦自己也非常难受,但迫于丈夫在家里的地位和威严不敢发声。《摔跤吧!爸爸》中马哈维亚的妻子则是印度旧传统女性的代表,她为没有给丈夫生下一个儿子来继续实现他的梦想感到愧疚,在对待女儿学摔跤这个事情上,她认为女性的地位本是低于男性的,依附和顺从男性才是正确的选择。她非常在意其他村民对其女儿学摔跤的看法,认为这是男孩才要学习的运动。《厕所英雄》中的女性只有在清晨天微亮的时候去野地里解决生理问题,同时要面临由此引发的被强奸、绑架等危险。她们明知道在野外上厕所面临极大的危险,却没有人愿意改变现状,只有默默忍受。受过教育的贾娅提出在家建一个厕所,认为女性有权在自家用厕所。而丈夫凯沙夫认为,多年来女人们适应夫家的生活方式是习以为常的事,反而怪罪教育把妻子的头脑整坏了。

自印度独立以来,一部分印度资产阶级知识分子因受到了西方资产阶级意识形态的影响,具有很多自由民主意识。他们开始反对传统印度教对妇女的压迫和歧视,并强烈抨击了传统社会陋习对女性的歧视。印度女性在像"国父"甘地一样有着强烈国家情怀的民族主义领袖的带领下,经济逐渐独立,不断奋起反抗。

随着对女性受教育重视程度的逐渐提高,现代印度社会涌现出了大量优秀的女性,在一定程度上提升了女性在社会中的地位。近年的印度青春电影对此也有所体现,例如教师、医生、律师、主编等职业。影片《我的个神啊》里的女主角贾古学习电视制作专业,毕业后从事记者行业,挖掘有价值的新闻故事。《厕所英雄》中的女主角贾娅出身书香世家,受过良好的教育,是一名教师,她家庭里的爸爸妈妈和叔公也是非常开明的人物,支持贾娅享有她的权利。《嗝嗝老师》里的女主角奈娜是一名拥有管理学硕士和教育学学士双学位的教师,并且通过教书育人最终成了人人尊敬爱戴的校长。

随着现代化进程的加速与女性主义思潮在印度的广泛传播,印度的平权意识得以觉醒,很多的印度电影导演,无论是男导演还是女导演,都在努力向人们表达女性意识的抗争和觉醒。近年来的印度青春电影从成长中的女性个体着手,进而对青春女性个体的生命、存在价值进行追问,肯定女性的存在地位和生命意义。

《神秘巨星》形象地塑造了一个在父权压迫下追逐自己青春梦想的14岁女孩尹希娅的形象。她天生拥有一副好嗓音,又热衷于音乐表演和创作,但她生活在一个高度父权制的家庭中,父亲对母亲百般刁难并暴力相加,践踏了尹希娅的音乐梦想。影片在一个看似商业化、戏剧化的叙事框架下进行着现实主义的主题阐述。青春期的尹希娅与传统伦理下父权思想的代表进行反抗,追逐梦想的同时展现了印度女性独立的成长经历,她看到母亲被家暴便提议母亲和父亲果断离婚,并决定通过自己的音乐梦想拯救自己的命运。面对飞机上其他男性占据了自己的位子,不像其他成年女性忍气吞声,她大胆为自己发声,争取自己的权利,其行为恰是青春个体对社会、对父权的反抗。影片中另一男性青年钦腾的善良,对尹希娅的纯洁无私的爱,展示出青春一代的真诚、善良、独立的美好品格。

新时代下的印度女性也还带有传统风俗和意识形态的影子,但一部分人敢于向落后的传统观念进行挑战。《三傻大闹宝莱坞》中的女主角皮娅在发现了自己的未婚夫是一个没有感情,心里只有金钱的小人后毅然决然地选择逃婚,决定和自己的真爱在一起。她敢爱敢恨,勇敢追求自己的幸福,是在爱情伦理中尊崇自己内心的选择,敢于冲破旧俗的新时代青年女性的形象。《嗝嗝老师》讲述了一个患有抽动秽语综合征的女老师奈娜几经面试失败后最终成了自己梦想的老师,指引在学校备受歧视的贫民窟学生走出低谷,找到人生目标,最后赢得尊重的故事。影片中的嗝嗝老师因为身体缺陷遭到歧视,一同遭到歧视的还有被学校单独分出来的、被认为是最顽劣的贫民窟学生群体。他们大多出身贫寒,经历过太多歧视与嘲讽,内心敏感压抑,处于青春叛逆期。身患神经性疾病的奈娜老师在童年时被同学嘲笑、被老师训斥,甚至被亲生父亲嫌弃。但现在,她在爱她的母亲、兄弟和校长的鼓励下,实现了她的理想人生。面对这群贫民窟里的青春个体,她展现出新世纪印度女性的独立品格,在通过自身努力改变命运的同时,坚定地把自己的信念传递给这些青春期的叛逆个体。

虽然印度当今的社会结构仍以男性为主导,但是随着传统观念和现代观念逐渐分化,女性的社会地位也不断改变,印度男性对于女性独立意识的觉醒也大致分为两种态度,在影片中也有所体现。《摔跤吧!爸爸》中的父亲在鼓励女儿时说:"你们不光是为了你们自己在比赛,更是为了所有被认为不如男性的印度女性。"父亲要求她们完成自己的梦想,看似是父亲将自己未完成的梦想强加在女儿身上,但如果没有父亲的强制,她们可能就会像影片中那位14岁就结婚的新娘一样,早早地嫁为人妻,终日围着厨房和丈夫转。父亲的执着是想让自己的女儿摆脱传统风俗和社会意识形态的阴影,向落后的传统观念宣战,从而激励了社会中的其他印度女性。《厕所英雄》中的凯沙夫和他的爸爸就分别代表了支持女性独立成长和传统观念下的保守代言人两种男性。凯沙夫的妻子是一名受过良好教育的教师,家庭条件也十分殷实。凯沙夫面对妻子公然对抗公公要求修建厕所,甚至以离婚来扩大事件在乡村里的影响时,一直周旋在妻子和父亲中间。最后他选择了用自己的实际行动解决问题,主动承担责任向政府提议申诉,主动改变自己的想法,与世俗的传统陋习进行对抗。而凯沙夫的父亲则代表了村里大多数人,他们坚决反对修建厕所,是传统宗教观念的维护者。

二、宗教/习俗相对照的影像伦理

印度是一个包容性、综合性很强的多宗教国家,拥有非常丰富的宗教文化,其中最重要的是印度教。据统计,约有82%的人信奉印度教,12%的人信仰伊斯兰教,只有少数人信仰佛教,以及基督教、耆那教、犹太教等。佛教是一种世界性宗教,在人类的精神活动中起着极其重要的作用,对人类的生活产生了深远的影响。佛教的产生严重冲击了古印度固有的主流文化——婆罗门教。公元12年后,佛教得到了许多印度民众的强烈支持,因为它具有更加平等的社会观。这种平等的社会观曾得到了很多低种姓者的关注,商人和低种姓者为了逃避婆罗门的压迫而信仰佛教。然而,佛教并不是一种完全有效的社会改革运动。一方面,佛教不直接关心社会现实,没有重视处在种姓制度底层的人民的生活困境,另一方面它并没有创造出可以取代种姓制度的社会结构。

伊斯兰教势力的渗透也是造成佛教在印度没落的一个原因。从公元10世纪开始,伊斯兰教徒入侵,他们焚烧了原有的寺庙,烧毁大量经书、文献和法器,掠夺寺庙财物,僧侣纷纷仓皇而逃。1203年前后,伊斯兰教在印度建立了王朝,大量的佛教徒被杀害,佛教寺庙被破坏,佛教徒失去了安身之地。

从根本上说,佛教不能代替印度的传统,种姓制度和印度教的相互作用才是传统印度的特征。在传统的印度社会中,种姓制度赋予人们一种认同感和归属感,印度教相比婆罗门教更是提出了种姓差异的维护方法,并设计了防御和修复机制来保护这种差异免受损害。这才使印度教代替了佛教并流传至今。

就宗教伦理而言,印度教与其他宗教有很大不同。印度教的核心教义要求信徒们严守种姓制度,不得违反。因此,印度教教义对印度种姓制度的形成与延续具有重要影响。种姓文化是印度独有的社会等级制度,由于种姓制度的限制,底层人民的受教育权得不到保障,其他种姓的人对政府在升学方面给予低种姓民众以照顾的政策进行反对和抗议,认为这是一种不平等竞争,反而对贱民有了仇视,甚至有其他种姓的人来占用贱民的受教育名额。

毫无疑问,印度的文化的核心是宗教神学文化。"一切政治法律,学术思想,生活习惯,道德观念,都包容在宗教的范畴中"[3]。印度的文学、音乐、舞蹈、雕刻和艺术都无法摆脱宗教的影响。面对印度宗教庞大而繁多的特点,印度电影人对许多人盲目信任宗教,并把宗教"神"化,将社会生活依附于宗教教义之上的现象进行了讽刺。《我的个神啊》中,青年主角PK因为找不到回家的遥控器,看到地球人都在参拜神,希望在神的帮助下愿望能得以实现,于是他便开始模仿地球上的人们拜神求神,并尝试加入宗教。但是印度的宗教派别实在是太多了,不知道哪一个宗教才能帮他实现愿望,于是他加入了几乎所有他知道的宗教。导演对盲目的尊崇宗教教义,将生活伦理和社会伦理关系盲目依附在宗教上的现象进行了讽刺和反思。影片开头女主角从小就被传说中神的使者塔帕兹先生围绕着,父亲每做一件事塔帕兹先生就给一个神,当父母得知女儿的男朋友是穆斯林巴基斯坦人时便一直反对,以为女儿要戴头巾、戴面纱一起做祷告。父亲第一时间开车去找塔帕兹,假用神的旨意强迫他们分手。阴差阳错的情节也导致了两个人的分开。在庙堂集会的时候,塔帕兹告诉一位老人,将妻子带到四千公里外的喜马拉雅山上一个叫作普拉达的地方就可以治好瘫痪。这明明是很荒谬的事情,可是在场的所有人都由于对神的敬畏而毫无怀疑。只有PK敢于站出来质疑,提出正常的生活伦理,告诉大家人生病了应该去看医生或者接受生老病死,而不是通过如此荒谬的方法来解决问题。人们对神的迷信就在于没有正确地认识宗教,而是超越生活、社会伦理,错误地把神摆在主体位置。

同样,在《厕所英雄》中,厕所之所以难建,除了资金不足外,更主要的原因是,印度教圣典《摩奴法典》把"在远离自家房屋的大自然排泄"当成不可更改的信条。当古老的经书被当作一种"愚民"的手段,其实就违背了神明的本意,这也是影片所尽力表达的主题。

印度的宗教习俗导致印度成为"偶像崇拜"的重灾区。"偶像崇拜"通常指把偶像、图像或物体视为图腾或崇拜对象。印度教中的众神将自己塑造为拯救世界免受危险的图腾,随着时间的推移,它们形成了一个强大的偶像崇拜复合体。人们将世界上的英雄和有地位名望的人都看作各个神灵的化身,无形之中赋予英雄某种神性并使其神化,偶像明星也不例外。影片《我的个神啊》中,人们对于神和自称神的使者的塔帕兹先生的极端信仰就到了"偶像崇拜"的境地。人人家里,包括浴室都摆满了塔帕兹先生的照片,贾古的爸爸一有问题就求救于塔帕兹先生,不论正确与否,完全听从于塔帕兹先生和他口中的神,不遵循自己的内心。每天来拜神的人都很多,所有人都挤在庙里,手里都端着坚果和金钱向神祈祷,希望神可以满足他们的心愿。从心理学的角度来看,偶像崇拜是青少年成长过程中不可避免的过渡性心理现象。《脑残粉》中的青年高瑞夫是一个普通网吧的小老板,从小就是巨星阿利安的脑残粉,在家里墙壁上全部贴上阿利安的照片,也同时因为长相酷似后者而被称为"小阿利安",模仿阿利安的演唱动作和电影里的镜头。因为对阿利安的极度崇拜,高瑞夫一直模仿偶像当年的举动,并威胁、殴打对自己的偶像出言不逊的另一名影星,以此当作送给阿利安的生日礼物,不料却让阿利安非常生气而报了警,并且拒绝给高瑞夫解释的机会。这让高瑞夫恼羞成怒,因此变成黑粉,报复偶像。青少年偶像崇拜的形成对青年个体的成长产生了积极和消极的双面作用。对偶像人物的神化会导致个人的自我迷失,高瑞夫对于阿利安的崇拜近乎狂热,将偶像在自我意识中过分夸张和神化,当发现事实与自己的想象不一样时无法接受,最后造成悲剧。由此可见,偶像崇拜对青年具有消极的一面。

近年印度电影中对宗教问题的探究并未局限在印度本土,还延伸到了印度人所在的异国他乡。影片《小萝莉的猴神大叔》表现长期困扰印度社会的印巴冲突和宗教信仰矛盾,向观众传达的核心思想是尊重差异、平等交流、和谐共处。

《我的名字叫可汗》是对宗教问题的全球化讨论。近年来的恐怖袭击让人们处于对穆斯林的恐惧之中,也有许多无辜的穆斯林遭到歧视,身心受伤。影片中因"9·11"恐怖袭击的爆发引起了美国对穆斯林的反对和歧视。信奉伊斯兰教的汗和信奉印度教的曼迪娅不顾他人反对结为夫妻。曼迪娅唯一的儿子在同学们的歧视争斗中去世,因为他继承了穆斯林的姓氏。悲愤的妻子将愤怒发泄在汗的穆斯林姓氏上,汗为了澄清自己的姓氏并非与恐怖组织有关,踏上了艰难的觐见总统之途。在与总统对话的漫长过程中,他最终赢回了自己的小家,同时为全世界无辜的穆斯林发声:"我的名字叫可汗,但我不是恐怖分子"。

结语

作为第三世界的重要国家,近年来印度政府继续加大经济改革力度,全面推进自20世纪90年代以来逐步形成的全方位外交,提升对国际事务的参与度,塑造全球性大国形象。与落后的经济发展水平相比,以电影为代表的印度文化产业显得尤为发达。21世纪,印度新电影正承担着建构印度新形象的重任,整个社会开始对新时代下的青年群体,尤其是女性群体进行重新认知。在性别伦理中,影片中的女性以自强、坚韧的伦理形象对社会进行抗争,是努力实现自我价值的新时代女性,是印度当今社会新型女性青年群体的缩影。在与宗教传统的博弈中,印度的新青年开始在婚姻、爱情等各个方面对传统习俗进行革命,在这个过程中他们开始冲破宗教的束缚。电影作为意识形态的表达,不仅是表达影像中的青年人对社会的抗争,也是国家希望通过宗教和伦理维度的革新走向思想的解放,更是印度在以影像的方式向世界讲述印度精神、印度文化。

(本文系2015年度国家社会科学基金艺术学西部项目"青春电影的道德价值审视与重建"〔项目编号:15EC172〕中期成果;

2019年中央高校基本科研重大项目"中国电影伦理学的学科建构与理论研究"〔课题号:SWU1909206〕的阶段性成果之一)

(袁智忠,西南大学影视传播与道德教育研究所;张明悦,西南大学新闻传媒学院)

注:

[1]余鸿康,袁智忠.1990年代青春电影的道德价值审视[J].中华文化论坛,2015(10):167.

[2]朱明忠,尚会鹏.印度教:宗教与社会[J].世界知识出版社,2003(3):276.

[3]糜文开.印度文化十八篇[M].台湾:东大图书公司印行,1977:1.

参考文献:

[1]贾磊磊,袁智忠.中国伦理学·2018[C].重庆:西南师范大学出版社,2018.

[2]张文博,袁智忠.新世纪以来青春电影个体伦理研究[J].中华文化论坛,2017,(11).

[3]徐辉.印度电影中的女性主义觉醒[J].民族艺林,2017(03).

[4]李妮乡,付筱茵.当代印度电影的文化形式与内涵[J].电影新作,2015,(04).

[5]林承节.国别史系列:印度史(修订本)[M].北京:人民出版社,2014.

[6]朱明忠,尚会鹏.《印度教:宗教与社会》[J].世界知识出版社,2003(3).

[7]尚会鹏.种姓与印度教社会[M].北京:北京大学出版社,2001.

[8]李静平.印度的两种工业[J].世界电影,1995(03).

[9][印]帕德玛·苏蒂.印度美学理论[M].欧建平,译.北京:中国人民大学出版社,1992:120.

[10]糜文开.印度文化十八篇[M].台湾:东大图书公司,1977:1.

世俗与神圣

——宗教文化视域下泰国公益广告的伦理叙事研究

牛鸿英

德国著名社会学家格奥尔格·西美尔在其《宗教社会学》中曾经指出,宗教与艺术虽然视角不同,但其社会机制却如出一辙,都把经验秩序和思辨秩序进行了有机的整合,其中"灵魂和此在、命运和罪责、幸福和牺牲等一系列概念"都"被赋予了价值判断和情感因素"[1],这些信念价值与情感意义在社会生活中以行为伦理的方式渗透并塑造着日常生活,使得世俗生命焕发出一种审美性与神圣性的光芒。泰国是一种宗教人口比例超过94%的国家,是全球宗教人数比例最高、宗教文化氛围最浓厚的国家,泰国的公益广告也因其深蕴宗教文化态度的世俗化故事与神圣性情感而独树一帜。这些来自日常的创意短故事往往以"自我—亲属—他人"的关系框架为情节设置基本情境,在细节的捕捉与呼应、影像的排比与复现中,不断推进矛盾、升级冲突,在激烈冲突的爆发与关键时刻的渲染中回归朴素的情感价值与关爱的公共伦理,在人与自我、人与他人、人与境遇的关系互动中确认了付出、努力、真情等带有自我救赎倾向和浓郁宗教情感的生命价值。这种源自于世俗生活和人际互动的信仰精神和伦理表达,以超越现实功利的情感态度有效地萃取了佛教文化的当代性价值,并以大众文化的形态借助移动互联在全球广泛传播,与西方对现代性价值的反思形成了有趣的对照,成为"后世俗"[2]社会独特的文化景观。

一、"内在超越性":世俗叙事中的个人伦理

泰国百姓信仰的上座部佛教,也被称为南传佛教或小乘佛教,由印度向南传到斯里兰卡并且不断发展形成,与中国流行的大乘佛教有所不同。大乘佛教重修菩萨道,以救渡一切众生脱离苦海的"普渡众生"为基本目标。小乘佛教则着重修解脱道,以恪守戒律的修行"度己"为基本目标。"度己"的基本现世诉求与现代高速发展的物质文明社会中"自我"或"主体"的"内存超越性"或"自我救赎",并与人的自我价值的实现自然地关联和呼应起来,生成了与西方以"人"为核心的"现代性"价值相对应,却更加具有反思性的"虔敬自然"的和谐维度。

1."苦厄"与"救赎"

泰国公益广告大多聚焦于普通人的生存困境或先天、偶然的缺陷或疾病,表现

个人成长中痛苦的自我探索与意义寻求,通过直接切入匮乏人生中各种最黑暗无力的时刻来揭露出人生的"苦厄"真相。佛教"四谛"——苦集灭道中的第一个真理即指出人生的真相就是"苦"。人世万物无时无刻不处在变化之中,"苦厄"是其表征,四真理便是揭示出人生苦难的真相,并指点出救赎迷津的道理与学问。佛教所谓"苦"一般指"人生八苦,即:生苦、老苦、病苦、死苦、爱别离苦、怨憎会苦、求不得苦、五阴炽盛苦。""厄"即指偶然性的不可预知的意外灾难和祸事。"苦厄"包含从物质、肉体到精神心理层面的"苦",这些正是泰国公益广告的核心内容。以景观故事所呈现的人生"苦厄",以当代日常生活的场景和问题为对象,聚焦于身体的先天缺陷、现实的生存困境、意外的灾难祸事等三大方面,更加贴近世俗化的现实人生和普遍性的生存困境,也更加具有一种唤情结构。这种唤情结构是超越地位身份与阶层贫富的,基于生命最基本生存体验的对人类共同命运的一种宗教性的、本质性的观照,也具有跨越文化的审美感染力。可以说,泰国的公益广告就是浸透着小乘佛教精义的大众化的当代文本和消费景观,是一种独特的文化范型和文化实践。

　　泰国公益广告的故事创意的一个核心内容就是基于个人伦理的主体价值的建构,表现在当代的社会生活语境中,就是个人存在的价值是什么,人到底应该如何自立与自处。其中关于"内心成长"与"自我救赎"的主题内容和价值信念是创意表现的主要内容。《豆芽引发的梦想》《漂浮的足球场》《我能行》等公益广告都是来自真实生活事件的创意改编,以影像故事的方式讲述了那些在贫穷与困境中自强励志,以不懈奋斗成就自我的孩子们的故事。那个开动脑筋,经过反复试验帮助母亲繁育出茁壮豆芽,在艰辛生活中依然努力成长并因此而体会到幸福和爱的小女孩;那些在缺少土地的海上齐心协力架起浮板,在相互砥砺和共同训练中创造着自己快乐人生的男孩子们;还有那个因出生于单亲家庭和天生聋哑而受尽奚落,在冷眼与嘲笑中坚持拉小提琴,追求理想的坚强女孩。天生的缺陷和后天的贫困都没有打垮他们,反而激发出他们内心的巨大能量与自我超越的潜力,为自己创造出弥足珍贵的生命经历,以崇高的主体精神书写着自己独特的价值。《听从我心》和《你的价值在于你的内心》两则公益广告则聚焦在自闭症和同性恋这些边缘少年身上,细致地表现他们如何在囿于病理的难言困境中沮丧沉沦,又怎样在自我的反思与发现中醒悟成长,以切实的心理过程的演变真正地发掘他们内心的良善本质和特殊潜力,赋予他们平等的主体地位和自我价值。卑微的社会身份丝毫没有影响他们在"苦厄"的生命困境中仍然坚守信念,并以脚踏实地的行为实现了自我的"救赎",完成了带有超越性的自我伦理。

2."现世"与"轮回"

如果从文化研究的角度看,泰国公益广告的故事内容,无论是在内容层面上基于四谛"苦集灭道"对现实人生"苦厄"命运的聚焦,在行为层面上遵循"三学""戒定慧"对自我的修炼与不断超越,还是在意义层面基于"三世""六道"的"轮回""果位"观念,对"宽爱""坚忍"和"施予"价值的推崇肯定等,都与小乘佛教的视域契合无间。

"三世"和"六道"观念是佛教对人所生存的世界维度与秩序规律的一种基本的理解,它设定了一种更加多维度的存在图景,人因行为表现而于其中辗转流离。现世的境遇并不是意外或偶然的生命获得,它一方面是多世行为积累的结果,另一方面也是超越前世自我,解除恶因的此生修行。它的基本坐标和目的视域并不在眼前利害和此生享乐,而在于不断解除自身恶业的修持和未来境界的提升,自然具有超越当下功利的文化气质,并在处处囿于物质现实的世俗社会中生发出了反思超越的可能。泰国广告中以"乞讨"和"乞丐"为创意内容的广告正是这一主体情怀最极致而典型的体现,乞丐的命运大概是此世生存中最极端的境遇了,但即使沦为乞丐,遭到嫌弃、毒打、误会,也决不放弃"善意"与"报恩"。《乞丐的报恩》即以简短而反转的影像,讲述了一个整天被小店老板毒打的乞丐,他只是夜晚借宿在小店的门口,却被老板天天嫌弃,不断被殴打和轰走,但他从来都不还手,还在有人破坏小店财物时挺身而出,甚至付出了自己的生命。卑微的社会身份和做乞丐的人生命运并没有影响他内心对"报恩"这种价值的践行。泰国的公益广告把一种修炼身性、求解来世、出离轮回的观念发展为一套大众化的行为伦理,建构了一种超越"苦厄"的当代"世俗神话"。

"三世""六道"看上去是极其世俗的生活哲学,或者说悬浮于自由意志与自我的,但能够带来一种对宇宙秩序的虔敬和对超越轮回的绝对的"善"的追求。这生命态度能够"升华为——借着其引发的持续的动机——一种特殊生活态度之恒久的基础",从而"导致圣洁之心境,以及由此心境而来之首尾一贯的行为的统合能力",[3] 同时"发展出一种救赎的期待,救赎成为一种非理性的憧憬,冀望能达到真正的、不为其他目的的"善"。[4] 这就是从一种日常的生命经验上升华为一种宗教的情感状态,进而能够达到一种"自由品德状态",[5] 最终实现《般若波罗蜜多心经》中"照见五蕴皆空,度一切苦厄"的救赎目标。泰国公益广告以日常生活境遇中的自我修行作为公共伦理表达的基本内核,塑造了不断探索自我价值、超越自身局限、坚定善念德行的个体价值与个人伦理。这种充满"内在超越性"的个人伦理诉求与佛教文化"戒定慧"的自我修行路线高度契合,它摆脱了社会道德带有的强制性、局限性,为公共伦理开辟出了内在自律与自我生发的带有宗教特色的文化向度。

二、"高估亲属关系":情感升华中的家庭伦理

1. 亲情的反转叙事

家庭是人类社会结构的基本单元,家庭伦理是社会公共伦理的基础,家庭关系与亲情叙事也是人类艺术表达的重要母题。关于情感,特别是亲情的叙事和呈现是泰国公益广告创意的核心内容和审美驱动。以情节推进中的"反转"和"反差"来发酵情感力量,带动受众审美的强烈爆发与深刻共鸣,这是关于家庭关系的泰国公益广告常用的叙事策略。

在创意故事中,情节是信息铺展与情感表达的基本手段,而对触动情感起到放大作用的主要是富有创意性和戏剧性的情节设置。情节的"反转"造成了情感的意外波折与重新发现,也带来了情感的巨大落差与再次聚焦,是情感沉淀与孕育的过程,也是情感铺垫与升温的过程,伴随着"反转"的"反差"效果也最终达到审美情感与体验的高潮。《团结》中的两姐妹,从小互相敌视、势不两立,她们冲突不断、矛盾重重,都恨不得赶快摆脱对方,"恨"的情节和情感在复沓式的积累中不断地被蓄积和强化,但突然有一天,当妹妹好奇地拿下了姐姐戴着的奇怪帽子的那一刻,当那几乎被化疗折磨得掉光了头发的瘢痕累累的头映现出来时,剧情突然凝结并迅速突转,情感的力量瞬间膨胀扩张,她们拥抱着流出了眼泪,妹妹替她戴上假发,开始帮她洗澡浇花……"反转"的爆炸力量,不但挖掘出了能够超越现实重负的姐妹深情,更直接击中了我们,强化、突出了情感的普遍性价值。"反转"之后的叙事借用了重复性的蒙太奇手段,在与童年生活的不断呼应之中,形成一种奇特的互文性累积,也进一步确定着生命的情感意义,镜头最后再次温情地定格在两姐妹的合影上,情感的升华重又回归到现实的冲击和影像的隐喻中。像这样处理亲情的创意故事在泰国的公益广告中非常常见,它以特殊的叙事技巧强调了人类关系中最为现实和核心的"亲情"价值,为生命存在的意义增添了最基本的情感维度和精神依靠。乔纳森·H.特纳在《人类情感:社会学的理论》中指出,人类早期社会就以情感为交流的基本媒介,它不但是人类生物性的一种共性和基础,更能够"定向行动"和"唤醒他人",最终"促进社会关系"。[6]"亲情"伦理最终指向社会关系中的和谐关系,成为公共伦理的起点与动力。

2.母爱的伦理隐喻

母爱是亲情和人类情感中最伟大的情感隐喻,作为一种情感形态和伦理内容,既是亲属自有的内向性情感,又是通向公共伦理,迈向"他人之爱"的必然中介,更是宗教性、神圣之爱的象征。关于"母爱"的创意故事是泰国公益广告中内容占比最高的一个题材类型,这些故事通过对各种世俗人生中"母爱"故事的讲述,直接呈现出一种最富于牺牲精神和无私精神的爱,这种爱不是抽象的、纯粹的宗教之爱,却以充满了人文性的世间形态激发出了最浓郁的感染性与认同力。公益短片《母亲的无限力量》中一个头发很短、面容清瘦、行动利落的出租车司机,养育孩子就是他工作的全部动力。他每天起早贪黑地辛苦工作,小心地计算和收藏着挣到的每一块钱。深夜,当一个抢劫犯从后座勒住了他的咽喉,他竟然爆发出无限的力量,在搏斗中吓走了歹徒。静坐在黑暗中,随着"妈妈"的叫声,看到那伤痕累累的面庞上泛起的微笑,我们才突然醒悟:原来"他"竟然是"她",是一个为了孩子剪掉长发,和男人一样挥洒汗水、拼命工作的妈妈。为了孩子,"这个女人,可以做任何事,把头发剪短,不再为了美而打扮自己,可以做任何她能做的事情,我们相信母亲拥有无限的力量"。这无畏无求无私的母爱力量具有征服一切人类的无限力量。与之相呼应,泰国还有《妈妈的日记本》《妈妈的味道》《谢谢你,妈妈,我很想你》《没有母亲的母亲节》《平凡而伟大的母亲》《妈妈的爱》《母亲的选择》等相当大比例的以"母爱"为主题内容的公益广告。"母爱"是一种现实生存中"高估亲属关系"的经典模式,"高估/低估亲属关系"是著名法国人类学家列维-斯特劳斯在对神话结构进行研究时的重要发现。他的研究表明,世界不同地区的神话有着某种惊人的相似性,作为反映社会结构和社会关系的象征性叙事,神话往往呈现出"对血缘关系估计过高"和"对血缘关系估计过低"[7]的二元结构。"母爱"表现为一种无条件的付出、照顾和关怀,她既是基于对后代繁衍与成长的母性生物本能的自然流露,也是由社会文化陶铸而成,是人类社会对女性的本质要求。在早期人类社会,"妇女的全部功能可以定义为做母亲"[8],女性主要是为部落和群体的生育率做贡献,而在当代社会,女性则以"母爱"这种最为典型的利他性的价值成为人类社会的精神象征和公共交往的伦理高标。生理本能的情感指向与社会文化这两者相辅相成,共同建构出"母爱"这种"高估亲属关系"的人类学、社会学和文化学意义。

著名人类学家马林诺夫斯基说,母爱与其说是一种人类的本能,是一种人类文化的高标,这不如说就是"文化预期了本能的统治",虽然对于母亲而言,"她的义务走在感情的前面,她的将来态度乃被文化所指导,被文化所准备"。但文化势力又不过是使天然趋势有所保障、扩充和分化罢了。[9]母爱既是"天然赋予",更是"文化布置",是人类自然属性与社会属性的高度统一。这种情感是人类存在发展的基础,也是人类自我救赎的精神武器;是人类社会存在的一种神圣馈赠,也是作为大众文化的泰国公益广告生产的当代"神话"。

三、"有情陌生人":身份认同中的公共伦理

著名波兰社会学家鲍曼在《后现代伦理学》中对现代性悖论之后的后现代伦理进行了系统的思考,他回顾了奥克尼、列维纳斯等理论家的反思,发现了"后现代伦理学是一种爱的伦理学"的方向性共识,指出"母爱"作为这种道德关系范式的"爱之图景"和"爱的隐喻",提供了一个"为他者而存在"的后现代社会的道德条件的框架。[10]母爱作为一个高标和示范,为他人而存在,以他人的幸福为自己幸福的精神目标,也正是西方理论家为未来社会的公共伦理发展指明的方向。这也揭示出指向"他人"的"陌生人"之间的情感伦理,才是后现代社会中公共伦理的核心问题。泰国公益广告中的一类典型主人公就是"陌生人",他们以自己的行动诠释着"宽爱""施予""努力"等公共伦理态度,以具有当代性的伦理姿态打开了一扇现世生命的精神超越之门。

1.陌生人的伦理意义

公共伦理是后现代社会的理论和实践难题,主张多元性观念和差异性价值的后现代文化语境增高了公共交往的伦理门槛。在互为陌生人的公共生活中,如何兼顾个人自由与社会公共秩序的群际伦理成为一个核心的社会议题。西美尔和鲍曼都曾经明确地指出在现代性社会的秩序之岛中,陌生人处在边缘,并被视为异类和危险的源泉,现代性的"秩序建构就是反对陌生的拉锯战"。排斥陌生人以维护绝对一元价值的现代性观念虽然已成明日黄花,但如何建构一种兼容差异化与异质性的陌生人公共伦理还始终没有共识。泰国的公益广告以佛教文化的生命观念和公益广告的大众形式提供了一种"有情陌生人"的独特视角,成为当代全球公共伦理的重要建构性力量。公益广告《菜市场最美老板娘》中的老板娘一登场就气势汹汹,她巡视市场、收取租金、大声呵斥、摔坏称台……有人偷偷拍了一段视频传到网络上,视频引起了网友的广泛不满,许多评论说她是恶毒的"吸血鬼",甚至诅咒她不得好死,号召大家抵制她。然而,她身边的商贩都沉默了,还心存感激。原来她愤怒摔了的是缺斤短两的称台,大声提醒是为了保持环境和食物的卫生,架走的人是生病的商贩……她还为减少商贩的损失,自己买下过期的食物;主动邀请没有

条件的聋哑商户入驻,并默默地做好了"请帮助聋哑人"的牌子;主动帮助贫困商户,少收生意不好的商户租金。原来她的"暴力"和"毫不客气",是根本不把自己当成"陌生人"和"外人",而是像家人一样掏心掏肺地关怀和照顾你,替你着想和分担。基于陌生人的公共关系直接对接着充满了母爱气息的情感内涵,创造出了"有情陌生人"的公共伦理逻辑,建立了一种带有宗教色彩的以"情感"为中介的"间性"伦理逻辑,并且强调在有情的关系互动中情感的满足和幸福的状态,赋予这种无私付出的情感和伦理以重大的生命意义,指明这才是人一生应该追求的,是你真正可以享受到幸福、感受到爱的,用金钱买不到的精神性的超越性的价值。在后现代社会,陌生人之间的伦理关系,不但关涉着基本的社会秩序,更主宰着人生存的质量,标志着社会文明的程度。日益数据化的多维虚拟交往更加增加了维护陌生人秩序的紧迫性,作为公共伦理核心议题的"陌生人"的伦理价值和意义不言而喻,泰国公益广告以带有宗教情感的短小的故事,塑造出了一群默默无闻而充满爱意的"陌生人",为人类伦理文化的发展进路提供宝贵的参照。

2.万物有情的宗教立场

情感既是人文价值的重要维度,也是社会生活与关系的黏合剂,"情感常常被用来铸造社会关系,建立和保持对社会结构与文化的承诺,或者摧毁社会文化缔造的文明。可以说社会的每一维度都由情感所凝聚,但也有可能因情感而四分五裂"[11]。当貌似冰冷的伦理秩序与富于温度的"情感"遇合时,一个"有情陌生人"的视域为后现代公共伦理提供了兼顾宗教性与世俗性的实践方向。而佛教文化强调众生平等与万物平等,主张自我与他人、万物共情同理的虔敬态度,是这个"陌生人"视域背后更本质的结构。动物、植物不但是人类日常生活的伙伴,更可能以自己"无语的深情"成为人类生命的引导,泰国的公益广告也生动地演绎了"有情众生"与"有情万物"的伦理情感价值。《"朋友"就是永远在一起》讲述了一个女孩自我成长的故事,其创意来自真实的故事。这是一个怕狗的女孩,她每天都要小心翼翼地躲过邻居奶奶的狗狗"黑咖啡"去上学。一天她看到"黑咖啡"追逐着已经去世的奶奶,成了无人照顾、抑郁沉默的"伤心狗"。她开始慢慢靠近它,喂养、爱护它,给它洗澡,和它做游戏,一起追逐欢笑,互相点亮,彼此温暖,成了一刻也不分离的好朋友。可是,一场车祸意外地夺去了"黑咖啡"的生命,她痛不欲生,但痛的体验让她看清了生命的真相和爱的宝贵意义。珍存着这一份爱的美好经验和坚定的信念,她做了一名宠物医院的志愿者,还更加努力地学习,最后成长为泰京大学研究生奖学金的一名得主。她愿意为爱付出和承担,她选择看见生活的美好并把它当成实现梦想的原动力,在爱的动力的鼓舞下,她体验着可能痛苦也充满着美好的人生,怀抱着爱的情怀创造着自己的人生理想。这个故事讲述狗和人之间弥足珍贵的情感,诠释了万物有情的超越性伦理关系的价值。另外,在泰国的公益广告中还有一系列以动物为主人公的创意故事。比如《两只壁虎的爱情》讲述了两只相爱的壁虎,当一只不幸死去时,另一只不顾一切为他殉情的故事。而《绿茶·毛毛虫篇》则讲述了小毛毛虫伏在"爸爸"的背上,开心努力,不断加油,和"爸爸"一起奋力向茶枝的最高处爬去,他们想要找到最嫩绿新鲜的茶叶。可当他们失败后,小毛毛虫飞溅的泪水也打湿了、软化了我们的内心。一对如此相爱的"父子",两只微不足道的毛毛虫却把万物有情的公共情感理想与伦理价值表达得深入人心。

这些万物不同的际遇故事,都升华出了一种带有强烈情感性和超越性的实践信念,一种带有浓郁宗教信仰的主体状态,由知、情、意汇合而成的特殊形态,"包含着无私的奉献与执着的追求、屈从与反抗、感官的直接性与精神的抽象性等的某种独特混合;这样便形成了一定的情感张力,一种特别真诚和稳固的内在关系,一种面向更高秩序的主体立场"[12]。西美尔曾经也特别积极地肯定这种既作为个人内在信仰,又作为人与人之间的一种关系而出现的宗教情感或信仰,认为这种被赋予了价值判断和情感因素的信仰的价值丝毫不逊于任何的理论真理。它与单纯建立在外部说教或道德力量之上的关系不同,不但从生命内部赋予主体一种特殊的精神基调,又在日常生活的实践中获得了真正的支持和力量,在社会化的交往中获得了与其他个体生命的可靠的内在联系,最终转变成为个体生命的实践信仰和群体身份的文化认同,达成了与佛教文化相呼应的生命伦理与价值的超越与升华。波伊曼说,宗教也许并没有剥夺我们在非有神论的现实系统中所拥有的任何自律。相反它还可能使我们"抵达了世俗主义者无法得到的更深刻的道德真理"[13]。

泰国公益广告是对日常生活进行的一种审美化建构,也是一种"信念伦理学",一种自觉的信念建构机制,它在社会关系的实践互动中不断凝聚和脱俗,并将"通过个体之间相互作用而形成的特殊情感内容,转化到了个体与某种超验观念之间的关系当中"[14],成为个体生命发自内心的、坚定的实践信仰,成为照亮个体生命历程的导引性力量。泰国的历史背景与文化信仰具有特殊性,其当下大众消费语境中的公共空间结构与文化构型机制也极具特色。泰国公益广告寄寓了深切的现实关怀和公共伦理精神,特别是其以宗教性的文化立场直接放弃了对金钱物质和声望地位等个人化与外在性目标的追求,极大地消解了现实世界的偶然性、生活水平的不均衡、社会阶层的分化等实际问题带来的困境;在社会心理与精神诉求层面浸润价值,有力地彰显了独特的文化力量,也巧妙地消解了"西方化"的二元对立的成功—失败式的"现代性"价值观念,建构起了超越物质、身份、阶层、时空的"爱"的生命意义和价值信仰;以自己独特的文化心理与精神结构整合了个体生命与公共生活,在世俗与神圣的创造性联通中赋予了现实以超越性的精神光芒,塑造了具有独特宗教文化气质的身份认同,以具有人类普遍性价值的文化性导向成为后世俗社会人类发展的重要参与性力量。

(牛鸿英,陕西师范大学新闻与传播学院)

注:

[1][德]格奥尔格·西美尔.宗教社会学[M].曹卫东,译.上海:上海人民出版社,2003:62.

[2]著名德国哲学家和社会学家尤根·哈贝马斯提出了"后世俗社会"(post-secular societies)的概念,这个概念一方面描绘了在启蒙运动开辟的世俗化道路之外,宗教性力量始终并存有进一步扩大和发展的趋势;另一方面也重新揭橥了对宗教问题的后现代探讨,致力于挖掘宗教的当下与未来价值,以及与其进行理性对话的可能。

[3][德]马克思·韦伯.宗教社会学[M].康乐,简惠美,译.桂林:广西师范大学出版社,2005:53.

[4][德]马克思·韦伯.宗教社会学[M].康乐,简惠美,译.桂林:广西师范大学出版社,2005:54.

[5][德]格奥尔格·西美尔.宗教社会学[M].曹卫东,译.上海:上海人民出版社,2003:7.

[6][美]乔纳森·H.特纳.人类情感:社会学的理论[M].孙俊才,文军,译.北京:东方出版社,2009:25.

[7][法]克劳德·列维-斯特劳斯.结构人类学:巫术·宗教·艺术·神话[M].陆晓禾,黄锡光,等,译.北京:文化艺术出版社,1989:51.

[8][美]马克·赫特尔.变动中的家庭:跨文化的透视[M].宁践,李茹,译.杭州:浙江人民出版社,1988:242.

[9][英]马林诺夫斯基.两性社会学[M].李安宅,译.上海:上海人民出版社,2003:204.

[10][英]齐格蒙特·鲍曼.后现代伦理学[M].张成岗,译.南京:江苏人民出版社,2002:108.

[11][美]乔纳森·H.特纳.人类情感:社会学的理论[M].孙俊才,文军,译.北京:东方出版社,2009:1.

[12][德]格奥尔格·西美尔.宗教社会学[M].曹卫东,译.上海:上海人民出版社,2003:5.

[13][美]路易斯·P.波伊曼.宗教哲学[M].黄瑞成,译.北京:中国人民大学出版社,2006:197.

[14][德]格奥尔格·西美尔.宗教社会学[M].曹卫东,译.上海:上海人民出版社,2003:13.

家的运动和演变

——比较东西方家庭题材电影对家庭观念的不同阐释

濮 波

一、家的流变

家庭是社会的细胞,只有家庭稳定了社会才稳定,这其中的辩证原理一直被社会主流价值观尊为圭臬。因此,在传统社会中,维持家庭的价值观和尊严,尊敬为家庭稳定、幸福做出奉献的家庭成员和社会人士便顺理成章。

电影作为一种大众文化消费产品,其产品属性的背后总是附带着社会价值观和集体文化观。按照德国电影理论家齐格弗里德·克拉考尔的论断:"电影比其他艺术媒介更直接地反映出一个国家的心理状态。"[1]我们也可以非常自然地理解电影叙事携带的某种功利性。因此,观众在观看大多数电影(无论是美国好莱坞电影,还是亚洲电影)时,总能体会到作品有意无意对家庭和家庭美德的颂扬。当下的观众也心知肚明,知道电影是一种用通俗的故事来传递某种价值观的载体。因此可以说,电影承载的意识形态和观众去看电影的行为以及观众认知之间,已经达成了一种默契。

以下两种情节模式是不可或缺的,它们已成为大多数家庭题材电影司空见惯的编码手段。第一种模式为家庭是叙事的终点,在这种电影叙事中,经过重重困难,主人公最终建构了家庭;第二种是以过去圆满的家庭为中心,展开破碎的叙事,这种影片的叙事重点在破碎上,但其逻辑却是正面的,即告诉观众正是由于缺乏对家庭重要性的认识,所以才导致了失败的人生。这两种情节模式是如此清晰,乃至已成为一种固定的观影体验和观影认知模式,牢牢地烙印在观众心里。

但电影除了顺应社会集体文化思想,也具有提倡文化性革命,主导反主流文化的功能。这就需要从地域和国别差异性、文化和现代性程度差异性的诸多层面来分析。

只要认同电影与家国整体观之间的同构关系,也会认同大部分西方家庭情节剧或涉及家庭观念的其他类型电影承载着主流的传统价值观。这种主流价值观要求社会和家庭稳定,人们遵守与传统基督教教义应和的生活法则。电影因其大众性,自然成为培育和生产这种社会家庭价值观的一种工具。于是,在传统的电影中,我们看到的结构模式和情节模式大同小异,这实属正常现象。其中的冲突核心,通常是围绕当时被大多数人所接受的伦理道德来建构,这种推断毋庸置疑。无论是在经典好莱坞时期(代表作如《关山飞渡》,故事结尾让一个有过错的"好人"与一名从良的妓女结为家庭的实体),还是在新好莱坞时期(代表作如《闪灵》《邦妮与克莱德》对家庭观松动的症候之描绘),都让观众能清晰感知家庭观念在其中起到的作用。

这种既稳定又浮动的特征,与丹尼尔·贝尔在写于20世纪80年代的《资本主义文化矛盾》一书中所表述的观点十分契合。在该书中,贝尔有一个重要的立论,即美国社会矛盾之核心乃是社会与文化的断裂所致。在这种不稳定的社会中,我们更能经常看到一些价值系统背离传统社会道德立场的电影生产——它们同样既与体制同谋,又反过来威胁体制。与传统基督教教义所遵守的社会规则之意义不同,在西方,一些新的电影如新好莱坞时期的电影,往往刻意塑造对传统价值系统的颠覆,以此敏感地介入社会变革。在美国社会转型的20世纪五六十年代,主流电影的生产产生了一种价值系统的变革。其中一个明显的差异就是,经典好莱坞电影多刻画家庭价值的牢固与不容置疑,而在新好莱坞时期的电影中,家庭则被刻画成为喜忧参半之所,其依托的文化就起源于战后的自由主义思想,其中还包含性自由、无政府主义、个体解放等价值观。这种叛逆的价值观反映在电影中,就是对家这个概念的重新思考。在电影《邦妮与克莱德》中,一对社会正常秩序的逃逸者和叛逆者由于非常偶然的机缘走到一起,并迅速建立起伴侣关系,这与库布里克的电影《闪灵》中丈夫的家庭暴力乃至谋杀妻子的阴暗展现一样,都呈现了家的坍塌的形象。但当过了20世纪60年代的个性解放时期,从20世纪70到90年代,社会价值观趋向保守之时,电影中的家庭伦理观也出现了回归,电影《阿甘正传》就是典型例子。这印证了美国类型电影研究者托马斯·沙兹的观点(在其成名作《旧好莱坞·新好莱坞:仪式、艺术与工业》中,托马斯表达了一个浅显但始终有用的观点),即电影承载了意识形态,家庭情节剧和家庭伦理电影既是传统与现代文化的展台,也是都市、乡村生活图景的展台,更是家国同构寓言的载体。

在东方,家庭观念比西方更为牢固,因为东方有着漫长的封建社会或殖民地的历史,现代性和启蒙对于东方社会来讲只是近两三百年之事。由此,亚洲社会的传统家庭观念势必更为牢固。但是,这种牢固在历史的涤荡之中并非一成不变的,有时候也是浮动的。比如19至20世纪(刚好是电影诞生之期)中国的传统封建大家庭就随现代性的深入逐渐涣散,分裂为几个小家庭,传统家庭中生产、分配、交换、消费的基本单位的职能逐渐弱化。随着门户开放,来中国进行传教和贸易活动的教士、商人渐多,他们带来了西方的风俗习惯,随着这些西方的文化社会思想、家庭观念的逐渐传播,社会制度、家庭制度被广为宣扬,促使人们对中国传统家庭模式的优劣进行反思,对传统家庭的态度进行反思。[2] 这个处在现代性(传统和现代社会分野处)的社会进程就与电影在中国诞生之进程对应,于是在现象上,中国电影成了中国社会现代性追求的一个媒介和窗口。这使得电影的观念表达与现代性相对应,电影从新艺术的角度很容易成为一部分具有先进观念的作者表达社会思想的媒介,于是在电影中表达新式的家庭观念成为诉求。这是中国社会现代性的要求导致的艺术生产服务于这个价值系统的现象之一。但是,由于中国的现代化之路与西方走过的道路不尽相同,其每个阶段要解决的社会问题和美学问题也有着错位和时间、文化差异,因此,各个时期的电影对家庭观念的表达也各有千秋。

正因为如此,研究电影中家庭观念的演义或嬗变,就成了立体性、科学性并重的,类似于田野调查的测绘(分析)工作。下面,笔者将西方和东方(亚洲)家庭题材电影作为主要分析对象,试展开对电影中的家庭观念与情节之运动的关系讨论。

二、家:在运动中的静止,叙事的终点

托马斯·沙兹关于电影承载了意识形态,是家国同构寓言的载体的观点,首先可以当成一个正题展开,即家庭观念与社会、国家观念的一致性。在传统的观念中,家庭是社会的细胞,维护家庭的利益,遵守家庭的成规,当然具有颠扑不破的合法性。因此,在传统的电影叙事中,走入家庭毋庸置疑是主人公成功的标志。电影作为一种意识形态工具,生产这种刻板的家庭观念不容观众质疑。比如,传统浪漫故事或通俗剧中有一种主人公披上婚纱或入洞房就成为故事结尾的惯例,婚姻和组建家庭是爱情叙事的终点。在传统的浪漫电影中,人们很少在银幕上看到对婚后生活的展现。对电影史进行回顾也可以发现,正面切入家庭观的电影一般以喜剧电影或正剧(剧情)电影为主,而很少有悲剧,因为悲剧不符合观众的观看需求与作为商业产品的特性。然而,这种程式在社会转型期的语境里往往被改写。世界电影史也表明,当社会处于转型期,往往也是艺术创作的黄金期。一个很好的例证就是"二战"后美国社会转型带来的新旧好莱坞电影审美的嬗变,这个时期萌生的新好莱坞电影非常忠实地记录了家庭观念的演进和更新,而后现代的社会语境导致了对家庭观念更为本质的颠覆与改写。

为了更清晰地分析西方电影与东方电影在家庭伦理观上的表达差异,我们分

别来举例。先来看西方电影中家国同构的伦理观。这方面的研究汗牛充栋,如澳大利亚电影理论家格雷姆·特纳提出了"电影一开始就参与文化身份,尤其是性别、种族和民族身份的构建"[3]的命题。此外,也有电影理论家阐述暴力在一些题材电影中不断重复出现的这种现象,与大众电影中的男性气质的意识形态总是聚焦于国家以及侵略、权力和控制有关。[4]引申开去,家庭题材电影中反复出现的离合运动,也与家国同构的男性主义主导的文化有关。这就为我们考察家庭情节剧或家庭伦理电影奠定了基础:对于社会成规而言,西方电影更多体现的是一种迎合与妥协,这不仅迎合了人类的利益最大化原理与实用主义哲学,也符合人类对于一定秩序的原始愿望。无论是美国西部片还是家庭情节剧,其诉求价值(家庭观念是其中的一种)就是当时美国社会的主流伦理观,两者毫无二致。其有如下二元性特征:

(一)静止的家庭观念被纳入社会编码

家庭题材电影多是社会家庭观的符码再现,其剧情的运动往往臣服于最后叙事需要的静止,比如结婚、两情相悦、子孙满堂。哪怕在一开始的剧情中,运动如何激烈,最后也必然回归家的静止。这种叙事程式也体现在其他的类型电影中。如在美国西部片中,往往有一个"不稳定的平和世界"[5],展现"基本文化冲突"[6],在景观的布局上,"每一个绿洲都是社会缩图"。乃至美国类型电影史专家托马斯·沙兹断言,"每一部西部片都是一种仪式:文明与野蛮之间的冲突的解决",因为它展现的是美国社会的"基本结构"。[7]这就是西部片家国同构的编码原则,代表作就是福特导演的《关山飞渡》。在电影《关山飞渡》中,一对在原先社会秩序下的逃逸者回归社会,预示了组建家庭的美好结局。由此可见,哪怕是在这种以打斗为主要内容的电影中,成家立业依然是故事所体现价值观中的焦点。

除了西部片,经典好莱坞时期的八种类型电影中的其他七种类型片——黑帮片、黑色侦破片、战争片、科幻片、歌舞片、癫疯喜剧片、家庭情节剧,其情节建构也类似。托马斯·沙兹认为:"我们研究了好莱坞八种类型片的环境和基本主题兴趣。正如我们所看到的,这些主题兴趣是通过文化对立表现出来的,而在每一种类型中,它都是通过这一类型的独特动作模式来加以对抗和解决;这样就歌颂了某种基本文化理想。这一建置、稳步强化及最终解决类型环境所固有的冲突,赋予好莱坞类型片一种仪式感及其维持基础文化价值的能力。"[8]

在家国同构的语境里,任何类型片都有它忠实的粉丝群,成为热爱这个类型的支持者；同样地，任何越轨都将遭到惩罚。正是在这种层面，好莱坞家庭题材电影的伦理观与国家观念同构。哪怕是在与家庭片风格及叙事格局迥异的黑帮片中，其叙事模式、动作及道具和场景等图像符号也均有可以归类的模式。比如，其常常在虚构之余采用半纪录式风格，情节动作需要在黑帮巢穴与警察局之间变换焦点，交叉剪辑和二元对立也成为惯例。这样就会提高社会最后战胜犯罪的作用，因为"黑帮分子是经典的独狼和唯利是图的美国男性的缩影"。[9]此类电影的中心主题是社会秩序与混乱之间的冲突，它的人物陷入对金钱和社会变动的追求之中，他们的禁锢充分通过那些黑暗的街道、浓重的阴影、令人产生悬念的百叶窗和窗帘展示出来。[10]黑帮电影中人物性格的刻画也基本采用二元对立的方式，该类型影片的典型案例是怀尔德导演的《双重赔偿》。托马斯·沙兹有一个与克拉考尔类似的论点，他认为："一种类型和神话密切相亲之处在于，它把某种社会或历史经验浓缩为冲突与解决的戏剧性格局。"[11]在社会的经验系统中，家庭生活是人类最有益的生活方式。

(二)家庭意味着叙事的终点

在几乎一成不变的家庭观念中，好莱坞编剧界过去流传着这样的模式：男孩遇见女孩，男孩失去女孩，男孩得到女孩。这三个阶段的运动组成了爱情电影的情节程式。

因此，家庭情节剧正是在这样的编码原则下呈现的，它往往以伦理、道德作为构建剧情的依据，反映从属于整个社会的男权社会意志和稳定社会的意识形态。在结构上，它往往以线性故事展现，以大团圆结尾。哪怕在属于新好莱坞阶段的《阿甘正传》这部史诗题材的作品中，智商也不再成为阿甘最后人生成功的障碍。这部电影的叙事完全是站在保守文化的立场上，连女主人公珍妮的发型都成为其是否回归家庭生活的一种象征或道具。

再来考察东方电影中的家庭伦理观。在中国、日本这样的亚洲国家中，家庭观念要么是儒家使然，要么是传统日本文化使然，家庭结构同样十分牢固。东方民族的细腻情感和对外部世界感知方式的独特性导致其有关家庭伦理的电影往往呈现出以下特征：其一，家庭是情节剧的终点，这种叙事程式与人们的保守价值观对应。其二，由于家是正宗的、稳定的，因此，破镜重圆与试图弥合的剧情都被刻画为正当的行为。例如，无论是王全安的《图雅的婚事》《团圆》，还是李安的《推手》《饮食男女》《喜宴》，其中均有为了弥合家庭而甘愿牺牲人生其他价值甚至失去个人幸福的

"正统"表达,这种表达与传统的忠孝观、贞洁观类似,有时候虽然荒诞、离谱,但为传统的中国人所接受。这种弥合的故事尚有许多"亚类似",比如在挽回破碎婚姻的过程中一次次得到救赎。家虽然是不完美的,但也是值得坚守的,虽然途中有可能失去很多。台湾导演杨德昌的《一一》就是一部表现这样的主题的电影。对家庭而言,电影中的主人公甚至都没有失去,可是,他们在一再的坚守中,连生命都已经不再眷顾,这就是传统家庭伦理的悲歌,这种表达依然因讴歌家庭而感动人。又如从破碎到回归融合的家,正在弥合的家。《巴别塔》正是全球化时代对家庭和语言交流危机的一次救赎式描绘,在涉及亚洲故事即日本父女情感的演绎段落中,故事细腻地刻画了两人从间离到靠近的过程,潜在的价值观等同于实现了一次从家的破碎到家的回归的旅程,最后的弥合既牵强附会,也令人感动(于导演的努力)。这就是当代在接受美学等电影美学和社会思潮、意识形态影响下的家庭叙事。我们看到,这种亚洲故事的叙事痕迹与传统西方叙事的价值诉求是一致的,即便是在诺兰的科幻电影《盗梦空间》中,家虽因妻子的自杀已破碎,但最后叙事的圆满也要通过主人公回归破碎家庭——正面面对孩子的行为来矫正与弥合。其三,"负负得正",旁敲侧击。虽然曾经失去,但也可以进行亡羊补牢式的弥合与隔代、生死之间的救赎。这些电影通过情节编码,往往突出谅解犯错之人的宽容或注重在世之人的价值。具体来看,"弥合"类的电影往往聚焦于刻画失去家庭的人物的悲惨命运,以此衬托家的重要性。如在电影《在世界的尽头呼唤爱》《燕尾蝶》《情书》中,虽然家是破碎和空无的,但它曾经完满,或者目前正处在弥合的过程中。相同的表达也出现在《失乐园》(对家的另一种表达)、《花火》(对家庭美好生活的眷恋)、《相爱相亲》(对死去父母合葬的重视乃至大动干戈)等电影中。"救赎"类的电影则给予观众一种态度反转的感动,其中又有"隔代救赎"(如《海街日记》)与"生死救赎"(如《入殓师》)之分。

有两个现象值得我们关注。第一个现象,在亚洲电影中,对家庭的维护比西方电影更加强烈。这方面的价值传导还可以从亚洲电影充斥的那些违反家庭伦理就悲剧性收场的故事展示中获得反向认同。例如,日本电影中就存在大量表现失去家而导致悲惨结局的故事,如《玩偶》《失乐园》等。这种表达无疑强化了家庭伦理正统性的叙事,是对家庭观念正题的有效补充,因此,笔者将其列为"家是叙事的终止"大模式。第二个现象,在日本电影与其他亚洲电影的对比中,可以发现日本电影的救赎性情节比较多。《入殓师》的主人公大悟仅仅通过为父亲做入殓仪式时发现父亲手中一直握着小时候自己给父亲的一块小石头就转变了态度,从厌恶到同情,最后通过将这块石头仪式性地传递给怀孕的妻子——意为爱的传承或血脉的传承——就将救赎的主题发挥得淋漓尽致。《情书》的画面虽然唯美,但叙事也难掩日本社会后现代性的冷漠与人性的诡异,包括对爱情的不可捉摸性与不明确性的描绘。只有生者对死者的访问,才可以替男主人公生前对女主人公似乎非自然的爱情(替代性、补充性爱情)找到救赎。笔者认为,这种救赎是西方文化与日本特有文化糅合的结果,其内在逻辑又与社会的后现代性吻合,即抛弃过去的陈规,迎接新的生活。或者说,生活的伦理可以重新建构。

三、家的运动

随着社会的发展,电影中对家庭观念日趋淡薄的表达逐渐增多,甚至有时表达一种与传统家庭伦理观对立的叛逆性价值观。这种表达有时成为时髦文化的标签,如新好莱坞电影与性自由文化等。探究这种现象背后的文化逻辑,电影诞生之期是西方世界资本主义现代化进程的蓬勃发展时期,因此,从电影诞生的时代契机来看,电影某种程度上象征了对科学与现代生活的追求;在美学上,电影势必反映运动,或者像戏剧一样展现主人公的行动。因此,变化与突变就是电影的法典。家庭代表了一种稳定的生活模式,因此,电影要么表现如何组建家庭(家虽是静态,但人物为了这个目的在行动,从不稳定中回归稳定的生活),要么表现一个从正常家庭中脱离出来的人的运动。这两种运动正是电影的魅力所在。

这两种运动与电影情节模式以及结尾模式组成了一种张力。在美学上,电影运动与前文所述的电影和社会同构的价值建构及文化逆反的解构有关。在情节上,又与电影本体所要求的运动有关。在内在的电影情节逻辑上,新颖的家庭题材电影往往与家庭观念的稳定性之社会观念产生差异,这种差异也与丹尼尔·贝尔在《资本主义文化矛盾》中所指出的资本主义矛盾相类似。于是,在高度发达的物质社会里,传统家庭观念的维持遇到了社会发展根深蒂固的矛盾:其一,社会要求稳定,而资本主义文化的本质——金钱的快速流转原则却要求生活日新月异;其二,人性既要求稳定的安全感,又要求体验多元、多样、新鲜生活的满足感。这种本质上属于社会与文化、家的团体与人的个体之间的矛盾,是任何资本化社会都不可调和的矛盾。电影作为大众文化载体,集上述诸多矛盾于一体,势必展现诸多症候,再一一以模式的途径解决。

(一)家依然是生活目的,但颠覆了大团圆结构

在当代的一些电影中,家的运动呈现出与传统大团圆结构相异的形态。下表就反映了 20 世纪 90 年代至 21 世纪初期部分家庭题材电影中的情节运动模式,其间可以看到家庭的运动已经脱离了简单的大团圆模式,呈现出丰富性的特点。

电影	剧情主线	运动的逆向和正向	情节结尾的模式
《克莱默夫妇》	家庭破裂—孩子抚养权争夺—谅解	破碎但谅解	非大团圆结构
《廊桥遗梦》	家庭裂缝—未破裂—隐藏—被原谅(回归)	回归且获得宽容	非大团圆结构
《失乐园》	一开始圆满—破裂—悲剧	失去型(悲剧性)	非大团圆结构
《玩偶》	一开始破裂—试图弥合但失败—悲剧收场	失去型(悲剧性)	非大团圆结构
《入殓师》	两条线索穿插	失而复得+弥补型(宽容)	喜忧参半结构
《海街日记》	失去,但最后原谅"罪魁祸首"	弥补型(宽容)	喜忧参半结构
《团圆》	虽然团圆,但结尾非常复杂	混沌型(未解决)	非大团圆结构

在上述所列举的电影中,包括日本电影、中国电影和美国电影,在这些电影的情节中,我们看到主人公为了家庭在奔波或行动。有趣的地方在于,无论情节的编码从哪个时空切入,家都是内化的中心,左右着主人公的行为和态度。这种非大团圆的情节模式在美学上具有"在破碎中重构"的意蕴。观众在电影中看到一幅不再完整的图像,通过心灵把它们拼贴成一个完整的故事。如在数量众多的家庭题材电影中,我们常常看到中心人物为互相提防的夫妻二人,尽管他们的社会态度不同,但分开了就没法生活,这种情节反证了家庭的合法性。

(二)家庭观念的颠覆

通过上述几个层面对电影中家庭观念之建构的考察,可知家国同构的道理。但是,电影既有顺应文化的功能,也有反叛文化的功能。与其说类型是观众的喜爱造就的,还不如说类型本身造就、塑造了观众,观众是被建构的。因为电影是商业产品,确切地说,它是为特定观众生产的产品。它的情节运动肯定也是对社会运动的某种模仿,即当社会转型,电影中的(人物)运动势必投射社会(形态)运动。在一

些类型电影中,其本身的基础就是树立该类型电影中主要人物的合法性。比如,体育电影强调人生追求和事业的重要性,酷儿电影强调性关系的重要性,在人生追求、事业追求和性追求的裂缝中,很少再有兼顾家庭重要性的情节。

如果说这是美学自身主体性发展导致的现象,那么,还有另外一种内容式的颠覆,即正面切入家庭问题并给予负面评价的情节。在新时期特别是所谓后工业时代(西方发达资本主义社会)的电影中,除表现大团圆结构的家庭伦理电影和表现家庭建构虽是人生正道但其间充满复杂性的非大团圆结构电影外,还有一种新颖的表达趋势,就是出现了许多离经叛道式的揶揄家庭甚至恶毒攻击家庭的电影。在家国同构的立论之正题中,这也是情有可原的。因为任何论题,有正题必然就会有反题,正题本身是反题的存在基础。在西方社会朝后现代方向发展的过程中,家庭破碎、瓦解、颠覆、离散,特别是破落社会的衰败导致的家庭离散或由于全球化流动导致的家庭离散,已经不可避免,因此,西方社会先于东方社会出现了家庭反思题材的作品,这也符合常理。早在美国戏剧家尤金·奥尼尔的《通向黑夜的漫漫长路》与田纳西·威廉斯的《欲望号街车》中,对资本主义社会传统家庭的瓦解就已经有了触目惊心的描绘,而到了阿瑟·米勒的《推销员之死》、哈罗德·品特的《回家》、谢泼德的《被埋葬的孩子》、爱德华·阿尔比的《谁害怕弗吉尼亚·伍尔芙?》中,家已经千疮百孔,危机重重。上述戏剧作品甚至描绘了家庭内部的引狼入室、通奸、强奸、杀子等情节,这些剧情整体上隐喻了家的零落。电影与戏剧相比有过之而无不及,这些颠覆家庭观念的电影可以分为以下两个亚类型:

1. 家庭结构的逐渐瓦解

现代性意味着传统家庭结构的瓦解,处在传统与现代社会裂缝中的大多数人都可以体会到家庭的失落。从中国伦理电影《人到中年》《喜临门》《站台》中所描述的现代化大潮中不可避免的"家庭的失落",到美国电影《美国丽人》、比利时电影《单车少年》中"家庭的崩溃",这些表现家庭结构失落和崩溃的叙事又可分为:

其一,正在瓦解的家,如《东京物语》(小津安二郎)、《站台》(贾樟柯)、《美国丽人》(萨姆·门德斯)。其二,漂泊的家,如在贾樟柯的电影《世界》《天注定》《三峡好人》《山河故人》中,主人公均有一个全球化流动、漂泊的家。其三,一个人的家,即鳏夫、守寡女人或者抛弃婚姻宁愿过单身生活的孤独者,如在肯尼思·洛纳根的《海边的曼彻斯特》中,李和乔伊兄弟俩都婚姻破裂,孤独生活。许鞍华的《桃姐》描述了两个单身汉的生活,但我们从这部电影悲情的色彩中依然把脉到家庭存在的合理性,潜台词似乎是在说,正是家的丧失或缺失导致了生活的不幸。其四,已经瓦解的家,呈现后果。如在《单车少年》(比利时)、《朱诺》(美国)、《入殓师》(日本)、《海街日记》(日本)、《钢的琴》(中国)等电影中,家已经破碎,唯一可行就是照顾下一代的生活。其五,侧面被侮辱和污名化的家。如在电影《芝加哥》《肖申克的救赎》和由戏剧改编的《欲望号街车》《推销员之死》《回家》《谁害怕弗吉尼亚·伍尔芙?》等电影中,家往往危机重重,没有吸引力。为了实现叙事的张力,这些电影中家被设置成罪恶和生活困顿的发源地,传统的家庭美德已经遁影。

2.家的"实在界"图景

前文论述了家作为叙事终点的类型电影,如爱情电影就往往以成家为终点,这里还需要正视一下那些直面婚后琐碎生活的电影。笔者借用了拉康的一个精神分析术语"实在界",这个术语也被斯洛文尼亚当代思想家齐泽克演绎出了生动的文本,如《欢迎来到实在界这个大荒漠》。[12]顺着现象学和精神分析学的路径,笔者发现随着当代电影叙事的日益精致化,目前还出现了一种现象学意义上的电影,其与类型电影的模式化表达不一样,往往切入特定主人公面临的具体生存困惑,进行非模式性的"在场"刻画,因此深得人心。

在维姆·文德斯的电影《德州巴黎》中,家庭的破碎图像成为表现欧洲人在美国这片所谓自由的土地上寻找出路的一种终极隐喻,因此,电影不惜笔墨刻画了主人公查韦斯内心世界的觉醒到再度沉沦,体现了导演对家庭和人类存在这些命题的哲学思考。在罗伯特·本顿导演的《克莱默夫妇》中,破碎的家是起点,叙事的重点是丈夫如何夺回被前妻监护的孩子。于是,家不再是故事的原点,故事的原点是男人如何站立起来。相对于法国符号学家普洛第的《三十六种戏剧模式》,失去家庭已属于次级情节,个人意识的觉醒成了主要情节,其间的生活细节刻画也非常生动。20世纪80年代以来,中国电影中的家庭叙事也蔚为壮观。第四、五、六代导演如谢安的《香魂女》、顾长卫的《孔雀》、张元的《过年回家》、王小帅的《青红》、王全安的《图雅的婚事》《团圆》等,均描绘了婚姻的"实在界"画面。这种属于艺术电影的叙事相比于刻板的以娱乐大众为目的的商业类型电影,已有了十分丰富的经验和隐喻图像。

因为"实在界"的辽阔,此类电影没有明确的家庭伦理观,体现了后现代家庭的瓦解潮流和人类为生存之间的一种协商姿态。在《德州巴黎》中我们看到,这类电影不着重刻画破镜重圆,而是刻画境遇的往返与情感的疑惑。这种晦涩性的切入,与后现代社会思潮的演进都有关系。同样,在美国电影《廊桥遗梦》中,女主人公虽然出轨,但仍被有限度地接纳,这种认同的获得与电影的情节和人物性格编码息息相关。首先,女主人公弗朗西斯卡作为勤勉的家庭主妇,其为家庭所做的贡献不能磨灭;其次,弗朗西斯卡的意大利移民身份和天主教徒的宗教背景让她情有可原;再次,叙事以死亡为起点,通过回溯式结构,将第三人称与第一人称视角相糅合,有效规避了出轨对家的责任的担负,获得了观众的同情或死者为尊的伦理感染。

　　比晦涩的电影走得更远的是那些离经叛道的电影,如英美电影《死侍》《五十度灰》等。这些电影挑战传统伦理的道德底线,却为市场所接纳,体现了人类政治观、伦理观和日常生活行为分野之"诡秘图像"。因此,与后现代和文化差异性有关,电影中出现了对另类关系的刻画。例如,《五十度灰》以交易开场,以婚姻收场,其间展现的却是对金钱的容忍。这种价值观模糊的电影特别是正面反映主人公出轨和婚外情的电影,也包括对家这个概念的悖谬和超越文化的空无之描绘以及对传统家庭观念的赤裸裸的逆反。又如正面描述主人公与第三者爱情的电影《昼颜》,反映机器与人之间恋爱的电影《人偶之妻》,家暴题材电影《施虐之诗》等,或描绘正常之家的破落,或描绘对家的厌恶与逃逸。此外,还有更为震撼的颠覆社会正常伦理纲常的影视作品。而这些叙事之所以出现并获得大小范围不等的流行,至少说明了当代人对家庭观念的一种敞开态度和自由表达。

(三)性别替代婚姻

　　当代电影题材丰富,有家庭元素的电影也并非一直认同家庭存在的合理性。在一些类型电影中,家庭已不见踪影,取而代之的是一些想象性的虚构图像。而在另一种政治电影中,性别和肤色平等代替了家庭的合法性叙事,实现了对家的逃逸叙事。当代,关于性别和肤色平等(所谓多元主题、多重线索、多角度叙事)的电影开始涌现,并有盖过以家庭伦理为重的家庭题材电影之势。这种趋势不是编剧和导演一时疏忽或故意为之的个人行为,更多的是全球化时代导致的以性别、肤色浮现为艺术主题的后果。性别、肤色、族裔平等当然是我们理性精神的反映,可人类总是一次次陷入主观臆测乃至判断的陷阱,甚至深陷其中,屡犯错误。家庭伦理电影的剧情编码是人类在性别、肤色、族裔等方面容易犯错的重灾区。在美国电影《克莱默夫妇》(1979)中,最后是作为男性的丈夫获得了抚养权,而女性的失落却被有意而粗糙地忽视了。这种情节设置就是20世纪70至90年代美国社会开始回归传统的一种反映,对男权社会的批评还没有今天猛烈。因此,这部电影可以说在尊重家庭观念的同时,犯下了性别歧视的错误。笔者判断,相同的情节在当下甚至会导致性别暴力的诟病。2003年的英国电影《真爱至上》讲述了圣诞期间发生在伦敦的几个爱情故事,最后主人公们一一达成新年愿望。其中,凯拉·奈特莉饰演一位有夫之妇,其丈夫为有色人种,电影以同情的态度描述了妻子与一名倾慕她的白人男子依稀朦胧的情感关系,笔者认为这种正面描述白人妻子"心灵出轨"的镜头携带着种族主义和肤色歧视的基因。

当然,在二元对立的语境中,既有这种不假思索的西方优越感、男性优越感或白人优越感的无意识展现,也有大量试图抵消、弥合这种对立甚至为种族主义、男权至上者的错误救赎的电影出现,如电影《撞车》《巴别塔》《当萨利遇见哈利》《朱诺》等,就实现了男性和女性不断协商以换来一个美好结果的正义价值观。而在乌斯曼·塞姆班的《割礼龙凤斗》、苏莱曼·西塞的《风》等电影中,对主人公追求男女平等、反抗性别歧视的努力都做出过卓越描绘,这是人类的大道和永恒的政治正确。

关于两性关系和家庭观念,这种隐秘的传统与现代之间角逐的线索在电影的百年历史中忽隐忽现,也成为一种景观。这种电影中的景观与全球化语境中一个话题时常反复的过程有关,如宗教、种族、性别等,纠葛了千年,而进步的背后时常有令人咋舌的退步出现。在电影学的范畴内,这种令人不安的性别、族裔歧视电影确实破坏了电影的道德传承。

结语

在离婚率大增的社会中,人们的家庭观念都在发生着变化。通过分析东西方家庭题材电影中的家庭观念演绎,无论采用传统以不变应万变的方法表达家庭的合法性,或者采用现实主义的手段表达"在破碎中重建"家庭,甚至采用颠覆和蔑视家庭观念的方法,都体现了电影人在各自文化里对于家庭概念与家庭问题的多样性思考和表达。对于描述家庭观念的变迁,除了与本文采用的电影意识形态理论相对应,也可以用英国社会学家吉登斯的时空分延、法国哲学家德勒兹的块茎等概念来进一步加以阐述。

(濮 波,浙江传媒学院)

注：

[1][德]齐格弗里德·克拉考尔.从卡里加利到希特勒——德国电影心理史[M].黎静,译.上海：上海人民出版社,2008:3.

[2]谢波.爱情与伦理向度下的家庭叙事——中国电影家庭情节剧研究[M].昆明：云南大学出版社,2016:10.

[3][澳]格雷姆·特纳.电影作为社会实践[M].高红岩,译.北京：北京大学出版社,2010:1.

[4]Barry Keith Grant：Film Genre：From Iconographyto Ideology. London：Wallflower Press. 2007，P87.

[5][美]托马斯·沙兹.旧好莱坞·新好莱坞：仪式、艺术与工业[M].周传基,周欢,译.北京：北京大学出版社,2013.

[6][美]托马斯·沙兹.旧好莱坞·新好莱坞：仪式、艺术与工业[M].周传基,周欢,译.北京：北京大学出版社,2013.

[7][美]托马斯·沙兹.旧好莱坞·新好莱坞：仪式、艺术与工业[M].周传基,周欢,译.北京：北京大学出版社,2013.

[8][美]托马斯·沙兹.旧好莱坞·新好莱坞：仪式、艺术与工业[M].周传基,周欢,译.北京：北京大学出版社,2013.

[9][美]托马斯·沙兹.旧好莱坞·新好莱坞：仪式、艺术与工业[M].周传基,周欢,译.北京：北京大学出版社,2013.

[10][美]托马斯·沙兹.旧好莱坞·新好莱坞：仪式、艺术与工业[M].周传基,周欢,译.北京：北京大学出版社,2013.

[11][美]托马斯·沙兹.旧好莱坞·新好莱坞：仪式、艺术与工业[M].周传基,周欢,译.北京：北京大学出版社,2013.

[12][斯洛文尼亚]斯拉沃热·齐泽克.欢迎来到实在界这个大荒漠[M].季广茂,译.南京：译林出版社,2014.

(本文原载于《四川戏剧》2018年09期)

中国生态电影的创作反思与审美走向

孙 玮

一、观念传递：生态电影创作的文化内涵

生态电影作为当代社会文化文本之一，成为生态文明与生态文化思潮贯彻和传达自身理念的重要传播途径。美国生态学者约瑟夫·米克曾提出："如果将文学创作作为人类表达的重要特征之一，那么应当对它进行细致实验，发现它对自然环境以及人类行为是否产生影响，对人的生存与观念产生何种作用，为人类以及其他物种包括整个世界环境提出何种立场与观念，文学是否可以让我们更好地适应自然界的生活？从达尔文主义的自然淘汰理论来看，文学是更快地造成了我们的灭亡，还是更好地促进了我们的生存？"[1]

与文学一样，我们对于电影文本的考察，也与自然生态世界有着密切的内在联系。作为文化观念的传递者，生态电影既反映和折射了人类对于自然生态观念的变迁，又影响着现实空间内人类的自然观念，并以影响和改变观念的方式，同时影响着自然生态的保护与生态文明社会的建设。生态思想家唐纳德·奥斯特针对生态观念对于现实空间的影响就曾提出："今天人类所面临的全球性生态危机，不是因为生态系统自身，而是人类文化系统的负面影响。要解决生态危机，就需要尽量厘清人类文化。"[2]由此可见，生态电影的文化内涵本质上就是探讨人与自然的关系，探寻人与自然和谐相处的理想模式是源于自然危机背后的文化根源。

将生态电影放置于当下的全球化语境中来看，电影在生态危机日益加重的背景下对现代工业文明的反拨，是创作者以生态意识构建和谐社会、建设生态文明的价值取向的自觉表达。电影艺术作为最大限度承载观众群体并分享阅读空间的艺术形式，成为传递和反映人类自然生态意识、关注人与自然关系、承载社会共同的生态价值诉求的大众文化工具，也是全球化语境下中国生态电影在意识形态领域的必然的走向。

随着人类社会的不断发展，人类对自然的掌控能力也越来越强，从原始社会到农业社会，再到工业社会，经济基础日渐提升的背后是意识形态的巨大变迁。从"附魅"到"祛魅"，自然的神圣地位一直在人类心中消解。人类文化开始背离自然逐渐走向工业化。后现代的消费社会的一个重要标志是有关市场的一切都被明码

标价，其中就包含自然界。自然环境仅仅被人类视作自身发展的"生产条件"，从而进入商品经济的循环当中，这也导致了人类对自然从此进入予取予求的疯狂状态。在消费主义思潮影响下的后现代社会，消费文化成功唤醒了绝大多数人对于物质无止境的欲望，让人类忘却了自然除却商品属性外的其他意义。物化的人类开始迷失自我，将自然标上价码。

卡尔·尼波拉在他的《伟大的变革》一书中曾这样阐述："我们将土地称为自然要素之一，莫名其妙地和人类联系在一起。孤立土地并在其基础上建立市场是我们祖先做过的最荒诞的事情，经济功能仅仅是土地多种重要功能之一。土地维持人类的生命，它是人类居住的场所，是四季与风景。我们可以想象，生命没有土地的支撑，就同人类失去了手与脚。然而，将土地与人类分离，并按照房地产市场需求构建社会，却是乌托邦市场经济概念中的重要组成部分。"[3]

自现代文明诞生以来，人类将自然置于束缚与奴役之下，自然也给予人类最大的回击。人类与自然的冲突日渐成为后现代社会中越来越全球化的问题：环境污染日渐严重，人类对于资源的消耗与日俱增，由此造成自然灾害频发，物种不断灭绝……人类面临上述问题，开始萌生更为多元化的生态主义思想，在人文社会科学领域出现的生态美学与生态批评的学科方向都要求人类敬畏和保护自然。生态主义思潮的潜流逐渐奔涌成潮，形成新的方兴未艾的全球化潮流之势。作为展示文化理念的文化产品，生态电影以自然影像和数字化虚拟技术的方式书写和讲述自然，实际上传递的是人类自然观念的文化表征，是自然观念在文艺表达方式上的影像化展示。生态电影一方面通过写实的现实空间维度展现的科教片与纪录片完成我们自然观念的现实状态表达，同时以数字虚拟影像的生态审美表达的剧情片与科幻片来完成对于自然观念的未来展望。"可以看出，无论从日常生活审美化还是意识形态再现与审美，社会项目与生态项目是相互辅存的。每个社会性项目（包括文学与艺术）都同时是关乎自然和生态系统的，反之也如此。"[4]生态电影对于大众的环保思想起到不可低估的作用。从某种意义上来说，它为保障地球的生存发展付出了极大的努力。生态电影的创作者以现实影像表达或以虚拟影像描摹的方式来传递心底对生态和谐的期许，以生动的现实影像和奇观化的艺术创作传达生态观念，传达生态期许，描绘人类梦想的栖居家园，对于唤醒人类的生态意识、重新审视人与自然的关系、建立人与自然和谐相处的生态文明思想有着重要的反思力量。

二、反思与批判：生态电影的现状与问题

在灾难频发、人与自然矛盾日益激化的后现代语境之下，生态电影的创作和传播正一步步发展，对于生态电影的思考正被放置在全球化的局面下加以考量。生态电影成为当代多元文化版图的一部分，无论它是剧情电影还是纪录电影。生态电影在扩展类型元素的同时，其叙述表达主题正在逐步突破观念与模式的桎梏。作为一种新兴的为回应现实生态危机而生的电影类型，生态电影有着更为广阔的前景与生存空间。生态电影将概念和学理性的生态理念诉诸影像并鲜活地呈现出来，给予观众以强烈的视听享受，同时将生态文化观念投射向受众。伴随着国内生态文学、生态伦理、生态哲学及美学等理论支撑的完善，中国生态电影的艺术性、现实性与审美走向等方面引发了学界强烈而广泛的关注，指引着国产生态电影取得了长足的发展。但在现实生活中，以观众的接受能力、习惯的差异为考量，真正从传播学的角度完成生态理念的有效传达的生态电影所占比例并不大。生态电影背后隐藏有种种的潜在危机与问题。

(一)生态电影创作的视角缺失

全球化语境下的生态电影中创作的多元性与多样性是作品的活力所在，当代中国生态电影，也在逐渐走出模式化框架，尝试多元化的表达。但是，在这些多样化的书写当中，我们依然可以看到其中潜藏的话语表达的缺失。以更为全球化和整体性的观念和视野来看待当下的生态电影，其对自然生态的关注不够深广，视野也相对狭小，主要集中在沙漠化治理(《家在水草丰茂的地方》)，或者珍稀动物的保护(《可可西里》)、动物族群维护(《狼图腾》)、环境污染的幻想描述(《大气层消失》)。生态环境恶化以及伴随而生的疾病与自然灾害等更为深层次和整体性的话题并未被完全挖掘；对于发达国家对污染工业和重污染化工等污染的国际转移，地区和城乡之间的资源消耗、生态义务的不对等，都缺乏更深刻的关注。欧美生态电影更强调生态问题的整体性和生态正义的讨论，例如关注环境污染寡头的污染转移(《永不妥协》)；因污染灾害而引发的环境灾害，例如《环太平洋》《2012》《后天》等对自然灾害的呈现与想象；生物因生态环境恶化而与人类产生的矛盾，例如《哥斯拉》《致命接触》等。科幻片和灾难片都积极地回应这些生态热门话题，以强烈的创作敏感触摸时下热点的生态现实，已经是好莱坞生态电影中的惯用模式与手段。这也就要求我们突破地域与族群的狭隘，以更为全球化、整体化的眼光来看待这些

生态热点,将对生态问题的深层次讨论纳入创作视野当中。

生态电影与商业电影相区分的一个重要特点就是其在获取资本利润的同时对文化影响的追求,表现在影片的思想表达和艺术审美的结合程度上。中国生态电影的创作者不仅仅要运用电影技巧和精巧设计的故事来吸引受众的眼球,还要在作品中体现观众观念的价值导向,因此在处理题材时就会更为审慎。因为多民族的地域构成造就的生态文化的多元性,许多讲述少数民族地区的电影就呈现了这种古老传统的文化观念与现代文化观念的碰撞,从侧面突出了生态文化的主题。它们在接纳西方文化的过程中将以自然为本的生态主义与以人为本的人本主义二元合一,同时兼顾传统东方文化中的生态文化观念,包括以"天人合一"为代表的东方文化中对人与自然关系定位的古典哲学观念,从而形成对于当代现实生态危机、现代性负面效果下的人与自然的矛盾状态的新型见解与独特认识。

当代以社会主义人生观、价值观及爱国主义的凝聚力作为叙事背景的国产生态电影,更加偏向于表达主流意识形态,将抵御自然灾难的重任放在无私高尚的政府工作者身上,以人本主义的视角来关注灾难中的人性的善与恶。但这样的表达视角造成生态观念表达充满了说教意味,却没有清醒地认识到正是以增长作为核心的经济发展观,以国内生产总值的增长作为指标的政绩观才是生态危机出现的原因。这种现代性的文化系统正是造成生态危机的文化性根源,只有认识这种危机根源,并将这种思想转化为生动可感的艺术形象,才能激发观众对现代性做出反思,唤醒大众的生态意识,促进现代文明的"绿色"转向。

(二)生态电影创作手法的不足

中国环保事业的奠基人之一曲格平说:"如果没有大众传媒的推动,那今天的中国环保事业将不存在。"[5]作为在生态危机的大环境背景下产生的电影类别,生态电影肩负着以电影符号将形而上的思想转化为视觉影像的重任。其发展经历了相当漫长的过程,但时至今日,其创作手法仍有引发争议之处。

首先是表现手法较为单一。早期中国生态电影以科教片为主,过分强调思想性,对于观赏性和故事性的设计都不够重视。新千年以后,虽然涌现了像《可可西里》《美人鱼》等带有强烈生态意识的生态电影,但是并未形成丰富多彩的艺术范式,也没有形成具有类型特点的发展路径与特色。对比欧美生态电影强调将视觉奇观融入的剧情片和动作片的艺术元素(如《荒岛余生》《纽约熔城》等)以及商业化的炒作模式和完整的类型要素,中国生态电影对于生态主义和自然观念的价值观念的输出,还停留在喋喋不休、知识灌输式的解说表达,使得影像传达的认同感被削弱,最终使得中国生态电影在反映现实生态的恶劣状态时深度不够,价值诉求的目的无法完满达成。

其次,新千年后的中国生态电影,开始使用大量的影像奇观来完成生态叙事。不同于真实记录的现实风格生态电影,观众可以从真实完整的自然风景和情节叙述中领会创作者意图传达的生态内涵与生态观念。随着数字影像技术、3D、CG技术的发展,过分强调技术奇观的表达冲淡了生态和谐的内涵。与对科技扩展进行批判的主题形成悖论的是为了固守观众的商业观赏的期待,电影对技术手段的无限度使用。进入影院的娱乐审美推动力使得观众出于对影像奇观的热情而追捧影片,观众在被动接受这些以特技手段营造的所谓真实时空的过程当中,逐渐进入后现代社会的精神虚无与异化的状态。观众仅仅感受到的是抽离了事物自身独立价值与意义的影像符号,观众消费快感所带来的假象将人的精神世界推向了浅薄与功利化。即使包裹着生态主义的主题,在技术制造的奇观之下,中国生态电影的消费过程带来的不是反思,而是消费化与娱乐至上的尴尬境遇。模式化的生态环境包装、夸张的非真实特效图景,使观众的视觉在急速放大的灾难场景和科技幻觉面前变得浅薄,湮没了对自然的尊重。生态电影作为艺术的形式在技术冲击之下越来越功利与模式化。受众因观赏获得快感,沉浸其中而不再反思,技术奇观带来的观赏性远远大于参与性,生态思想实际的影响力变得微弱。

再次,生态电影表达生态灾难时所使用的科技特效场景,为了追求更为真实和直观的视觉奇观,都会造成巨大的能源消耗。新千年后的国产生态电影投入相当大的资本以配合精良的数字虚拟技术的完成,但带来了现实生活中大量的能源消耗与污染。幕前真实感知的生态环境的制作却是以幕后的生态危机作为代价,这无疑是对生态观念颇具反讽意味的悖论。

1999年制作的生态电影《海滩》,将植被保护作为表达主题。但在实际拍摄中,导演为了视觉观感,在泰国的玛雅海滩挖掉当地独特的热带植物,种上椰子树,从而引发泰国环保主义者的强烈反抗,他们一度将剧组逐出海滩,禁止影片的拍摄。[6]《海滩》的拍摄造成滥垦土地,观光客蜂拥而至,对玛雅海滩的破坏极其严重,当地本已脆弱的生态系统彻底崩塌。同样,宣传动物权利的生态电影《101只斑点狗》,在影片之外也引发了环保质询。由于电影将黑白斑点的大麦町犬(斑点狗)设定为温柔可爱的角色,观众在欣赏影片后出于私人兴趣开始饲养,大麦町犬被投机者商业化繁殖。实际上,大麦町犬性情难以控制,并非电影所表现的温顺可爱,因

— 181 —

而又再次遭到弃养。[7]

著名的生态摄影创作者奚志农曾提出:"在中国,作为生态摄影师,最重要的是对于自然的爱。"[8]这种对于"自然的爱",不能只是表达在作品中,也要求我们在生态电影的创作中以平等、尊重的心态来对待自然,而不应是对自然忽略与践踏。因为你所伤害的,恰是在作品影像中努力完成和保护的内容——关于生命的尊重与生存的平等。

(三)生态电影创作的伦理道德的失语

作为中国电影分类的尝试,生态电影的意蕴空间依然是一个有待探索的空间。自然生态纪录、原生态表达和生态意识的故事性讲述,这些生态电影的表达方式很大程度上仍然停留在人与自然的关系、人与生态互动的层面。而"生态"一词在后现代的国际语境下,有着更为丰富多元的意义,从最初的生态环境的意指,延展到人文、人性与社会历史的范畴。在人类的历史进程当中,男性与女性的两性伦理、社会发展与个体生存的和谐适应,包括不同的文化信仰的友好共生的空间,都开拓出生态概念中更为丰富广阔的意蕴内涵。

我们可以立足于生态哲学解读中国电影文本,从生态美学、生态伦理学和生态媒介的视角去评估其价值。生态电影从生态女性主义、后殖民主义以及"全球化"和"在地化"的书写和表达等角度,以生态伦理学中的整体性观念来完成对作品的重塑。

"生态女性主义"观要求女性主义的生态发展必须摒弃旧有男权制的统治原则,即一方压制另一方的伦理秩序,基于互惠和负责的生态道德伦理观,建立新的伦理秩序。这种观念建立在21世纪的全球化语境下,运用于影视艺术之中,便是要求影视艺术应该重新审视自己的文化姿态,着力倡导和塑造生态女性文化批评。

在中国传统的生态哲学里,朴素的辩证自然观崇尚阴阳和谐。周易中"阴"与女子、坤道、大地形成一体,而"阳"与男子、乾道、天命形成一体。阴、阳、乾、坤皆指涉两性的二元对立。

生态女性主义批评的价值意义在于改变这种压迫性的"观念结构",改变处于"阴"性自然被动承受的生存状态,改变自然界的生态危机,而以尊重、同情和关爱为精髓的"阴性"文化重构影视伦理。综观以生态为主题的影视作品,除去最近的《美人鱼》《捉妖记》《阿凡达》等讲述人类与非人类自然族群关系的电影,最终的哲学指向无一不是重新建立对于自然的信仰,重新构建人与自然的关系。《美人鱼》

的片尾,选择隐居自然,和美人鱼携手共游海洋的富豪刘轩便是这种生态主义伦理观的践行者。人与美人鱼的伦理关系由最初充满色欲的征服奴役关系,转变成琴瑟和鸣的"夫妻"关系,背后也是人与自然的生态伦理关系的重构。这种充满诗意的家园意识的描写,恰是未来影视伦理价值观所需要传递的[9]。

区别于资本主义对于环境污染和生态破坏进行理论概括的含义,对于生态环境的定义,在中国生态电影的表现中,是从自然生态和人文环境两个层面进行的。中国生态电影里的环境意指人与自然生态以及人与社会时代环境的关系。具体到高度工业化的后现代社会,人类不仅在恶化的物质环境中难以维生,同时面临精神分裂、内心信仰异化等危险局面,每个人都成为精神上的流浪者,社会病态地追求经济发展,割裂了人凭借社会环境为生的精神依恋。生态电影《红色沙漠》《钢的琴》都对"这种现实家园被推倒,精神家园也同样迷失"的状态加以了描摹。但是这类生态电影对于生态问题的反思和认识还仅仅停留在生态问题本身而未涉及精神层面的探讨,这一切最终造成了来自时代馈赠的"两难命运":"他们仿佛只能退居内心古典、过往的无有之乡。同时,也是以诗意、梦、童年回忆、个人体验和感性经验来应对时代转型、世俗化和'机械复制'趋势造成的无望反抗——既是反抗,也是逃避。"[10]因此,中国生态电影的创作更应当将电影的深层思想通过艺术形式表达出来。如何深入思考当代社会所面临的生态问题背后的文化伦理根源成为生态电影创作需要关注的重点。

自20世纪80年代以来,从单纯的生态主义科普片到较为成熟的生态纪录片,再到充满故事性的生态剧情片,以及具有强烈生态意识的广义"大生态"电影,中国生态电影所涉及的领域从传统的表达自然环境、原生态文化和生态意识的范围内跳出来,逐渐在生态主义背后开启对眼前状态的反思。这也是生态电影创作中需要反思的文化伦理问题:如何从单纯的生态主义领域背后发掘生态殖民主义、生态女性主义、国际化和民族化的书写表达等更为丰富、厚实的文化伦理观念。

三、回归与超越:全球化语境下生态电影的审美走向

作为一种主张多元性与多样性的电影分类,生态电影传递出的是去中心性,主张人与自然的整体性和多元性的审美观念。在全球化语境的时代背景下,国产生态电影对东西方多元文化审美的吸收与表达正是其生存、发展的走向。

在对生态电影进行审美批评的进程中,无论是西方还是东方的批评者,都在反

思西方主流的现代工业化文明,试图纠正"人类中心主义"造成的种种哲学偏差,开始从历史传统与东方智慧中寻找理论资源的支撑,从而形成了全球化语境下生态电影的审美走向:传递来自东西方美学中共同的关于生态系统健康发展的生态观念,在共存与发展的基础上实现人与自然的整体和谐。

中国生态电影的创作,首先要有开放的全球化的眼光,以包容的心态吸收西方生态电影在创作理念与表达方式上的优势,其次要发挥"在地化"演绎的本土风格,注重将本民族的文化特色加以展现,最后需要将传统性与现代性加以融合,在自然回归的表述当中实现对传统自然审美的超越,打造出既有中国特色又具有全球化视野的充满生态意蕴的电影作品。我们提倡生态电影在美学上回归自然和传统,并非是向原点的倒退,而是对传统生态审美的超越性回归——吸收中国传统文化中"天人合一"的理论精髓,回归人与自然的和谐状态。

"在中华民族文化传统的源头,天地自然和社会人心的地位关系都已经确定,中国人的宇宙观和人生观本身就是一个有机融合的整体",而"中国生态思想的本性就是以这种天人合一观念所滋养起的,中国的古典文化也成为蕴含生态思想的丰富宝藏"[11]。东方传统文化中丰富的生态内涵可以说是国产生态电影创作的源泉。一方面,从创作理念角度,可以吸取中国传统哲学中对生命的尊重的深层生态意识与生态智慧,吸收古老东方文明中有关平衡、整体性与和谐的生态精神;以传统文化为蓝本,化古为新,将东方智慧中的生态理念与生态意识融入生态电影的创作之中。另一方面,东方传统文化所滋生出的具有民族特色的文艺创作观念所具有的生态之美和诗意表达,对于生态电影的创作表达的手法与习惯也具有重要的启发意义。东方美学中的诗性美学,认为文艺创作之道就是自然之道,文学的创作形式与自然是相通的。中国文艺创作者对于自然的深深依恋,呈现在生态电影里传递为自然书写的诗性表达。这种中国式的"诗意栖居"方式,是生态电影一直追求并期望达到的生态和谐的状态,是一种审美表达的和谐、一种诗意的理想境界。而这种东方式的审美所呈现的"诗化书写"都与国产生态电影有着天然的共通之处和内在的亲和力。作为源于大地、归于大地的诗学,东方的诗意美学对生态电影的创作而言,有着先天的表达优势。它使得生态电影展现出意蕴悠远而又别具一格的隽永之美。因而,以东方艺术的诗性之美来构建生态电影的民族特色会成为一种新的审美走向。

而同时,我们也会发现,生态问题是一个全球化的问题,作为更具包容性和多元化生态意蕴的艺术表达,生态电影的创作是一种更具有多样化与关联性特征的创作。在吸取东方美学诗意之美的同时,我们也要格外保持清醒,看到东方审美背后的生态观念缺陷,例如众生平等观念掩盖下的"等级"化,也看到西方审美中的生态观念对生命个体的尊重与爱护,以包容多样性、古今中西的生态精神来建构真正的生态审美。

在后现代的文化语境之下,我们比任何时候都需要优秀的生态艺术作品,因为"在真正快乐而康健的人类作品生长的地方,人类一定能够从故乡大地的深处伸展到天穹,天穹在此意味着:高空更自由的空气,精神的敞开之域"[12]。当代电影的生态审美建构是一个持续绵延的过程,生态作品与生态电影的创作并不能给予现实空间的危机以立刻解决和援助之道,但是,在一幕幕的生死悲歌中,生态电影将生命与人性、自然与生存的故事演绎作为一种自然观念的文化表述,它更多传递的是精神与信念,是生存的方式与可能,是重新思考自身生活方式的机会。生态电影作为人类面临生态危机时充满希望和理想精神的艺术尝试,它借助艺术审美将文化与信仰的救赎加以表达,它以艺术的方式表达自己对于人类中心主义的质疑与反叛。

梭罗在生态作品《瓦尔登湖》中曾说:"宇宙总比我们看到的更为广大。"三好将夫对于生态审美的未来走向也提出过这样一段话:"文学与文学研究现在基本的原则与目的:用我们的福祉来给养地球,用地球整体主义的观念来取代那些排他的家庭主义、社群主义、民族主义、种族文化和地方主义,甚至包括人道主义的概念。一旦我们接受这个以地球作为基础的总体性,我们或许有那么一次,谦卑地同意与其他所有生命共享我们这个真正唯一的公共空间与生存资源。"[13]

电影中的生态观念表达使得人类可以更好地实现与所有生物共享地球的生命状态。以生态观念来探讨中国电影的美学精神是拓展创作理念和新的创作思路的方向。而电影作为一种艺术审美方式,有着强烈的视听表现风格,在对生态之美的表现上有着独特的审美表征。以生态美学的角度研究当代中国电影中人与自然、社会、精神的关系,是一个特别的视角;而且随着社会文化的变化,每一代导演对于生态审美的思考都会有不同的反映,同一时代导演生态审美视角的改变是随着时代文化精神的变化而变化的。

以生态审美作为美学精神表达视角的电影创作,积极思考着如何完成对当下人类社会生态发展的推动。以这样角度出发的创作与研究,目的是为了能在这个星球上,给未来的生活带来更多的可持续发展空间。生态电影对生态和谐的赞美与渴望,回应着中国正在进行并且会长期进行下去的生态文明与和谐社会的构建,也回应着全球化语境下蓬勃汹涌的绿色生态主义思潮。

(本文系黔南民族师范学院科研创新基金重大专项计划项目"中国生态电影的创作观念及其审美意蕴"〔立项号:QNSY2018BS008〕的中期成果;

2015年国家社科基金艺术学西部项目"青春电影的道德价值审视与重建"〔批准号:15EC17〕的中期成果)

(孙 玮,黔南民族师范学院文学与传媒学院)

注:

[1]王诺.欧美生态批评:生态学研究概论[M].上海:学林出版社,2008:61.

[2][英]A.J.麦克迈克尔.危险的地球[M].罗蕾,王晓红,译.南京:江苏人民出版社,2000:4.

[3]Jay Winik. *The Great Upheaval*[M]. Harper Collins US,2008:32.

[4]朱立元.现代西方美学史[M].上海:上海文艺出版社,1993:225.

[5]曲格平.中国环境保护四十年回顾及思考(思考篇)[J].环境保护,2013,(10):10-17.

[6]搜狐新闻.莱昂纳多旧作《海滩》破坏环境泰国被判罚款[EB/OL].http://news.sohu.com/20061205/n246807249.shtml.

[7]谭俐莎.与自然对话:当代中国自然纪录片省思[J].求索,2008,(07):170-172.

[8]奚志农,王飞.聆听野性的呼唤[J].数码摄影,2010,(07):124-139.

[9]孙玮.《美人鱼》:生态女性主义与原型缝合[J].电影文学,2017,(02):80-82.

[10]陈旭光.当代中国影视文化研究[M].北京:北京大学出版社,2004:387.

[11]瞿林东.天地生民[M].杭州:浙江人民出版社,1994:51.

[12][德]海德格尔.荷尔德林诗的阐释[M].孙周兴,译.北京:商务印书馆,2000:31.

[13]鲁晓鹏,唐宏峰.中国生态电影批评之可能[J].文艺研究,2010,(07):92-98.

(本文原载于《电影文学》2018年22期)

新世纪乡村电影的叙事困境

吴林博　袁智忠

乡村电影也被称为"农村电影""乡土电影""农村题材电影"等,"既包括与时代政治结合较紧密的农村题材电影,也包括将乡村作为文化分析和批判对象的乡土题材电影"[1],主要是指描写乡村生活或以农民为描写对象的影片。在电影艺术的传播接受过程中,创作者是主动的,观众是被动的。创作者应该以观众的身心健康、人类的长久幸福为导向,提升观众的伦理水平。新世纪虽然也出现了如《放映路上》(2010)、《别人的城市》(2010)、《桃花红,梨花白》(2011)、《农家媳妇》(2011)、《真爹假娘俏媳妇》(2012)等贴近农村、农业、农民的优秀影片,然而这样的作品比例并不大。部分乡村电影在创作上陷入了叙事困境,这类困境主要体现在对乡村的误读上,影片中的乡村世界充满虚假、苦难和杂乱,它们相互渗透又彼此影响,共同影响着良好伦理效果的实现。这些影片不仅不能给观众以真善美的感悟,还可能给观众带来消极影响,产生精神上的损害。

一、"虚假"的乡村

在城镇化的进程中,中国的乡村发生了翻天覆地的变化,部分乡村"消失"成为城镇,真实的乡村世界、乡村生活离人们越来越远。而生活在都市快节奏中的人们期待在乡村电影里"可以看到中国大部分人民的生活,一切问题都牵连到这些在乡村里住的人民"[2],以便更全面地了解乡村生活。因此,电影创作者在影片中构建的"乡村影像"将会直接影响观众对乡村的认知。但实际情况并不乐观,正如长春电影制片厂艺术总监韩志君曾经指出的那样:"有些作家站在高处俯瞰农民的生活,品质较弱的电影要不缺乏真实的生活体验,中老年作家依靠记忆的残存,青年艺术创作者是想象和臆造,要不粉饰生活、贬低生活。"[3]

部分乡村题材的电影虽然在国内获得了一些奖项,但是其中描述的乡民和乡村生活是让观众陌生的、不真实的,停留在了乡村繁荣复兴的表面。如《荔枝红了》(2002)、《沉默的远山》(2005)、《村支书郑九万》(2006)、《山乡书记》(2006)、《女村官》(2013)、《我是花下肥泥巴》(2009)、《潘作良》(2009)、《买买提的2008》(2008)、《凤凰岭》(2009)等,都是如此。它们在电影的叙事主题上迎合了时代潮流,歌颂新时代乡村中涌现的先进人物,虽然在影像风格、表演风格上较以往的电影更加朴实,但在伦理内涵表达和人物塑造方面并未脱窠臼。《荔枝红了》讲述了广东省一个产荔枝的乡村,村支书唐红荔带领村民发家致富的故事;《女村官》描述山湾村的女村委书记娟子带领老百姓发展农村经济的事迹;《沉默的远山》《村支书郑九万》《山乡书记》《我是花下肥泥巴》和《潘作良》则根据乡村的真人真事进行改编,分别讲述了湖北省宣恩县乡民政办主任周国知、浙江省永嘉县村党支部书记郑九万、湖北建始县镇党委书记刘银昌、重庆市梁平县镇党委书记邓平寿、辽中区信访局长潘作良等党员干部的真实事迹;《买买提的2008》讲述了新疆某县文体局干部带领村民们在奥运精神下建设家乡的故事;《凤凰岭》以轻喜剧的方式讲述凤凰岭村民努力建设社会主义新农村的故事。在这些影片中,由于"创作人员的作用是相对有限的,因为意识形态在摆布着他们,意识形态在真正操纵着电影创作"[4]。因此,它们在伦理内涵表达上多是"主题先行",以弘扬集体伦理为表现重点,在集体伦理的光环下,人物的言行举止或多或少地都被典型化,而乡土人伦、个人情感和人性描写则相对弱化,对于一些能够体现基层矛盾、干群矛盾的现实问题大多高高提起轻轻放下,总把问题的解决方法放在少数人的道德品质的完善上,令观众难以信服。

还有部分获得国外奖项的乡村电影,所塑造的乡民、构建的乡村影像也是难以令人信服的。如《暖》(2003)和《一个勺子》(2015),它们在叙事上虽然未违背政治、法律,但有挖苦、讥讽中国传统伦理之嫌。在影片《暖》中,存在着明显的叙事悖论:乡村和城市是二元对立的,乡村被预设为"世外桃源",城里人需要到这里怀旧和满足自己的思乡情怀,而乡民却一直想离开乡村进入城市。哪怕是占据了伦理道德的制高点的女主人公暖也是如此,她每次要逃离乡村就会受到命运的惩罚,最终从一个能歌善舞的漂亮女孩变成了一个又瘸又拐的乡村妇人。而成为城里人的井河,除了对暖表达一些无关痛痒的悔意之外,似乎什么都不能做。为了参加日本东京电影节,创作者还特意用日本人来饰演哑巴,使观众感觉有些假。正如评论者所说:"电影的场景极尽诗意温馨的色彩,却将20世纪80年代中国乡土社会的现实粉饰得'面目全非',流露出'虚幻'的痕迹。"[5]影片《一个勺子》更是用近乎黑色幽默的方式讲述了一个淳朴的农民救助一个智力障碍者的故事。从影片的叙事上,不难推测作者的伦理态度是消极、悲观的,整个故事好似都在对善良的人性进行否定,似乎在表述人善被人欺、好心没好报的主旨,缺乏基本的人道主义关怀。在城镇化的进程中,乡村世界确实存在一些不尽如人意的地方,比如善良的失落、正义天平的倾斜等,但创作者应该在坚持弘扬真善美、正义、公平的主题基础上客观呈现这些现状,以达到电影艺术批评现实的效果。

另外，还有一些乡村题材电影的创作者因为缺乏实际的乡村生活和体验，以"他者"视角构建的乡村世界自然也脱离现实。在影片《天上草原》(2002)、《美丽的白银那》(2002)中，刻意淡化或回避现实矛盾和人性矛盾，将乡村营造得充满诗情画意。《自娱自乐》(2004)将乡村风景置换为风景区，叙事环境严重脱离了农村这一场景，使得人物的表演缺乏基本的农村生活体验和真实感，这样陌生化的乡村和乡民很难打动观众。《决战刹马镇》(2010)对于西部乡村的实际生活状态并没有正面反映，而是着重将乡民刻画成丑陋、无知的形象，将其与高智商的国际大盗形成对比，以追求消费农民、娱乐大众的收视效果。《喊·山》(2016)"以想象的方式讲述现实问题"[6]，虽然加入了国际化的创作团队，却没有"喊"出现实中人们的心声，影片的农村景观与现实差距大，村民形象刻画也失真，给观众带来的不是创作者对现实的关切和同情，而是对乡村贫穷、落后及各种社会问题的娱乐消费，"并且这种过度消费可能会成为一种无可阻止的病态行为"[7]。这些影片的创作脱离了乡村实际，营造的农村生活不再有乡土质感，对部分农民质朴、自然的物质追求和精神追求转述成想象中的或唯美浪漫、或滑稽荒诞的传奇故事，无法走进观众心中。

由此来看，部分乡村电影在描述乡村影像时都有不同程度的失真，有些影片过度扬善，美化了乡村现实，有些影片夸大了现实中的丑恶，有丑化、消费乡村之嫌。创作者应该站在客观的立场上描述城镇化进程中的乡村世界，坚持"真情应该是最大的道德"[8]，不逃避现实中出现的问题，不美化、提纯现实，也不因媚俗而丑化、消费乡村。

二、"苦难"的乡村

部分创作者缺乏人道主义关怀，对乡村弱势群体的底层生活和苦难过度渲染，对部分农民的愚昧无知进行无限的夸张，使观众感觉乡村就是一个悲惨世界，那里罪恶横生、治安差，村民野蛮残忍。有的创作者甚至将电影当成排解苦闷的窗口，在乡村叙事中竭尽所能地将问题复杂化，将人物苦难化。倘若现实的乡村生活真的那样痛苦、无奈，那么电影对观众的抚慰和教化就难以实现。固然，当代乡村确实存在拐卖人口、留守儿童、干群矛盾激化、封建思想回潮、社会保障不足等现实问题，但这些问题并不是乡村的全部，而且面对这些问题需要电影艺术家给予观众情感的安慰和人性的关怀。然而，目前触及这些问题的影片往往拒绝指明出路，仅仅止步于生活表面的琐碎纪实，其触目惊心之痛固然能引起些许社会警醒作用，但其传播的正面伦理效果并不好。

乡村生活中的主人公生活中总是充满了苦难和艰辛，而且这种苦难和艰辛会和主人公如影随形，仿佛没有尽头，即使主人公在伦理道德上再完美，也终得接受悲剧的宿命。在《天狗》（2006）中，李天狗被赋予了诸多苦难，被全体村民刁难，还受到村里恶霸孔家兄弟的威胁，自己打的井也被破坏，儿子的性命被威胁，妻子被伤害，自己也被毒打，仿佛所有苦难和不幸都发生在他身上。在《泥鳅也是鱼》（2006）中，女泥鳅历尽苦难，家庭婚姻不幸，打工上当受骗，做苦工还要省吃俭用养孩子，做保姆还要忍受精神折磨，而更大的灾难是男泥鳅的工伤事故，使得久违的幸福被彻底打断，创作者似乎要将主人公置于不尝遍世间苦楚决不罢休的境地。《宝贵的秘密》（2009）中美秀和宝贵虽然都占据了道德制高点，但美秀被放映员引诱后又抛弃的悲剧性命运无法避免。《系红裤带的女人》（2014）女主人公不论怎么挣扎，都摆脱不了"有性无爱"的婚姻困境。在电影《惊蛰》（2004）、《三峡好人》（2006）等影片中，农民工始终生活在社会的底层，他们有梦想而且为之努力奋斗，但一次次被生活戏弄，观众从中体会到的不是先苦后甜，而是对生活的困惑、绝望。

部分创作者还用个人化的视角表达乡村生活的苦难，一厢情愿地给电影人物蒙上无知、愚昧、残忍、冷漠的色彩，这些人物在出场之后就令观众不悦。《天狗》（2006）中的村民都是愚昧、麻木的，他们的伦理标准就是利益，可以为了利益去利诱初来乍到的李天狗，当天狗拒绝他们的礼物之后，他们就私自霸占水井，甚至群殴天狗，本应淳朴、老实的村民形象不复存在。《天注定》（2013）中的村民也是利益至上。诚然，在城镇化进程中，当代乡村确实存在一些利益纷争和道德滑坡现象，但这种纷争应该如何化解，在这类影片创作中并没有尝试给出解决的途径或进行深刻解读，只是对乡民的愚昧、麻木、暴力进行表面的展开。在这些影片中，观众印象深刻的只有两种人，一种是村霸式的坏人，一种是偏执无能的人，而老实人不再被赞美，他们常常处于苦难和困境当中，成为被调侃和同情的对象。

当代的乡村生活并不总是如诗如画，也绝不会像影片中所描述的那样苦难无边，艰辛绵延。不论生活在城市还是乡村，人们都会有悲观、失望、愁苦的情绪，"人们从来就没有摆脱这些威胁，但恰恰在其短暂性中，他们才有机会发展德性"[9]。在大多数情况下，人们都还是理智的、有雄心的或安于现状的，因为相信苦难和艰辛是暂时的，终能守得云开见月明。从电影的伦理胸怀来看，刻意夸大乡村生活的苦难和艰辛是狭隘的。如果创作者对大众的态度是冷漠的，自然也得不到大众的青睐，因为打动大众的永远是那些蕴含着伦理关怀的、美好的、闪光的人性表达。创作者应该关注在城镇化进程中乡村的弱势群体，如农民工、农村留守妇女、鳏寡老人等,要以平民化的视角去展现他们的生存状态和生活,应关注他们作为一个群体更为普遍性的问题,提倡普世的人文关怀,用电影的艺术手法去反映生活,为改善现实生活承担更多责任和做出更大努力。

三、"杂乱"的乡村

部分创作者将乡村视为滋生人间乱象的源头,将乡民置身于"杂乱"的乡村生活中,在观众中造成了不良的影响。部分电影作品"沦为商品经济的附庸,严重丧失和超越了认同崇高精神品质和精神境界的伦理底线"[10],所选取的事件不再集中于绝对的"善"或"恶",而将奇事、怪象作为噱头。这并不是思想解放下的百花齐放,更像是失去艺术独立思考力之后的蚊蝇鼠蟑。那些拼贴、杂糅的事件既背离了人性和生活的真实,也违背了艺术的真谛。

首先,表现在对婚恋、家庭情感"杂乱"的伦理关系的表达上。黑格尔指出,"婚姻是具有法的意义的伦理性的爱"[11],而部分电影作品中的人物大多没有理性的性欲管控能力,常会陷入婚外恋、一夜情、多角恋等不伦关系中,这些不伦感情有时还会混杂在一起被创作者任意发挥。男女主人公之间的正常恋爱处于边缘地带,而三角恋、多角恋几乎成了烘托男女主人公的"必要配置"。《浪漫女孩》(2006)、《天上的恋人》(2002)以三角恋的形式,通过女主人公的感情选择做了简单的道德批判。《最爱》(2011)通过一个乡村寓言故事将婚外恋合法化、合理化。男女主人公都是有家庭的人,但因为患了"热病"而被隔离在封闭的空间中,他们在处于绝望、恐惧之时产生婚外情,创作者将特殊际遇下的婚外情等同于爱情以吸引观众。《系红裤带的女人》(2014)关注农村留守妇女的婚姻伦理问题,讲述女主人公因丈夫长年外出打工不在家,而成了二流子、鳏夫、货郎等人的欲望对象,身体和情感的出轨成为影片表现的重点。

其次,表现在对法治缺失或监管不力而产生的乱象的呈现方式上。《可可西里》(2004)、《天狗》(2006)、《我的母亲大草原》(2007)等影片中乡村法律意识淡薄,导致守护者必须要和破坏者进行殊死搏斗或通过自己的牺牲来完成对理想的追求。《我不是潘金莲》(2016)自始至终都在蹭法治的热点,但并没有给出解决问题的办法,李雪莲的困境是无解的。女主人公李雪莲因为假离婚变成了真离婚要求法院给她复婚再离婚,而各级官员都无法满足这个没有法律依据的要求。她认死理,不断上访,中间曾经不想再告状了,但因为对前夫的一句"我看你是潘金莲"耿耿于怀而继续上访,政府部门投入了大量人力,但结果并不满意,最后因前夫意外死亡而结束上访。片中有一个细节,就是李雪莲听了牛的话,不想上访了,但没人相信。的确,听了牛的话不去上访有点不可理喻,但实际上乡村的基层干部都能理解这种情况,大多数上访者在现实中走到这一步是可以终结的。但影片有意缺失很多角色,像李雪莲的父母、李雪莲的儿子、拐弯村的村干部等,而这些不在场者正是基层干部维稳的重点。费孝通曾说:"乡土社会是'礼治'的社会。"[12]乡村生活秩序是靠传统伦理道德来维持的,而在城镇化进程中乡村的伦理秩序需要重建,当下的乡村确实面临着传统道德和现代法律的矛盾,艺术家在创作中不仅要真实反映这一现实,还要在创作中体现出社会责任感和良知。

最后,表现在对暴力的张扬上。《天狗》(2006)中呈现出乡村集体道德的陷落,村民们为了盗伐树木获利而放弃自己的道德操守,对李天狗残忍施暴。《天注定》(2013)中讲述了人物走向犯罪或自杀的经历,胡大海以暴制暴,三儿在回村之后面对的是母亲的冷漠和兄长的计较,乡邻在麻将桌上话不投机便拳脚相向,使得他宁肯在城市继续从事暴力营生,也不愿回到无爱的家乡。影片将人物置于暴力事件中导致其既是施暴者也是承受者,这种创作也许源于创作者"相信暴力只有通过理解其源起方能得到消除"[13],将乡村视为暴力横生的是非之地,在观众中造成了不良的传播效果。影片中的人物在现实中也可能存在,但如果现实中的人物的伦理道德防线如此脆弱,那世界早成了地狱。虽然影片的结尾惩恶扬善了,但让观众更多体会到的并不是善恶有报,而是暴力。

在这类影片的叙事中,创作者往往将乡村生活中的偶然事件转述成必然事件,将人物异化、丑化,以离奇、荒诞、杂乱的故事情节去吸引观众。影片中的乡村世界是杂乱的,乡民是道德沦丧、言行无度的,这种杂乱、无序的影像表达除了满足观众的猎奇感之外,并不能带来什么益处。

结语

从对上述影片的分析可以看出,新世纪的部分乡村电影创作者脱离乡村实际,主观臆想了一个"虚假"的乡村世界,生活在其中的人们都要不断品尝"苦难",没有伦理规范,人物之间的伦理关系也是混乱的。诚然,每个艺术家都有用电影语言去再现和表现乡村世界的自由,但观众和批评者也有权利去认可那些不虚假、不造作、不盲从、不绝望的乡村生活。当乡村、农民失去其现实意义,成为某种影片奇观的艺术符号,那么影片所表现出的贫穷、愚昧、悲观、惨烈除了带给观众无尽的苦恼和烦扰之外,起不到太大的教化作用。创作者应该理智地思考乡村,"理智的思考所关注的是看待和对待他人、其他文化及其他观点的正确方式,并审思不同的道理,以寻求尊重与包容"[14]。

习近平总书记曾明确指出"人民是文艺创作的源头活水,一旦离开人民,文艺就会变成无根的浮萍、无病的呻吟、无魂的躯壳"。因此,当代乡村电影的创作应结合城镇化进程中的乡村现状,客观认识复杂而真实的乡村世界,让艺术照亮现实,秉承"影以载道""影以明德""影以亲民"[15]原则,以博爱、宽容、正义、自由的人文精神去伪存真,在"苦难""杂乱"的乡村表象中寻求超越现实困境的出路,抚慰人的心灵,给人以希望、爱和热情。

(本文系西南大学专项课题"乡村振兴计划下乡村电影的伦理性研究"中期成果,项目编号:SWU1709738)

(吴林博,贵州师范大学传媒学院;袁智忠,西南大学影视传播与道德教育研究所)

注:
[1]凌燕.回望百年乡村镜像[J].电影艺术,2005(2).
[2]费孝通.乡土重建[M].长沙:岳麓书社,2012:130.
[3]王淳."农村题材电影三十年及未来展望"主题论坛纪要[J].电影艺术,2008(5).
[4]胡菊彬.新中国电影意识形态史:1949—1976[M].北京:中国广播电视出版社,1995(13).
[5]魏萍,张清.《白狗秋千架》到《暖》——对小说创作与电影表现的思考[J].电影文学,2006(2).
[6]孙泽璇,胡鹏林.《喊·山》:被想象的乡村[J].电影文学,2018(1).
[7]陆贵山.中国当代文艺思潮(第3版)[M].北京:中国人民大学出版社,2014:261.
[8]洪艳.影像存在的伦理批评[M].北京:人民出版社,2011:217.
[9]汪建达.在叙事中成就德性——哈弗罗斯思想导论[M].北京:宗教文化出版社,2006:79.
[10]贾磊磊,袁智忠.中国电影伦理学·2017[M].重庆:西南师范大学出版社,2017:14.
[11][德]黑格尔.法哲学原理[M].北京:商务印书馆,1961:175.
[12]费孝通.乡土中国[M].北京:北京大学出版社,2008:49.
[13]贾樟柯.天注定[M].济南:山东画报出版社,2014:153.
[14][印]阿马蒂亚·森.正义的理念[M].王磊,李航,译.北京:中国人民大学出版社,2012:40.
[15]薛晋文.弘扬当代农村电影的文化传统[N].中国社会科学报.2016-05-10.

王家卫电影叙事伦理浅析

秦　昕　袁智忠

一、前言

学者刘小枫将伦理学分为两类——理性的伦理学和叙事的伦理学,理性伦理学探究生命感觉的一般法则和人的生活应遵循的基本道德观念,叙事伦理学则是通过个人经历的叙事提出关于生命感觉的问题。理性伦理负责制造出一些理则,让个人随缘而来的性情通过教育符合这些理则,而叙事伦理不制造任何关于生命感觉的理则,而是讲述个人经历的生命故事,通过个人经历来营构具体的道德意识和伦理诉求。"叙事伦理学看起来不过在重复一个人抱着自己的膝盖伤叹遭遇的厄运时的哭泣,或者一个人在生命破碎时向友人倾诉时的呻吟,像围绕这一个人的、而非普遍的生命感觉的语言嘘气——通过叙述某一个人的生命经历触摸生命感觉的一般法则和人的生活应遵循的道德原则的例外情形,某种价值观念的生命感觉在叙事中呈现为独特的个人命运。"[1]

叙事伦理的道德实践力量在于,人的生活可能因为进入过某种叙事的时空而发生根本的改变。刘小枫认为,叙事伦理学没有规范性的伦理理则,它关心的是普遍状况以外的道德的特殊状况,是在某一个人身上遭遇的普遍伦理的真实的例外情形。刘小枫还把现代的叙事伦理分为两种——人民伦理的大叙事和自由伦理的个体叙事。他认为,"人民伦理的大叙事的教化是动员和规范个人的生命感觉,自由伦理的个体叙事的教化是抱慰和伸展个人的生命感觉。自由的叙事伦理学不提供国家化的道德原则,只提供个体性的道德境况,让每个人从叙事中形成自己的道德自觉。伦理学都有教化作用,自由的叙事伦理学仅让人们面对生存的疑难,搞清楚生存悖论的各种要素,展现生命中各种选择之间不可避免的矛盾和冲突,让人自己从中摸索伦理选择的根据,通过叙事教人成为自己,而不是说教,发出应该怎样的道德指引。"[2]刘小枫对叙事伦理的阐述强调个人的生活感觉,这契合了现代伦理学诸如人道主义、相对主义、情感主义的伦理倾向,具有极强的现代性属性。用这种极富现代性的伦理视角来审视王家卫作品中的叙事伦理,再合适不过。

二、互文性的性别叙事

女性形象的塑造是重要的美学问题,王家卫影片中的女性形象充满了对中国传统女性价值取向的深刻反思。王家卫塑造的女性形象,风格迥异,有寻常人家的贤妻良母,亦有职业特殊的边缘女性。他将风格各异的女性匹配以极富特色的个性职业,如林青霞在《重庆森林》中饰演的金发毒贩、王菲饰演的快餐店店员和空姐,李嘉欣在《堕落天使》中饰演的杀手经纪人,巩俐在《2046》里饰演的女赌徒、在《爱神·手》里饰演的交际花,章子怡在《2046》里饰演的舞女、在《一代宗师》中饰演的女拳师宫二等。杀手、毒贩、舞女这些边缘职业女性在王家卫电影中不得不保持自我的压抑与对世俗人情的疏离与回避。王家卫电影中职业特殊的边缘女性所体现出的流浪性与漂泊感,有异于传统女性宜室宜家的安稳状态。即便是空姐这样的正常职业,也因为工作时间的不固定性,体现出异于常人的作息规律与精神面貌。王家卫电影中的这些不同职业身份的女性所体现出的特立独行,使得女性的传统身份得以从男权社会的统治中解放和分离出来。

受社会意识形态的影响,王家卫的作品出于商业考量,大多以男性为主导。张曼玉在《旺角卡门》《阿飞正传》《花样年华》中所饰演的女性均是忧郁而沉静的,有着宿命般的落寞;《阿飞正传》里的 Lulu、《2046》里的白玲、《爱神·手》中的华小姐,均是身材曼妙、仪态婀娜的舞女,她们痴心错付,难逃被命运玩弄和遗弃的结局;《堕落天使》里的李嘉欣饰演的天使二号、杨采妮饰演的天使四号、莫文蔚饰演的天使五号,演绎着各自的无助与孤独。她们都缺乏又渴望男性的关爱,她们所代表的是社会底层边缘女性的失落与寂寥。表面上看,这些影片都以男性为故事叙述的核心,男性通常处于"观察"的主导地位,而女性处于"被观察"的位置。然而,王家卫剧中男性的情感实则都难逃女性的支配与影响。

《旺角卡门》看似是围绕阿华和乌蝇展开的江湖故事,却突出表达了浪子回头情谊两难全的情感困境;《阿飞正传》里,苏丽珍和 Lulu 看似是男主角旭仔的点缀,实则旭仔的性格与命运却一直受生母、养母及恋人等女性角色的影响与牵制。《2046》中的黑寡妇、白玲、静雯、洁雯看似都是为男主角周慕云的存在而设定的,然而看似逢场作戏、风流浪荡的周慕云心里始终难以忘怀的却一直是初见的那个苏丽珍。《重庆森林》中阿菲更是反客为主地成为"观察"的主导者,她偷配了警察633家里的钥匙,充满好奇与爱恋地偷偷观察并改变着他生活起居的细节,她的闯入与消失、离去与归来都充满自由选择的随心所欲。无独有偶,《东邪西毒》中的大嫂也是个具有反抗意识的女性,她在与黄药师的攀谈中说道:"他太肯定了,以为我一定会嫁给他,怎知我嫁给了他哥哥。在我们结婚那天,他叫我跟他走,但我没答应。为什么要等到失去时,才去争取?"大嫂因为没有听到欧阳锋亲口说喜欢她,于是负气地嫁给了他哥哥,宁愿一生追悔却也绝不回头。《蓝莓之夜》中的伊丽莎白,更是为了释怀失去的爱情,主动踏上疗伤之旅,在经历旅途辗转、人情百态之后重新回归,最终找到了爱情的归属。与《重庆森林》中的阿菲一样,伊丽莎白也是通过对自己情感的主动释放和选择主导着爱情的走向,从离开到回归充满着"我的爱情我做主"的自主意识。不仅如此,《一代宗师》中的宫二也是为了拿回宫家的东西,一生奉道,不婚嫁,不留后,不传艺。她的气质是镌进骨子里的傲娇,她最终选择藏了春闺梦里人,也选择了留在自己的年月里。王家卫电影中的这部分女性,具有自己独立的人格和价值取向,与中国社会中依附男性而存在的传统女性形象形成了一定的反差、对比。王家卫在作品中所呈现出的这种矛盾和多变,使其作品饱含了更丰富的生命体验与更广阔的探讨空间。

三、"自由伦理"的个体叙事

王家卫作品所提供的并非大叙事的国家教化,而是通过对个人道德境况的描绘,展现出世俗男女面对生存的疑难和平凡人在真实生活中的各种选择之间不可避免的矛盾和冲突。他的作品中所反映出的叙事伦理是自由的叙事伦理,观者通过他的影像得以窥视和发现各种生存悖论的真实要素。

《旺角卡门》是王家卫自编自导的第一部影片,也是王家卫作品中难得的具有完整叙事的作品。影片不同于20世纪80年代港产黑帮动作片的主流创作理念,片中既没有以一当十的孤胆英雄,也没有气势骇人的群殴场面。影片讲述了黑道人物华为了照顾不成器的小弟乌蝇而跟黑道头目结仇,之后逃到离岛养伤,与表妹阿娥相爱却最终分离的故事。华的黑帮身份和江湖义气最终致使萌芽中的爱情无疾而终。虽然片中华与乌蝇之间的友情与吴宇森《英雄本色》中"至死不渝"的兄弟情极为相似,但《旺角卡门》所要表达的主题内涵却不再是传统意义上的江湖情义。王家卫并未按一般的江湖片模式把片中的人物归置得黑白分明,而是通过有血有肉、有缺点的边缘青年在现实中的头破血流、走投无路来表现普通人在大时代洪流中的落寞、脆弱、无根性与宿命性。《旺角卡门》虽取材通俗,但另类的故事编排和抽象的视觉影像将人物间的江湖义气与柔美爱情处理得既不落俗套,又充满诗意。影片围绕阿华和乌蝇的青春叛逆故事而展开,体现出漂泊的都市青年渴望寻找身份认同的故事,同时,它也是一个关于遗忘与回忆的爱情故事。大屿山的宁静祥和映衬出九龙城的嘈杂喧嚣,都市混混阿华与从乡下来看病的表妹阿娥也分别带出了都市中的人情凉薄与乡村人家的质朴温暖。片中阿华陷入友情与爱情两难全的情感挣扎之中。江湖道义当前的"原社会"想象虽然在片中仍占有较大比重,但叙事的情感基调却悄无声息地被顾影自怜的都市异化体验所取代,从此,无法挽留的时间、破碎流转的空间、无根的居所、片刻的相逢等都成为王家卫电影的特定主题。

王家卫的第二部电影作品《阿飞正传》以20世纪60年代初期的香港为背景,以一位孤傲、叛逆的都市青年的内心世界和情感纠葛来再现20世纪60年代香港普通青年的生活环境和社会状况。实际上,《阿飞正传》中的旭仔,几乎成为王家卫后来影片中所有人物的原型。王家卫电影中的大部分主题都是围绕《阿飞正传》中所强调的人与人之间的沟通交流,拒绝与害怕被拒绝,逃离故土与寻找自由等展开的。张国荣在这部电影中清晰地标示出了个人人生的注脚和骨子里的腔调,旭仔的身影在他此后饰演的欧阳锋和何宝荣身上亦有复现。毫无疑问,《阿飞正传》确立了王家卫暗影浮光、诗意斑驳的电影风格,无论是充满异域想象的叙事时空,还是絮语式的内心独白,抑或是初露头角的手持跟拍,都成为王家卫此后一系列电影的经典标识。《阿飞正传》不仅将青年男女无根无源的偶然邂逅与时空的不确定感描述得丝丝入扣,还将身世飘零的旭仔比作一只永不停歇的"无脚鸟",从旭仔与养母、生母之间敬而远之、亲而疏之的情感角力中也影射出香港人面对"九七"回归的身份焦虑。

王家卫的影片在人物谱系上改变了类型片道德化的人物设置模式,取消了善恶二元价值观的简单冲突和对立。在他光怪陆离却又充满深情凝视的光影世界里,无论性别、年龄还是职业,人人都是平等的,每个人都以赤诚的内心与灵魂相对。《重庆森林》中失恋的警察223可以与女毒贩相互抚慰;《堕落天使》中杀人如麻的天使杀手在执行任务后可以悠然自若地与小学同学闲话家常;《春光乍泄》中身份敏感的同性恋人可以表现得深情缱绻、缠绵可人;《花样年华》中中年男女的禁忌之爱可以表现得分寸十足,含蓄动人;王家卫在《一代宗师》中的态度更是宽厚豁达,他借叶问的口道出,"输了可以站起来再打,仍不失英雄"。与普通的武侠功夫片泾渭分明的褒贬不同,《一代宗师》中呈现出一种更为实际的现代武术的精神。

在电影中,王家卫的视野是不带任何排挤和贬低的,影片中的每个人都是世界的过客,他们的存在与选择都有各自的理由与立场。他的电影从来不是有关一两个人的故事,而是大千世界的芸芸众生。即便是电影画面中处于背景中被虚化的极次要的角色,也有他们自己的故事。比如《重庆森林》中重庆大厦里那些摩肩接踵的各路商人、游客,《花样年华》中那些来往穿梭的搬家工人、房东和佣人,《一代宗师》中金楼内的女子和拳师们,尽管有时匆匆一瞥,有时处于虚焦状态,却依然传递出各自生活的细节与生命的姿态。当电影观众们因为王家卫电影中的旭仔、周慕云、苏丽珍、欧阳锋、黎耀辉、223、633、叶问、宫二等的个体命运而动了感情的时候,王家卫的叙事语言就在不经意间影响或改变了他们的生命感觉,使他们的生活发生了变化。毫无疑问,当影迷们为王家卫电影中的某个叙事片段着迷的时候,他/她就很可能把电影叙事中的生活感觉变成自己现实生活的想象乃至行为的实践。

伦理学有教化的作用,王家卫的叙事伦理提供给观众摸索伦理选择的根据,他通过电影的叙事,激发观众个人的道德反省,教他们成为自己,从而产生自身的道德自觉。王家卫的电影作品,充满着个性化的独立精神,其电影叙事伦理表达中所体现出的自由性与自主性,是建立在尊重伦理存在的客观基础之上的。作品中所呈现出的对社会文化、生活实践、情感体验的独特思索与深刻认知,充满着对普通平凡人的世俗慰藉与人文关怀。

四、结语

王家卫作为电影"作者",选择了一条介乎于实验电影与商业电影之间的中间道路,他的作品既有对西方思潮的接纳与借鉴,又饱含对中国传统美学精神的继承与发扬,呈现出中西融通的艺术观念。性别歧视深嵌于突出传统男性气质的电影文本中,体现出二元对立的性别框架。然而,王家卫的电影中却牵涉男女角色和性别的逆转,王家卫的性别叙事冲破了男女二元对立、非此即彼的传统性别思维模式,为先进的性别文化建立了多元并存、亦此亦彼的新性别思维模式。其作品中主客互文的性别叙事为中国电影的性别文化构建提供了多元并存的思维模式,其电影中围绕女性而展开的关于都市生活和两性关系的探讨为我们领会沪(上海)、港(香港)风情,解读都市现代性另辟蹊径。王家卫通过对个人道德境况的描绘,真实地反映出世俗男女面对生存疑难与平凡生活的真实困境。他从"自由伦理"的个体叙事入手,通过影像激发出观众个人的道德自觉,起到了伦理教化的作用。王家卫电影的叙事伦理超越了道德判断的传统理则,为华语电影注入了丰富的现代性经验。

(本文为2019年中央高校基本科研重大项目"基于电影伦理学视阈下的电影'原罪'清理及其研究"〔课题号:SWU1909561〕的阶段性成果之一)

(秦　昕,重庆理工大学;袁智忠,西南大学影视传播与道德教育研究所,西南大学新闻传媒学院)

参考文献:
[1]刘小枫.沉重的肉身——现代性伦理的叙事维度.北京:华夏出版社,2004.
[2][英]马克·柯里.后现代叙事理论[M].宁一中,译.北京:北京大学出版社,2003.
[3]贾磊磊,袁智忠.中国电影伦理学2018.重庆:西南师范大学出版社,2018.

基于生产视角的青春电影伦理反思

张文博　袁智忠

新媒体技术的革命赋予受众更多的途径去获取信息,促使单向、固定、线性的被动接收信息转变为双向、流动、非线性的主动定向搜索信息。市场为满足受众的信息需求逐渐打破传播的专业化、组织化、高门槛壁垒,呈现出高雅艺术的通俗化、精英文化的大众化、信息生产传播的个人化。"文化不再只与如何工作、如何取得成就有关,它关心的是如何花钱、如何享乐。"[1]意识主体的权利意识催生了大众个性化、碎片化、边缘化的消费行为习惯,以需求为导向的市场竞争机制促使文化的生产以满足大众为唯一的取向,进而颠覆传统的价值尺度、美学标准、哲学立场,导致大量以消费为导向,媒介符号与感官刺激相结合的文化产品的出现。

电影作为一种文化传播的艺术化形式,其存在形态与当代大众对信息文化产品的消费倾向吻合,成为当下流行的文化消费品之一。市场争夺及利益分配促使我国电影生产的衡量标准从艺术价值、人文价值、社会价值等转变为市场占有率、经济利益、商业价值等。"我们得到的结论并不是说,生产、分配、交换、消费是同一东西,而是说,它们构成了一个总体的各个环节、一个统一体内部的差别。"[2]马克思认为生产并不是独立存在的,而是作为具有相互关联的差异化子系统与其他要素(分配、交换、消费)存在于统一的系统之中。电影作为精神产品的一种特殊的艺术形式,其生产在受普遍生产规律约束的同时应该拥有自身文化产品属性的生产规则。从文化角度而言,我国电影生产在文化建设、整合资源、传播文化、解决矛盾、统一意识形态等方面具有重要的作用。而就当下青春电影的层面,其生产是否能在满足青年文化传播的同时满足受众对娱乐类消费品的需求,是否能促进青春电影市场的发展,这无疑是现在青春电影生产亟待解决的问题。

一、生产主体:专业创作与大众制作的无序竞争

马克思强调艺术生产与物质生产之间的不平衡关系,将艺术生产活动视为一种区别于传统物质生产活动的特殊社会实践。电影属于艺术与科技相结合的工业化的产物,它能满足人们的物质需求与精神需求,存在于具有市场性、商业性、娱乐性等的外界环境之中。青春电影以青年人为艺术表现对象,呈现青春个体的生活、事业、家庭等多个层面的社会实践,具有显著的青年文化属性,肩负着承载与传递

青年文化的重任。青春电影的生产在受到普遍规律支配的同时，受到文化法则、市场机制、社会效益、商业经济等多重因素直接或间接的影响。特别是市场竞争机制与制作技术的普及化、便利化促使电影专业制作、封闭制作的传统状态结构，转变为大众制作、开放制作的现代化结构。青春电影创作环境的开放化、低门槛化促使大量的电影被生产出来，由于创作主体的专业素养、技能的参差不齐而导致了电影产品本身的多维度的问题出现。

目前，青春电影的生产主体以是否接受专业化教育为划分标准可分为以下几个类别：第一，专业创作主体，该类别主要指向知名的专业导演与制片及其团队；第二，跨界创作主体，以演员、歌手、作者等其他身份涉足电影创作工作；第三，草根创作主体，是由普通大众基于对电影梦想的追逐，聚焦于社会基层进行电影创作的一种形式。多元创作主体之间基于市场竞争而导致现代艺术与传统艺术之间的悖论，创作主体所生产的艺术产品裹挟于商业竞争所赋予的利益、大众艺术文化产品的泛滥与排挤中处于尴尬局面，导致其不得不以迎合市场受众为青春电影的创作的风向标。这导致我国青春电影生产以票房收益为衡量标准，以电影营销为主要推送方式，呈现出同质化、泛娱乐化、大众化。例如：影片《谁的青春不迷茫》《那些年，我们一起追过的女孩》《同桌的你》《致我们终将逝去的青春》《匆匆那年》等均聚焦于校园空间，对准青春男女个体之间的学习、生活、爱情，均采用影像的方式凸显青春个体成长过程中青涩、懵懂的校园恋情。

"责任"一词起源于古罗马，指应该做的事情及因未做好的事情而应承担的后果。对于大众媒介而言，责任主要集中在两个层面：一是大众媒介肩负的责任；二是其他权力机构（包括政府、法院等）对大众媒介的"责求"。电影作为大众媒介之一，应承担的责任在于作为信息文本的特殊形态的载体，其涵盖的文化文本、意识形态、价值观念等应服务于社会效益，致力于构建和谐社会，承载并传播正能量。而由于电影市场的多元开放及市场竞争，多元主体参与到电影创作之中，导致责任意识的淡化及责任均摊的窘迫局面。创作主体基于市场知名度、占有率、欢迎度等因素一味以满足受众需求为导向，而导致低俗化、谄媚化电影文化产品大量流入市场。例如：青春电影创作主体将暴力、血腥、性、赌博、毒品、颓废等进行雕刻，以期增加青春电影本身的吸引力来达到吸引关注、获取高收益的目的，例如：青春电影《万物生长》采用"性"阐释男女之间的情爱关系，用大量的镜头去展现秋水与白露、秋水与柳青之间的肉与灵、情与爱，将青春个体的行为雕刻为完全受青春期荷尔蒙的驱使，导致感性情欲取代理性思想，以欲望释放、挣脱传统、迷恋情爱为青春个体的情爱观。诸如此类,《杜拉拉升职记》《将爱情进行到底》等电影都将性进行情节化处理,以肉体的狂欢展现异性之间的情感关系,强化青春个体身体的情爱欲望而淡化纯真爱情。创作主体基于票房、关注度等而单向度地满足社会大众窥视他人成长的猎奇心理,导致青春电影故事情节、人物设计等层面采用吸睛式、暴露式、话题式的内容进行市场竞争。

二、生产内容：视听符号与人文价值的悖论

在信息社会,视听符号由于具有强感染力、刺激力、吸引力成为当下最受欢迎的信息传播载体,满足了大众碎片化、边缘化、个性化接收信息的行为习惯,表现为大众随时随地可通过便携式移动载体进行信息的接受。信息通过符号的方式被编码成图文、音频、视频等社会消费的主要对象产品,也映射了大众视听文化生活的主要方式。卡西尔认为:人是符号的动物,文化是符号的形式,人类所存在的社会实践活动本质为"符号"的活动或者为"象征"的活动,社会即人与人之间为由符号关联建构起来的文化世界。语言、艺术、科学、神话等均是以符号为元件组成的。其中艺术则是人类社会实践中经验的符号化、象征化,是人类理解、认同、交流的一种方式,是对自然与生活的表现。青春电影则是对青春个体成长中的生存环境、生存状态的一种影像化表现形式,通过对影像符号的拼接达到对青春个体存在、成长的解读。作为文化产品的青春电影,其文化符号基于市场竞争而趋于虚拟化、消费化、无意义化,视听符号在影像化处理生活中主客体的同时,通过编码—解码—再编码—再解码的过程使符号丧失了人文价值载体的根本作用,而趋于消费青春、暴力青春、欲望青春的雕刻。

青春电影的大量生产促使影像世界中各种青春幻想弥漫于现实市场,导致现实生活与虚拟生活之间的界限模糊化,虚拟世界的狂欢、恶搞、荒诞促使现实生活中青春个体的反叛。青春电影利用视听符号进行青春个体成长叙事的过程中,呈现现实生活被影像编制的虚拟愿景所围剿的现状,致使现实青春个体成长的偏失。例如:《小时代》系列电影以青春个体之间的情感纠葛为叙事主线,充斥着青春个体以自我为中心的生活方式,以 LV、爱马仕、限量版球鞋等物质为攀比对象,以影像的方式传递奢华的消费观与拜金主义。这违背中华传统文化中所倡导的"静以修身,俭以养德",反而造成了"奢靡之始,危亡之渐"的社会负面影响。

索绪尔强调人类在对周围环境和自身进行认识、表达与传递的过程中,有意识与无意识地使用相对的"形式系统",该系统的共性在于在不同层面对主客体进行

表达与反映。青春电影通过言语活动与生命个体活动的结合展现个体差异化的成长历程,从而显现青春个体之间的性格、习惯、爱好、行为等差异,达到对青春个体之间的区别的传达。电影技术的创新丰富了影像世界的变化与内涵,促使青春个体通过言语符号、行为符号等构建青春映像,而消费语境下的青春电影视听符号通过大量复制,以大众主动参与式接受与传播的方式入侵现实社会,大众沉迷于影像所构造的虚幻世界,接受影像的符号所指的价值观而外化为对现实的冷漠与逃避。台词与台词、台词与画面、画面与画面之间的快闪衔接导致审美的流失与青春记忆的消弭,将视听符号杂糅为画面冲击与视觉感官刺激的无意义象征,仅追求满足大众在青春电影中追溯年华、追忆过往而忽视青春电影原本创作的初衷,造成视听符号与人文价值之间的悖论。例如:《我们都是坏孩子》聚焦于青春主体校园生活,将抽烟、打架等场景进行放大化,而校园空间所具有的与学习、梦想、上进相关的价值却变得荡然无存,强调青春期颓废、不思进取的精神范畴,凸显肆意青春、放逐青春、流浪青春等。《女朋友·男朋友》《老炮儿》《新娘大作战》《火锅英雄》《前任》等青春电影展现爱情、亲情、友情的视听符号所承载的象征意义与现实生活中所倡导的青春人文价值具有极大的反差,将情欲、暴力、明争暗斗、赌博等意识行为通过视听符号艺术化处理,淡化青春个体成长中积极、阳光、健康的一面,导致青春电影无法传扬正确的价值观、人生观等。

三、生产目的:商业效益与艺术属性的矛盾

波兹曼认为,媒体具有的一种暗示力量能够对现实世界进行定义,其中特定倾向的文本内容用于塑造文化特征,现实社会大众的话语权基于媒体所赋予的接近性、便捷性而日渐以娱乐的、消遣的方式呈现,成为一种大众文化精神,而宗教、新闻、教育等都逐渐演变为娱乐的附属品。电影作为满足大众视觉与听觉需求的连续画面式的现代媒体,在电影制作技术与商业资本的助推下,其生产导向由文化艺术产品变为文化艺术消费类商品,被裹挟进商业竞争之中。青春电影则是聚焦于青春个体的成长现象,通过捕捉与再现、感受与雕刻,凸显青春个体的生命过程。商业浪潮的侵袭驱使青春电影的生产以市场接受为导向,从而以商业资本为标准支配着它的策划、投资、拍摄、制作、营销等,文化、艺术对青春电影产品的影响逐渐式微,呈现出高雅艺术大众化、艺术产品商业化、文化产品娱乐化的现状。

青春电影的商业追逐助长了艺术产品中享乐主义、拜金主义、自我中心主义等的盛行,导致青春电影充斥着商业元素,植入广告、病毒广告等弱化了青春电影应

有的文化艺术属性,呈现出对青春电影创作艺术内涵的解构,以及文化断裂、文化分层与物化现象。以票房、排片率等为青春电影创作导向与宗旨,减弱了大众对青春个体的自我理解,导致青春理性与感性之间的拉扯,个体忽视社会现实与影像虚拟的界限。例如:电影《微微一笑很倾城》以主题游戏的建构为脉络,贯穿男女主人翁的爱情故事,将青春个体现实生活中的情感纠葛糅杂于游戏虚拟空间的游戏角色之间,模糊现实与虚拟世界的界限,使得现代都市梦幻爱情与虚拟空间人物身份认证相混淆。《我愿意》《私人订制》等淡化了青春电影的艺术属性,以商品广告为电影主要的诉求进行青春电影的生产,忽视了电影作为文化艺术产品的本质。

当下青春电影噱头营销泛滥,刻意回避现实而营造一种视听狂欢的假象,在嘲讽中颠覆社会价值观,消解文化、艺术与商品之间的界限,以狂欢迎合商业利益。如:《火锅英雄》将"英雄"形象进行了反传统化处理,呈现青春个体形象与传统形象的叛离,以痞子气、不守规矩、玩世不恭、没原则的青春个体形象建构,达到对浩然正气、有原则、高大威猛的传统英雄形象的反叛。商业诱惑导致不少青春电影以戏谑、恶搞、调侃、游戏的态度进行青春电影艺术文本的制作,以时空倒置、情节拼接、故事戏仿的荒诞、耍宝的方式进行电影叙事。青春电影沦陷于大众狂欢与幻想之中,例如:《分手大师》《恶棍天使》《夏洛特烦恼》《羞羞的铁拳》等影片忽视青春电影应有的文化艺术属性,采用幽默、恶搞的方式进行叙事,将青春成长镜像呈现于消遣式、娱乐式、诙谐式的后现代表演之中。

四、结语

在全球化的影响下,经济、文化、政治、社会等有了不同程度的改变,同时深刻地影响着社会大众的观念与行为,促使社会大众从单向、被动的获取信息到双向、主动的搜索信息。青春电影受经济高速发展、文化多元格局、社会开放包容等因素影响,其生产主体打破了原有的精英、专业人士的封闭式制作状态,呈现大众化、参与式的开放状态。多元主体参与到青春电影文化产品的制作与市场竞争之中,文化艺术产品的生产暴露于内部环境(创作主体、影像技术、产业结构等)与外部环境(市场竞争、多元文化艺术产品、信息技术等)之中,青春电影生产格局面临解构的现实与重构的困局。

马克思认为:"宗教、家庭、国家、法律、道德、科学、艺术等等,都不过是生产的一些特殊方式,并且受生产的普遍规律支配。"[3]电影作为艺术,具有文化载体的历史使命,其生产在受到普遍规律支配的同时应符合其特有的属性。基于生产的多元化和产业多元格局的前提,青春电影应立足于本土文化的传承,强调民族文化、社会规则、人文关怀等,从文化的角度重视中国青春电影的品牌创建,强调以品牌意识、品牌观念为核心的宗旨,对青春电影的生产进行规范。青春电影的投资与回报应建构于品牌基础上的文化内涵、产业价值链、电影增值服务、社会影响等层面,促使其生产主体专业化与大众化有机融合,取长补短,达到电影创作层面的最优化配置。青春电影的内容应强调视听符号与人文价值的统一,传达电影艺术所追求的真善美,达到对青春个体成长过程中思想情感、理想追求、主流价值观的凸显。要丰富我国青春电影的主题与内容,应在电影艺术产品的价值观与意识形态的编码中倡导国家、民族的优良传统,以淡化商业倾向作为编码导向,将商业效益的目的融于青春电影品牌涵盖下的艺术风格、人文价值、文化品质等,以品牌魅力带动经济效益,促进青春电影的健康发展。

(基金项目:2015年度国家社会科学基金西部项目"青春电影的道德价值审视与重建"〔项目编号:15EC172〕中期成果)

(张文博,重庆工商大学融智学院;袁智忠,西南大学影视传播与道德教育研究所)

参考文献:

[1]贾磊磊,袁智忠.中国电影伦理学·2018[M].重庆:西南师范大学出版社,2018.
[2]马克思恩格斯全集(第3卷)[M].北京:人民出版社,2002.
[3]袁智忠.影视文化纲要[M].重庆:西南师范大学出版社,2017.

21世纪以来青春电影叙事空间的伦理意义

佘鸿康

空间是否成为影像叙事的核心,是传统叙事空间与现代叙事空间的显著区别,前者依附于所描绘的故事,是事件的潜在前提;后者将发生在"空间"里的事件转向叙述空间本身,空间的重要性超过了事件。在传统的世界里,王明阳反复强调"天地万物为一体",整个世界空间是一个有机的统一体,"天人合一"乃是传统叙事空间的叙事前提,体现空间的稳定性和先验性。身处传统空间里的人或事物,按照各自所处空间中的位置行事,自有其伦理意义。符合空间规约的伦理意义被称为"正常""贞洁""忠义";不符合空间规约的伦理意义被边缘化为"疯狂""不洁""不忠不义"。[1]在近现代社会,诚如列斐伏尔所指出的,"如同在它之前的社会一般,社会主义的社会也必须生产自己的空间"[2]。传统的"天人合一"叙事空间被打破,在现代化的空间改造运动诸如政治、经济和文化运动中,重新被组合。整体的伦理空间一旦解构,传统的叙事空间也无任何意义。现代影像中空间重组和改造的对象是现实伦理空间,基于对传统伦理空间的不满。新的叙事空间如何重组,在什么样的空间里讲述故事,是现代影像叙事的根本性问题。

青春电影是以青年人为表现对象,传达其生活、家庭和爱恋等生命活动,具有鲜明的青年文化性。鲍德里亚在《消费社会》一文中指出:我们生活在物的时代,我们根据它们的节奏和不断替代的现实而生活着。在以往所有的文明中,能够在一代人之后存下来的是物,例如经久不衰的工具或建筑物;而今天,看到了物的产生、完善与消亡的是我们人类自己。进入21世纪以来,全球化经济急遽发展,伦理、道德与消费、商业、西方主义交织撕扯,前青春电影里乡村空间的诗意表象与传统话语已然不见,取而代之的是叙事空间被城市化的符码所指认,浮华背后是道德价值观的日渐坍塌。城市空间成了电影的滋养土壤,在银幕中也被悄然关注着。与乡村空间不同的是,在现代性场域中,青春主体可以肆无忌惮地对消费生活极尽享受,挑战传统、蔑视权威、不顾道德,现代叙事空间所建构的伦理空间彻底打破了"天人合一"的叙事空间前提。传统伦理的话语与现代意识呈现的张力场效应,使得一切道德都在解构中,一切又都在建构中。新世纪以后,青春电影叙事空间大致分为以下三种:家庭空间、校园空间和公共空间,其伦理意义在于对空间的重组与建构,是基于对传统伦理的不满与挑衅。无疑,新世纪以后青春电影的空间叙事修辞业已是文艺工作者最后的灵魂安慰剂。正因如此,青春主体的内心与重组的空间构成对立面,总试图逃离,并与其形成持续的冲突,对其规则进行不断挑战。在分离的家庭、叛逆的校园和亢奋的公共空间里,青春主体游弋在浮华且空洞的现代性场域中,内心无法平静,现代空间带给青春主体的是无限的生存焦虑与道德困惑。

一、家庭空间:在场的缺席

"空间自身既是一种生产,通过各种范围的社会过程以及人类的干涉而被塑造;同时又是一种力量,反过来,影响、引导和限制活动的可能性以及人类存在的方式。"[3]人创造环境,同样环境也创造了人(马克思语)。在新世纪以后青春电影的叙事空间中,家庭环境的影像建构有了较大的变化,物质空间的呈现不再是简陋、局促的。随着城市化进程的推动,家庭空间从乡村布局到新式的单元楼或者别墅中,传统的客厅大桌子被现代流行的沙发所取代,破旧的书柜被电视、电脑所替换。沙发逐渐替代大桌子,在一定程度上,沙发所具有的平等的特性已被环境建构。从传统到现代,家庭伦理的关系在解构中,又都在建构中。传统空间伦理,诸如夫妻伦理、代际伦理,随着家庭空间的重组,自古的"夫为妻纲"在经济社会的发展中逐渐失语,女性在家庭中的地位逐渐上升,并成为重大家庭事件的参与者和决策者。传统的儒家文化一直强调伦理秩序的建构,即"君为臣纲、父为子纲、夫为妻纲"的伦理秩序。"家人有严君焉,父母之谓也"(《易经》),但在青春电影的家庭空间重建中,家庭成员之间的关系却可能是支离破碎的。

传统的家庭空间强调家庭成员之间的伦理秩序,夫妻伦理、代际伦理是成员之间联系的纽带。青春电影家庭空间在新的环境中塑造伦理秩序,其结果就是空间物质层面的转变,并未真正改变家庭关系的状态,解体与破碎是21世纪以来青春家庭空间里无法避免的伦理问题。家庭空间的在场,父母的离席,给青春主体的成长带来无限伤痛,进而影响青春主体的成长。家庭空间叙事中的"残缺"在《80后》(2010)、《观音山》(2011)、《露水红颜》(2014)等电影中得到了艺术化的集中展示。

在中国,自古就有"家和万事兴"的说法,"和"的思想在家庭领域一直被中国人所重视,被认为是传统的家庭美德之一。中国传统文化当中,"'和'更加强调的是集体主义,和谐社会也更加强调人与人、人与社会之间的和睦发展,况且个人主义带来一个更为严重的后果乃是人们道德生活上的危机"。[4]《小时代3:刺金时代》(2014)中顾里和顾准的父母离异;《踏血寻梅》(2015)中王佳梅与母亲和继父同住;

《七月与安生》(2016)中安生出自单亲家庭,妈妈经常出差;《谁的青春不迷茫》(2016)中高翔是叛逆少年,和爷爷相依为命;《嘉年华》(2017)中孟小文的父母离异;《快把我哥带走》(2018)中时分、时秒的父母离异;《悲伤逆流成河》(2018)中易遥从小生活在弄堂里,在一个支离破碎的家庭里长大,恶劣的成长环境使她变得软弱而孤僻。青春影像中单亲家庭空间的建构实则是对当下家庭的客观反映,西方文化个人主义对中国家庭"和"文化的冲击十分明显。

"人类的身体与空间的关系,明显影响了人们彼此间的互动方式,他们如何注视对方或聆听对方讲话(不管是面对面还是远距离沟通)。"[5] 21 世纪以来的青春电影所呈现的家庭空间,不仅建构着青春主体的成长,也透视了当下现代家庭伦理体系的架空本质。家庭空间本应表征关爱与呵护,然而在场的缺席试图打破传统家庭叙事空间范式。值得关注的是,这样的家庭空间是青春滋生残酷与阵痛的温床,是整个社会变革过程中的意识形态与价值取向变化的畸形体现。

二、校园空间:失范的圣地

约翰·桑特洛克的《青少年心理学》提及人从童年期到成年期的转折时期,而这个转折时期的标志就是青春期与学校事件,这一时期始于生理变化,终于文化。学校是有别于社会空间、家庭空间的另一种空间模式,青春影像中的主体在现代物质空间建构中体认规则、感知伦理秩序,是一次别样的成长经验。"学校从本质上讲应该是关爱生命、充满爱意和人文气息的道德场所。从商周时期的'庠'和'序',到唐宋时期的'书院',直至近代以来的'学堂',校园始终是一个伦理圣地。"[6]然而,进入新世纪后,随着经济的急遽发展,个人主义和世俗意识填充着校园。青春影像空间在资本逻辑的规训下,校园空间中的师生伦理及其自身的道德性日渐式微。老师的身份本身成为一种隐喻性指涉,在教学活动中,无论知识领域还是伦理道德方面,教师都是学生的指向标,代表权威性的主流价值观念。然而在《万物生长》(2015)中,学生厚朴发现魏妍和老师在办公室卿卿我我之后,讽刺老师但老师却以假装不知道的样子予以回应。影片中,教师的育人功能缺位甚至失位,道德价值的架构及话语立场的表达缺席。显然,这位教师担当了一个与学生发生不良关系且伦理失范的"典范"。在《不能说的夏天》(2014)中,李教授更是强行与自己的学生白白发生性关系,将校园中的传统师生伦理规约消解得粉碎。

在《同桌的你》(2014)中周小栀和林一在"非典"隔离时期因逃校造成学校管理秩序混乱,但电影中处罚他们的镜语上存在着对学校权威性的弱化,进而可能影响青少年受众对于该事件及学校的道德价值的认知。在《我们都是坏孩子》(2013)的校园环境中,青春主体都拥有颓废凋零的精神世界,学校的角落里随处可见学生抽烟、打架、接吻,无关学习与梦想,校园这一伦理圣地被个人主义冲击,其教育意义和伦理意义已荡然无存,只剩下空洞的能指。

同时,校园空间也是一个特殊的社会环境,按照杜威的理解,校园有三个重要的功能:"一是简化和安排所要发展的倾向的许多因素;二是净化现有的社会的习惯并使其观念化;三是创造一个更加广阔和更加平衡的环境,使青少年不受原来环境的限制。"[7]在杜威看来,学校对复杂的社会环境起到了简化、净化和平衡的作用。同时,"在校园空间中,也有着相对森严的等级制度。以中国传统尊师重道道德风范为准绳与标准,青春主体与班级干部、教师、学校领导之间有着明确的权利等级。"[8]但在影片《中国合伙人》(2013)中,孟晓骏和王阳在课堂上挑战英语教师的权威,甚至连性格内向的成东青也跟着起哄。三个人无视师生伦理,向传统教育挑战,公然宣告传统课堂教育的失败,这是对教学权威性的轻视与颠覆。在影片《青春派》(2013)中,青年群体也用自己的方式挑战着权威。毕业之时,高三学生在全校大声朗读泰戈尔的诗句,目的在于向女同学示爱。此行为是对学校规章制度置之不理,是对权威的轻蔑。《夏洛特烦恼》(2015)中夏洛在教室里面亲班花,打老师,烧窗帘,无视校园伦理秩序,对尊师重道的观念置之不顾,在教室里公然对教师与学校的权威发起挑战。

青春电影重塑的现代校园空间,在很大程度上呈现的是成人的社会空间。校园的神圣境地被侵犯,师生伦理及校园伦理秩序在现代物质空间中日渐式微,青春的激情与反叛又无时不在破坏着成人社会的游戏规则,校园空间俨然成为青年与成人社会对抗的直接战场。值得关注的是,校园空间理应是被"包裹"在教育与束缚体制下的特殊场所,也应该是青春主体成长过程中神圣的净化之地。

三、公共空间:焦虑的自由

"如果说沟壑纵横的黄土地是 20 世纪 80 年代中期席卷世界的中国第五代电影铭刻在我们脑海中的经典标志,那么无处不在的推土机、起重机和城市废墟中的残骸就是'都市一代'电影的商标,承载着一种具有惨痛意味的社会指称性。"[9]新世纪的青春电影里,娱乐至上与异国文化造成了与前青春电影叙事空间的不同表达,都市化的青春元素与场景纷至沓来,城市的开放性和漫游性带来的是青春主体逃离家庭空间和校园空间的多样选择。充满了小资情调的咖啡厅、酒吧、户外花园、国际化大都市的地标性建筑、机场,甚至国外的风景名胜等都构建了当下青春电影叙事空间的外部物质空间。

公共空间与校园空间、家庭空间相比,其独特的空间特征是开放性、自由性。青春影像构建的公共空间,充满了消费观念、都市化、域外价值观念的符号,是青春主体自我流浪的空间。在成长过程中,青春主体无论是受到家庭空间的琐事烦扰还是校园空间的学习与感情困扰,都试图从中逃离出来,到公共空间诸如网吧、咖啡馆、酒吧、游戏厅等去寻找自由。桑内特曾言,"将身体与空间(城市空间)进行类推是前现代的思维方式,但(在前现代社会)统治阶级的身体意象确实经常会影响到建筑和城市的样式。在公共空间中,身体之存在体现为自由,没有移动和行动的自由,身体无法进入到公共空间之中"[10]。在传统社会,身体自由是受到极大限制的。虽然青春影像中的主体能自由地在公共空间里消磨时光与逃脱束缚,但这些自由是相对的,通常被成人所掌控,随时会遭受到成人世界的剥夺。网吧、游戏厅、酒吧等公共空间,更是受到年龄和身份的限制,让青春主体在试图获得自由的过程中产生焦虑。

公共空间只是一种短暂的、不具有意义也没有结果的自我放逐。在成长过程中,这是青春主体摆脱迷茫、苦痛与压抑的方式之一,但这种方式只是一厢情愿。在公共空间游荡后,他们最终仍需回到家庭空间或学校空间。"如果生活不过是一场每个人不得不玩的游戏,那么没有话语权的年轻人永远是游戏规则的约束对象,是鲍曼所说的需要铲除的园林中的杂草。规则和制度的暴力使任何强有力的个体最终成为暴力承担者,当然也是某种意义上的牺牲者。"[11]新世纪以后青春电影的公共空间建构充满了禁忌与诱惑的现代都市化意义表征,对青春主体而言,这些公共空间也是通往成人世界的主要路径空间。例如,《观音山》(2011)中的南风选择在酒吧驻唱;在《青春派》(2013)里网吧成为治愈失恋、逃避伤痛的独特空间;《万物生长》(2015)中秋水第一次见到柳青是在酒店的咖啡馆里;《夏洛特烦恼》(2015)中的青春主体也是逃课去往游戏厅。

广场、酒吧、商场等所构建的公共空间本身是一个城市现代化程度的标志,也是现代都市的特有符号。因此,青春主体在喧闹的酒吧里体味愁苦与麻木的快感,在广场上面对来来往往的人群歇斯底里地呐喊,在网吧或者游戏厅里沉溺于游戏的虚无。票房冲破十亿的《前任3:再见前任》(2017)在场景的选择上基本属于公共空间:林佳失恋后独自前往的潜水胜地美娜多、影片开始孟云在纱帽街坐公交车、九眼桥、火锅店、星美影城、环球中心、MOJO DESIGN、天府三街、好乐迪

KTV、太古里、Demo Bar、丁点经营的咖啡馆、339Space 酒吧以及东郊记忆广场（经典桥段中孟云喊一万遍的"林佳，我爱你"的场景）。影像中繁荣的都市空间是青春主体自我流浪与情绪宣泄的空间，孟云和余飞失恋后为了发泄情绪多次去夜店狂嗨，在社交软件上认识新的女生，林佳则选择去美娜多旅游。华丽的空间背后是青春主体空洞的心灵，一旦离开公共空间，孟云和林佳依旧感到孤独。"他们既不是《尤利西斯》里在都柏林游荡的奥波德·布卢姆，也不是海上漂泊的奥德修斯，但作为现代社会中受到压抑的人群，他们流连于公共空间赋予的假想性自由，成为波德莱尔式的游荡者。"[12]

四、伦理困境与生存焦虑

中国进入 21 世纪以来，现代工业社会与城市建设急遽发展，乡村和都市空间代表着不同的符号与伦理意义。"乡村其实是中国人的集体精神之乡。有乡土情结的导演将乡村看作自我之根基，或看作民族精神的聚集地，抑或是劣根性的展示，也或者通过城乡对峙展示一个想象的乡村空间。"[13]乡村空间的诗意与传统伦理话语在崇尚现代化，对经济建设与工业发展的极度追求中，成为落后的存在。

20 世纪 90 年代初期，青春电影大体将青春主体的生存空间设定在村镇空间，一方面恪守着传统的伦理教条，保守地看待新鲜事物；另一方面又渴望在现代意识中改变其生存环境。《长大成人》（路学长，1997）中青年群体的自我意识在逐渐凸显，他们努力用自身的行动践行着现代文明所允诺的虚幻自由。物质上富裕了，但他们却感到一无所有，传统道德文化和儒家思想在现代意识的不断冲刷下渐隐渐退。青年人对新事物有本能的期待，村镇中的年轻人在社会不断转型的过程中承受着对现实空间的迷茫与焦虑。

本雅明在其著作《发达资本主义时代的抒情诗人》中指出："在前现代化时期，慢节奏的社会生活还没有将个人推到一个必须快速应对层出不穷之新事物的境地；而社会的现代化进程则将个体置入到一个别无选择的必须快速去应对不断出现之新现象的境地。"乡村、小镇、县城都是介于原始空间和现代空间之间的前现代空间，"离开了脱缰无序的原始自然社会，也远没有到达钢筋丛林的现代社会，因而前现代社会往往更稳固，更保守，更注重维护传统，前现代社会中生活的人，对于稳定生活所带来的安全感的需求非常强烈，以至于会顽强护卫这种安全感"[14]。

随着改革开放，中国的全球化进程急遽推进，现代意识与西方价值观念影响着中国。但是，受到几千年的传统道德观念的浸染，中国人仍然保留着传统文化与价值观念。当今的中国,是多重意识形态的综合体。雅各布斯说:"现代主义所创造的都市空间虽然在物质方面整洁有序,但在社会和精神方面却是没有生命的。"[15]新世纪以后的青春电影将城市空间作为青年人主要的生存空间,不断复现与描摹,传达出都市文化的现代性。与都市文化表面的繁荣形成鲜明对比的,是其内在的空洞性及其给都市青年带来的一系列现代性焦虑。新的空间不断构建,在现代性的文化场域中,传统价值观念日渐式微,如果电影不进行精神价值的探索,那就毫无存在意义。

(基金项目:2015年度国家社会科学基金西部项目"青春电影的道德价值审视与重建"〔项目编号:15EC172〕中期成果)

(余鸿康,四川外国语大学重庆南方翻译学院国际传媒学院)

注:
[1]刘宝庆.论空间叙事的形式及伦理意义[J].南京师范大学文学院学报,2017(03):77-78;
[2]利·列斐伏尔.空间:社会产物与使用价值[A]//包亚明主编.现代性与空间的生产[C].上海:上海教育出版社,2002.
[3]冶平.空间理论与文学的再现[M].兰州:甘肃人民出版社,2008:1.
[4]王翼."80后"青年离婚现象的道德拷问[D].合肥:安徽农业大学,2010.
[5][美]理查德·桑内特.肉体与石头——西方文明中的身体与城市[M].黄煜文,译.上海:上海译文出版社,2011:3.
[6]赵鑫,吴玉海.当前我国校园伦理面临的问题及解决策略[J].百家论坛,2010(02):287.
[7]杜威.民主主义与教育[M].王承绪,译.北京:人民教育出版社,2001:29.
[8]周婧.现代性场域下内地青春电影的空间建构[J].中州学刊,2018,(03):163.
[9]张真.城市一代:世纪之交的中国电影与社会[M],上海:复旦大学出版社,2013:126.
[10][美]理查德·桑内特.公共人的衰落[M].李继宏,译.上海:译文出版社,2014:47.
[11]王彬.颠倒的青春镜像——青春成长电影的文化主题研究[M],成都:巴蜀书社,2011:178.
[12]周婧.现代性场域下内地青春电影的空间建构[J].中州学刊,2018,(03):164.
[13]温彩云.新时期中国电影叙事研究[D],长春:吉林大学,2014:117.
[14]李彬.公路电影:现代性、类型与文化价值观[M],北京:中国电影出版社,2014:233,244.
[15][加]简·雅各布斯.美国大城市的死与生[M].金衡山,译.江苏:译林出版社,2005:262.

参考文献：

[1]宋家玲.影视叙事学[M].北京,中国传媒大学出版社,2007.

[2]王成军.叙事伦理:叙事学的道德思考[J].江西社会科学,2007(6).

[3]陈晓云.街道、漫游者、城市空间及文化想象[J].当代电影,2007(5).

[4]袁智忠.光影艺术与道德扫描——新时期影视作品道德价值取向及其对青少年的影响研究[M].重庆:重庆大学出版社,2011.

[5]贾磊磊.袁智忠.中国电影伦理学·2017[M].重庆:西南师范大学出版社,2017.

[6]任明.电影、城市与公共性:以1949—2009上海城市电影的生产与消费为中心[D].华东师范大学,2010.

[7]李英.20世纪90年代以来中国城市电影浅析[D].北京师范大学,2008.

[8]谢建华.乡愁与市恨:中国电影中的空间与情感[J].新世纪剧坛,2011,(5).

[9]李欧梵.上海摩登:一种新都市文化在中国(1930—1945)[M].毛尖,译.北京:人民文学出版社,2010.

近年来中国青春电影中青年文化价值观念的嬗变及偏移

贾　森　陈　丹

进入 21 世纪以来,青春电影作为中国类型电影创作中一个重要的组成部分,以市场、艺术和社会影响力等多重标准衡量都取得了令人瞩目的成绩。随着众多青春电影上映,青春电影在国内市场份额稳步扩大,在主流电影市场中占据了相当的比重。在价值观念上,青春电影因其表现对象的代际限定性,对以青年为主的受众产生了更加深远的影响。可以说,青春电影的创作热潮正从一种艺术创作现象,逐渐变成一种独特的中国电影文化现象。青春电影的主体对象是具有鲜明代际特征和群体特性的青年,青春电影中所构建的主体形象与青年这一社会群体的心理、精神需求、生活方式、行为模式以及价值观念有着高度的重合,与之相对应的青年文化自然也成为青春电影中最显而易见的文化符码。青年作为青年文化的主体,也是青春电影的形象主体,其对自我的认知和对社会的认知都成为青春电影创作的聚焦点,同时青春电影在叙事上对青年文化的独特性进行了多元化的阐释,二者的联系是十分紧密的。随着经济、文化的发展变化,青年文化的发展也呈现出复杂多元的样态,而在青春电影中则能够明显看到青年文化的价值诉求发生了嬗变和偏移。

一、传统青年文化价值内涵偏移

近十年来,青春电影一直是中国电影市场的主流类型之一,青春电影的兴盛标志着青年文化在当下的社会文化中处于活跃的时期,也意味着青年群体在当前社会经济和文化中有着更大的影响力。正如英国伯明翰学派青年亚文化研究学者斯图亚特·霍尔所说:"青年文化是最能反映社会变化的本质特征的。"在当前全球经济和文化的快速发展时期,传统的社会生产和生活方式不断被改造,青年文化也面临着多元文化的融合和新兴价值观念的倾注。在这种背景下,中国青春电影中所涉及的文化、环境、价值观、青年形象等问题与社会经济的变化产生共振效应,青春电影既要阐释青年文化的构成和立场倾向,又要精准把握社会现实与政治经济对青年文化塑造的制约。这个过程也可以看成主流文化与青年亚文化之间的对抗与和解。从历史的角度来看,在中国电影诞生起至今的百余年时间里,中国青春电影一直处于类型延续和更新的状态,在价值观念上,中国青春电影则与家国命运和社会现实保持着高度的一致性。20世纪以《姊妹花》《渔光曲》《马路天使》《十字街头》等为代表的青春电影,向观众展示了当时中国青年的生存状态。那时的中国社会正值外敌入侵、国内政治腐败的黑暗时期,底层人民的生活困苦不堪,青年人处于理想与现实的巨大落差之中,青春电影的文化价值更多的是让青年群体的发声被听见,引导青年文化与进步文化建立一致的文化步调。进入十七年电影时期,中国青春电影的功能性被急速放大。政治话语与集体意识取代了之前的青年个体意识,个人叙事话语被阶级话语取代。20世纪80年代,随着改革开放的到来,世界多元文化的融合传播让青春电影摆脱了思想的桎梏,电影将目光投注于青年人个体生命的成长上,这一时期的青春电影更加关注青年个体意识的表达,在价值观念上青年文化更加主动地寻求主流意识形态的认同,同时积极地向世人展示青年的内心世界和情感世界。进入21世纪后,随着全球化的信息时代来临,各种文化思潮兴起,其传播方式更加便捷迅速,而经济的快速发展让社会物质生活得到进一步改善。这两种变化所带来的结果就是多元的文化思潮被广泛传播,现实世界的价值观念被改写,主流文化和社会大众文化的精神内核都发生了变化。在这种情况下,青年文化也面临着各种文化思潮的冲击和价值观念的渗透。

首先是传统的生产和生活方式解体,新的文化形态和价值观念纷至沓来。消费主义、虚无主义、实用主义、拜金主义、个人主义、新自由主义等各类"次文化"极大地冲击了传统青年文化核心价值观念。在近年上映的青春电影中,我们可以看到青年群体在面对新的生产方式、生活方式、价值观念的时候,都无一例外地表现出了精神上的困惑和个体价值观念上的迷茫。例如在影片《小时代》中就呈现了当今青年文化中膨胀的消费主义和个人主义。影片中的青年主人公们总是穿着高档服装出入奢华场所,并表现出强烈的消费欲望和拜金主义,这其实就是青年群体进入到消费时代,在掌握了一定的物质支配能力之后展示出的物质欲望、个体意识的崛起、身体迷恋的异质青春形态。这样的青春形态即青年群体无法正确认知各种新的文化,无法有效地处理世界观冲突,最终沉迷在所谓个性文化的价值空洞中。

其次,由于经济社会发展与文化发展不一致,导致青年主体陷入了身份认同的价值困境中。特别是城市化进程消除了城乡的边界,城市青年和小镇青年的身份边界也变得模糊起来,在这样的语境中,青年人对于自身身份的追问显得比以往更加迫切一些,同时对于自身何去何从的个体生命价值也显得愈加迷茫。在当前的许多青春电影中,我们不难看出青年人都表现出了寻求融入社会环境却出现阻碍的问题。因为现实环境的变化,传统青年文化的稳定性被打破,家国同构的价值观念成为消失在背景里的象征符号,这让青年群体产生了强烈的困顿和疑惑。在新的价值观念还未建立的时候,过去的文化价值观念已经不足以解释当下青年面临的问题,最终演变为青年群体对自我认同的动摇。"认同危机将使个体产生不确定性,由此引发内心的不安全感和危机感,表现为对确定性的探索和挣扎过程。"[1] 例如在《无名之辈》中,眼镜和大头就是当今小镇青年的一个缩影,他们在社会高速发展中逐渐被边缘化,为了获得自我价值的实现而铤而走险(去抢劫),而影片传递出对于"尊严"的执念实际上就是对于身份认同的需求,这种认同需求可能仅仅停留在了"可见"的层面而已。在影片《乘风破浪》中,以徐正太为代表的青年人同样也是在处于社会变革期,对于自我价值的探索和挣扎成为影片的主题。徐正太、六一、罗力等青年人试图跟上时代变化的节奏,但是又无法放下各自单纯的世界观,最终在象征着现实力量的房地产大亨面前同归于尽。影片中的小镇和小镇之外的世界就代表两种价值观念的冲突,这也象征着青年人在实现自我理想的价值诉求与现实遭遇之间的矛盾和冲突。

二、怀旧文化表象是青年文化虚无的精神寄托

21世纪以来青春电影值得关注的另一个现象就是怀旧题材创作日益兴盛,在社会文化和电影文化的双重领域都掀起了一股怀旧的风潮。怀旧原本是一种常见的心理状态与文化现象,它是人类在精神世界中建立起现实与过去的时空联系的心理活动,是对于某种具有集体记忆的共同体的心理需求。在这一时期,以怀旧为主题的青春电影其实就是青年对过去的选择性记忆、自我修复的挫败以及对现实的无奈接受,进而通过怀旧叙事获得"有限度"的集体性自疗[2]。

21世纪以来的全球化和现代化,使青年生活的世界以极快的速度进行新旧的更替,青年群体对于世界的认知在快速的更替中却显得难以适应,既有的经验已经不足以让青年对现实世界有清晰的把握,反而出现了价值观混乱、认同危机、年龄焦虑、不安和失落等现象。青年群体在对现实感到无能为力的时候,只能转向过去,到传统中寻找精神上的栖息之地。从时间的维度来看,青春电影中关于怀旧的叙事几乎都是重组了线性的时间结构,从叙事主体的当下往前追溯旧日时光,再从过去时间段的故事延伸到现在时甚至是未来时。所以在青春电影中,我们看到大多数怀旧的影片都采取了倒叙的方式,从主体的当下困境讲起,通过回忆过去的经历来化解现实状况的危机。例如在影片《匆匆那年》中,故事的开端便是陈寻参加高中好友的婚礼,然后以倒叙的方式讲述了陈寻和方茴之间的爱情故事。在《同桌

的你》《夏洛特烦恼》《快把我哥带走》等影片中,同样采取了倒叙的方式来进行讲述。究其原因,就是要表达青年群体无法融入现在时的现实生活又无法摆脱困境,促使他们将生存的意义寄托在他处,这个"他处"就是时间维度上的过去。怀旧叙事造成了时间的非线性断裂,青年群体在这个断裂的间隙里重新审视自己和外部世界、过去和未来之间的关系,试图找到现实困境与人生价值之间和解的通道。所以在影片《夏洛特烦恼》中,已经步入中年的夏洛穷困潦倒,但在一场魔幻的梦境中,夏洛回到了过去的高中时代,并利用两个年代线性时间的差异在过去时间中成为歌星,获得了在现在时无法企及的成功。这样的"完美神话"就是影片利用现在与过去时间的断裂,让夏洛在两个时间差里面重新审视自己的精神世界。

从价值观念上来看,在近年来的青春电影里怀旧逐渐演变成一场虚无的狂欢。原因就是电影试图将青年的个人记忆与集体记忆进行后现代的重组与拼贴,利用集体记忆的符号性来功利地达到精神世界的短暂狂欢,但不再强调个人记忆的自我反思。某种层面上,怀旧是集体记忆和个人记忆之间的中介,是怀旧主体试图将个人记忆嵌入集体记忆的文化行动。[3] 在许多的青春电影中,作者将集体记忆进行精心的包装,再将它与个人记忆混装起来,利用集体记忆与个人记忆出现的偏差来调动观众的情感,以此来唤起观众的共鸣和认同。所以我们可以看到在青春电影的怀旧的叙事体系中杂糅了各种代际文化的符号。例如曾经的流行歌曲、舞蹈、广告、时尚文化、历史事件节点等。在《匆匆那年》中,篮球比赛一开始便响起了风靡20世纪90年代的日本动漫《灌篮高手》的主题曲;在《一生一世》中大量出现20世纪70年代中重要的事件节点;《栀子花开》和《李雷和韩梅梅》影片的本身就是一个怀旧的IP之作,《栀子花开》是贯穿20世纪八九十年代青春记忆的歌曲,李雷和韩梅梅则是曾经英语教材中的两个主人公,是许多观众学生时代的记忆。由此可以看出,青春电影中的怀旧试图对大众的记忆进行再度编码,通过电影营造一种梦境般的时间交错,让观众暂时在旧日时空记忆中忘却现实生活里的危机,完成心灵拯救。但是,国内的青春电影对怀旧的处理仅仅停留在表面,用大量抽空意义的记忆素材来拼贴怀旧的记忆要素,调用各种代际的记忆符码来唤起观众的情感认同,让其陷入对过去时光的追忆和自我迷恋之中。怀旧的价值意义原本是让观众在过去的精神世界中进行自我身份的再认知,主动重塑社会集体记忆,达到自我情感的修复效果。但实际情况是,怀旧文化未能激发青年群体的个体记忆与集体记忆之间更深层次的精神共鸣,反而让怀旧文化的价值观更加虚无,所有人都陷入怀旧的表象之中,对过去时空表现出更加强烈的依恋。

三、新偶像时代——文化价值与意义的消解

青春电影是以青年人为表现对象，描述其生活、事业、家庭和爱情等生命活动，同时具有鲜明的青年文化性的电影。青春电影的内涵决定了它的主体对象是青年群体，与此同时青春电影的受众年龄也大都在十五至三十岁之间。在内容和受众方面两个群体都呈现出了年轻化的特点，这样的年龄阶段正是价值观逐渐走向稳定的时期，青年受众特有的心理状态、精神需求、行为模式等都与青春电影的主体基本同步，所以青春电影是容易在青年受众中引起共鸣的。当青年观众与青春电影的主体在情感和认知上达成一致的时候，青年观众便会对青春电影的主体投射特殊的情感寄托——偶像崇拜。偶像崇拜让青年受众在青春电影的主体身上找寻到归属感和精神信仰，青春电影中的青年主体与青春偶像之间有着天然的同构性，偶像不仅在精神层面上为青年群体提供心理支持，更是青年群体与自我对话的一面镜子，最终使青年群体达成自我认同的目的。但是随着商品经济的发展和社会的进步，作为社会文化象征符号的偶像的价值内涵也随着社会语境的变化发生着改变。

一是过度的商业化和娱乐化抽空了偶像文化的价值内涵。随着资本大量涌入电影市场，青春电影也不可避免地带有浓重的商业色彩和娱乐化倾向，使得青春电影在叙事上和价值观念上都掺杂了过多的商业元素。而这让青春电影中偶像的价值内涵发生了根本性的转变，偶像从受众价值投射的载体变成视觉形象的表意符号。偶像文化实质上就是作为偶像的主体在某一价值观念上引起受众的认同。这种认同应该是来自偶像主体的行为举止、价值观念、崇高品格等美好的品质。但在当前的偶像文化塑造中，抽空内容与价值的视觉形象成了人们选择偶像的重要标准。所谓抽空内容与价值的偶像，指的是一种对人物形象的崇拜，对偶像的选择与认同仅停留在服装、发型、容貌等外型因素上，对偶像的价值观念和人格魅力则选择性地忽视。近年来，青春电影在偶像人物外形的包装上越来越时尚，几乎每部电影中都有年轻帅气的偶像演员。各种所谓的"小鲜肉"成为青春电影中主要的形象代表，因此伴生的"颜值即正义"倾向取代了偶像行为和品格的价值内涵，抽空了青春电影的价值内涵。随着"颜粉"受众群的出现，偶像崇拜的心理认同也变成简单粗暴的外观判定。这样的偶像崇拜已经脱离了了解、接受和内化的认知过程，盲目地以长相作为偶像的评判标准，让偶像的存在价值变成"被看"的虚像。

二是青春电影中偶像自身的榜样力量和示范效应被消解，价值引导效应弱化。

偶像崇拜是一种带有引导性质的文化现象,偶像的人格特征是可供青年受众学习和效仿的,青年受众通过对偶像行为的模仿,能够在现实生活中建构人格和追求价值。而近年来,在商业占主导的电影市场里青春偶像更是成为批量化生产的快餐文化,为了迎合观众的审美取向和消费理念,甚至不惜放弃对偶像价值内涵的塑造,转而一味追求物质享受和感官刺激,对青年偶像的不合理行为和价值观念进行美化,让许多青年受众陷入盲目崇拜的集体无意识之中。例如在《从你的全世界路过》中,陈默作为有着正式工作的年轻人,却十分消极地对待工作和身边的同事,对任何事情都是一副玩世不恭的态度,尽管在影片的最后他为了寻找消失的幺鸡而选择了自我流放,试图在流放边远地区的行为中寻找自我的生命价值,但我们依然不能对陈默不计后果的任性行为选择视而不见。在影片《匆匆那年》中方茴为了报复陈寻对感情的背叛,采取了令人咋舌的报复行为。青春电影中的这些错误价值观和行为模式,对于受众特别是青少年受众的影响无疑是负面的。因为青少年的价值观还不成熟和稳定,对偶像过分的崇拜往往会导致青年自我价值的迷失,容易陷入盲目崇拜而去模仿一些错误的行为。

纵观 21 世纪开端至今,可以说,国产青春电影就是对当下青年文化和大众文化的投射,青年文化在价值观念上的变化也会直接体现在青春电影的题材选择、叙事风格、价值取向等方面。通过青春电影,我们看到了中国青年一代在社会中的崛起,对青年文化也有了更多的认知和了解。但是在社会经济和意识形态等多重因素的影响下,青春电影近年来在价值观念上出现了一些偏差。这不仅仅是一个青春电影的创作问题,还是一个影响青年价值观念的社会问题,因为青春电影不仅仅是在描述青年,同时也在重塑青年。"电影史上的每一个变化都意味着它对观众的影响方式的变化,每一个时期的电影也都会以一种新的方式建构它的观众"[4],因此,"对青春电影的种种问题予以系统的、深入的探讨,提炼美学理论,做出学术判断,拓展创作视野,引导都市青春电影朝着清醒合理的方向前进,很有必要"[5]。

(基金项目:2015 年度国家社会科学基金西部项目"青春电影的道德价值审视与重建"〔项目编号:15EC172〕中期成果)

(贾　森,长江师范学院传媒学院;陈　丹,长江师范学院传媒学院)

注：

[1]刘妍.青年文化发展的时代境遇[J].广西师范学院学报(哲学社会科学版),2018(11).

[2]孟君.中国青春片的怀旧征候剖析[J].当代电影,2016(04).

[3]孟君.中国青春片的怀旧征候剖析[J].当代电影,2016(04).

[4]陈旭光."受众为王"时代的电影新变观察[J].当代电影,2015.12.

[5]袁智忠.新世纪都市青春爱情电影的伦理性批判[J].艺术百家,2017.2.

中国科幻电影的伦理镜像

张文博　袁智忠

一、问题的提出：科幻创意与现实社会

科学聚焦于探讨现实社会中存在的现象，并以理论与技术的方式解释现象，解决问题。媒介技术、电影技术、网络虚拟技术等的出现及普及促使社会文化类产品的生产、制作逐渐倾向于机器化、智能化、科技化，接受主体的审美倾向也逐渐分众化，年轻化主流群体偏好于大制作、工业化、强感官类的文化产品。譬如现实社会中的人工智能技术是基于计算机科学而延伸出来的以人类本身的智能为创造对象的一种可以做出迅速反应的机器。人类基于工具性、智能性、科技性创造了人工智能机器，而人工智能机器在超越人类某方面能力的同时，归根结底依旧受创造者的制约。人类对于智能的未知而产生的恐惧与抵触心理制约了智能设备的发展及普及，科技类科幻电影正是在人工智能的发展与人类欲望的困境中以娱乐类文化产品的形式出现，其本质上隐藏了人对智能的欲望及恐惧之间的矛盾与斗争，以科学幻想的方式审视现实社会中的人工智能科技，以此将现实社会的智能技术与人类自身存在的伦理困境镜像化。然而，科幻电影不仅聚焦于现实社会中关于科学理论、技术及所涵盖的人工智能化与人类造物之间的问题，其还辐射外星生命、超能力、宇宙探索、生化危机、社会发展等主题，而这些主题亦是人类对现在世界及未来世界的好奇与探索，更是对未知及不可控世界的惧怕。科幻电影的创意点始终与现实社会进程所凸显的时代命题及特点紧密结合，并采用真实科学与创造科学的结合、现实社会与想象社会的结合、现实技术与未来技术的结合等方式满足人类对科技了解的欲望、对未来世界的想象以及对现实社会焦点的关注。解读科幻电影可以透视现实科技、社会、文化的发展，同时涉及人类社会与自然社会的诸多伦理关系。

二、中国科幻电影的伦理镜像

（一）社会伦理

"封闭的自然地理环境、小生产的经济基础和封建的社会伦理关系使得中国传

统文化成为一种伦理道德型文化。"[1]中国一直以来都是一个重伦理道德的国家，古有"仁义礼智信"，今有"自由、平等、公正、法治"，无一不体现出中华民族的伦理内涵和价值取向。社会伦理立足于讨论社会富足、和谐、正义、自由等，以人为核心阐释人与社会之间的关系，包含家庭关系、职业关系等一系列利于构建社会和谐的道德、行为准则。电影区别于其他文化类艺术产品，其通过镜头对现实社会进行艺术化处理，以娱乐产品的方式输出。电影这种特殊的大众媒介打破了文字记录对于还原社会现实的局限性，转而以视听结合的感官刺激来对民族文化、社会现实进行真实呈现。而科幻电影在某种程度上以科技与幻想、理性与感性的方式演绎社会现实问题及人类的焦虑，将关注对象聚焦于社会关系之中，表现人与人、人与社会在科技幻想中的关系纠葛，通过对人物的塑造、情节的设计实现对社会伦理的演绎。

影片《卫斯理传奇》讲述宗教圣物龙珠被偷窃与寻回的故事。影片明显区别于欧美对科幻片的定义，并未重点展示奇妙的星际世界与解密神秘的外星人，而是将科幻色彩与传统的宗教相结合，蕴含民族文化的传扬与继承，并将"龙珠只能影响小孩，而不能影响大人，因为小孩的思维比较单纯"的社会哲理进行了科学幻想式的刻画，阐明现实生活中意识主体在后天形成的思想、行为倾向，或是文化对意识主体潜移默化的影响，同时表达社会中无法用科学解释的东西并不一定是与宗教相关的，只是人类暂时的知识盲区之意。影片将主人翁卫斯理塑造成为人正直、与黑暗势力进行斗争、匡扶正义的英雄形象，也蕴含了中国传统的英雄是高大威猛的正义使者的历史渊源，更是将正义、勇敢的情怀融入维护社会稳定的伦理之中。片中龙珠的设置以及片尾的龙形飞船，无疑是中华民族文化的彰显。影片《佣兵特战队》讲述意识主体以超能陆战队进入游戏空间与人工智能进行对决的故事。影片将科幻、悬疑、动作、战争、游戏融为一体，采用高科技、智能设备等真实还原虚拟游戏空间战斗的场景，同时将正义、爱国、勇敢等情怀展现得淋漓尽致。

家庭作为社会关系的基本单位，包含夫妻关系、亲子关系等。家庭伦理则是聚焦于家庭成员之间的行为规范及准则。在中国的电影产品中，涉及家庭题材的电影数不胜数，而科幻电影中不乏以家庭为创作对象的作品，通过幻想将现实与艺术相结合，揭示现实社会中的家庭伦理关系。影片《长江7号》以外星人七仔为科幻元素讲述了处于社会底层的父亲与儿子的家庭关系。主人翁周铁期盼通过打工让儿子过上幸福生活，却遭遇"民工欠薪"与因"闹事"被工头追打的窘境，影片以父子之间的情感为叙事线索，实际聚焦于对社会现实的阐释，将社会底层人民生活的无奈与无助进行了戏剧化的雕刻。诸如此类,《霹雳贝贝》《六十年后的上海滩》等都是以家庭为叙事的起点,进而以小见大,延伸至对整个社会中的普遍现象的反思。此外,职业关系也是社会关系中最为显见的一种关系,体现为意识主体特有的职业道德及行为准则,并在一定程度上反映社会伦理关系。电影《隐身博士》聚焦于医学领域,讲述医学博士发明的一种隐形药被不法分子窃取之后引发的一系列社会治安问题,以现实的医学药物研究为题材,在医疗、医药等社会民生类话题中强调职业准则与社会安全之间的关系,以小见大地阐释了职业所蕴含的社会关系。中国科幻电影基于科技、幻想、创新等角度从现实伦理关系与影视艺术的结合着手,进行主流价值观的阐释,将镜头对准社会,通过社会规则、职业准则、家庭观念等角度阐释在中国历史中积淀而成的社会伦理关系,以电影为载体,采用别样的创作方式对传统文化、民族精神、社会准则进行镜像表达。

(二)个体伦理

个体是相对于集体而言的,强调人作为一个独立个体存在于社会及自然构成的系统之中,个体在进行社会实践、自然接触的同时受制于社会的规则。个体伦理是将人作为伦理考量的主体,指个体在存在、成长、发展直到消亡的整个过程中保持愉悦、自由而应有的伦理规范,包括个体的价值、权利、义务及其思考、判断等精神层面的标准,强调个人行为、关系的道德准则。"电影,无论是作为一种艺术形式,或者是一种娱乐方式,还是一种意识形态国家机器,所有这些电影的职能首先都是建立在电影作为一种文化产业的基础之上的。"[2]个体伦理在20世纪80年代的电影中再次萌芽及发展,重点在突出个体作为行为主体在生命存在、情爱关系、梦想追求层面的阐释。电影展现个人的时候往往将其置身于家庭、社会等关系之中,以情感为纽带讲述个体生命的整个过程。中国科幻电影在和其他电影一样对个体进行展现的同时,促使个体的阐释脱离了集体伦理和阶级斗争等因素对个体的压迫和规制,将其置于现代与潮流、科学与技术、机器与艺术的新语境中。

科学技术的突破促使人工智能不再是虚拟世界所赋予的智能幻想,而是成为真实社会的一部分。在现实生活中人工智能已经涵盖交通、医学、家居等各个领域,进入人类的生活并逐渐成为生活的一部分,引发一系列社会恐慌,也引起了人类对设计初衷的思考及人类如何更好地存在于新型社会关系之中的思考。在影片《错位》中,机器人想要获取个性以成为与赵书信一样的人类,引发了对人工智能存在伦理的探讨。机器人质问:"我们之间究竟是什么关系,主仆,君臣,还是平等关系?"这何尝不是对现实社会真实景象的拷问？意识形态主体应是主动的、鲜活的、感性的生命体,而人工智能以工具的形式介入人类的现实生活,形成后人类存在的形式,其拥有的超越人类本有的反应能力、计算能力以及体力等使人类感受到威胁,控制与被控制、协作与被协作本末倒置。影片《机器之血》中的生化人更是科学实验下的牺牲品的缩影。生物科技、实验是强化社会攻守能力的主要手段,早期电影在展现权力主体对抗与反击的过程中不乏大量涉及生化武器的内容,主要体现在生化毒素的范畴,以人作为生化试验对象的情节举不胜举。个体伦理强调人具有保持自由、舒适、发展的规范,而电影中所展现的以人为试验对象,以及将生化人作为战争的直接对抗性输出武器等无一不是对个体生命及生命存在的藐视,淡化了人自主的能力而将其置于被宰割、被改造的位置,缺乏对个体存在的尊重及重视。关于个体情感方面,科幻电影主要体现其对自我精神的满足和对人际关系的处理作用。《2046》《坏未来》《疯狂外星人》《双生灵探》《流浪地球》等电影都以科幻为主体,在视觉盛宴中阐释亲情、友情、爱情。例如:影片《流浪地球》被誉为中国硬科幻电影的第一座里程碑,其在凸显救援主题的同时聚焦于个体情感、情绪的阐释。在亲情方面,刘培强父子之间的情感在整个剧情的发展中进行了对立与回归的处理。父亲深沉的爱与儿子的不理解、不原谅形成鲜明对比,父子之间的对抗、矛盾、冲突在最后又得到了化解。关于友情,影片则响应了中国传统文化中对友情的界定,包括"出生入死""肝胆相照"等情感,以摄影摄像技术与科学想象结合的艺术形式阐释了在地球存亡的危难之际救援队友之间的相互信任、患难与共、不离不弃的情感。

(三)生态伦理

生态"是指一切生物的生存状态,以及它们之间和它与环境之间环环相扣的关系"[3],指向自然环境与社会环境内的所有生命体之间的存在哲理,是讨论作为意识主体的人类如何对待自然界的其他生物体的伦理,包含人类自身生存所需的基本社会实践活动及开拓性的行为对他物的影响及作用,探究是否对他物存在威胁的可能性。在《旧约·创世纪》中记载:"上帝说'看,我将地上的一切结果子的菜蔬与树上所有结核的果子,全部赐予你们作食物,至于世上的飞禽走兽,所有有生命的生物,我将青草赐给它们作为食物。'"[4]上帝赋予了人类生存之道,讲求需求与供给之间的协调及两者之间的平衡关系,而人类在生存与发展的过程中却以神的名义形成了对自然界的统治及掠夺,打破了生物与环境之间相互影响、制约并持续的平衡关系,呈现乱砍滥伐、毁林造田等人类不合理地开发自然资源的事态,导致水土流失、土地退化、生物灭绝、全球变暖及大气臭氧层被破坏等生态问题,而与之交换的则是人类付出了患癌症、核泄漏等代价。由于过度消费而导致的环境问题成为时代的命题,成为各界迫切需要解决的重点问题,电影作为文化传播的载体,承载文化、宣扬价值,基于环境所赋予的时代使命促使环保类主题在20世纪90年代正式出现,例如《可可西里》《狼图腾》《家在水草丰茂的地方》《天狗》《最后的雨林》等电影。如今科幻浪潮裹挟着受众,满足着受众的感官欲望,科幻片成为炙手可热的文化产品。科幻类电影也涉足人与自然关系的解读,用炫酷的科幻设计技术呈现生态创伤,以科学幻想诠释人与自然的伦理关系,通过电影的戏剧冲突而彰显欲望与存在、索取与报复、毁灭与保护的生态伦理命题。

技术的创新与突破创造了前所未有的致富机遇,与此同时带来的是财富欲望下人类的迷失及生态代价的兑换。影片《大气层消失》讲述了因毒气泄漏而烧穿了大气臭氧层致使人类的生命危在旦夕的故事。在人类工业化的快速进程中,人类对生态资源的过度开发与利用,导致人类社会赖以生存的土地、河流、森林被污染。电影使人类与其他生物及环境之间的问题呼之欲出,欲望与贪婪驱使人类对自然无尽地索取,对资源无休止掠夺,人类享受于自然的馈赠,陶醉于对其他生物的征服之中。欲望驱使下的意识主体将金钱、利益作为行为的导向,在消费与被消费的争夺中改变人与自然平衡的关系,呈现为二元对立的局势。人类的贪婪与掠夺欲望通过行为显现,最终自食恶果。被人类当作宠物保护的动物却在关键时刻奋起拯救人类,影片以动物的行为表达对人类的救赎,是电影的戏剧张力,更是莫大的现实讽刺,男孩的行为寓意着人性本善,与之形成对比的成年人却显得无情与麻木。《动物出击》讲述了家中一群宠物主动营救失控的轮船的故事。两部电影都是讲述的人与动物的主题,用小男孩、小女孩与动物之间的对话与协作暗寓"人性本善",阐释基于自我满足的贪欲而导致的人对资源的获取及人与人之间的争夺而导致的灾难,呼吁人类适度消费与获取,回归人类与其他生物之间的平衡。

《人类环境宣言》认为:维护、改善环境成为人类一个迫在眉睫的目标,人类为了获得自由,必须重视人与自然的合作关系,共同构建良好的环境。电影《海洋之恋》讲述了美人鱼与人之间的跨物种的唯美爱情故事,突破了物种之间的界限。五个年轻人掉入深海与美人鱼相互了解、接触之后发现,美人鱼付出代价只为在深海进行海洋环保工作。美人鱼的善良与勤劳通过故事情节的设计引发大众对大海生态的思考和探讨,对自我的检讨与深思,引导人类与海洋和平共处。《猩猩王》《珊瑚岛上的死光》《美人鱼》等科幻电影以视听艺术的方式供受众消遣娱乐的同时暗示现实生活中所存在的生态问题,试图引发人类的思考与反思,警醒人类在获取资源的同时要尊重自然、敬畏自然,呼吁人类节约资源、保护环境,以身作则,置身于人与其他动物、人与自然和谐相处的具体行动之中。

中国自古以来是一个讲求伦理道德、重视礼法的国家,中国科幻电影作为一种独特的电影类型产生于中国的民族文化的继承及发扬之中,以影像的形式与社会现实相互关联,受到社会长期以来的书面及非书面的可追溯的伦理的规制。基于中国的传统文化语境,科幻电影的创作主体共同拥有相同的文化脉络,文化同源下的伦理在科幻电影之中主要体现为社会伦理、个体伦理和生态伦理,进而凸显出科学与幻想、潮流与本土、感性与理性的结合。

(本文为2019年中央高校基本科研重大项目"基于电影伦理学视阈下的电影'原罪'清理及其研究"〔课题号:SWU1909561〕的阶段性成果之一)

(张文博,重庆工商大学融智学院;袁智忠,西南大学影视传播与道德教育研究所)

注:

[1]于语和,庚良辰.近代中国文化交流史论[M].太原:山西教育出版社,1997:19.

[2]贾磊磊,袁智忠.中国电影伦理学·2017[M].重庆:西南师范大学出版社,2017.5.

[3]王旭烽.生态文化辞典[M],南昌:江西人民出版社,2012.

[4][德]维尔纳·克勒尔.圣经:一部历史[M].林纪焘,陈维振,姜瑞璋,译.北京:生活·读书·新知三联书店,1998:260.

僭越的个体

——王小帅电影的伦理学分析

薛利霞

王小帅作为第六代导演中最具思想意识的导演之一,自拍摄影片以来给我们带来了大量优秀的作品。他和第六代大多数电影导演一样不再关注宏观的叙事,更多地关注小人物,尤其是生活在社会底层的边缘人。他的电影立足于城市,展现城市各类人群的生活方式,在个人的成长和奋斗中洞悉国家与社会的发展变迁,反映了都市各类人群所遭遇的种种苦涩与艰辛。中国现代化进程中所出现的种种社会问题,包括意识形态、伦理道德、价值取向上的变化,以及各种伦理学方面的问题在其作品中都有呈现。本文试图从伦理学的视角具体分析王小帅导演的作品中所呈现出来的伦理问题,通过梳理总结这些问题使我们对中国现代化进程中所出现的社会问题有一个更加清晰的认识,对社会转型中人们在意识形态、伦理道德、价值取向上的变化有更加准确的解读。不仅如此,研究第六代导演的作品中有关伦理学方面的问题,不但对导演拍摄伦理影片有实际意义,而且对于研究中国电影伦理学也具有重大意义。

一、状态各异的僭越者

王小帅电影中的人物往往具有典型性和代表性,每一个经典人物往往能代表一类人群。如果根据人物自身的特点从内容上进行简单划分,不难发现其电影中的僭越者可以分为三大类。第一类就是那些怀揣理想而不得志的年轻艺术家们,这些人渴望得到理解与尊重,但是社会现实的残酷使得他们尝尽无奈与无助并最终走向绝望。第二类便是苦苦挣扎在城市里的社会底层群体。这些人大多是来自农村的农民工,在城市变迁的洪流之中想要努力楔入城市,为了在城市立足想方设法,甚至常常游走在犯罪边缘。第三类人是生活在城市中的普通人,这类人的身上带有社会发展变迁的明显特征,价值观、伦理观的转变在他们身上展现得淋漓尽致。

1. 怀才不遇的艺术工作者

王小帅早期的电影将视角对准和他一样的年轻艺术家们,最典型的就是他早期拍摄的《冬春的日子》。影片带有第六代电影导演特有的意识形态,用一种极度风格化的影像展现了一个特立独行、才华横溢的青年画家的生存悲剧。[1]主人公春和东与大多数年轻画家一样,经历了生活的艰辛和艺术理想的毁灭,而后又经历了爱情的失败,最后走上了精神崩溃的绝路。与《冬春的日子》主题一样的影片还有导演之后推出的影片《极度寒冷》,一部极具自虐、放逐色彩的影片。这部影片将镜头指向了青年艺术从业者,他们自身的精神、生存意义得不到理解与尊重,在社会现实中由于种种生存困境而最终走向绝望。主人公冬雷是一位年轻的行为艺术家,用自己的身体去展示各种极端行为,最后在自杀的行为艺术中死去。这两部影片中的主人公都是怀揣理想的年轻人,他们渴望理解与尊重,满腔热血地投入到艺术创作之中,却不能被当时的社会所理解,最终穷困潦倒,走向绝望,是20世纪七八十年代我国艺术工作者的典型代表,王小帅早期对这些青年艺术工作者的困惑、挣扎的描写也蕴含着对其自身的反思,更是身处那个时代的艺术工作者的真实写照。

2.社会底层的边缘群体

研究王小帅导演的作品不难发现,导演的镜头指向是在不断变化的,如果说他早期的作品主要描述了一类和他一样为艺术而献身的青年艺术家们,那么《扁担姑娘》《青红》《十七岁的单车》则开始将镜头指向社会边缘小人物的生存困境。《扁担姑娘》聚焦于一批城市外来者,他们大多数是乡下农民工,在城市里做码头工,在酒吧、歌厅里卖唱。影片中的东子是从乡下来投靠同乡高平的码头扁担,踏踏实实地挣着血汗钱。来自异乡的酒吧歌女阮红为了生存不惜出卖自己的身体,最终深陷卖淫团伙之中。虽然出卖的资本不同,但无论是东子还是阮红都是要努力地楔入城市的社会边缘人。

《十七岁的单车》赋予了社会底层边缘人不同的含义,有来自农村的年轻人小贵,还有出生在城市的小坚。小坚虽然生活在城市,家庭的贫困却使得他买不起一辆可以"炫耀"的单车。小贵为在城市生存,挣扎在城市变迁的洪流之中,单车成为他能在城市立足的唯一希望。这两个不同状态的城市边缘人成为导演关注的对象。[2]单车成为两个城市底层边缘少年努力融入城市的工具,可是现实的残酷却给他们的生活带来了无尽的无奈与苦涩,使他们成为那个时代的缩影,成为千千万万苦苦挣扎在城市底层的社会边缘人的代表。《青红》这部影片讲的是由于三线建设,从上海到贵阳支援的职工家庭返城的故事。一个进城,一个返城,导演都将镜头指向那个社会转型中的边缘群体。青红的家庭背景是当时整个时代的缩影,在国家集体意志的号召下,不少青年积极投身于"三线建设"之中,可是社会的发展、时代的变迁使这些人逐渐走向"被流放"的境地,因此他们做足准备想要回大城市,可是焉知故乡却不再是故乡。不论是城市外来的农民工,还是酒吧卖唱的歌女,抑或是为回到大城市做足准备的返城工人,他们都是身陷城市变迁洪流中的边缘人,现实的摧残使得他们尝尽苦涩与无奈,甚至走向迷失、犯罪的险境。

3. 命运多舛的寻常人

研究王小帅导演的作品可以发现,导演关注的群体是一直在变化的,不仅描写那些极端的个体和底层的群体,对于社会最普通的大众的观察更是不可缺少的,极具典型性的就是 2008 年推出的《左右》。《左右》一经推出便引起国内外的不小反响,一方面是因为这部影片是王小帅摆脱以往对"青春残酷物语"探索后另辟蹊径的大众创作,也是一部真正贴近平民生活和社会常态的影片;另一方面是因为这部影片极大地挑战了大众伦理认同。人到中年的售楼员枚竹由于救女心切,不得已求助于已经和空姐董凡结婚的前夫肖路,求他为女儿做骨髓移植,但是没有配型成功。情急之下,枚竹提出与前夫通过人工授精再要一个孩子却屡遭失败。之后,枚竹做出了要与前夫开房再生一个孩子的要求。一系列矛盾使得两个家庭迅速面临解体的危险,突如其来的打击、接踵而至的道德拷问使得两个家庭陷入左右为难的境地。影片以真实的故事为蓝本改编,讲述了人到中年的普通人在命运面前的无奈与挣扎。时代发展和城市化进程正在逐步影响着人们的价值观念,在这部影片中传统家庭秩序被打破,性别政治发生了颠覆性的转变。女主人公经历的一切都是那个时代下的缩影。在今天看来,这些作品都能成为王小帅导演对社会发展变化具有敏锐的观察力和洞悉力的有力依据。

二、僭越者的个人伦理

王小帅导演虽然不是一位多产的导演,但是他的每一部作品都带有鲜明的时代特征,每一位人物形象都具有典型性。想要研究影片中人物的个人伦理就要去关注人物,尤其是研究人物的行为活动,正如英国伦理学家摩尔所说:"伦理学这一名词事实上与对人类行为探讨是极具密切的联系的,行为无疑是伦理判断最平常和最广泛有趣的对象。"[3] 行为的活动主体是人,不同阶层的人会有不同的行为活动,所以要想了解他作品中所呈现出的伦理问题就必须要从每个人物的行为活动入手,分析每一位僭越者的问题,从而具体到僭越者的个人伦理研究。那么基于对王小帅作品的研究,我们可以将僭越者分为个体的"自我"、个体的"他者"以及普遍的个体。导演最早推出了经典电影文本《冬春的日子》,在这个时期,王小帅的电影把视角聚焦到对个体自我意识觉醒和个体生存意义的思考上,所以可以把这一时期的僭越者归为个体的"自我"。在《青红》《扁担姑娘》这一阶段,我们可以明显看出导演剖析人物的视角有了变化,把视角聚焦于社会转型大浪潮中社会底层的"小人物",帮助"他者"实现了在社会转型中对于存在感和价值感的呐喊,所以这一时期的僭越者可以归为个体的"他者"。最后是2008年推出的家庭伦理影片《左右》,在这个时期,我们可以敏锐地觉察到导演的视角转移到了更为普通的大众身上,直面社会转型中的个人,以及在转型过程中普通人的价值观念、身份认知,呈现社会转型的过程中带来的现代文明与传统文明的冲突、现代社会伦理与传统伦理的冲突。而这些正是身处那个年代的大多数普通人的共同经历,所以这类僭越者可以归结为普遍的个体。

1. 个体的"自我"

个体的"自我"是指王小帅的电影中那些个体自我意识觉醒和善于思考个体生存意义的一类人。那么,探讨个体意识觉醒与社会现实冲突的问题就不得不提导演最早拍摄的影片《冬春的日子》,在影片中导演选取了他较为熟悉的年轻画家的生活,通过记录他们的日常生活来展示艺术家的生存状态。电影中的男女主角冬和春是一对从高中就开始谈恋爱的恋人,慢慢地由于生活的现实问题,感情渐渐疏远,最后冬走向了精神崩溃,而春独自去了美国。影片反映出来的年轻艺术家及其生活状态,在现实的艺术领域也非常普遍,艺术创造者在未成名之前的生活都十分惨淡甚至穷困潦倒,比如梵高等。在喧嚣的都市中很少有人去关注艺术家的思想和精神状态。年轻画家期待自己的画可以卖出,赚取钱财来继续自己的创作和理想,但是在面对自我意识觉醒与时代冲突时,艺术家们很难摆脱拮据的状态。一旦艺术创作得不到支持,朋友、爱人纷纷离开,艺术家很快就会陷入绝境。导演将视角聚焦于个体自我意识觉醒的探索上,在对个体自身精神的了悟、挣扎中寻求个体生存、自由以及精神意义的价值。

2. 个体的"他者"

个体的"他者"指在社会转型大浪潮中社会底层的小人物。为帮助"他者"实现在社会转型中对于存在感和价值感的呐喊,电影文本一步步向社会文本打开。谈到关注小人物和社会底层人群,就一定能想到王小帅导演的《扁担姑娘》《青红》。《扁担姑娘》描述了一批城市的外来人,这些人大都是从农村进城打工的乡下人,也有外来的越南姑娘。这些最底层小人物之间的复杂关系,偶然的结识、为衣食住行的奔波、生存的竞争,以及个体的渺小无助都被导演展现得淋漓尽致。与《扁担姑娘》主线为农民工艰难楔入城市不同,电影《青红》讲述的是市民回城的故事。王小帅用《青红》展现了一个时代中个体生活的切面。青红是上海支援贵阳"三线建设"的职工的第二代,一家人为了给孩子更好的教育,扼杀了青红与小根的爱情,重回上海,从而引发了一系列的冲突和悲剧。在这场艰难返乡的过程中,集体意志与个体命运紧紧相扣,真实展现了特殊历史中个体的困境。青红也是"三线建设"中一个普通的个体,她的家庭以及他们做足准备重回故乡的情况也是千千万万个参与"三线建设"的职工家庭的普遍愿望,但是由于个体意志无法摆脱历史意志的桎梏而以悲剧告终。这两部影片真实地再现了在中国现代化和城市化进程中不同时段、不同群体的生活缩影。

3. 普遍的个体

转型过程中普通人的价值观念、身份认知已经被影响并投射到个人的生活空间中,带来了现代文明与传统文明的冲突、现代社会伦理与传统伦理的冲突。具备这种特征的普通人就可以被称为普遍的个体。在王小帅的电影中兼具这种复杂性的人物有很多,最有代表性的就是王小帅2008年推出的家庭伦理影片《左右》中的女主人公枚竹。《左右》是导演创作了多部"青春残酷物语"的影片之后,首次将镜头对准都市中普通的中年人的一部大众之作。电影以真实故事为蓝本,运用艺术化的手法将故事情节推向极致,导演在此阶段将镜头对准生活在城市中的普通个体,虽然影片的故事情节有点传奇,但是影片中的人物所面临的命运困境却是每一个人都有可能遇到的。

三、僭越者的伦理学话语

电影作为大众传播媒介之一,是一种表现力极强的综合艺术,兼具娱乐性和艺术性。电影更是社会生活的形象化反映,可以帮助普通大众塑造正确的世界观、人生观、价值观,培养人们高尚的道德情操、健全的人格等。电影还可以帮助人们认识生活的本质,了悟人生的真谛,给人以智慧,培养人的思考力和想象力。通过电影,观众可以更多地认识历史、认识生活、评价生活,还可以反思自身的行为。在王小帅的电影中我们可以看到,不论是早期对个体自我意识的关注还是后来对社会底层边缘人"他者"的观照,再或者对普通大众中一员的关注,他始终都在探索个体生存的精神意义,人与自己、他人、社会的关系,不同时代中人的意识形态、价值观念与传统文明的碰撞以及个体的生存状态与社会现实的矛盾。而这些问题和矛盾的深层含义是社会发展中伦理文化方面的变迁,所以我们需要从社会伦理与文化话语的角度去分析王小帅电影中蕴含的伦理价值。

1. 家庭伦理的打破

从最早自筹资金拍摄的《冬春的日子》,到后来的《青红》《左右》,王小帅的镜头一直对准城市,他的作品像一面镜子一样反映了中国社会转型期间的个体生存状况,包括个人与他人、与社会现实的冲突与矛盾,承载着有关时代发展、社会变迁的丰富信息和内涵,突出表现了社会伦理观和价值观念的转变,最为明显的就是影片中所表现出来的对传统家庭秩序的破坏。

"父亲"这个词在社会层面上带有"权威、力量、秩序"的意思,在中国传统观念中"父为子纲",父亲的权威是不可反抗的:子女不能反驳父亲的观点;在家庭中父亲的责任就是保护家庭、教育儿女,有绝对的权威,他们主要用管制和训斥的方式让子女服从他的意志。但是我们可以看到,无论是早期王小帅导演对于个体生存意义的思考还是后期转为对"他者"的观照,父亲在影片中出现得很少。在《冬春的日子》中父亲仅出现在电话中,子女的选择大多都是依靠自我意识的,父亲的权威被逐渐弱化。《青红》中的父亲就是典型的传统形象,是一家人的主心骨。父亲监视青红,母亲虽然不同意父亲的做法但只是唠叨几句,最后还是会听父亲的安排和决定。但是由于时代和社会环境不同,年轻一代也会有自己的价值观,正如马尔库塞所说,"年轻一代通过与父母的斗争步入了社会生活,并携带着基本上属于他们自己的冲动、思想和需要"。[4]所以青红反抗父亲,坚持自由恋爱,甚至以绝食来反抗父亲的决定。父亲多次阻挠未果后,开始准备举家逃离去上海。在青红与小根道别时,由于冲动小根强暴了青红,之后青红自杀,小根在"严打"中被枪毙。王小帅导演通过青红对父亲的反抗向我们展现了随着城市化的推进年轻一代的价值观与老一辈的传统价值观的冲突。在这种冲突与较量中我们能体会到传统家庭秩序正在被打破,这在中国传统价值观念中是绝对不可取的。所以,《青红》可以看作对父辈权威的挑战,更是新旧价值观的冲突与矛盾的体现。

2. 性别伦理的转变

在整个第六代导演早期的影片中总是反复出现一类边缘女性,她们的身份低下,大多来自贫困落后的农村,在城市的某个角落出卖自己的身体,在迪厅中兜售自己的青春。她们不仅遭遇到生存困境,成为男性欲望的对象,还备受传统伦理道德的谴责,从而面临着屈辱与生存的双重压力。但是随着中国社会的转型,人们的价值观念发生了深刻变化,女性作为社会主体的一部分,她们的价值观念也在随着社会转型而发生变化,影片中的女性表现出在现代女性价值观的影响下不同于传统女性的特质。女性的自我意识开始觉醒,在面对生活困境时她们坚韧、自立自强,面对择偶时她们自主、自由,面对家庭婚姻时她们也往往处于主体地位。就像马尔库塞所说:"家庭的社会功能的削弱反映了技术对个体的吞噬。"[5]随着社会的发展,女性对于家庭的依附性和从属性越来越弱。王小帅的影片《左右》中的女主人公枚竹就是这样一位女性。在这部影片中传统性别秩序被打破,在中国传统的伦理思想中往往提倡"夫为妻纲"的价值观念,女人的价值就在于生儿育女,她们的社会属性被剥夺。但是在这部影片的两个家庭中,无论是售楼员枚竹还是空姐董凡,都不再依附于丈夫,她们有自己的职业和社会关系,在家庭的权力上甚至超过了丈夫,两性主体地位发生了颠覆性变化,不断重构着传统性别秩序。以往的"男主外,女主内"的集体记忆和社会想象完全被打破,出现了相反的性别秩序。虽然导演在影片中把情节用艺术化手段推向极致,但是在现代社会中,女性逐渐参与社会生产并获得相对稳定的经济收入后,对于男性的依附逐渐降低确实是当下社会的真实写照,男女平等、独立自由的观念正在深入人心。

3. 社会伦理的更迭

随着改革开放的深入,西方各种文化思潮席卷奔涌,整个社会伦理出现了紊乱、失序的状况,在这种失序的状况中最为突出的就是对社会秩序的反叛和开放的性观念。[6]王小帅的影像文本一直随着时代的发展关注着不同的人群,影片《扁担姑娘》表现出来的社会伦理更迭的状况就十分突出。《扁担姑娘》聚焦于一批城市外来者,展现他们的生存状态。影片中的高平向往城市人的生活,一心想成为城市中的一员,但是生存竞争、弱肉强食、个体的渺小无助使得他的理想不可能成为现实。在各种生存困境的压力下他走向了一条违反社会秩序的绝路,最后死于黑帮"大头"的手里。像高平一样因为不懂法律,一味为摆脱贫困潦倒的生活而违法犯罪的人是社会伦理更迭盲区下的牺牲品,更成为那个时代的一个缩影。影片深刻、生动地展现了在社会转型过程中处于社会底层的边缘者的无助、渺小和悲惨的命运,展现了个体生存与他人、社会环境的冲突,以及因这种冲突而带来的个体对社会秩序的反叛。

性观念指的是对于性的看法和评价,是人的价值观在性问题上的具体体现。[7]改革开放前,受传统文化的影响,性一直受到歧视,人们往往"谈性色变"。改革开放以后,中国由封闭走向开放,西方的性自由、性开放观念传入中国。人们对于性的认识由保守走向开放,但是过度开放给人们的社会生活带来了沉重的打击。在王小帅的电影中,这种性开放表现为一夜情和随性同居生活,比如《扁担姑娘》中的阮红和她的迪厅姐妹的生活。其实这也是整个第六代导演影像中的典型情节,如娄烨电影《苏州河》中的美美和马达,贾樟柯电影《任逍遥》中的赵巧巧和小济。在影片中女性往往只是男性玩乐、消费的对象,男性一味满足私欲而不考虑道德和责任。随着西方思想的不断奔涌,西方思想与中国传统思想发生碰撞与摩擦,人们在接受与抛弃之间往往容易迷失,造成了社会伦理紊乱的状况。然而,这种社会伦理的紊乱现象正是新的社会伦理诞生的前兆。艺术高于生活也源于生活,王小帅导演用极度现实主义的手法再现了中国城市化、现代化进程中的种种思想观念、道德观念的变化。

综上所述,我们研究了王小帅导演的经典影视文本中的伦理价值,从伦理学这个角度入手对作品中各种状态不一的僭越者进行了区分,根据人物视角的不同将僭越者分为个体的"自我"、个体的"他者"以及普遍的个体,最后对每一类僭越者进行伦理话语研究,得出:在王小帅影片中呈现出的有关伦理学方面的社会问题主要有家庭秩序的打破和消解,传统的父权空间秩序的打破,以及社会伦理和性别伦理秩序被颠覆的状况。随着社会的发展,我们认为王小帅导演在影片中所呈现的各种价值观念的变化正是其对社会发展变化具有敏锐的观察力和洞悉力的有力依据。

从自筹资金拍摄《冬春的日子》到《左右》,其电影影像始终立足于城市,展现城市个体成长与精神变迁的过程,也象征着包括他在内的第六代导演对自身精神的了悟与挣扎。王小帅始终运用自己的电影视野观照社会转型中每一类个体的生存意义,以及人与他人、与制度的冲突。但是电影不是简单的一次性消费品,它所包含的特定的文化意义更能体现导演的思想意识。王小帅在导演手记中写道:"目前的中国处在一种变革的过程中,作为基础的经济建设尚处在中国特色模式的探索阶段,因此人们在意识形态、伦理道德、价值取向以及世界观上也都处在一种不断变化和寻找的过程中。"[8]王小帅用敏锐的眼光抓住这种变化和找寻的过程,并使用具有公共性、开放性的影像方式将社会转型中的种种问题呈现出来,把它放到一个相对开放的公共领域供人们借鉴和讨论。这不但具有社会文化意义,而且为正确解读当代中国提供了丰富的影像文本。

(薛利霞,陕西师范大学新闻与传播学院)

注：

[1]唐仁跃.王小帅电影的转型:从边缘到身边[J].四川戏剧,2014.10.

[2]张建林.浅析王小帅电影的叙事策略——以成长三部曲为例[J].戏曲之家,2010.12.

[3][英]乔治·摩尔.伦理学原理[M].长河,译.上海:上海人民出版社,2005.

[4][美]赫伯特·马尔库塞.爱欲与文明——对弗洛伊德思想的哲学探讨[M].黄勇,薛民,译.上海:上海译文出版社,1987.

[5][美]赫伯特·马尔库塞.爱欲与文明——对弗洛伊德思想的哲学探讨[M].黄勇,薛民,译.上海:上海译文出版社,1987.

[6]刘小枫.现代性社会理论绪论——现代性与现代中国[M].上海:上海三联书店,1998.1.

[7]刘小枫.现代性社会理论绪论——现代性与现代中国[M].上海:上海三联书店,1998.1.

[8]李琳,王小帅.我要坚持自己的态度[J].当代电影,2006.5.

伦理学视野的电影批评
下 编

电影批评是一项应用人文社会科学原理和方法论以及电影理论，分析电影作品和电影现象的学术性实践活动，对电影的创作和电影理论的发展有着推动作用。电影批评作为对电影作品的一种理性思考，其批评的范畴已经不再局限于电影文本、社会历史、文艺美学等角度，视阈日趋高远，而是立足于电影伦理学视野，为中国电影理论批评的发展带来了新动力和新希望。青春电影伦理、武侠电影伦理、生态电影伦理、乡村电影伦理、民族电影伦理、科幻电影伦理、后现代影像伦理等都是电影批评近年来涉及的方向，并成为新时代的电影研究课题，其研究边界是广大的，它既是电影学者一个大有可为的领域，也是一座急待开发的学术富矿。

《冈仁波齐》：纪实美学风格下的伦理嬗变

赵　敏　袁智忠

张杨被认为是中国第六代电影导演的代表人物，在早期的《爱情麻辣烫》(1997)、《洗澡》(1999)、《向日葵》(2006)、《落叶归根》(2007)等作品中，就习惯以小人物为表现对象，以平常心叙事，以体现爱情伦理、兄弟伦理、婚姻伦理、父子伦理、乡土伦理为特色，逐渐确立了自己影片的伦理学视角，给观众留下了深刻的印象。2017年6月20日他的新片《冈仁波齐》正式上映，在各院线排片率不高的情况下，取得了综合票房过亿的好成绩，对于一部纪实风格的少数民族电影来说实属不易。影片在西藏取景，以11位藏民在藏历马年赴神山冈仁波齐朝圣为内容，进行了长达一年的纪实拍摄，对藏民的伦理观念有了新的阐释。整部电影是藏民们的朝圣之路，是制作团队的艰苦拍摄之路，也是观众的心灵洗礼之路。

一、公路电影的守与变

类型电影的特征主要体现在公式化的情节、定型化的人物形象与人物关系、标准化叙事几个方面。[1]公路电影作为一种类型，最早诞生于美国，从《绕道》(1945)、《决斗》(1971)、《午夜狂奔》(1988)，到《雨人》(1988)、《末路狂花》(1991)，逐渐形成了公路电影的类型特点：叙事常围绕着一段旅程自然展开，在逃离、漂泊、流浪、寻找自我的过程中体现人物的内心变化和成长。近年来，随着我国电影产业的蓬勃发展，以《千里走单骑》(2005)、《落叶归根》(2007)、《人在囧途》(2010)、《泰囧》(2012)、《无人区》(2013)、《心花路放》(2014)、《后会无期》(2014)、《港囧》(2015)为代表的新时期公路电影在票房和口碑上均表现不俗。2007年的《落叶归根》是张杨导演首次尝试公路电影创作。该片讲述的是南下打工的农民老赵，因自己许下的一个承诺，在好友老刘死后决定将他的尸体运送回家乡安葬的故事。电影以"回乡"作为行程的主题词，以"守信"作为老赵的原动力，自然展开叙事。片中对"故乡"的眷恋、对"回家"的渴望是极具东方特色的价值体现，也是乡土伦理的核心所在，这是张杨第一次成功地将公路电影的类型特色与个人电影的伦理风格相结合。

在2017年的电影《冈仁波齐》中，这种个性化的伦理风格又表现得更加自然和娴熟。在故事的开头，张杨就清楚地交代了几位藏民朝圣的原因：年过七旬的老人杨培想要完成自己和已故哥哥的心愿,决定去朝圣,是对兄弟的承诺;尼玛扎堆带着父亲的遗憾,陪叔叔去朝圣,是孝顺的体现;仁青晋美家里盖新房死了两个人,想一起去朝圣忏悔,是对逝者的超度;一贫如洗的屠夫江措旺堆,一辈子杀了很多牛,想去朝圣,并且在朝圣的路上给小虫让路,是对生命的敬畏。这些普通藏民的内心有了强大的宗教信仰和明晰的伦理道德作为支撑,他们相信只要坚定地朝着目标前进,总有一天会到达神山,这也构筑了整个朝圣转山故事的缘起。至此,典型公路电影中的"流浪""漂泊""逃离""寻找自我""寻求内心安定"等主题词被一一阐释。

二、纪实风格的守与变

纪实风格的源头可以追溯到1895年卢米埃尔兄弟在法国咖啡馆的第一次放映活动,《火车进站》《水浇园丁》就是在以真实的影像记录生活。从那时起,纪实性成为影像不可分割的一部分。罗伯特·弗拉哈迪被称为"纪录片之父",其代表作《北方的纳努克》(1922)再现了因纽特人纳努克一家的真实生活状况。到了20世纪60年代法国新浪潮时期,安德烈·巴赞对纪实美学有了明确的界定,他认为摄影的美学特征在于揭示真实,要尽可能地保证影像的时空连续性。[2]纪实美学的思想深刻地影响了中国第四代导演的电影创作,全景、长镜头、景深镜头、实景拍,甚至偷拍等手法都被运用到他们的实践活动中,如郑洞天和徐谷明的《邻居》(1981),张暖忻的《沙鸥》(1981)等。

纵观中国电影史,在少数民族地区拍摄的电影往往在叙事的同时还能给观众带来视觉方面的满足,带有景观式电影的特点,从而具有很强的纪实性。例如1996年冯小宁执导的影片《红河谷》就将西藏优美的自然风光、雄伟的冰川和朴实奔放的藏族人民展示在观众面前,深受当时观众的喜爱。同样在藏区拍摄的电影《冈仁波齐》也沿袭了这一纪实性传统,剧组在当地纯净的天空下拍摄了整整一年,跟着人物角色一起经历了春夏秋冬,观众也通过电影阅尽了西藏四季之美。据张杨说,这是一部没有剧本的电影,在拍摄前只选定了11个人物角色,预先确定了一"生"一"死"的关键点,其余情节皆是路上自然发生,然后拍摄、记录、筛选,最后剪辑成片。[3]为了加强纪实感,剧组对于片中声音的收录也格外认真,烧柴的噼啪声、坚定的诵经声、木板相互敲打并在地面滑动的声音、潺潺的流水声都一一被收录。[4]每一个非专业的演员又"演出"得如此专业,因为这就是他们真实的生活和日常的行为方式,日复一日,年复一年。此外,张杨在作品中并不局限于呈现优美的自然景观和朴实的藏民生活,而是延续自己的作品风格,透过景观之美、纪实之美,展现人性之美、灵魂之善。一路上,吃饭、睡觉、念经、磕头,这些动作不断重复,却未见藏民脸上有过一丝一毫的厌倦和疲惫。在当今充斥着大投资、"小鲜肉"、特效、"虐恋"的电影产业中,这种质朴的乡村伦理观念愈显珍贵。在朝圣的公路上,有象征现代文明的货车、轿车通过,但朝圣的藏民丝毫不受影响,坚定地走好自己脚下的路,在西藏最纯净的天空下用心磕好每一个头,体现出生态主体与自然环境相融合之美,这种在充沛的生命力与其生存环境相互协调中产生的美,即生态伦理之美。[5]伟大的哲学家亚里士多德在其著作《修辞术》里说过:"美是由于其自身而为人所向往并且值得赞颂的事物,或是善并且因为善而令人愉快的事物。"[6]真、善、美乃是人类生命的意义所在。

三、少数民族伦理的守与变

在以中国西部少数民族地区为故事背景的电影中,关于伦理道德的讨论从未停歇。1996年的电影《红河谷》,"头人"在藏区享有的地位和威望是藏民族宗族观念的最佳体现。英国人罗克曼带着远征军的枪炮与所谓的"现代文明"进入西藏,给当地居民带来的痛苦和灾难,以及对自然生态的破坏,激起了观众对善与恶的思考、对生命伦理的反诘。2013年的电影《无人区》,给观众呈现了一个只能用暴力解决问题的"罪恶之城"。影片更多的是对人性之恶的探讨,在这个理和法都同时失去作用的地方,维系秩序的就只有最简单的伦理观念。集旅馆、加油站、小卖部于一体的"夜巴黎"休息站是家族式经营的小店,老板的傻儿子对父亲的话无条件服从,最后也因执拗而丧命。年轻的卡车司机面对强敌"贩鹰人"也毫不畏惧,只为替兄长报仇。作为律师的潘肖在一次次生死较量之中,不断在思考什么是真正的"正义",直接指向了伦理学的终极命题。

影片《冈仁波齐》也继续了这种对人性、善恶、道德的话题讨论。孝顺的尼玛扎堆为了完成父亲的遗愿,陪着叔叔去朝圣,成为一行人中的掌舵者。影片除了表现兄弟关系和叔侄关系外,还有姐妹关系、夫妻关系和母女关系,他们一行人彼此关照、互相扶持,无畏无惧、一路向前,体现了藏民家庭伦理观念的根深蒂固。镜头记录了他们在转山路上发生的有关每一个动作细节的"小事",也涉及生死轮回的"大事"。对于如何看待生死,或许藏民族是最为洒脱的。70岁的老人杨培在前往神山的路上结束了生命,同行的藏民并没有痛哭流涕,反而表现得十分平静,以藏民族自己的方式将老人的遗体送到最接近上天的地方。运送物资的拖拉机被撞坏了,在得知撞人的车上有病人急需送医院之后,他们没有打闹或提出赔偿物资的要求,而是让对方赶紧上路。没有了拖拉机,物资只能用手推,前进一段又跑回来重新磕头,一步都不曾马虎。在当下这个喜欢"抄近道"的时代,这段情节又唤起了观众不少感叹和自省。整个观影过程也是观众和导演、剧中人物心理交流的过程。"他们会遇到什么?""他们在想什么?""他们为什么要这样做?""他们为什么能如此淡然?"这些疑问在观影过程中,不断地叩击观众的心灵。

随着西部大开发的推进和西藏地区旅游业的逐渐兴盛,拉萨作为西藏最发达的城市,已不能被单一的藏族文明来书写和解读。如今拉萨这座城市的文化也注所入了当代中国现代化的血液,潜移默化地影响着当地藏民的日常生活和伦理观念。这些变化也在《冈仁波齐》中被揭示出来。当朝圣的队伍到达拉萨时,所入住宾馆的女老板同意免除一行人的房费,条件是请他们代为磕头,信仰在"身体不好"这种特殊的条件下也产生了替代的可能性。这种大城市人的"信仰替代法"在芒康村的村民看来或许是不可行的,无论你是年过70的老人,9岁的孩子,还是即将临盆的孕妇,信仰之路还得自己走下去。另一个细节发生在拉萨一家小发廊里,当藏族青年第一次见到打扮时尚的发廊女,就发现她与同村的藏族女性如此不同,穿着时髦、现代,不编辫子而留起了短发。在她细致温柔的洗头动作中,青年的内心开始波动,脸上难掩青春的羞涩。在启程赴神山之前,青年特地精心打扮了自己,来向发廊女辞行。镜头中,青年通过不停的转椅动作来掩饰自己内心的不安和青春的躁动。这是一段没有来得及开始的爱情,充满新时代元素符号的年轻女性深深地吸引着来自芒康村的藏族男青年,也预示了现代文化对传统乡村价值观念进行变革的新要求。

结语

当下中国的商业电影普遍存在粗制滥造,对性和暴力过度表现,伦理道德缺失,影视创作和传播价值取向媚俗化等一系列问题。[7]这些表现所带来的负面影响正随着影院数量的增加和票房数字的攀高而日趋扩大,对青少年的影响更是不容小觑。而像《冈仁波齐》这样能以一种平常的心态把故事讲好,并引起大众对当下的伦理价值观进行深刻反思的电影并不多见。作为一部低成本的纪实风格电影,《冈仁波齐》能够斩获过亿的票房,在中国电影市场上也是一种积极的信号,表明更多的观众开始接纳、欣赏纪实风格电影。欣喜之后,我们也对纪实电影的创作提出了更高的要求:导演应时刻谨记自己肩负的责任,在作品中努力传承中国优秀传统文化,传播社会主义核心价值观,重建当下的中国社会伦理价值。电影业最独特之处就在于具有公共文化服务体系和文化产业双重身份[8],既要有意识地对当下的社会问题进行积极引导,又要考虑受众心理和市场需求。

(基金项目:本文为2015年国家社科基金艺术学西部项目"青春电影的道德价值审视与重建"〔项目编号:15EC172〕的阶段性研究成果)

(赵　敏,大理大学、西南大学新闻传媒学院;袁智忠,西南大学影视传播与道德教育研究所)

参考文献:

[1]袁智忠.外国电影史[M].重庆:重庆大学出版社,2012.

[2][法]安德烈·巴赞.电影是什么?[M].崔君衍,译.北京:文化艺术出版社,2008.

[3]张杨,李彬.创作与生命的朝圣之旅——张杨访谈[J].电影艺术,2017(1).

[4]雷建军,萧伟婷.《冈仁波齐》:影像中的日常之美[J].中国电博报,2017－06－14.

[5]蔡贻象.影像艺术文化生态论[M].银川:宁夏人民出版社,2009.

[6][古希腊]亚里士多德.亚里士多德全集(第七卷)[M].颜一,译.北京:中国人民大学出版社,1997:139.

[7]袁智忠.当前影视创作和传播价值取向媚俗化的伦理反思[J].现代传播,2010(4).

[8]贾磊磊.国家电影的文化责任[J].当代电影,2009(9).

(本文原载于《四川戏剧》2018年第9期)

纪录电影《二十二》的创作理念与拍摄伦理

武新宏

  2018年1月26日中广联合会纪录片工作委员会举办"2017年度中国最具影响力十大纪录片"评选,纪录电影《二十二》名列榜首。这部呈现中国"慰安妇"生存现状的纪录电影,于2017年8月14日"国际慰安妇纪念日"在全国院线上映,在剧情枪战大片《战狼2》强劲当道、排片率不足10%的情况下,《二十二》最终收获1亿7000万元的票房,成为内地第一部综合票房破亿的纪录电影。是什么让这部看似普通的纪录电影大获成功?其拍摄理念有什么独到之处?对当下中国纪录电影创作有什么启发和借鉴?这些问题值得思考与探索。《二十二》没有煽情,没有声嘶力竭的控诉,没有对血腥残酷的历史画面的"情景再现",只是用现实生活真实记录、平静展示老人们的生活状态和复杂的内心情绪,用现实与现实的隐喻共同构建不忍回顾的历史及刻骨铭心的伤痛,在可见的现实与虚位的历史之间,用纪实影像的隐喻与投射进行连接与构建。

一、拍摄理念:"旁观"与"介入"互鉴融合

  纪录片的拍摄理念,是纪录片创作者进行拍摄制作的总体思想和原则,包括题材选择、拍摄方法、拍摄态度、处理素材的方式、剪辑的节奏等,关乎一部作品的社会责任、审美价值、文化品位及接受效果。比如"世界纪录片之父"、纪录片《北方的纳努克》的创造者罗伯特·弗拉哈迪的纪录理念为:拍摄遥远的即将消失的文明、跟拍一个家庭、与被拍摄者交朋友、尊重被拍摄者的文化传统等。而他的学生、"纪录片教父"、英国纪录片大师约翰·格里尔逊的纪录理念则为拍摄身边的生活和戏剧、"创造性地处理生活"、注重电影的教育意义、采用"解说+画面"模式等。选题内容一个是遥远的、即将消失的文明,一个是活生生的现实生活;创作方法一个是纪实跟拍,一个是解说词+画面。这些都是对创作具有指导价值的理念与原则。

  1960年代,随着便携式摄录一体设备的出现,世界纪录片诞生了不介入、不采访、把干扰降到最低、做"墙上苍蝇"的"直接电影"拍摄理念,也就是"旁观"的纪录理念,旨在保持生活的多义性和丰富性,把影像意义的理解权交给观众。旁观的"直接电影"代表人物、美国的理查德·利科克认为,过去的纪录片多数是通过剪辑或解说来操纵现实,提出某个观点。而"直接电影"的目的则是尽可能准确地捕捉

正在发生的事件,并将电影制作者的干预或阐释缩减到最低限度,以忠实于未加操纵的现实、拒绝损害自然呈现的生活形态为基础[1]。同一时期诞生的"真理电影"纪录理念则正好相反,主张主动干预生活,用采访刺激生活以揭示事物的本质,也就是"介入"的拍摄理念。"真理电影"的代表人物,法国的让·鲁什认为,在摄像机的干预下,人们能够表露出自己一些平时不易表露的真实。摄影机的目的不在于抓住全部的真理,而在于揭露部分真理。[2] "直接电影"的拍摄方式是不介入的"旁观者","真理电影"则是主动介入的"挑动者"。二者都取材于现实生活,都不用解说词而借助于同期声的力量,但"直接电影"作为旁观者,等待非常事件的发生,"真理电影"作为挑动者,促成非常事件的发生。由于讲求"隐身"与"旁观","直接电影"有时会流于拖沓、缓慢、冗长;而对"介入"与"揭示"的追求,也使"真理电影"容易流于主观。世界纪录片理念对中国纪录片创作的影响因为多重原因有一个"错时空"影响与"本土化"接受的过程,1960年代的"直接电影""真理电影"对中国纪录片创作的影响发生在改革开放以后的1990年代,具有"直接电影"风格的作品有《八廓南街16号》《老头》等,具有"真理电影"风格的作品有《北京的风很大》等。进入21世纪,中国纪录片创作与世界纪录片理念多角度碰触交流,吸收与借鉴,更加凸显自我意识与创作自信,呈现博采众长、相互借鉴的融合状态。

纪录电影《二十二》采用的就是"直接电影"旁观与"真理电影"介入互鉴融合的方式。纪实跟拍老人现实生活的同时,适度采访志愿者、当事人及其亲人。"直接电影"旁观者客观中立的跟拍,可以最大限度地保存所拍现实的原真性,最大限度地降低拍摄者的主观介入与干扰,以确保影像的可信性。"真理电影"适度介入和有计划的采访,则有助于对历史记忆的打捞揭示。取"直接电影"与"真理电影"各自所长进行拍摄制作,也是基于题材的特殊性。记忆是人类心智活动的一种方式。记忆代表一个人对过去活动、感受及经验的印象累积,是人脑对外界输入的信息进行编码、存储和提取的过程。但并不是所有记忆,都处于经常"提取"的状态,创伤记忆多数处于休眠的状态。这些伤痛并没有消失,只是出于生存或迫于某种压力而被刻意回避与隐藏。

日本侵华战争期间,作为日本"慰安妇"制度的受害者,中国有20万无辜女性惨遭伤害,而她们多数选择隐藏与沉默。随着时间的流逝,这些受害者纷纷离世,2014年郭柯导演拍摄中国"慰安妇"题材时,大陆公开身份的有22人,故名《二十二》,到2017年影片上映时,只剩下8人。拍摄过程中,这些老人依然不愿提及过去的伤痛。在保护受害者与揭示战争罪恶的两难抉择中,导演选择用客观、理性、旁观而又适度介入的方式,用平静的画面注视她们现在的生活,使"直接电影"与"真理电影"优势互补,"旁观"与"介入"恰切融合,不可见的历史与可见的现实共同构建历史、打捞记忆,还受害者以公正与尊严,激发社会向善与正义的力量。

二、在场的可见的现实:历史存在的可信性证据

纪录电影的本质属性是"非虚构",是对客观事实的真实反映。纪录电影从本源上讲,是形象化的文献,是历史叙述的影像参与。1979年美国《电影艺术词典》界定:"纪录片,一种排除虚构的影片。从现实生活汲取素材,并用剪辑和音响增进作品感染力。"[3]明确提出了纪录片"非虚构"的本质属性。随着纪录理念以及制作技术的不断发展,纪录片"非虚构"生活的手段和方法不断增多。《二十二》采用的是跟拍纪实的"旁观"与适度介入采访相结合的方式,这样可以在一定程度上保证所拍现实的原真性,即影像的可信性。正如安德烈·巴赞所言:"摄影的客观性赋予影像以任何绘制艺术都无法具有的可信性,它们真实地存在于空间与时间之中。"[4]也如齐格弗里德·克拉考尔在《从卡里加利到希特勒》的引言中所指出的:"电影展示的这些影像具有物质证据的作用,出现在证人席上特别有效果。"[5]

纪录电影《二十二》用纪实镜头真实呈现老人们的生活和精神样貌,现实状态不辩自明。她们多数生活在农村或小镇,或与子女生活在一起,或住在养老院,居所简单,生活物品简朴,一日三餐也多粗茶淡饭。她们衣着素简,多数老人身形消瘦,头发苍白,满脸皱纹,很少笑,也不太主动与人说话,平日里也没有什么活动,多数就是做饭、吃饭、看电视、望着窗外发呆、坐着或躺着、打瞌睡、割草、喂猫。生活平静却也没有什么乐趣,似乎已经习惯离群索居,对生活没有特别要求,好像什么也没发生过。但是一旦提到"过去",即使时间已经过去了几十年,她们依然非常伤心,一下子会有泪水涌出,苍老的脸上滑落的泪水有力地说明她们并不是"心如枯井",时间再久也无法抹平过去的伤痛。面对镜头她们欲言又止、吞吐含糊或未语凝噎,或直接表示"不说了,说了心里不舒服"。战乱期间流落到中国、自愿改掉原名朴车顺而叫毛银梅的老人,用日语说"欢迎光临""请坐请坐",其语言和动作带来的"证据"感,一下子揭开了现实掩盖的面纱,露出历史残酷的真相。在极度恐惧的环境里,需要多长时间才可以将一种陌生语言学得如此流利且几十年不忘?影像真实记录她不自觉地唱起朝鲜语歌谣《阿里郎》《桔梗谣》,质朴的歌声既是对故乡的思念,也是对战争的控诉。

德国哲学家瓦尔特·本雅明曾说:"早上起来依然处在昨夜梦境中的人,不会

去吃早餐。不想走进白天的人,是因为对梦魇的恐惧,以这种方式(不去吃早餐)躲避自己在昨夜和今天这两个世界之间的更替。只有驱散了梦境,才可以进入白天。"[6]纪录电影《二十二》中的老人们不愿回忆过去,是因为太痛苦。对她们而言,过去就是一场噩梦。必须去除噩梦,才可以走出来。但是现实却是噩梦的延续。在遭受战争的非人性蹂躏之后,来自同胞的歧视、疏离与责难同样让她们如在炼狱。她们活着,深藏创伤,饱受屈辱,现实时刻在提醒,历史也无法抹去。亦如片中的志愿者,日本女留学生米田麻衣所说:"每个老人都有很深的伤口。"《二十二》以"现在时"切入老人们的生活状态,拍摄在场的、日常的、可见的现实,用具象的、可触摸的现实生活接近历史的入口,因为老人们的存在本身就是历史的见证。现实影像具有无可辩驳的价值和力量。

三、虚位的不可见的过去:隐藏于无所不在的现实之中

美国认知语言学家乔治·莱考夫和马克·约翰逊在《我们赖以生存的隐喻》中指出,隐喻无处不在,不仅存在于语言中,也存在于思想和行为中。"隐喻不仅仅是语言的事情,也就是说,不单是词语的事。相反,我们认为人类的思维过程在很大程度上是隐喻性的。"[7]匈牙利电影理论家巴拉兹·贝拉也说,电影可以使人感受到在镜头里看不到的东西。纪录电影《二十二》没有用历史图片或影像资料直接展示日军如何残酷施暴,没有用演员或数字技术"情景再现",也没有让老人们作为证人去讲述当年如何被掳、如何受折磨等具体细节和过程,而是采用欲言又止、欲说还休,此时无声胜有声的表现方式,即隐喻、联想和暗示,引发观者的深刻思考与共情。

1. 身份:旁敲侧击与暗示

"慰安妇"一词本身就具有暗示和隐喻性。日本侵华战争日军"慰安妇"制度研究专家、上海师范大学教授苏智良说,"慰安妇"三个字一定要加双引号,正确的称呼应该是"二战期间被迫充当'慰安妇'的受害者,即日军的性奴隶"。"慰安妇"一词本身就带有欺骗性和侮辱性,蒙蔽了最无耻的一面,掩盖了"强迫"与"诱骗"的性质。纪录电影《二十二》里对老人们的身份一直没有明确显示,打字幕时只写名字、年龄和所在地信息,身份则通过志愿者、亲属等人的讲述小心翼翼地予以暗示。毛银梅老人的养女边炒菜边断断续续地说:"妈妈从来不说她的身世,我们也不问。还是有人来采访,外边的人就知道了。"养猫老人李爱连的儿媳面对镜头说:"妈妈

已经很痛苦了,她遭受了那么大的磨难。有时孩子们围着她,让她开心。"说得也非常含蓄。山西的志愿者在料理完陈林桃老人的葬礼之后说:"本来想为老人们讨个说法,结果到死也没有看到。早知道这样,就不去打扰她们了。"关于老人们的身份,她们自己刻意隐瞒,别人也是遮遮掩掩。这些旁观者的讲述通过影视画面,除了呈现表层的意涵之外,还为了让观者在内心建构起对老人不幸遭遇的认知与同情。

2. 伤痛:指认与映射

纪录电影《二十二》里的老人们并没有声泪俱下、声嘶力竭地述说曾经的伤痛,但她们的伤痛却依然被观者清晰地感知到。美国认知语言学家乔治·莱考夫和马克·约翰逊认为,"隐喻的实质是通过一类概念领域来理解和体验另一类概念领域,或者是不同概念领域之间的映射"。[8]《二十二》里老人们所受的伤痛,是通过她们的生活现状以及语言行为所映射出来的。老人们痛苦的表情和"不说了"的手势是过去伤痛的折射。毛银梅老人几十年后自然流利地用日语说"欢迎光临""请坐请坐"等,则是其受伤害程度与时间的投射。志愿者带领摄影师对当年日军"慰安妇"住所残留遗址的"指认",长镜头中一座座破败窑洞映入眼帘,志愿者介绍说,这个窑洞是关某某人的地方,关了大概几个月时间,那个窑洞是关某某人的地方,关了大概多长时间,等等。这一现实物理空间的呈现,是当年日军残酷暴行的有力物证,也是老人们所受伤痛的一种投射。伤痛无需言说,观者已心受震撼。

3. 冷漠:联想与象征

联想支配暗示,就像支配回忆和幻想一样。由此我们会对拍摄下来的情景之间的关系有一个有趣的侧面发现。纪录电影《二十二》中老人们受到的冷漠与歧视,是通过离群索居的现实状况加以"曲折"体现的。她们多数情况下一个人待着,偶尔出现在画面里的人也离她们较远,保持一定距离。毛银梅老人坐在大门口的一侧,几个孩子在大门的另一侧,她们互相不观望、不说话,气氛尴尬,后来一个小孩子走过来给老人一颗糖之类的东西就又走开了,这些都是老人们平日里被疏离、另类存在的一种映射。海南住在养老院的林爱兰老人,第一个出现的画面就是她坐在笼子一样的门里,面无表情地向外观看。后来突然下起雨来,她吃力地挪动椅子,用拐杖顶在门后,无奈地看着窗外的风雨,天空灰暗,背影孤单,那组画面是老人几十年孤苦生活的缩影和象征。具有象征意义的画面还有漫天大雪和两场葬礼。陕西老人陈林桃和张改香的葬礼,出现在电影的一头一尾。漫天风雪掩映着凋敝的村庄,冬去春来,好像什么都没有发生过。每逝去一个老人,历史又模糊一分。饱受战争摧残的老人们,埋藏痛苦,无声无息地活着,又无声无息地离去。影片留给人们的思考是,她们消失了,伤痛真的带走了吗?

尽管过去残酷的伤害没有正面出现,似乎是缺位、不可见的,但又无处不在。《二十二》用可见的生活场景、可听的当事人讲述以及写意画面等传递的丰富信息及隐喻,引发观者的联想与想象,从而构建每个人心中对历史伤痛的认知与思考。

四、拍摄伦理与表现方式

伦理是指在处理人与人、人与社会、人与自然相互关系时遵循的道理和准则。伦理是从规则角度对道德现象的哲学思考。拍摄伦理是指在影视作品的拍摄制作过程中应该遵守的原则与规范。纪录片是取材于现实生活的艺术,从某种意义上讲,纪录片是拍摄者与被拍摄者共同完成的作品。如果没有被拍摄者的参与,就没有纪录片的出现,因此纪录片从诞生之日起就存在如何处理与被拍摄者关系的伦理问题。在实际拍摄过程中,也形成了一些约定俗成的拍摄伦理原则。比如拍摄者必须获得被拍者的同意才可以进行拍摄;拍摄者必须遵守无害原则;在当事者同意的前提下最大限度地保护被拍摄者的合法权益;不违背社会公序良俗;等。特别是涉及犯罪、创伤方面的题材,如何获得被拍摄者的同意?如何既揭露丑恶又不伤害被拍摄者?如何接近真实?这些都是拍摄者必须面对的严肃问题和对他们的考验。在秉持用纪录片揭示罪恶、警示后人的共同价值理念的前提下,面对犯罪、创伤类题材,不同时代的不同导演呈现了不同的拍摄伦理和表现风格。

1."寻访者介入"还原"真实历史现场"

1955年,在纳粹集中营被解放10年之后,法国新浪潮代表人物、著名导演阿仑·雷乃拍摄了著名纪录片《夜与雾》,片长32分钟。阿仑·雷乃受法国"二战历史委员会"委托,重访纳粹集中营这些让无数男人、女人和孩子丧生的地方,拍摄一部旨在揭露纳粹暴行的纪录片。阿仑·雷乃有感于和平生活中的人们对过去的逐渐遗忘,以幸存者亲身寻访的所见所感,唤起世人对纳粹残暴的警醒。他的拍摄对象是幸存者以及集中营里所有的历史遗迹,包括堆积如山的鞋子、女人的头发、用尸体做成的肥皂、印有标志的人皮以及被残害者的裸体照片,瘦弱嶙峋的尸骨圆睁着双眼,令人触目惊心。这些图片上的受害者,已无法对应具体的个体生命,而是被抽象为"受害人"。导演采用幸存者作为寻访者的方式引领并讲述内心困惑与感受,以所见历史图片和遗迹揭露纳粹的残暴。一幅幅定格的图片,让成堆的衣服、鞋子、头发、肮脏的床板在镜头中慢慢活起来,逐一还原曾经的罪恶场景。影片对集中营内的历史遗存用黑白画面拍摄,而对集中营外广场的拍摄则用彩色画面,呈现人们欢乐地游戏,青草茂盛地生长,仿佛一切都没有发生过。导演用残酷历史与美好现实的强烈对比警醒世人,战争已经平息,但罪恶不能忘记。1955年的《夜与雾》,通过幸存者的"介入"式寻访,用可见的历史遗迹,还原令人震撼的历史现场,揭露纳粹的罪恶。但有些过于残暴的历史画面,令人压抑和惊恐,某种程度上存在视觉暴力的倾向。

2. 有意识地"情景再现",直面"淋漓鲜血"

2014年美国导演约舒亚·奥本海默拍摄的纪录片《杀戮演绎》入围奥斯卡奖,这也是一部揭露人类罪恶的纪录片,而且比1955年的《夜与雾》表现得更加触目惊心。《杀戮演绎》表现的是1965年印尼军方对无辜被指控为共产党的工会领导、无产农民、知识分子以及华人等超过100万人进行残酷屠杀的血腥事件。当时军方利用当地势力和地痞流氓执行屠杀,手段残忍。导演约舒亚·奥本海默用逼真的"情景再现"手法,还原曾经的"杀戮"场面,以"残酷"的影像画面收到"振聋发聩"的收视效果。《杀戮演绎》的拍摄对象是当年屠杀事件的执行者,他们至今仍以执行杀人而自豪。可以说,被拍摄者本身是施暴者,是应该谴责的对象,所以导演并没有对被拍摄者说出真正的拍摄目的。在拍摄过程中,导演故意激发这些当年的屠杀者的炫耀感和表演欲,让他们还原当时的环境,用道具、化妆、逼真表演,重现当时的杀人情景,讲述当时的心理状态,以达到对滥杀无辜、泯灭人性的揭露。导演利用被拍摄者热爱电影,想把自己过去的杀人情景拍成电影以此炫耀的心理,用道具及被拍摄者的表演,主动而有意识地"情景再现"当年血腥杀戮的场景,逼真的影像将人性邪恶倾泻而出,让人不寒而栗。这种用真人扮演、表演曾经的残暴的拍摄方式,给人的视觉及心灵带来了强烈冲击。但同时,猎奇、视觉不适感以及过度渲染暴力的倾向也更加明显。

3. "适度靠近"与含蓄表达

如何既揭露罪恶又不造成视觉不适?如何使受害者得到尊重又能表现真实?2017年上映的纪录电影《二十二》做出了尝试和探索。导演郭柯所面对的被拍摄对象是饱受摧残的受害者,是应该得到保护与尊重的老人。他小心翼翼地靠近老人们,不愿也不忍心触碰老人们心中那些永远无法愈合的伤口,所以选择放弃可能会产生震撼的口述,放弃残酷的影像重现,而秉持尊重与保护的拍摄原则。郭柯认为"慰安妇"不是历史教科书上的一个符号,更不应该成为猎奇的对象,她们是鲜活的人,应该被铭记、被理解、被尊重。所以郭柯将"尊重为先,感同身受"放在首位,征得每一位被拍摄者的同意,尽量不影响她们的正常生活,不刻意摆机位、打灯光,用极其克制的态度照顾到每一位老人的心理感受。全片没有让人不适的画面及激烈情绪,用可见的现实及影像的隐喻含蓄表达,隐忍蓄积的力量叩击内心,拷问人性,回旋激荡。正是郭柯的善良之心以及平视、平等、尊重的拍摄理念,让他采取温和、平静而不乏思考的拍摄方式创作了一部与剑拔弩张、横眉冷对、触目惊心风格不同的,充满温情、内敛、克制与隐忍的作品。

《二十二》"旁观"与"介入"互鉴融合的拍摄理念,对中国纪录片创作具有启迪价值,即任何形式的探索必须服务于内容表达的需要,不可生搬硬套任何已有的形式,亦不可盲目跟风。而《二十二》所追求的内敛、克制、理性、温和的表现风格,也可以看作用实际行动表达对人类不同时期非理性行为的一种批判与警示。法国著名社会心理学家古斯塔夫·勒庞曾对人性弱点及群体非理性做过深刻剖析,他说"群体极易被无意识感染和支配,变得既无理性又自私自利,易于冲动且反复无常,成为暴力和骗局的实施者,也成为它的牺牲品"[9]。任何时候,人类应该远离残暴和非理性伤害,应该时刻反省和自省,让正义、公平、善良与美好更多地照耀每一个人的内心。也许这是纪录电影《二十二》最有价值的启发和思考。

(武新宏,扬州大学新闻与传媒学院)

注:

[1][美]罗伯特·C·艾伦.美国真实电影的早期阶段[A]//李迅,译.单万里.纪录电影文献.北京:中国广播电视出版社,2001:78.

[2][美]威廉·罗特曼.鲁什与夏日纪事[A]//王群,译.单万里.纪录电影文献.北京:中国广播电视书店,2001:275.

[3]李恒基,杨远婴.外国电影理论文选[M].北京:生活·读书·新知三联书店,2006:262.

[4][美]达德利·安德鲁.经典电影理论导论[A]//李伟峰,译.北京:世界图书出版公司,

2013:117.

[5]杨远婴.电影理论读本[M].北京:北京联合出版公司,2017:210,3,33.

[6][德]瓦尔特·本雅明.单向街[M].陶林,译.南京:江苏凤凰文艺出版社,2015:2.

[7][美]乔治·莱考夫,马克·约翰逊.我们赖以生存的隐喻[M].何文忠,译.杭州:浙江大学出版社,2013:3.

[8]郭丽.欧洲隐喻理论的重要发展回顾与思考[J].文教论坛,2007(6).

[9][法]古斯塔夫·勒庞.乌合之众[M].冯克利,译.北京:中央编译出版社,2016:10.

(本文原载于中国传媒大学学报《现代传媒》2018年第40期)

《嘉年华》影像世界建构的伦理性批判

杨 璟

2017年11月上映的电影《嘉年华》荣获了台湾金马奖最佳导演奖,好评如潮,许多电影评论都认同该片中的社会性批判及女性主义视点。例如,余余发表的《符号与隐喻:作为社会景观的〈嘉年华〉》试图用女性主义和符号学的理论视点来分析《嘉年华》,认为影片"对这个世界的罪恶和救赎进行了近乎凌冽的展示"[1]。王文静在《中国文化报》发表的《沉睡与觉醒:如何砸开那根困住嘉年华的锁链》展开了对当代女性的社会地位的文化性思考。然而,值得我们思考的是,《嘉年华》这部电影所建构的影像世界是否可以成为马克思主义文艺观中"典型化"理论的社会性诠释?是否应该主题先行地利用流行于西方20世纪六七十年代的女权主义文艺批评自上而下地观照当代中国社会女性的生存环境、文化地位及革命意识,从而引发社会对女性彻底解放的想象性建构?

一、叙事策略中的女性主义呈现

不能不说,《嘉年华》在题材选择上的突破及题材本身的震撼性还是足够的。根据一份资料显示,有研究者对2013—2014年我国曝光的儿童性侵案件进行了研究,其案例就有192起;2014年的另一项相关研究中媒体曝光的仅中小学儿童性侵案例就有36起。[2]可以说,儿童性侵案确系一个社会问题,值得引发社会的广泛关注。

1988年,周晓文导演的《疯狂的代价》是一部较早关注儿童性侵案的中国电影。《疯狂的代价》通过一系列非叙事性情节设置达成其社会批判效果,如过度性爱自由;黄色书刊的贩卖;城市无业青年的道德沦丧;侦查程序的客观伤害……但是《疯狂的代价》通过对人物性格的刻画试图在伦理上为这些社会问题找到出路:青青为妹妹报仇的执着给受害者找到了情感的归宿;退休男警察老赵和书贩李长伟对青青、兰兰的深切同情及关心让观众看到了男性对女性真爱的存在。通过这样的人物设置,该片的编剧芦苇和周晓文在剧作上"尽可能丰富地展示了这个罪与罚、恶与报的人类悲剧蕴含的人性内容"[3],表达了人间依然有真情、男性良心未泯之意,从而建构了真正意义上男女自由平等的社会愿景。

与《疯狂的代价》相比,《嘉年华》确实在某种意义上实现了叙事上的创新突破。

影片讲述了两名小学生小文与小新因和商会刘会长外出 K 歌晚归，留宿旅店终被强奸的故事。影片将叙述重点放在案发之后家庭、旁观者对小文的二次伤害上，以两条叙事线展现了小文的心路历程及目睹该案的旅店女服务员小米的觉醒过程。然而，该片的编导通过人物塑造及人物行动线，建构了一个陌生人社会和男女性别二元对立的社会景观。

首先，小文和小新的家庭不再是受害者最好的归宿，而在影片中这种"无家可归"的状态正是男权社会的文化形态所造成的。例如，母亲扔小文衣服，剪小文长发那一场戏表现了母亲将悲剧的原因归于小文的美貌和对形象之美的追求上，自觉地被男权主义所驯化，成为男女性别二元对立中"投降主义者"的典型。小文的父亲在编导设计的暗线中接受了新闻媒体的采访。当小新的父母劝小文的父亲妥协时，小文的父亲犹豫着说："那公义呢？"结合这两个叙事信息，我们可以发现，小文的父亲更关心是社会伦理诉求，而非小文受伤的身体和心灵。

其次，是旁观者人物形象体系的建构。男性对此性侵案漠不关心：刘会长在案发后毫无悔意，照样花天酒地；旅店老板关心的是此事对旅店生意的影响；建哥希望从案件中谋取利益；王警官对小文不信任，多次盘问，让小文再次体检，对小文造成多次心理伤害；导演还通过小文的主观近景镜头展现了法医的冷漠表情；最后王警官和法医的集体受贿将这一主旨推向高潮。作为女性，小米虽然身世可怜，但为了保护自己和保住几百块的工资选择了沉默，并利用自己手机拍下的证据为自己谋利，即便最终将证据交给律师，也是为了报仇。女律师是该片中唯一真正关心小文、能体会到小文心理的旁人，但最终她还是选择了相信男人，将证据交给腐败的王警官，客观上为小文受到最大的伤害提供了条件。

再次，影片通过三个女性层级递进式的对列塑造策略，也营造了一种女性悲观绝望的男性主义社会语境。童年小文、少年小米和青年莉莉可谓女性不同年龄阶段遭遇的写照。三人均是在男权社会中被侮辱与被损害的女性，其人物之间的情感逻辑也是十分明显的。童年小文受到男性伤害，对女性冷漠的男权社会又加重了其创伤。少年小米形成了极强的自我保护意识，但小米最终为生活所迫，不得不试图出卖自己的处子之身，这就实现了小米向莉莉的转换，在反抗无效之后，只有选择妥协，只能寄希望于依靠男性，然而悲惨的下场依然无法逃脱。小米逃出旅店，逃避了嫖客的侮辱和建哥的控制，砸碎了具有象征意义的摩托车锁链，骑车在高速公路上飞奔。小米骑车逃跑的长镜头不得不让人联想起法国电影新浪潮时期著名导演特吕弗编导的《四百击》(1959 年)的最后一场戏——安托万逃离感化院。

然而与《四百击》一样,小米仿佛自由了,但又能怎样?她的实际问题没有得到根本性的解决,她将何去何从?

二、影像策略中的纪实性存在

与《疯狂的代价》不同的是《嘉年华》影像风格的选择。《疯狂的代价》从银幕表演、影像构成及声音处理上来说还是戏剧化、情绪化的,当然那是当时中国电影的总体镜语特征。而《嘉年华》却将纪实主义的镜语风格与其现实主义追求相结合。故事片中的纪实主义风格本来源自西方,从旅美欧洲导演斯特劳亨的自然主义尝试及 20 世纪三四十年代法国诗意现实主义的实践,到战后意大利新现实主义的自觉运用,再到法国电影新浪潮的进一步创新发展,现实主义结合纪实主义的影像风格已成为全球电影导演的普遍追求,而纪实主义手法所带来的非戏剧化、冷峻化和多义性的审美趣味经过日本导演沟口健二、小津安二郎及中国导演费穆等人的改造,发展成为一种独特的东方化诗意风格。东方古典美学中强调的"静观"、追求的"意在言外"在固定长镜头、慢移长镜头与象征性和隐喻性设计、内敛的表演等处理方法中得到很好的诠释。

《嘉年华》可以说继承了这一东方镜语传统,冷静的表演与冰冷的长镜头不得不让观众在静观中深思其主题。其中,玛丽莲·梦露的巨型雕像的处理让人联想起希腊导演安泽罗普洛斯的《尤里西斯生命之旅》(1995 年)和德国导演沃尔夫冈·贝克的《再见列宁》(2003 年)。然而,与上述两部电影将巨型雕像作为政治与时代隐喻不同,该片的雕像是梦露主演的电影《七年之痒》(1955 年)中一个场景中的造型,可谓梦露最性感的镜头。《嘉年华》中的梦露雕像多是以性感的局部部位出现,只有在小米骑车逃走那场戏中以全景出现,其象征意义还是很明确的,那就是梦露是男权文化话语中被看的对象,是男性视野中对女性美的塑造。而影片通过小文、小米对梦露的仰望,象征着她们在自觉地成为男性消费的对象,而只有将梦露运走,才有可能实现女性推翻其"第二性"地位的革命。这可谓为绝望的女性们指出了可能的道路。

三、伦理视野的批判性反思

然而,当我们跳出《嘉年华》本身的影像符号体系,从中国伦理传统及影视世界建构对市民社会伦理的反作用中再次反思其主题性意义,其叙事策略和拍摄手法所带来的负面效应还是客观存在的。

首先,《嘉年华》将西方存在主义思想中的个人主义、唯我主义与当代中国社会的个体生存联系了起来。萨特在梳理其伦理关系论时曾指出,"人与人之间无法'相互帮助','道德'、'善意'在我与他人之间难以存在,每个人都如一口陷阱,时刻都准备埋藏他人的主体性存在。"[4]。诚然,唯我主义、他者的工具性在所谓"陌生人社会"中不会不存在,然而就目前的中国社会而言,它的普遍性却值得怀疑。从近年来中国媒体关注的社会伦理危机事件中的网络舆情可以看出,大多数网民还是维护正义,恪守中国传统道德准则。对于媒体每次曝光的少女性侵案件,大多数网民对犯罪者持强烈的批判态度。例如,在2017年下半年的红黄蓝幼儿园教师虐童案中,"性侵儿童"在网络空间中引起了大量网民的口诛笔伐。当然,该案中的"性侵儿童"系谣言,但反过来想想,造谣者不正是希望利用大量网民的道德恪守获取某种利益吗?另一方面,我们经常会看到"妈宝""虎爸""虎妈"等新词汇,虽然"妈宝"和"虎爸""虎妈"本身存在一定的问题,但这不正是父母对孩子过分关爱的结果吗?中国传统伦理强调"仁者爱人",尽量消解人与人之间的对立关系,力图建构一种和谐社会,强调家庭作为人们情感的纽带是每个人最终的心灵归宿。《疯狂的代价》让人看到了希望,而《嘉年华》冷静的笔触可能会让观众悲观、绝望,特别是女性观众。其实,萨特在晚年修正了自己的理论,他在《辩证理性批判》中指出,道德关系的实质"是人与人之间的共同融合,表现形式是人与人之间的博爱关系"[5]。像小文这样受到性侵的少女,心灵受到的伤害是巨大的,新闻舆论呼喊正义、法治的公正性并不能解决所有问题,所以,在处理《嘉年华》这样的题材时,创作者还是应该多展现社会的正义、家庭的温暖。

其次,西方的女权主义文论视角是否可以完全照搬来处理当代中国的女权问题?"伴随着社会的'性化',女性的性革命也在潜移默化中输入电影的语意表述中"[6],而女权主义文论就是"使妇女们去挖掘她们一直处于怎样的生活状态、应该怎样去生活,她们如何被引导去想象自己,以及她们应该如何去观察、命名并开始新生活等一系列事实,提高妇女的自我认识水平,从而使妇女对世界、对自身产生清醒的认识,进而投身妇女运动中,改变现有世界的父权制秩序"[7]。女权问题是一个历史问题,其实质是生产关系问题。近代以来,女性解放运动逐步展开,取得了巨大的成就。就中国而言,新旧民主主义革命都开展了女性解放运动,产生了秋瑾、宋美龄、丁玲等一大批杰出女性代表。新中国成立后,女性从实质上获得了政治权利和生活的平等权,女性承担起更重要的社会责任和文化责任。例如,我国第一位诺贝尔科学类奖项的获得者就是女性,可见新中国女性解放的突出成就。另一方面,形象经济是消费社会文化的一个重要表现,诚然,男性对女性的形象建构从古到今都客观存在,但今天,男性形象又何尝不是女性消费的对象?购物中心里琳琅满目的男性时尚服饰、男性化妆品,健身中心里男性挥汗如雨的场景以及银幕上男性明星的中性化转换现象……无不证明个体的形象建构已然成为一种双向性的话语,形体美是男女共同的追求。所以,在西方女权主义文化运动中消灭性别的革命性口号在今天看来似乎过于极端。如果说影片中玛丽莲·梦露是男性对女性性感形象的文化性建构,那么现实生活中的克拉克·盖博、汤姆·克鲁斯,甚至 C. 罗纳尔多、梅西何尝不是女性对男性性感形象的文化性建构?

当然,不可否定《嘉年华》具有较高的艺术价值,但如果将"这一个"上升为普遍性、典型性就值得商榷了。中国已经进入新时期,呼唤新的符合时代精神的文艺理论来指导艺术创作,教育观众、娱乐观众、洗礼观众、净化观众,引领中国人民朝着新的时代目标前进。"影视文化要体现先进文化的前进方向,传播社会主义精神文明"[8],对 20 世纪西方现代文艺理论,文艺家们应该用发展的眼光去粗取精、去伪存真、有效利用,对那些有偏颇、有时代局限性的观念应该积极修正、重新整合,以期借鉴其来推动新时期中国文艺创作进一步繁荣发展。

(基金项目:本论文为 2015 年度国家社会科学基金西部项目"青春电影的道德价值审视与重建"〔项目编号:15EC172〕阶段性成果之一)

(杨　璟,重庆人文科技学院艺术学院)

注:

[1]余余.符号与隐喻:作为社会景观的《嘉年华》[N].21 世纪经济报道,2017－11－12(019).

[2]涂欣筠.我国未成年人性侵案件现状及其对策[J].江苏警官学校学报,2015,(01):54－62.

[3]曾镇南.罪孽和复仇中的人性内容——影片《疯狂的代价》观后的沉思[J].电影艺术,1985,(05):30－34.

[4]万俊人.萨特伦理思想研究[M].北京:北京大学出版社,1988:117.

[5]万俊人.萨特伦理思想研究[M].北京:北京大学出版社,1988:142.

[6]贾磊磊.袁智忠.中国电影伦理学[M].重庆:西南师范大学出版社,2017:115;

[7]张岩冰.女权主义文论[M].济南:山东教育出版社,1998:6－7.

[8]袁智忠.光影艺术与道德扫描——新时期影视作品道德价值取向及其对青少年的影响研究[M].重庆:重庆大学出版社,2011:205.

(本文原载于《电影评介》2018 年第 1 期)

电影《疯狂的外星人》的生态伦理意蕴解读

余鸿康

2019年的春节,宁浩带着他的"疯狂"系列第三部电影《疯狂的外星人》强势回归大银幕,再次为观众奉上了笑料十足的视觉盛宴。在科幻的外衣下,影片蕴含着丰富的生态伦理哲学,外星生物、白种人以及黄种人的自我优越感,不同种族、民族间的大规模杀戮行为,突显了日益严峻的生态问题。

"伦理"是一种理则,这种理则的使命是维护以人为中心而产生的某种顺序、秩序和关系(伦理的"伦",有"辈、同类""条理、次序、顺序"的意思)。按照人与人、人与己、人与物三种存在的关系方式,伦理可分为集体伦理、个体伦理、生态伦理。受诸多传统观念的影响,人们往往重视集体伦理和个体伦理这种纯然关于人的问题的探讨,从而使生态伦理边缘化。而实际上,生态伦理不仅在理论的逻辑关系上与集体伦理和个体伦理并列,在现实生活中也与人的生存、发展休戚相关。

"生态"(ecology)在《生态文化词典》中的解释为:"生态指一切生物的生存状态,以及它们之间和它与环境之间环环相扣的关系。"[1]就"生态"的区域大小来看,整个地球可以是一个生态系统,一片湖泊、田地也可以是一个生态系统。生态中的万事万物相生相克,达成平衡状态。就"生态"的伦理倾向来看,"生态"一词带有"万物平等"的意味。生态中的万物都有它不可替代的价值和位置,没有尊卑优劣之分,人也不例外。既然人在生态系统中只是一个节点,甚至人并不是生态系统的必要之物,那么生态系统缘何有伦理?伦理不是人的专属吗?是的,伦理是人的专属,生态系统本身没有伦理。但是,人类作为地球的主宰者,能够并且已经在干预着地球上几乎所有的大生态、小生态。不仅如此,地球以外的太空生态也已遭到人类涉足。人类是生态系统中的一个特殊的节点。他的高超智慧和强大能力使他不受生态自身运行规律的直接制约,并对生态的自然运行产生了强烈的干扰。而生态的意志,大概就是到达无可承受的边缘后毁灭一切,再次开天辟地。人类无休止地压榨生态圈就是在自掘坟墓。因此,人与生态之间是有伦理关系的。

所谓"生态伦理",就是人在处理与自己生活在同一生态环境中的天地万物的关系时所应遵循的规范理则,及由此形成的价值观。生态伦理从表面上来看是人与物的关系理则,追溯到源头还是人与人的关系理则。几个人大肆破坏一地的生态,危害的是整个地区的人共同的生存环境。一个国家向生态圈过度索取,损害的是所有地球人的利益。一代人穷奢极欲,提前消耗了后代人的生存资源。生态崩溃,是人类的共业。追溯生态伦理的源头,得到的是集体伦理。因此,"生态伦理"一词不仅是早已存在的[2],还是合理的。生态伦理的涵盖范围很广,不止于人与自然物质的关系,实际上囊括了人与一切物质的关系。因为人的生产物质、生活物资及废物都来自自然物质并最终要回到自然中。这些物质虽然表现为不同的形态,与人发生着不同的关系,但都与人类共同存在于一个生态系统中。人的生产行为、生活行为、排放行为等都可以产生生态伦理,人在生态伦理实践中的行为是多样的和复杂的。将自然物质变成生活物资一般通过生产,人对生活物资的享用则为消费,人消费之后还要向自然排放废物。生产、消费、环保都是生态伦理的涵盖范畴,它们分别对应着不同形态的物质。

由宁浩执导的"疯狂"系列之《疯狂的外星人》中,就蕴含着丰富的生态思想。导演在该片中以喜剧的形式诠释了日益严峻的生态问题,表达了对于人与动物和谐共生的美好愿望。在电影中,外星人来自银河系中最先进的文明,想要跟地球文明"建交"。按照契约,双方应当交换各自的基因。可结果,阴差阳错地,外星人被一个耍猴的地球人所俘获。影片中不止一次出现"巴甫洛夫"这个词。巴甫洛夫是苏联生理学家,其著名的条件反射定律被驯兽者奉为圣经。影片中出现的比如看到香蕉就失去了思考的能力,听到音乐就奋不顾身开始表演,听到铜锣声就头疼,都是条件反射。当然,外星人奇卡刚开始自然不服,耿浩用驯服猴的方式鞭打它,慢慢地外星人只好去骑车、踩高跷、做仰卧起坐。影片批判了人类中心主义的价值观。生态环境问题和社会生态问题日益严峻的今天,对该部影视作品中的生态意蕴进行解读,"将引发人们对人与自然、人与动物以及人与人关系的重新思索,最终为我们建立新型的生态和谐社会提供理论指导"[3]。

一、生态意蕴的第一维度:人与动物

在中国传统儒释道思想中,关于人与动物之间的关系有着丰富的论述。儒家思想强调人与自然和谐共生,如儒家经典《中庸》中讲到"万物并育而不相害,道并行而不相悖"[4]。释家强调众生平等,力戒杀生而主张素食,这与西方的动物解放运动的观点极为一致。庄子在《齐物篇》中提出"天地与我并生,而万物与我为一"[5]的自然观,道家思想中"等万物,齐生死"的观念更是将人与动物置于平等的地位。

最早的耍猴于唐朝开始,发源地是在河南的新野县。古人把猴子奉为神明,它们可以看管马匹等，防止走失，因此猴子又有"马骝"之称。通常人们会让猴子杂耍一段，以作祭祀。后来耍猴渐渐变成一个娱乐节目，通常是一些商贩让猴子表演一段杂耍，吸引路人驻足围观，他们好推销自己的商品。随着国人文化水平的提高，耍猴渐渐地淡出了人们的视线。"这猴戏要是断在我手上，对不起祖宗啊。我爹那可是叱咤风云的西南猴王啊。"耿浩（黄渤饰）一边对着菩萨烧香，一边喃喃自语。影片中，耿浩以耍猴为生，但观众却寥寥无几。为了吸引更多的观众，诱逼猴做更难的动作，结果是猴儿"伤筋动骨一百天"。外星人来到地球之后，因为巧合失去了自己的力量头环，结果被耿浩捉住，进行各种残忍的训练，还差点被利欲熏心的大飞贱卖了。观照现实社会，人类对地球上其他物种野蛮侵略、捕食、虐待、非法买卖，在物欲横流的物质时代，部分人为了利益偷猎"生长时间比人类寿命还长"的大象，只为卖掉象牙。实际上，遭到人类猎杀的何止大象，很多野生动物在人类的捕杀中数量剧减，有的已经永远地消失了。动物纪实文学家法利·莫厄特在生态小说四部曲之一的《屠海》中就揭露了人类对海洋生物的肆意杀戮，最终造成了大量物种灭绝的悲剧结果，为人类敲响了生态警钟。

  中国传统思想中有一个"仁"的核心概念，孔子讲"推己及人""己所不欲，勿施于人"。在影片后半段，当外星人拿回了自己的头箍（能量）之后愤怒地喊出要毁灭这些低等生物时，但最终还是只把两个折腾它的人（黄渤、沈腾饰）抓起来，让他们换位思考——脖子上拴着链子、骑单车、踢腿练基本功。孟子讲"恻隐之心，仁之端也"，大概也是这个意思。扩而充之，到动物身上，也如此。佛家也讲因果，讲报应，教人为善去恶。因此，编剧让外星人眼中的两个"低等生物"也成了"被耍的猴儿"，亲自体验一番其中的滋味。亚里士多德在《政治学》中关于自然"为人类而创造了所有动物"的论断使得后世的很多哲学家无法走出人类中心主义思想的窠臼。他们认为动物是没有智慧的低等生命，必须受到有智慧的高等生命——人类的控制。这种物种歧视论严重地危害着全球生态系统。然而，托马斯·阿奎那和杰里米·边沁等哲学家为当代的动物权利论提供了有益的启示。他们认为虽然动物不能思考，但是也有感知痛苦的能力，将天赋人权论直接运用到动物上，主张善待动物。20 世纪初法国生态伦理学家阿尔贝特·史怀泽在《敬畏生命》中提出的伦理思想为当代生态伦理学奠定了基础。他认为，人类应该"像敬畏自己的生命意志一样敬畏所有生命意志"。澳大利亚动物伦理学家辛格（1975）认为，一切物种皆平等，批判了人类的物种歧视态度，呼吁人类善待动物，并改变人类的饮食习惯。这本书成为动物保护主义者的圣经。雷根的动物权利论将辛格的解放论向前推进了一步，他认为动物也拥有其天赋价值,拥有天赋的平等权,"所有拥有天赋价值的存在物都同等地拥有它"。在他看来,动物不是作为人类的工具而存在的,它们本身就是生命主体。因此,人类有义务尊重动物并停止对动物的伤害行为。生物中心主义思想的创始者泰勒(1986)倡导人类对大自然保持尊重,否定人类天生优于其他生物,认为人只是地球生命共同体的成员之一,进一步提高了对人类的道德要求。

在一味强调经济发展的社会,我们得到了很多财富、物质与科技成果,却也丢失了那些原始的善良、无私和真诚。动物是有灵性的生物,它们自古以来就和人类共存于地球上,它们是人类的朋友。面对部分人类对野生动物的残酷杀戮,有识之士挺身而出,为保护野生动物进行着不懈的努力,如加拿大动物文学之父西顿就曾痛心疾呼:"难道野生动物就没有道德或合法权利?人又有什么理由让同类的生灵遭受如此漫长而又可怕的痛苦?就仅仅因为这生灵不会讲他的语言?"[6]相信在生态问题逐渐被人们重视的今天,动物的境遇会发生改变,重新找到适合它们生存的乐土。

二、生态意蕴的第二维度:人与人

在许多电影中外星人代表着一种文化冲突或者地球人无法企及的力量,他们与人类之间总是有着无法跨越的隔阂,无法融合。在此类影片中,将反射人性的另一方设置成了外星人,我们也可以将"外星人"看成一个巨大的隐喻,也就是说,他们象征着与我们不一样的存在。当我们面对这样有着巨大差异的对象,我们首先想到的是排斥他们,还是以海纳百川的姿态将他们吸纳进来?

宁浩的电影总是将镜头聚焦于各种"小人物",在小人物的奋力挣扎中实现对文化价值深度的嘲笑和瓦解。《疯狂的外星人》通过一个疯狂的故事颠覆了已有的阶层认知,实现了以"猴"为核心的阶层倒转。电影中的阶层鄙视链由顶端开始,依次表现为外星人、C国人、中国人、猴子。在外星人眼中人类是低端文明,在C国人眼中中国人是低端文明,在中国人眼中猴子只是用来戏耍和娱乐的。但是讽刺的是,作为鄙视链最高层的外星人误闯地球后却被当成鄙视链底层的猴子。其中,C国特工在影片中多次强调自己是最先进的生物,突出表现了人类由狂妄生出的阶层不平等的现象。C国特工的第一个镜头出现在戒酒会的场景中,一个亚洲男性举着酒瓶用语言表现自己如何克服了酒的诱惑,C国特工听后用枪指向亚洲男性的头,亚洲男性在恐惧的本能中对着酒瓶一饮而下,C国特工留下一句"亚洲佬"的鄙视后离开,这种基于权力、文化的优越感而滋生的傲慢和鄙视是导演讽刺的核心所在。在影片的后半段,假扮外星人的欢欢在交接仪式中选择了大飞,C国特工却认为"中国人已经够多了",执意由自己代替大飞参与这一神圣时刻,殊不知再次被耍得团团转。当外星人附体在欢欢身上时,影片的荒诞叙事被推向极致,人类与外星人的对抗和人类与猴子的对抗相交织,文化阶层的固有逻辑被彻底打破。在电影最后,C国特工带着全副武装的团队,人手一面锣和一根香蕉来辨认猴子和外星人,完成了戏耍的"闭环",充满了讽刺和戏谑。观众在大笑之余感受到的是导演对文化阶层论的反讽和颠覆。

影片中奇卡所在的星球被标榜为"银河系最先进文明",地球上的C国认为"只有我们才能够代表全人类",他们在地球人、在异国人面前保持着一种高傲的姿态。但是这些所谓的"高等"种族所拥有的优势并不稳固,如外星人奇卡被地球人当成了猴子,关铁笼铐脚链,学骑车练踢腿,彻头彻尾地成了人类的奴隶;C国人竟然不能辨识猴子和外星人;此外,地球人对外星人无法产生共情,加以戕害,这些影射了真实世界中的种族隔离、歧视。所谓的技术领先并不等于真正的高等;所谓的种族差异也无法成为种族优劣论的依据和侵略异族的借口。

在《疯狂的外星人》中,奇卡最初被当作非洲刚果猴,他最初逃离时被拖把堵住嘴巴,后来因为拒绝替代猴子进行骑车表演,而被耿浩鞭打、训斥。外星人痛苦、哀伤、愤怒的神情,如同无言的控诉,鞭打着我们的良心。不管是和我们同属灵长类的猴子,还是和我们生存在不同星球的外星人,都有各自的生命尊严和情感,如此以主人的姿态奴役、鞭打合乎伦理吗?中美合拍片《功夫梦》在全球大卖,在中国却票房与口碑双输。其主要原因就是将坏人设定为中国人,这个在民族认同心理的层面是不会被中国人接受的。

外星人作为不可知领域的存在,一直给人类以神秘感。在好莱坞的电影语境中,外星人总是被置于神秘、高等的地位,反观《疯狂的外星人》中的外星人一来到中国,即被耿浩当"猴"耍,中心主义在宁浩的电影中被消解,外星人和人类的关系在控制与被控制的关系中反转。导演在电影中提出了"狂妄是最终害死人类的品质,阶级不该成为划分人高低贵贱的标尺"这一终极命题。

三、结语

《疯狂的外星人》延续了宁浩导演的"疯狂"系列的荒诞性,剧情设计相对前两部有了新的突破,通过讲述两个草根人物遭遇外星人、C国高级特工的故事对社会生活现象进行了多个层面的讽刺,同时传递了宁浩导演对于底层人物境遇的悲悯,对宇宙生命体和谐共处的思考。影片的思想深度较之"疯狂"系列的前两部作品有了更进一步的提升。外星人附体到猴子身上的时候,不停地在两个灵魂之中穿梭,它痛苦的表情岂不是更加具有讽刺的意味?这一幕精彩的表演,生动形象地展示了人类如何把一只自然界的动物虐待成为一个"戏子"。当有一天另外一个强大的物种要这样对待人类的时候,人类难道也像那只猴子一样任由其摆布吗?导演把目光从人类本身放眼到了宇宙,试着去理解每一个物种存在的意义,以及试着去探索人类和它们新的相处方式。这部影片中蕴含着丰富的生态伦理哲学,它从人与动物和人与人两个维度入手,突显了日益严峻的生态问题,表达了对于人与自然和谐共生的美好愿望。在生态环境问题和社会生态问题日益严峻的今天,解读这部影片中的生态哲学理念可以为我们构建生态和谐的新型现代社会提供有益启示。

(本文为2019年中央高校基本科研重大项目"基于电影伦理学视阈下的电影'原罪'清理及其研究"〔课题号:SWU1909561〕的阶段性成果之一)

(余鸿康,四川外国语大学重庆南方翻译学院国际传媒学院)

注释:

[1]王旭烽.生态文化词典[Z].南昌:江西人民出版社,2012:120—121.

[2]余谋昌.从生态伦理到生态文明[J].马克思主义与现实,2009(2).

[3]张小宁.轻松和幽默中的严肃和深刻:《上帝也疯狂》观感[J].电影文学,2012(24):95—96.

[4](春秋)曾子,(战国)孔伋.大学·中庸[M].樊东,译注.北京:北京联合出版公司,2015:120.

[5](战国)庄子.庄子[M].安继民,高秀昌,注译.郑州:中州古籍出版社,2008:39.

[6]鲁枢元.生态文艺学[M].西安:陕西人民出版社,2000:147.

参考文献

[1]宋家玲.影视叙事学[M].北京,中国传媒大学出版社,2007.

[2]王成军.叙事伦理:叙事学的道德思考[J].江西社会科学,2007(6).

[3]陈晓云.街道、漫游者、城市空间及文化想象[J].当代电影,2007(5).

[4]袁智忠.光影艺术与道德扫描——新时期影视作品道德价值取向及其对青少年的影响研究[M].重庆大学出版社,2011.

[5]贾磊磊.袁智忠:中国电影伦理学·2017[M].重庆,西南师范大学出版社,2017.

[6]任明.电影、城市与公共性:以1949—2009上海城市电影的生产与消费为中心[D].上海:华东师范大学,2010.

[7]李英.20世纪90年代以来中国城市电影浅析[D].北京师范大学,2008.

[8]谢建华.乡愁与市恨:中国电影中的空间与情感[J].新世纪剧坛,2011,(5).

[9]李欧梵.上海摩登:一种新都市文化在中国(1930—1945)[M].毛尖,译.北京:人民文学出版社,2010.

从动物到"上帝"的黑色寓言
——影片《一出好戏》的后现代伦理

彭 成 田 鹏

  《一出好戏》成为 2018 年暑期档的又一卖座电影,票房惊人,成为当时热议的话题。影帝黄渤执导的这部处女作影片属于喜剧类型,通过荒岛模式讲述了主人公马进在荒岛上的内心成长和人性回归的过程,主人公经历了从动物到上帝的"奴隶制体系""资本主义体系""乌托邦家园"三个成长阶段。在这个过程中,传统规范所建构的社会体系的确定性和稳定性丧失,并朝着非理性化和去主体化方向发展。人们希望摆脱约束、追求自由的同时,却在这个过程中出现了价值和道德的迷失[1],公司众人的本性开始暴露,对金钱、权力、社会地位的追逐正是时下社会现状的影像化投射,而主人公正是在这一过程中不断与环境、自我进行斗争,最终实现了自我救赎和人本主义回归。影片对社会现象进行揭露、对权威进行颠覆、对人性进行剖析,幽默而不失内涵,进行了个体和社会的后现代伦理反思。

一、黑色幽默的荒诞喜剧

1. 戏谑化的喜剧艺术表达

  喜剧片是指以笑来激发观众爱憎的影片,又被称为"疯癫喜剧"。喜剧片可以划分为喜剧、轻喜剧、悲喜剧等。在不同的喜剧类型中,带来笑声的喜剧具有不同的含义,包括鞭笞社会丑恶现象,歌颂现实生活中的美好事物,让观众在轻松愉快的笑声中接受教育等,常用巧妙的解构、夸张的手法、风趣搞笑的语言来刻画戏剧性人物的独特性格[2]。

  在市场经济的推动下,国产喜剧不断向前发展,出现了许多人们喜闻乐见的喜剧电影作品,除了影响力持续多年的冯小刚喜剧,还包括近年涌现的《人在囧途之泰囧》《疯狂的石头》《人在囧途之港囧》《唐人街探案》《西虹市首富》等一批作品,喜剧电影形式越来越丰富。同时应看到,受经济利益驱动影响,一些缺乏内涵的喜剧电影也大量涌现,充斥电影市场,比如《夏洛特烦恼》等,在低成本、高回报的利益诱惑面前,扎堆创作的喜剧电影的整体质量依然令人担忧。

  而《一出好戏》则是当前电影市场上让人眼前一亮的喜剧作品。从喜剧艺术的层面来看,《一出好戏》突破了当前市场中为笑而笑的娱乐主义喜剧的局限,在引人发笑的同时更加注重电影中关于人性、伦理的人文主义深刻内涵。《一出好戏》以社会底层的小人物作为描述对象,通过公司组织出海团建而将故事引入到一个与世隔绝的孤岛上。影片一开始出现的车在陆地上是车,而到了海上则变成了船,甚至变成了潜艇,充满了荒诞性和戏剧性。在途中,司机在推销自己的产品时自我介绍说"大家好,我是小王,叫王根基",充满了喜剧意味。而马进收到了彩票中头奖的信息——6000万!原本沉默不语的马进瞬间窜来窜去,极其夸张而又忍住不说的表演引起观众的哄笑。

当船漂到孤岛上之后,影片使用三条分离而又交错的主线讲述了一部人类进化史,每一条主线都充满了荒诞的黑色幽默,在虚构的情节中隐藏了对当下种种不合理的现实情形的嘲讽和批评,在各种密集笑料中透露出讽刺的意味。比如在以小王为中心的粗放劳动派里,马进因为对小王不满而和弟弟出逃,但是因为害怕又回到了岛上,在黑场过渡到岛上时首先出现的是小王训斥二人的近景,他惩罚二人继续划船,然后才出现全景,全景出现时二人原来是在岸上划船,真相大白的瞬间观众不由得笑了起来,同时这一场景又透露出现代人对于权威的畏惧和无奈,是对当下各种利用权威欺压群众的现象的讽刺。此外,影片中的许多意象都充满了荒诞和戏谑色彩,除了影片一开始出现的车船之外,还有张总发现的翻过来的船,神奇的是船上的玻璃杯和碗碟居然都没有打碎;在彩票兑奖期到期的第90天,马进没能回到现实世界兑奖,但上天却给他下了一场鱼雨;而在最后以马进为核心的生存体系中大家穿的水手服就像病号服一样。影片将这些充满荒诞性、戏谑性的意象巧妙地安排在细节之中,成为剧情发展的动力,由此情节也变得十分荒诞,构建出一部黑色幽默的荒诞喜剧。

2. 荒岛模式讲述个体成长

英国作家丹尼尔·笛福的《鲁滨孙漂流记》开创了荒岛文学的历史。荒岛文学遵循个人遭遇灾难,流落荒岛,最后回归社会的情节模式。荒岛模式在人类文学史上占据重要地位,满足了人类对于未知世界的探索欲望。而后比较有代表性的小说有戈尔丁的《蝇王》和埃科的《昨日之岛》,它们所体现的是在不同历史环境下作者对于世界、人类以及两者之间的关系的认知[3]。这些荒岛文学作品因其独特的视角和故事主题被大量改编成电影,成为文学改编电影的经典之作。荒岛电影凭借荒岛模式成就了一部部精品,比如《荒岛余生》《海滩》以及代表异化型荒岛模式的《肖申克的救赎》《少年派的奇幻漂流》等,共同的特征在于荒岛电影常常通过特定的灾难将个体置于与世隔绝的环境中,个体通过与自然、自我进行抗争,最终通过理性精神、自我意识获得解救。

《一出好戏》借鉴荒岛模式,讲述了马进跟随公司出海团游—遭遇海浪—飘至荒岛—与环境、自我进行抗争—回归文明社会这样一个荒岛故事。在荒岛这种完全陌生化的环境中,公司一群人首先是与自然抗争,满足生存需要,他们采野果、挖野菜、捕鱼等。其次是与人的原始欲望抗争,在流落荒岛的过程中,主人公的精神支柱就是手中的彩票,彩票梦破碎后,他的精神支柱变成了当一个成功者,而整个过程中马进都是想通过各种方式来改变自己的身份,逆袭成为一个成功者,提升自己的社会地位。这也是和自我进行抗争的过程,最终主人公马进战胜了自我,完成了内心的净化与自我提升。最终的结局也符合观众的期待,所有人都获救了,众人重返世俗社会,主人公马进还收获了爱情。

整部影片就是主人公马进在荒岛上的个人内心成长史、净化史。马进从一开始的愤世嫉俗,沉溺于对金钱、权力、爱情、社会地位的追逐中自我迷失,在其他人的推波助澜以及自身的努力下,马进终于如愿以偿,拥有了自己追求的一切东西。但弟弟小兴的变化又让他担心和惊讶,因为他从小兴身上看到的是迷乱的自己。于是,马进不断地进行自我反思,与自我不断进行斗争,最终理性战胜欲望,他成功地解救了自己,完成了自我心灵的净化,同时解救了众人。

3.《一出好戏》之"新"

《一出好戏》作为一部喜剧片,除了具备黑色幽默与戏谑反讽的基调以外,还通过情节的巧妙安排展现了一部"人类进化史",将现代人的自我精神在社会中的迷失、怀疑、等待以及救赎描绘了出来,把人物的内心活动、人性的变化描述得细致入微。更重要的是,影片最终实现了人性的回归和真善美的回归。马进最终放下了心中的欲望,点燃翻过来的船,吸引了邮轮的注意,成功解救众人。从这个意义上来说,《一出好戏》超越了之前的,包括《疯狂的石头》《心花路放》在内的黑色幽默喜剧片,除了描述现代人的价值迷失和价值寻找之外,更是将人性作为影片表现的核心要素。因此,《一出好戏》成为中国喜剧电影史上的一个新突破,它将黑色幽默的风格以及后现代伦理反思融为一体,让观众发笑的同时陷入深深的思考。

与以往荒岛电影的严肃甚至是恐怖基调不同的是,这部影片是在幽默搞笑的喜剧氛围中展开的,这种秉承"寓教于乐"传统的艺术手段,符合生活节奏快的现代人的观影要求。人们需要通过娱乐化的喜剧获得精神释放，同时电影的人性主题又让人进行自我反思，对社会现象进行深入剖析，真正实现自我价值认知和建构。这部影片和传统的荒岛模式的不同之处在于，其既没有《鲁滨孙漂流记》的昂扬自信，也不是《蝇王》的人性丑陋面的暴露，也不像《荒岛余生》结局的迷茫，而是通过描述一出"人类进化史"——从动物到上帝的人类成长史——将人性的变化、发展、成长过程描写得十分细致，最终的结局也是为人所期待的大团圆，主人公完成了自我救赎。其次，影片的人数较之前的经典荒岛电影都多，因此剧情也更为复杂，所展现的人物关系也就更为复杂，使得影片更具冲突性和戏剧性。最后，影片较之前的荒岛电影线索也更为复杂，包括彩票、逆袭的愿望、自我救赎，主人公通过与自我的斗争推动剧情的发展。

《一出好戏》既继承传统，又敢于创新，在一个"陌生化"环境中描述了一个关注个体、反观人性和社会的现代寓言，影片笑料不断而又引人深思，其黑色幽默风格又凸显出对后现代伦理的反思。

二、颠覆一切的后现代伦理透视

后现代伦理是在现代伦理遭遇危机的情境下产生的，是对现代伦理的一种反抗性、颠覆性态度。后现代伦理认为，现代伦理意识是一种"立法意识"，强调用立法来维持社会秩序，这种强制性的立法规范被称为"规范暴政"，它使得个体的自由空间不断缩小。而后现代伦理就是强调个体应该从这种"规范暴政"中解放出来，摆脱约束，实现道德的解放，使道德审美化。个体在自由状态中更好地实现自我控制，也在道德实践中更好地认识自我，最终实现自我伦理规范[4]。电影作为一种表现手段和感染力非常强的艺术形式，能够将深奥苦涩的哲理通过简单明了的意象表现出来，通过虚构的或者虚实结合的手法再现人所面对的后现代道德场景，讲述个体在后现代生存中出现的伦理价值迷失，引发个体的自我道德审视，进而更好地进行自我约束和道德抉择[5]。

《一出好戏》将小人物作为描写的对象，讲述了主人公马进等一行人在脱离"规范暴政"的荒岛之中，释放个体的自由空间。在这个过程中，各个个体在面对物质、金钱、权力时人性中恶的一面开始暴露。倒置的船、倒置的镜头、类似病号服的水手服、鱼雨和挂满鱼的树等，将个体在后现代生存中的伦理失范和价值迷失表现得淋漓尽致。主人公马进在现实社会中是一个无所作为的穷小子，但到了荒岛之中一切重新洗牌，原有的价值评价标准、伦理规范不复存在，马进坚信自己可以逆袭走向成功,就在他获得权力、地位、爱情的时候,马进迷失在价值评价标准相互对立的道德选择之中,同时在这个过程之中又不断地进行自我道德审视,最终完成了人格上的自我救赎。影片通过虚构的电影情节讲述了一出个体自我审视的现代寓言,但这个寓言不过是个外壳,导演真正想要表达的是超越具体人物、具体事件的关于当下社会、当下生活境况的伦理反思。

当人类社会进入后现代,各种艺术形式也表现出后现代特征,消解、颠覆现代性是其核心,并观照个体在现实生活中所面临的后现代伦理困境。《一出好戏》正是讲述个体在后现代情境下与环境、自我进行抗争,对自我进行道德审视的故事,最终表达出人文主义关怀。

1. 对宏大叙事的颠覆

传统电影通常通过宏大叙事表现社会责任感、精英意识、严肃的价值追求,如《战狼2》中冷锋为了给自己的妻子报仇而踏上了一条寻找杀妻仇人的漫长道路,却不幸卷入了一场非洲国家的叛乱之中。整部影片变成了一场宏大的营救计划,影片展现了中国军人勇敢无畏的形象以及拯救同胞的责任感,主人公的报仇以及个人的情感被隐匿于营救计划的宏大主题之下。

而在后现代主义电影里,它没有宏大叙事,主角也不会有什么伟大的抱负和理想,更不会有什么大的背景,通常都是以社会底层的小人物作为故事的主角,侧重于展现小人物的心理活动、喜乐哀愁。《一出好戏》是一出现代寓言,它将故事设定在一个孤岛中,摒弃了一切道德、法律、文明,在孤岛上上演了一出人类社会重建的荒诞故事。司机小王由一个安分守己的人变成了一个暴力集权者;公司张总则为了自己的利益笼络众人,在翻船上继续当着成功者的角色,但谎言的败露让他陷入失望中,整日借酒消愁;主人公马进则从一个现实社会的穷小子,通过用谎言建构起的乌托邦成功逆袭为成功者,内心的权力欲望、物质欲望、对爱情的占有欲极度膨胀;小兴则从一个非常"干净"的小男孩变成了一个利己主义者。

整部影片并没有一个宏大的主题,而是展现在原始的、脱离"规范暴政"的情境中的众生相。影片用黑色幽默展现了现代人在物质欲望的驱使下人性的扭曲和道德的丧失,正如马进在影片中的台词"有钱的永远是有钱的,没钱的永远是没钱的",是对当下社会人们沉浸在纸醉金迷的世界中的影射。最终小人物回到现实世界中还是小人物,他们并没有因此获得主流话语权以及阶层的上升,他们仍然是底层社会中的挣扎者,不幸而又渺小。

2. 对传统道德观念的颠覆

《一出好戏》所讲述的"孤岛求生"的故事，远离了现代社会，所有人都脱离了传统的伦理道德、法律制度等的约束，因此，原始的人性也开始暴露，展现出后现代主义的解构风格。

在表现对传统道德的颠覆时，影片将缺乏传统伦理道德约束的人性的阴暗面赤裸裸地展现在观众面前，影片中的暴力、欲望失控的行为非常多，而在这些场景中，传统道德不复存在。在"适者生存"占据主导地位的"奴隶社会"中，以小王为首的生存体系属于粗暴劳动派，只要群体中有个体不服从自己，便会遭受暴力和语言的攻击，人性中最原始的劣根性开始暴露，于是便以暴力征服群体以维持秩序。这和动物使用暴力维持自己的领地毫无二致，正如小王自己所说"我以前就是个耍猴的"。在这样的压迫下，马进试图逃离这个体系，在离开孤岛前，马进见到了自己的女神姗姗，想着自己可能有去无回便想要亲姗姗，在这种失去道德约束和规范的情境中，马进的原始欲望也开始暴露，对情爱的追求也让他做出了不合伦理道德的行为。于他而言，道德与非道德已经没有任何意义。出逃失败后，等待他们的也是暴力的惩罚。

而后马进和小兴去问张总借网捕鱼，等待他们的却是一顿暴打，当现代社会的法律制裁和伦理道德不复存在的时候，群体处于无序的情境中，一些长期受到约束的个体开始发泄原始的暴力欲望，马进二人此时才明白人性的冷漠和阴暗。而小王与张总两派为了生存而展开厮打混战则更是一种集体的暴力行为，此时所有人都回归到弱肉强食的动物本性中。此外，影片中人们为了自己的利益而不断地撒谎。在影片的这些场景中，传统道德中的"仁爱""克己复礼"等精神瞬间崩塌。

3. 对权威的颠覆与解构

《一出好戏》通过人物的逆转、阶层的变化以形成新的场景、环境和体系来解构权威。在影片中，最初出海团建时的绝对权威是公司的张总，所有其他的角色都必须服从他的安排。而当船漂至孤岛后，权威中心发生了几次变化。第一次是具有野外生存经验的小王带领众人捕猎、采摘野果，受到众人的推崇，成为孤岛上的"王"，维持这一权威的是小王所具有的暴力力量。同样拥有暴力力量的保安此时面对好吃懒做的上司也敢于出来反抗，一手打掉总经理手中的果子，成功颠覆了公司原有的权威体系。虽然张总在翻船上成功坐回了自己的领导者位置，重新建立起自己的权威,但资本家的贪婪导致其权威最终被马进打破。

马进挑起了小王和张总两派的矛盾,就在两派打斗时马进带着光环出现在高处,仿佛一个智者,闪耀着智慧的光芒,于是便开始给众人洗脑:为什么打架?这一切都不是我们想要的生活,我们只有团结在一起,去寻找新大陆,才有新的希望继续生存下去。这种方式把所有的人团结在了一起,所有人和睦相处,情同手足,众人每天晚上唱歌、跳舞,其乐融融。马进、小兴二人构建了一个梦幻般的乌托邦,成功逆袭成为新的权威中心。通过权威中心的几次易手和新的场景的不断构建,影片成功地对社会中崇高、庄严的权威进行了颠覆,传统伦理道德中的"上下有序""恪尽职守"等原则不复存在。

4. 对社会生活的反讽

现代社会中充斥着人们对于物欲的追求,人文精神逐渐式微。而后现代主义则是对现代主义的解构,反讽是最常见的典型方法之一。《一出好戏》在细节表现上大量运用反讽手法,对当下社会中的一些现象进行了解构和批判。

《一出好戏》将人物从现代文明社会一下子拉回到不受约束的孤岛之中,故事中的人没有积极向上的面貌,而是为了生存不断暴露自己的原始欲望。现代文明在孤岛求生的情境的反照之下显得尤为荒诞,故事在设定时就充满着反讽意味。此外,影片中展现的多处细节也充满了反讽色彩。比如在小王建立起"奴隶制"生存体系、树立起极高的威信后,公司老潘见风使舵,顺势送上大胸妹陪同小王,其意义不言而喻,正是影片对当下的一些权色交易等歪风邪气的讽刺。而主人公马进买彩票中了6000万元的大奖,最终却因未能在90天期限内赶回去兑奖,一夜暴富的梦想化为泡影,则是对现代人的金钱崇拜的反讽。最后,马进在建构起的乌托邦里成功逆袭为成功者,但最终发现有船经过孤岛后瞬间他又变回穷小子,逆袭的失败寓意着底层人民挣扎生存的现实,是对当前严重的贫富差距以及阶层差距等社会弊病的巧妙反讽,同时是对当下社会伦理失范现象的批判与解构。

5. 对人性的窥探

影片中的主人公马进作为人物线索推动着故事情节的发展,他虽然是一个底层小人物,但从来没有放弃追求金钱、权力、爱情等,马进内心的各个侧面就如同影片中出现的主要人物一样,一一对应。荣格的"人格面具"理论提到,人格面具为各种社会交际提供了多重可能性,是社会生活和公共生活的基础,人格面具的产生不仅仅是为了认识社会,更是为了寻求社会认同。

也就是说,在马进和弟弟小兴建立起来的乌托邦家园里,马进所表现出来的伟大、友善、和谐等是为了获得更大的交际圈、更大的权力和社会认同,来维持自己成功者的身份。人格面具既有好的一面,也有坏的一面。好的一面如影片中姗姗所代表的"阿尼玛"形象,作为真善美的存在,是马进对爱情的追求。而小兴则是马进欲望的化身,从纯真到邪恶的转变,是马进人格的暗影。此外,张总是马进追求金钱的代表,小王则是其追求权力的代表,构成马进另外两面人格暗影。马进在乌托邦家园中变成了一个被人格面具支配的人,与自己的天性逐渐疏远,而生活在一种紧张状态之中,由此他才会说"我是害怕冰激凌化了"。所幸的是,马进内心的道德并没有泯灭,在掉落悬崖的那一刹那,马进最终超越了欲望、金钱、权力的暗影,其人格闪现了最光辉的一面,拥有了解救众人的"神"的品质,他的人格也实现了真正意义上的涅槃。

结语

《一出好戏》作为 2018 年暑期档的卖座喜剧电影,影片继承了经典的荒岛模式,通过戏谑反讽和黑色幽默的艺术风格描述了马进、小兴、小王等社会底层人物在现代都市的物欲主义冲击下的精神迷失和新的伦理困境,并巧妙安排从暴力粗放生存体系到资本主义生存体系,最后是理想化的乌托邦这一"人类进化史",在其间穿插各种颠覆性的具有荒诞色彩的细节,如车船、翻船、扑克牌、彩票、鱼雨、水手服等,成功地将人性的变化、人性中的丑陋面展露无遗。此外,影片实现了荒岛喜剧电影的新突破,展现黑色幽默又不失精神内涵。在对社会阶层、等级制度、物欲纵横等种种社会现象和社会弊病进行解构与批判的同时,影片关注人物本身,将人性作为整部影片的核心,最终影片实现了人性回归——马进找回了自己内心的善良,并完成了自我救赎,进行了一场个体关于后现代生存的伦理反思,同时表达出对生活的希望,就如同影片中不断出现的弱小的、长在石头缝里的小草一样,顽强、挺拔且具有生命力。

(彭　成,重庆涉外商贸学院;田　鹏,西南大学新闻传媒学院)

注:

[1]寇东亮."伦理的终结"与"道德的解放"——后现代伦理的宗旨[J].探索,2006(4):172-175.

[2]刘藩.荒诞喜剧片的艺术特点[J].电影艺术,2017(2):107—111.
[3]白春苏.毁灭与重构——荒岛小说的哲学内涵之流变[J].华东师范大学学报(哲学社会科学版),2015,47(1):145—151,156.
[4]寇东亮."伦理的终结"与"道德的解放"——后现代伦理的宗旨[J].探索,2006(4):172—175.
[5]张贝拉.后现代伦理在电影叙事中的隐喻表达——以电影《求求你,表扬我》为例[J].江西社会科学,2011,31(4):193—196.

(本文原载于《电影评介》2018年第15期)

困境与生存交织下的女性青春镜像
——影片《找到你》解读

刘 好 袁智忠

一、困境：三类女性的共同命运

近年来，现实题材电影叩响着受众的内心，就"寻子"主题来看，《亲爱的》《失孤》《找到你》等片是由真实事件引发思考创作出的。《找到你》更为凸显"寻子"过程中的女性形象，具备更丰富的类型元素，也更贴近生活，观照现实社会。

纵观男性创作的主流电影，女性角色呈现出有"女人"无"女性"的尴尬现状，"女人作为形象，男人作为看的承担者"，"她们的外貌被编码成强烈的视觉和色情感染力"。在这类电影中女性角色看似有着对自由、爱情的追求，有着自主意识以及独立精神，但是这种"假胜"并没有走出"菲勒斯中心主义"的理论范畴，没有能够走出男性视角建构起来的叙事编码。但在《找到你》的女性叙事表达中，多维地观照了三类女性形象，塑造了三类"边缘"女性：家庭的"边缘"者（律师李捷）、职业的"边缘"者（保姆孙芳）、人格独立的"边缘"者（全职太太朱敏）。

代表中产阶级的律师李捷，她有事业，有钱，当她离婚时，就具备更强的"议价"能力。但是，作为一名女性，她忍受着固化社会观念的不公。社会对于现代女性的要求是以家庭作为基准点的，事业上再风生水起的女性，如果没有幸福的婚姻，或是没有承担起照顾孩子的大部分职责，就会被家庭边缘化，塑造成有缺失的"女强人"形象。这种偏见不但来源于男性，也早已内化为很多女性对自身的家庭道德约束。孙芳代表进城打工妹这一群体，经济条件差，观念也更为落后。她希望有能力治愈病女，而现实把她推向了职业的"边缘"。职业本不分贵贱，但在无奈的选择下，沾满铜臭味的酒精带给她的却是整个社会不平等的苦涩味和创痛。为钱做出的犯罪出格行为，也在灯红酒绿中为她的女性良知找到了开解。朱敏毕业于重点大学，原本可以有很好的职业发展。但是为了照顾孩子，她成为一名全职妈妈。当婚姻出现问题，朱敏要争夺孩子的抚养权时，全职妈妈的身份使朱敏陷入完全被动。她在婚姻中全心付出，当婚姻散场，她却因为社会分工被推向了边缘。事实上，她把家庭作为谋生场所，却被社会否定，这是我们这个社会中女性被边缘化，受到道德绑架和伦理挤压的常态。影片在塑造三类女性时映照出了伦理社会现状——她们不管做出多大的努力也会因"母亲"的身份被推向边缘甚至死亡,具有共同的困境。

二、生存:观念自救与伦理反省

李捷无法理解放弃职业发展的朱敏和在贫困中挣扎的孙芳,事业上顺风顺水的她给全职妈妈朱敏以冷酷的忠告。"我个人很同情你"实则并不是同情,而只是对不幸者高高在上的怜悯。穿上高跟鞋去战斗的她,固执地认为她在事业与家庭间的无奈才是最值得被同情的,孩子失踪后她脱掉高跟鞋换上平底鞋大步奔跑的时候,也用女性的睿智和母性的真情实现了身份的转换与自救。三位女性的不幸,从大的层面来说,其实是性别地位的不公正,她们只是尽自己所能为自己拼命,却未意识到大家都是落后的性别意识和道德观念的牺牲品。

社会观念固化,多数已然内化为对自身的束缚,要避免伤害,女性要从清醒认识现实和自救开始。影片中的三位女性有共同的特性,即丈夫在家庭生活中的缺失。丈夫帮或者不帮她们,冷漠或热情,这些也是关于社会伦理"触角"的思考。

朱敏的丈夫是个事业有成的老板,猥琐的"出轨男"。面对女性和家庭,他觉得争夺到孩子的抚养权是律师的事,就像是叉手看热闹的旁观者。坐视不管之"触角"。李捷的丈夫是个"妈宝男",离婚时要争女儿的抚养权,因为"我妈离不开孩子"。毋庸置疑他在担心着孩子的成长,也在孩子生病的时候给予帮助,但他身后多了一双"触角",让原本简单的家庭矛盾复杂化。孙芳的丈夫是个在婚礼上就能揍妻子的"暴力男",孩子生重病却放弃救治。当孙芳无法喘息时还雪上加霜讹一笔钱。

要走出困境,不仅意味着女性摆脱阶层、地位、职业的掣肘,建立共识、共同努力,也意味着男性要革新观念,分担抚养后代的重担,更意味着保护母职的法律体制建设和整体社会氛围的营造。

在都市化的快节奏中生存,宣扬着同等的性别权利,被物质包围的欲望里很多事我们都可以伸缩"触角"。影片结尾,李捷通过寻子感受了周遭,产生共情。在法庭上,她公然违背了一个律师的职业准则,抛弃了自己的当事人,而为朱敏说话,实现了青春女性的自省和观念的救赎。

三、结语

不敢妄言,《找到你》是一部纯粹的现实主义电影,但在导演吕乐的表达中我们深切地观察到他的现实主义态度,这种态度让影片的文本、角色和情绪与当下的观众形成了某种情感上的共鸣。创作者侧重于社会层面的细节发现,用光影镜像透视社会现实,同样表现了女性在伦理社会中的命运与无奈。这种艺术的呈现,必须具备现实主义创作态度,需要现实的更多介入以及现实主义精神的回归,如此才能拥有为女性、为社会发声的艺术自觉。

(本文为 2015 年国家社科基金艺术学西部项目"青春电影的道德价值与重建"〔项目编号:15EC172〕的阶段性研究成果)

(刘　好,西南大学新闻传媒学院;袁智忠,西南大学影视传播与道德教育研究所)

参考文献:

[1]劳拉·穆尔维.视觉快感与叙事性电影[A]//外国电影理论文选.上海:上海文艺出版社,1995.

[2]袁智忠.青春电影的新"伤痕"主义透视[J].艺术百家,2017,33(05):77－80,227.

[3]秦喜清.《找到你》:现实困境与女性的觉醒[N].中国电影报,2018－11－07(002).

(本文原载于《大众文艺》2019 年第 2 期)

基耶斯洛夫斯基对个体缺陷与自由伦理的思考
——以影片《蓝》为例

崔雨橙

电影《蓝》传达出基耶斯洛夫斯基对于自由伦理的思考,但他巧妙地埋下了一个潜在的前提:个体缺陷的存在。这里的缺陷是指因为各种各样的原因失去了精神寄托。在笔者看来,个体缺陷存在于个人意志的产生过程中。虽然个体和个体缺陷之间没有必然的联系,但是其相互影响构成本片的叙事。现代叙事伦理有两种:人民理论的大叙事和自由伦理的个体叙事。基耶斯洛夫斯基电影的个体叙事提倡的自由伦理实际上是一种意志自由,是人通过选择进行精神支配,"依靠理性和良心,根据目标和法则、独立感官冲动和爱好,而决定一个人的生活的能力"[1]。

一、个体缺陷的存在

在基耶斯洛夫斯基的许多电影作品中,大多数故事的讲述都和人身上存在的缺陷有关。[2]在电影《蓝》中,朱莉想要获得情感自由,那是她对美好生命的愿望。但是丈夫和孩子在一次意外中死亡,如果不能进一步摆脱生活对于朱莉造成的创伤,朱莉就必然会走向死亡。导演基耶斯洛夫斯基对自由价值观的怀疑,并不是从政治的角度上去思考的,而是从其个人的在体性缺陷来论述的。基于此,我们认为:个体是十分脆弱的。

在刘小枫看来,人的痛苦往往来自人身的在体性缺陷与对美好愿望之间的差距,自由主义伦理承认这种个体缺陷带来的人性的苦恼是存在的。[3]朱莉生活在自由民主的社会,在这样的社会里,即便朱莉的丈夫是著名的音乐家,国家也不会"指导"朱莉如何去重新开始她的生活。因此,朱莉需要去重新思考她本人的"生存原则"。

"我们生活在一个艰难的时代,在波兰任何事情都是一片混乱,没有人确切地知道什么是对,什么是错,甚至没有人知道我们为什么活下去,或许我们应该回头去探求那些教导人们如何生活,最简单、最基本、最原始的生存原则。"基耶斯洛夫斯基说道。[4]

我们要让意识去变成行动,就必须要有一个相对实际的理由——寻求情感自由。这也为接下来的伦理叙事做了铺垫,这种叙事多半是虚构的,但也正如亚里士多德说过的,叙事的虚构也是更高级别的生活真实。

二、自由伦理的矛盾、缺陷与觉醒

朱莉的痛苦来自个体缺陷与美好生活理想的差距,而《蓝》的叙事是围绕着朱莉的个人命运展开的,影片是在朱莉追求自由理想的过程中透析人类生活的自由伦理矛盾。对此,我们不禁发问:朱莉最终找到了自由或是"生存原则"了吗?本文中对于《蓝》的探讨,正是要进一步阐述其关于自由伦理的缺陷。笔者认为,自由伦理的缺陷和问题在于:在具有偶在性的生活中如何证明个人自由伦理意识的存在?在私人情感中,人是否能充分享有自由理想?换句话说,任何人的生活都不同于他人而真实存在于这个世界上,它有着其自然的合理性和偶然性。人们也必须依托于偶在性的生活训练来达到享有自由理想的目标。

朱莉在寻找她个人的自由的同时,她的个人自由的伦理意识也在慢慢觉醒。一开始,朱莉砸坏了护士的办公室玻璃,想通过服药来自杀,但是没有成功。朱莉意识到她这么做似乎违背了人民伦理——自杀是不道德的。丈夫和女儿的死造成的伤害让她受到严重的打击,朱莉失去了生命的寄托。为了重新开始新的生活,朱莉选择性来让她摆脱过去,但是仅仅只是一次肉体的欢愉并没有让朱莉享受到性爱的感觉,这样的"代替"式的情感让朱莉在寻求欲望自由的同时逃离了安东,搬到了另一座城市,隐没在陌生的环境当中,拒绝帮助丈夫完成协奏曲,避开一切认识的人。然而,由于朱莉的丈夫太有名,朱莉没有办法完全隐身,这对朱莉造成了十分巨大的负担。朱莉在寻求私人情感自由上的失败正是基耶斯洛夫斯基想要表达的艺术观念,即便个人情感在最为属于自己的领域中时,人愿望的自由也是有限的。在谈到朱莉时,基耶夫洛斯基这么说道:"没有过去!她决定将之一笔勾销,即使往日又重现,他也只是出现在音乐中。看来你无法从曾经发生过的事中完全解脱出来。你做不到,因为在某个时刻,一些像是恐惧、寂寞的感觉,或是朱莉经历到的被欺骗的感觉,总会不时地浮现在心头。朱莉受骗的感觉使她改变如此之大,令她领悟到自己无法过他想过的日子,那即是属于个人自由的范畴。我们可以从感觉中解脱的程度到底有多大?爱是一种牢狱,抑或者是一种自由?"[5]

脱衣舞女郎找到了朱莉,希望朱莉能够继续陪伴着她,但是朱莉意识到,她们都没有办法改变自己的过去。这时候的朱莉,已经发现了私人自由的在体性,而不是政治性和社会性的限制。在脱衣舞女郎的化妆间里,朱莉已经发现了丈夫出轨的事,这两件事对朱莉的改变是有着决定性作用的。而如何获得情感的自由是朱莉需要去发现和继续获得的另一种爱。

三、如何走出自由伦理的困境

在这里,引发出了一个关键的问题:人能够在生活的偶在性下按照自己的意志去决定自己吗?笔者认为不能,又能。不能是因为人的生活没有一个独立的功能性,它被纳入一个统一的观念集中,人深受其束缚。而如何走出自由伦理的困境也正是我们必须探讨的内容。

"我不能决定我身体的美或丑,我的心性的明朗或者幽暗、我意志的坚韧或脆弱,我自己的诞生完全是偶然的造化,不是我出生了自己,而是我被出生了。"[6]他们都是一些没有能力去践行主动态的道德生活的人,他们只能甘受歧视,还得怪自己的不是,为什么自己会被出生成这个样子。[7]

在自由主义生命价值观中,人处在悲观绝望中,它的生命依旧是有意和可重生的。而人可以通过后天认识到本性的脆弱,运用合适的手段来抑制自然冲动。就好比我们不可能依靠希望去达成治疗疾病的目标,但是可以通过各种各样的生活调理、服用药物的方式影响身体的恢复机制,从而达成目标。对人的本性的影响也可以如此。自由主义生命价值观是最契合人性的。自由主义伦理不仅认同了人性的脆弱,还认同了生活的偶在性,认同人的本性是需要通过训练来达到享有自由的能力的,也非常珍惜"生命悖论中如同碎片一样的爱"。这里悖论中的爱有两个含义:一是个体生命的热情和理想,二是在悖论的人生中的包容和忍耐。不轻视每一次伤害,迎接生活中的毁灭,并且体谅每一个生命的灾难中成为爱的经历[8],这些经历就是理性。"理性是人的真正自我,自由的自我。"[9]回到第二部分讨论的问题,朱莉最终实现了自由理想了吗?根据包尔生的观点,"如果一个人不是被当下的刺激及其引起的暂时的欲望所决定,而是被目的的观念和理想所决定(指他整个人被推动),被义务和良心所决定(仅仅指他的行为),那么我们说这个人的行为是自由的。"[10]朱莉在影片的最后不仅原谅了和丈夫出轨的女人,还帮助丈夫完成了协奏曲,驱动朱莉思考的不是情感冲动、爆发的本能,而是理性。由此我们可以说,朱莉的行为是绝对自由的。基耶斯洛夫斯基不再用悲观主义的视角去观照主人公,相反他寄予朱莉"碎片"般爱的祝福。而这种爱是一种非绝对的信念,它无疑增添了一份包容性。

结语

通过对基耶斯洛夫斯基《蓝》的深入分析，我们能够感受到基耶斯洛夫斯基的电影的确是一个隐喻的载体，有着浓厚的纪实性，是有别于昆德拉的幽默式自由主义伦理思想的，也更加贴近真实的生活。其善于捕捉真实生活中人类灵魂的羽毛，随处都可见贯穿于《蓝》《白》《红》三部曲中的形式内容。影片中的不少人物在各个作品中交替出场。基耶斯洛夫斯基强调生命的道德并非绝对的，而是带有人性自由主义生命价值观的色彩。其个体之间虽然是相对残缺的，但也没有一个恒在的关系。在生命的偶在性中，他早就成为爱的碎片，并且在相互交替和相互作用中实现了最终的能动性。大千世界，芸芸众生。每一个人终究需要去面对"我该怎么办"的自我意义的思考。能够抉择的意识并不总是明朗的，但意志的自由却一直隐匿在每个个体的命运之中，就像人的出生一样是被选择的。它意味着人可以拥有一种选择生活的能力，实际上也正是这种能力构成了人最终的本质。

（崔雨橙，华南师范大学传播学院）

注释：

[1][德]福里德里西·包尔生.伦理学体系[M].何怀宏，廖申白，译.北京：中国社会科学出版社，1988：401.

[2]参见刘小枫.沉重的肉身——现代性伦理的叙事纬语[M].上海：上海人民出版社，1999.

[3]同上.

[4][英]达纽西亚·斯多克.基耶斯洛夫斯基谈基耶斯洛夫斯基[M].施丽华，王立非，译.上海：文汇出版社，2013.

[5]参见《基耶斯洛夫斯基如是说》.

[6]选自《福音书》.

[7]选自《路加福音》.

[8]参见约翰·洛克《人类理解论》.

[9][德]福里德里西·包尔生.伦理学体系[M].何怀宏，廖申白，译.北京：中国社会科学出版社，1988：400.

[10][德]福里德里西·包尔生.伦理学体系[M].何怀宏，廖申白，译.北京：中国社会科学出版社，1988：398.

参考文献：

[1]刘永丽.不可抵抗的悖论——电影《十诫》的伦理阐释[J].大舞台,2015,104-105.

[2]张丽.基耶斯洛夫斯基电影《十诫》的语言研究[J].电影学,2013,74-75.

[3]P.考茨;唐梦.终结之感——基耶斯洛夫斯基的《三色》读解[J].世界电影,2000,(1)57-69.

时间的灰烬

——电影《江湖儿女》的伦理学分析

陈方园

  2001 年至 2018 年是电影《江湖儿女》的叙事时间线,导演贾樟柯用十七年的时间线建构了一个江湖中的故事。2001 年的山西大同,江湖扎根在日常生活情景之中却又充斥着街头、帮派式的灰色地带,在这个年代里,关二爷还是一种忠与义的意识形态信仰符号,警察万队默认斌哥(廖凡饰)为首的大同地下团体的存在,枪支弹药也游离在从 20 世纪 90 年代就已经被全面禁止的中国。五年后的奉节,被囚禁五年后出狱的巧巧(赵涛饰)感知着全球化语境下的江湖,曾经的情义江湖被企业化、资本化,从可以在搪瓷脸盆中痛饮五湖四海的肝胆相照转变为消费社会中金钱至上的拜金主义,最具地域性人类文化标识的方言口音也在五年后的奉节以及绿皮火车上被同化为标准的普通话。2018 年的大同,饱含江湖气息的棋牌室依然存活着,江湖工具从十七年前地下流通的非法枪支被替换成人手一部的网络手机,暴力与权力从十七年前的暴力街头摇身一变成为网络时代的信息蔓延。和平年代的江湖不再需要关二爷,但在巧巧手中绽放的白瓷茶壶依旧是忠义江湖气弥留在社会变革后的悄然存在,也是对革新后的江湖气最好的诠释,时间带走了情义也留下了情义,正如影片中斌哥说"有人的地方就有江湖",随着时间被革新的江湖只不过换了另一幅妆容继续存在。在十七年的时间维度与四个空间维度中,贾樟柯用电影镜头静观着中国社会中与生命抗衡的最平凡、最无力的这一群体的生命变迁,经历着这样的一个真实世界,刻画着普罗大众的生命体验。江湖中人皆为被困囿在宇宙中的囚徒,他们的个人价值、社会公共价值、社会权利伴随制度的转圜浸润在社会各阶层的更新换代之中,终逃不过成为时间的灰烬。电影《江湖儿女》也是中国社会伦理视阈下的时代书写。

一、我在与我思:时间中的主体建构

  影片分别以男女主人公的生命视角讲述个人存在与个人意识的江湖故事,他们无法逃离地被卷入变革的时代,在历史语境下书写着两人相交—相离—再相交—再相离的生命轨迹,但有默契的是,他们在不同的社会情境中始终如一地遵循着个人的生命信仰。中国式伦理是集体式的人格显现,人与人、人与自然、人与社会

的关系是中国式伦理的重点表征,电影《江湖儿女》不同于贾樟柯以往的电影作品,这部作品有更多的人物刻画,也融入了更丰富、复杂的情感关系,反映了形态各异的伦理价值取向与伦理情感,是一幅展开的中国民生的社会画卷。

影片中斌哥的男性命运变化与巧巧的女性命运指向如 DNA 式的相交却又逆向而行。斌哥在影片开始是一个极具行动力与能力的大哥式人物,穿梭于日常社会矛盾之中的斌哥可以将在大同发生的大大小小的事件妥善解决,就连大同上一任的帮派大哥二勇也对斌哥赞赏有加。在人生高峰期的斌哥将江湖道义放在人生首位,他拥有在法律允许之外的枪支弹药,却倾向于用和平的方式来处理矛盾;他自赋为江湖之人,却只将子弹打在空无人烟的郊区火山空地。随着时间的推移与社会的变革,昔日能扛事儿、铲事儿的大哥在街头被代表新生代街头势力的一群毛头小子围剿至权力消亡,如同上一代的大同大哥一样——二勇的仁义形象接地气到,自己身为别墅开发商,却因重视亲情甘愿与年迈的母亲共同生活在城市周边的农村,生命却也戏剧化地终结于小混混手中——江湖中人终将消亡在社会权利的更新交替之中。出狱后的斌哥对快速发展的社会状态感到瞠目,时移世易,昔日的马仔在他"进修"的这段时日里成为开豪车、有资本的"成功者",而自己的社会身份早已丢失在当年被围剿的街头,肝胆相照的江湖道义也被丢失在时间中。逃离故土、依附他人是"新生儿"般的斌哥唯一的生存之路,也是他为"三十年河西"的蓄力,同时是丢失身份的自我逃避。

男性角色在影片中呈现出由强变弱的生命态势,而女性角色却在历史进程中逐渐坚韧。影片一开始,巧巧将自己隔离于江湖之外,她对时间、对家庭、对感情有更多的关注,保护她所爱的人是她的生命伦理准则与个人意识体现,即使会锒铛入狱也义无反顾。在集聚犯罪经验的牢狱中"进修"的巧巧出狱后便一脚踏入江湖,再也没出来。时间改变了影片主角的命运,却将他们自己的伦理生命价值筛选出来,尊崇自我内心的同时为人性正名。斌哥与巧巧的爱人关系解除于男性对于权力的追逐,斌哥与兄弟间的肝胆相照消散于企业化的社会浪潮,唯独自己与自己的关系规范在时间与空间中得以凸显。斌哥对男性尊严的坚守、巧巧对江湖道义的坚守、老贾对欺软怕硬的坚守、李宣对一日为大哥终身为大哥的坚守……片中的人物大都在时间中成全了自己。道德准则在影片中也被讨论,每个人在追寻自己生命价值的同时或多或少地背离社会的传统伦理认知,义字当头的江湖大哥因为自我社会价值的遗失而舍弃了对爱人的情谊,坚韧勇敢的巧巧因为生活骗食骗钱,正是这些与行为准则相反的暧昧地带建构了真实的江湖。影片通过麻将馆、绿皮火车、高速铁路等这样的日常景观将中国社会错综复杂的人际关系与道德准则体现出来。在相逆、双线的人物行为尺度塑造与关系规范、道德准则的讨论中，中国社会变迁的历史语境也被客观地、真实地呈现于影片之中。

二、女性与男性：江湖中的性别关系

男性与女性的关系是伦理学中的重要命题，也是伴随人类文明而始终存在的社会命题，从父权时代的性别价值判断失衡到女性主义、女权主义时期的性别权利意识觉醒，两性之间的平衡状态也随之到达，但随着女性在群体舞台上的比重增加反而形成了男性性别边缘化的社会景观。导演贾樟柯曾在访谈中表达过此片的重点并非只在江湖之女巧巧身上，斌哥这样的男性角色同样是他在此片中着重关怀的人物形象。电影的灵感来源也是在导演幼时对自己县城大哥式人物的崇拜以及大学时期在县城又见当年的精干男人转变为日常大叔的惊讶，《江湖儿女》的创作契机同样是在遇见一位曾经叱咤江湖现如今因中风行动不便的朋友后开始，因此斌哥是《江湖儿女》中不可忽略且极具价值的人物存在。"所谓公共价值是指同一客体或同类客体同时能满足不同主体甚至是公共民众（公众、民众）需要所产生的效用和意义。"[1]电影作为特殊的大众传播媒介，它的一部分公共价值是满足观影者在影片中获得的价值判断及行为感知。影片在男女主人公的双线叙事——巧巧"入江湖"、斌哥"出江湖"——中引发对人物生存状态与价值选择的思考。男性的社会价值与个人实现基于性别而不同于女性，这样的伦理学事实也真实地呈现在影片反英雄式的江湖中。男性天性对于权力、领土的霸权意识是男性在个人尊严与情感的取舍中不分国籍、不分民族的共有伦理特征，所以斌哥只有在自己最光鲜以及自己最落魄的情景下选择在巧巧身边，在自我逃避及自我正名时逃离巧巧。

江湖是其中的每个人无法逃离的生存基础，它是危机四伏的社会环境，影片中斌哥与巧巧的江湖身份在巧巧对坐着轮椅的斌哥说"你已经不是江湖上的人了，你不懂"中标示性地反转。就影片本身来说，巧巧的"非江湖身份"在火山的空间中消失，斌哥的"江湖身份"在奉节的空间中丧失。但影片中的"出入江湖"其实从未发生，因为江湖空间伴随着每一个生命体，贾樟柯建构的江湖是每个人都存在于其中的现实社会，有人的地方就是江湖。当处在伦理意识混乱中时，只有自我意识的觉醒才能使自己在江湖中寻觅到真实的自己，斌哥的两次离开实际上是他为自己正名的两次自我选择，在逃避的状态下渴望并向着"三十年河东，三十年河西"的生命变迁实践，可终究江湖中的大多数人都无法拥有生命的自主选择权利，江湖众生均是被关在笼子里的老虎、狮子。在江湖中不论性别，都无法离开关系网而独立审视，人物伦理是社会文化的意象表达，影片中男性与女性的关系也是在个人意识混乱中对个人与他者的价值审判。

三、个人与时代：存在中的身份认同

影片的英文名叫 Ash is Purest White，巧巧说"火山灰经过高温燃烧是最干净的"，死亡带走每个人的身份与权力，经过时间的洗礼，除了能名留史册的人物与思想，一切终将消失得无影无踪。贾樟柯的镜头对准的也是大多数如炮灰一样的生命体，探析这群社会人物的生命经验。导演在影片中使用了六种介质来呈现江湖中个人与时代的故事，拍摄仪器从 DV、HDV 到 16 毫米、35 毫米到 5D 再到影片最后的监视器镜头。六种介质是线性时间的梳理，科技发展影响着时代的前进与电影镜头的更新换代，导演不断调整画面像素以令时间在不知不觉中过渡与发生。电影最后翻拍监视器的镜头使数码感陡然呈现，可以被随时删除的监控影像让影片经过两个多小时刻画的人物瞬间成为影片的他者，在被看的状态下消逝于时间之中。

男与女的强弱更替只是在时间变迁中的结果，电影也只是呈现出来这样的一种生命状态，没有斌哥就没有巧巧，同样，没有巧巧也没有斌哥。巧巧作为从江湖中女性的边缘文化书写过渡至影片后半段江湖中的主流文化呈现，社会身份与话语权利可以伴随时间得以消融与重构，关系准则与道德谱系也在更新替换。我不认为巧巧的"入江湖"是女性主义的觉醒，相反，巧巧与女性主义、女权主义的思想主张也是相背离的，她所做的一切并非追求女性权利的平等，她始终在坚持自己心中的江湖情义，即使她在出狱后发生混吃婚宴、饭店骗钱、巧夺摩托等这些无法用道德准则评判的行为。灰色的生存技巧足以让她在人情冷漠的江湖中求得一处生机，伦理的蒙昧似乎从未在她身上体现，因为她自始至终都在寻找一份本己本真的生活状态。社会权利由斌哥向巧巧的转移也并非女性权利的意识所致，而是人物在社会流变下自我选择的结果。巧巧不是童话般完美的女性形象，她是一个有着如磁带般 AB 面的现实人物，所以她在仅有一次可以改变自己命运的机会前，还是放弃了可以在克拉玛依重生的另一种生活选择，因此导演让表征生命希望的 UFO 出现在巧巧独自的生存空间，为她的选择回馈超现实的价值肯定。影片中的大多数人都是生存在灰色地带的炮灰，如影片中对巧巧欲行不轨的摩托车司机，这些都引发对独居青年、假日夫妻等社会现实的伦理思考。

影片根植于现实社会,将男女主人公的个人价值实现于大时代下的个人选择中,无论是巧巧从"不在江湖"到"在江湖"中始终如一地对江湖情义的坚守,还是斌哥从"在江湖"到"不在江湖"再到"再入江湖"中对于个人社会身份的坚持,虽然他们的行为无法用中国传统道德标准加以评判,但他们都将个人存在实现于个人的身份认同之中,两性之间的伦理法则不再局限于男欢女爱的情感建构与大团圆式的故事结局。贾樟柯给予影片角色最强烈的尊重,即人性的自由。尊崇个人意志力,社会身份的价值实现与自我认同成为救赎个人现实困顿的伦理思考。

(陈方园,四川师范大学)

注:
[1]胡敏中.论公共价值[J].北京师范大学学报(社会科学版),2008(1).

《阿拉姜色》：普世伦理困境下的自我救赎

田 畅

松太加是一位土生土长的藏族电影人，在他早期的《太阳总在左边》(2011)、《河》(2016)两部作品中，就习惯于以藏民家庭的生活为切入点，以体现婚姻伦理、兄弟伦理、父子伦理、宗教伦理为特点，已然确立了自己影片的伦理学视角。2018年10月26日上映的《阿拉姜色》讲述了一个有关朝圣的故事，但整体上导演松太加依然是在进行着自己对家庭伦理和社会伦理的探索。

一、去奇观化的景观美学

《阿拉姜色》的叙事结构符合"公路片"的特征，故事的主人公通过旅行获得心灵的成长。但以一部公路片的标准来看，这部电影对景观的描述没有传统公路片那么美，在以往的藏地电影中，西藏的自然景观或人文景观通常被奇观化。以导演张杨为例，他所拍摄的《皮绳上的魂》突出了藏地的神话、宗教元素等猎奇场面；《冈仁波齐》则采用大量的大全景镜头，将人物浓缩成蚂蚁般大小置于群山之中；在松太加担当摄影师拍摄的《静静的嘛呢石》中，他运用大量的长镜头和广角镜头来回往返于藏式寺庙和民居之间，偶尔静静地扫过远处神圣的雪山、冬日藏地里辽阔的枯黄和远方在寒风中飘扬的经幡，藏地的自然景观仍然是一种奇观化的呈现方式。而导演松太加对电影《阿拉姜色》去奇观化的处理让人印象深刻，他摒弃了自己作为摄影师时惯常使用的依托远景和风景支撑叙事的"壁画美学"，而是采用了大量的中景、近景和特写镜头。在罗尔基一家朝圣的途中，藏民磕长头朝圣的仪式、藏地波澜壮阔的河山、藏民神圣的死亡仪式，甚至影片最后惊鸿一瞥出现的西藏标志性景观布达拉宫，在松太加的这些镜头里，人物始终都在景观的前面，占据着画面的主要空间，沿途的自然景观被虚化在人的视觉主体表达之外。以特写镜头为例，在俄玛和罗尔基从医院回家的路上，对他们关于是否磕头去拉萨的争执场景，通过对两位演员表情语言的细微转换，展现出了罗尔基的顾虑与疑惑，以及俄玛对悲伤情绪的隐忍与朝圣的坚决；俄玛去世后，罗尔基陪在她的身侧，导演对罗尔基进行了大段的特写，从悲伤、无助到愤怒，罗尔基的情绪变化自然生动。

导演松太加自己也曾说过，《冈仁波齐》让观众了解了什么是朝圣，《阿拉姜色》则告诉观众为什么要去朝圣。在《阿拉姜色》中，藏民身穿牛仔服或羊绒衫，摩托车和小汽车也是常见的交通工具，俄玛的小姐妹拉斯基与抽着电子烟的司机调情甚至有了一次隐晦的一夜情，松太加毫不避讳地描绘了现代信息社会对藏地传统文化的影响，一切都围绕着藏民实实在在的生活而展开，不再拘泥于观众对西藏题材电影传统的刻板印象，这是松太加对藏地电影传统观念重新解构的一次尝试。自然景观或是宗教文化景观，都是作为真实生活的背景而存在的，导演所要探索的家庭伦理困境在这种去奇观化的处理中才得以凸显。

二、巧用符号隐喻角色

2018年6月，《阿拉姜色》获得了第21届上海国际电影节金爵奖评委会大奖和最佳编剧奖。影片在剧作层面上非常出色，松太加导演的生活流叙事自然流畅，整部影片没有张力十足的对抗性戏剧画面，而是在正常生活秩序一次次被打破的内敛叙事中构建整个故事。整部影片的基调是克制和隐忍，而对这种情绪的表达手法正是这部电影的独特之处，导演巧妙地运用了大量的符号对人物的命运进行了隐喻。

俄玛——扑向火焰的飞蛾。影片的第一个镜头是一只在窗台扑打的飞蛾，随即镜头摇下来拍深夜哭泣的俄玛，但观众并不知道她为何哭泣；然后，俄玛对罗尔基讲述了这一晚的梦境："你知道，我那天做了什么梦吗？"另一只飞蛾突然从她背后飞了出来，停在她的肩上，罗尔基回话后，飞蛾旋即飞走。再回想第一只挣扎着要冲破窗户的飞蛾，直接隐喻了她想要离家去拉萨朝圣的内心纠葛。而这第二只飞蛾，则代表了俄玛试图向丈夫吐露朝圣真相时忐忑不安的情绪，丈夫的反应"吓走"了这只飞蛾，俄玛也将真相隐藏了下去。俄玛在帐篷中即将去世的时候，一只飞蛾从她的身边飞走；在俄玛逝世之后，罗尔基从为她而点的酥油灯中将一只飞蛾尸体挑出来，说："罪过，一只飞蛾烧焦了。"明知自己生了重病却坚持要去朝圣的俄玛，恰如不顾一切扑向火焰的飞蛾，最终化成了一朵美丽又吉祥的酥油灯花。

诺日吾——痛失母亲的小驴。诺日吾的舅舅说这个小孩跟别的孩子不一样，他冷漠、封闭、执拗。在母亲逝世后，诺日吾依然没有展现出大的情绪起伏，直到他在河边遇到那只孤独的小驴，发现小驴的妈妈死了，诺日吾看着它眼含泪水，隐忍的情绪爆发了。带着小驴去朝圣的诺日吾，在山坡上突然揪起小驴的耳朵问它看见拉萨了没有，正如罗尔基之前揪自己的耳朵一样，这是他再一次克制感情的爆发，他接受了罗尔基。影片的最后，小驴踢翻了背包，罗尔基看到了被诺日吾偷偷从寺庙墙上摘下并粘合的照片，看似偶然的踢翻的情节，实则是诺日吾向罗尔基表达内心的一个载体,他放不下自己的亲生父母。

秃鹫——灵魂最佳的生存境域。丧葬文化作为藏族传统文化的组成部分,无论在内容上还是在形式上,都显示出它自身特有的丰富多样性。从形式结构上看,藏族丧葬文化主要由火葬、天葬、水葬、石葬、塔葬、崖葬等多种仪式所组成,其中天葬是藏族人最崇尚、最普及的一种葬俗,也是一种最令世人瞩目的丧葬文化现象,藏族人将人死后的尸体奉献给"天神"或"空行"者,祈愿亡者的灵魂寻得最佳的生存境域。影片中用远处天空飞来的秃鹫群隐喻了俄玛的灵魂已经去到了最好的境域。

可以说汽车也隐喻着罗尔基,他一直是被动选择的,但他始终是妻子的接送者。与贾樟柯电影中的飞碟、老虎等刻意放大的符号表达形式不同的是,松太加这种隐藏在生活中的偶然性与合理性之间的隐喻符号,看似不经意,却是意义非凡。

三、对传统家庭血缘伦理的窥探

《阿拉姜色》描绘了复杂的家庭伦理关系和在宗教影响下藏民自发建立的多元情感体系的图景,家庭中的妻子与亡夫、现任丈夫的感情,儿子与母亲、继父的感情是现代社会的一种普世伦理困境,而融入藏民磕长头去拉萨朝圣的独特文化背景,形成了一部公路类型片之下的藏族家庭伦理片。

罗尔基是影片中家庭伦理关系的核心人物,影片前半部分的罗尔基虽不明白妻子为何执意要马上出发,依然默默地选用最合适的木材为妻子打磨护具;得知妻子生了重病后半路拦截,想带她去大医院治病,却还是向妻子妥协,一路护送;俄玛在病逝前请求他和诺日吾带着前夫骨灰做的擦擦继续乘车去往拉萨,向他吐露自己为何执意朝圣的真相,原来妻子的朝圣执念是为了履行对亡夫的诺言。罗尔基将和妻子紧握的手抽了出来,脸深深地埋进了枕头里,镜头扫过被风吹得剧烈抖动的帐篷,恰似罗尔基,他一直是被动的,他一直在坚强隐忍,但内心早已有千百种情绪在翻腾。

隐忍过后便是爆发。在等待吉日安葬俄玛的夜晚,罗尔基独自陪伴在妻子的遗体旁,沉浸在痛失爱妻的痛苦中,像突然想起一般,罗尔基将俄玛嘱托的背包拿出来,凝视了俄玛与前夫的照片许久,又像突然下定决心一般,将这个背包丢出了帐篷;在寺院给俄玛祈福时,寺庙师父问"这夫妻俩到底是谁往生了?"罗尔基看似平静地回答"两个都往生了",却在往墙壁上贴照片时,将妻子与前夫的合影撕开。面对着一个不属于自己的孩子,承载着一个不属于自己的心愿,罗尔基陷入了伦理困境。

在与诺日吾慢慢建立起情感和信任后,罗尔基在路上严厉地命令诺日吾走到自己的前面去,当晚临睡前又语重心长地对诺日吾说:"作为一个男人,不能总跟在别人的后面。"从不愿意诺日吾跟随妻子住进自己家,到逐渐将诺日吾当成亲生儿子关心教导,此时的罗尔基已经超脱了狭隘的血缘家庭伦理。影片的最后,罗尔基说,剪下来的头发不要乱撒,要放在别人不容易踩到的地方,诺日吾小心翼翼地用手紧紧攥住每一绺掉落的头发,父子情趋于牢固。而此时诺日吾主动谈到之前被小驴踢翻的背包,说被粘合的照片是自己舍不得父母的照片被放在寺庙,被刺痛的罗尔基带着隐忍的哭腔说"把你父母俩好好安放在甘丹寺",这是罗尔基第一次直面俄玛与前夫的关系,此时的罗尔基和诺日吾已完全超脱于俗世情感与传统家庭的血缘伦理。

结语

藏传佛教拥有一整套内容极为广泛的宗教伦理准则,无论对出家的每一位僧尼,还是对在家的广大信教群众,都起着为人处世的指导作用。随着藏传佛教的蓬勃发展,宗教伦理不仅渗透到每一位出家僧尼的心灵深处,而且强有力地约束着广大信教群众的社会行为。在生活中,藏民不能轻易地提起拉萨,既然说了就一定要去;藏民也不能随意起誓,承诺了就一定要做到;只要到了寺庙,就一定不能对佛祖撒谎。影片中,藏民老乡出于对已逝父亲的愧疚而无偿帮助罗尔基一家;沿途路过的车辆不假思索地搭载病重将逝的俄玛;罗尔基做出了去拉萨的承诺,一路风雨不曾阻拦到他。正如松太加在访谈中所说:影片讲的其实不一定是藏族,而是整个人类的大爱。影片中所展示出的个体在日常生活中被宗教重塑的情感,也许就是松太加想通过《阿拉姜色》表达的社会伦理与家庭伦理规范。

(田　畅,重庆移通学院)

参考文献：

[1]袁智忠.影视文化纲要[M].重庆:西南师范大学出版社,2017.

[2]贾磊磊.什么是好电影:从语言形式到文化价值的多元阐释[M].北京:中国电影出版社,2015.

[3]尕藏加.藏区宗教文化生态[M].北京:社会科学文献出版社,2010.

[4][美]史蒂文·布拉萨.景观美学[M].彭锋,译.北京:北京大学出版社,2008.

[5]贾磊磊,袁智忠.中国电影伦理学的元命题及其理论主旨[J].当代电影,2017,(8).

[6]袁智忠.大众传媒时代电影批评的伦理化思考[J].电影艺术,2010,(3):86-88.

[7]赵敏,袁智忠.《冈仁波齐》:纪实美学风格下的伦理嬗变[J].四川戏剧,2018,(9).

[8]松太加,杜庆春,祁文艳.一路走下去——关于《阿拉姜色》的一次对谈[J].电影艺术,2018,(5).

[9]胡亮宇.《阿拉姜色》:人的旅程与奇观的超越[N].中国艺术报,2018-11-02(06).

《江湖儿女》：影像化的道德与儿女情长

巴靖雯　袁智忠

贾樟柯导演于其自述中如此定义"江湖"：危机四伏的环境、错综复杂的人际关系、四海为家的生活、保持不灭的情义。《江湖儿女》的故事如此简单，一双男女，从落寞的旧江湖迈入物欲横流的新时代，时空变幻莫测，江湖儿女却仍能肝胆相照、心意相通，或执念离去，或坚守情义，共同成为消费时代下江湖人的精神寄寓。

一、像化江湖：复杂、浪漫、落寞

在贾樟柯导演的世界中，江湖是复杂的。新旧之交的年代，社会秩序极其混乱，江湖旧大哥转身就被新晋小混混捅了一刀，葬礼上，跳的是象征国际化、优雅时髦的国标舞，荒诞而讽刺。这个社会一切都在"变"，被"新势力"包围在皇冠汽车内的旧老大斌哥，棋牌室里操着夹杂洋文的香港口音，坐在一群操山西口音的人中间的"大学生"，都纷纷暗指这是一个将要被替换的时代。

江湖也是浪漫的，大同火山上的大全景，一片油绿盎然，斌哥为巧巧讲述"有人的地方就有江湖"，心怀憧憬；奉节广场上，被笼子圈禁的老虎、狮子，导演用被囚禁的动物世界暗喻现实社会中"我们都是这个世界的囚徒"；在洪安矿长大的女孩巧巧面对火山灰，将其解读为"高温历练后的最纯净"。这些都成了贾樟柯导演序列中浪漫主义情愫的个人化标志。

但当真正进入消费时代后，江湖又成为一种"失落文化"，多种摄影机的变化赋予画面镜头一种"无法回避"的时代感，各种视觉元素的变化——连通洪安矿到市区的公交车、绿皮火车、轮渡、动车、高铁，以及手机更新、服饰变化，无一不在透露出时间的流逝。彼时在棋牌室象征黑社会地位的斌哥再出现时已坐上轮椅，新的小弟不认识过去的大哥，导演通过展示斌哥眉宇间的精神状态间接向观众描述了他这些年的生活，争吵时的一句"你让位吧"一语双关，这也正是这个时代对待旧江湖文化的态度。

二、镜化人情：尊严、侠义、情怀

江湖上的儿女信奉的就是"情义"二字，女人要"情"，男人讲"义"，欠债的男人不认枪，就认摆出来的那一尊关老爷像。有人把电影中的"枪"解读为男性的阳具，其实它在本片中指代的是尊严,是江湖人的地位。被一群小混混围攻的斌哥被按在车前"戴皇冠",导演给了巧巧面部特写,当着一个女人的面砸她男人的脸无疑是在践踏这个女人的尊严,所以巧巧举着枪下车了,她开枪保护了自己的尊严,却让自己的男人没有了尊严。

这个出场自带"黄飞鸿音乐"的女人被导演有意识地塑造成"江湖女侠"形象,和《天注定》中举刀反抗的小玉十分相似,似乎在贾樟柯的江湖中,女性就是集智慧与义气于一身的侠客。出狱后自称"不再是江湖人"的斌哥却在跨过火盆后失声痛哭。在江湖人看来,唯有跨过火盆才算被"接回家",尽管他在努力抛离旧身份去追寻时代的脚步,骨子里也仍然保留着江湖人的执念与坚守,因此在他回到山西老家后没多久也自感无趣地落寞离去。

除了尊严和狭义,江湖儿女还讲"情"。在奉节广场,巧巧津津有味地听着跑调的老歌,她听的是故事,是情怀;去往乌鲁木齐的火车上,和陌生人拥抱,巧巧只想寻找一个依靠,并不在乎对方是否只有一个小卖部;空无一人的新疆小镇,巧巧一个人下了火车,抬头见到漆黑的夜空中出现了UFO,这是江湖女人历经磨难仍然保持着的对自己"宇宙观"的一份相信。兜兜转转,巧巧个人的情义就如同她读解到的"火山灰"——经过高温历练才是最纯净的。

结语

在贾樟柯导演的世界,一条街可以变成一帮人,一座县城可以变成一个江湖,他用影像构筑起独特的中国边缘历史文化景观。整部电影呈现一个环形,由麻将室开始,由麻将室结束,当独身一人的巧巧出现在摄像头二次框定的画面内时,才真正体现出"世界的囚徒"感,摄像头为新旧时代画上分节点,在此漫长流逝中不变的情义初心才更显得弥足珍贵。

(本文为2019年中央高校基本科研重大项目"基于电影伦理学视阈下的电影'原罪'清理及其研究"〔课题号:SWU1909561〕的阶段性成果之一)

(巴靖雯,西南大学新闻传媒学院;袁智忠,西南大学影视传播与道德教育研究所)

后人类主义思潮下电影《头号玩家》的伦理反思

何 周　袁智忠

20多年来,伴随着人工智能、虚拟技术、生命科学、神经医学等技术的飞速发展,人们对于未来有了更多的想象与思考,于是在这些前卫的科学技术与哲学思辨的激烈碰撞下,便逐渐形成了声势浩大的后人类主义思潮。值得注意的是,带有天然悲观色彩的后人类主义中有很大一部分是对于伦理问题的探讨。

一、身份的危机

后人类世界的到来之后,接踵而至的便是人类对于自我身份的拷问。当虚拟与现实的界限不再清晰,当人工智能也拥有了自我意识,甚至当人的身体都可以被机械和信息所替代时,人类就不仅面临着"我是谁"的形而上追问,而且必须面对自身被日益边缘化的现实。[1]

在电影《头号玩家》中,生活在底层贫民窟的孤僻男孩韦德在进入虚拟的"绿洲"后成为赫赫有名的超级英雄,游戏与现实中的强弱程度成反比,现实中缺乏朋友与家人陪伴的他只有在游戏中才可逐步强大,实现人生价值。现实身份的边缘化使他放弃了学业与亲情,甚至面对唯一的亲人死去之时,悲伤之感也很快消散。后人类世界的身份危机并不是新旧身份一蹴即至的替换,而是伴随科技的发展,人们拥有更多的可能,并被不断地赋予新身份,从而产生对现实本体的挤压。就像《银翼杀手2049》中的主人公K一样,他一直都在面对着现实对自我身份的颠覆,人造人→人→人造人,看似是一个简单圆满的回归,但这一过程对于K来说无疑是创巨痛深的,抛开K的本体"人"这一属性,2049的未来世界强加给了K太多的身份,这些身份的每一次改变和重塑都会在无形中对他的现实本体和精神世界产生伤害,最后使他崩溃,迷失在对身份的无限追问之中。

性别边界的消失也是《头号玩家》中值得深思的问题。伴随着后人类世界的到来,去物质化和去现实化两大特征日益凸显的情况下,人们对于性别边界的守卫还能坚持多久呢?桑迪·斯通曾经说过"在赛博空间,跨性别的身体即自然的身体"[2]。《头号玩家》中身材魁梧的机械师艾奇在现实生活中却只是一个普通的黑人女孩。在某种程度上,"绿洲"这块土地实现了性别的随意转换。我们几乎都很难抛开性别去谈论伦理,那么性别边界的消失,诸多的伦理问题是否也会随之消失呢？答案当然是否定的，因为这种违反"人伦"的行为带来的将会是更多的伦理问题。电影《前目的地》就讲述了这样一个恐怖的后人类世界的故事，因为时间机器和性别转换的实现，主人公"自己和自己生下了自己"。如果将这样的故事放置到伦理中来讨论，我想可能是灾难性的。

二、无休止的虚拟杀戮

后人类世界的到来，让一切的事物都开始日益的虚拟化，这其中当然包括杀戮。人类对于杀戮更深层次的追求，使我们已经不再满足于用声音和影像去还原硝烟弥漫的战场，而是开始使用鼠标和键盘去替代具有真实手感的各种武器。《头号玩家》中所有的玩家每天进入"绿洲"，便会对游戏中的怪物进行无休止的屠杀，以及对其他玩家伤害与掠夺，以此获得金币与装备，只为方便更加随心所欲的战斗。毫无疑问，消费暴力会给我们带来一种原始欲望的替代性满足，因此当虚拟杀戮这个修罗场向人类袭来之时，我们在很短的时间内便沦陷了。那么除了欲望的满足，无休止的虚拟杀戮还将给我们带来什么？

在探讨这个问题之前，我们首先得讨论一下虚拟杀戮最重要的两个要素，那便是模拟与控制。众所周知，模拟之所以有效，并不是因为它生动地构建出了一个真实的世界，而是在于让人"深信不疑"，并且"心甘情愿"地参与其中。就像电影《源代码》里的柯尔特一样，为了逃避充满真实感的虚拟杀戮，他甚至不惜选择死亡。韦德大部分的战斗其实都是在车厢中完成的，虽然环境简陋，但是韦德眼中的"绿洲"却异常的真实，因此虚拟杀戮在这个空间中也被推向了真实性的极致。随着电影剧情的发展，我们可以越发明确一个观点：车厢本身就是一个真实的战场。这不仅是对于逼真环境的感慨，而是人们对于虚拟与真实最后的追问：当虚拟世界已经足以影响到现实世界，又或者说，当"绿洲"外的现实世界反倒沦为它的衍生和附属之时，我们的真实又到底在哪里？

接下来我们引出虚拟杀戮的另一个要素，即控制。"所谓的控制，最初当然是源自控制论与人工智能的技术形态，但随后它却远远突破了这个辖域，进而拓展为对整个社会进行监控的强大权力网络。"[3]《头号玩家》中的"绿洲"恰好就是这样一种可怕的存在，它成了大部分人生活的所有，街上随处可见头戴VR的行尸走肉，所有玩家都有可能因为虚拟角色的"清零"而宣告现实生活的破产。令人最为绝望的莫过于影片的结尾：在大爆炸之后，"绿洲"的一切归于平寂，几乎所有玩家都被清零，但现实中的人们并没有因此沮丧，而是一片欢呼。这时我们就已经知道新一轮的控制又开始了。

三、真实与虚拟的爱

随着后人类时代的到来，面对事物边界的逐渐消除，人们对于爱的探讨也开始变得千奇百怪。从电影《水形物语》再到《她》，跨物种之间的爱情似乎都已经无法满足人类的想象力，人们甚至开始去描绘跨越空间维度的爱。但是无论何种的爱都无法离开真实的对象，这里所说的真实并不是物质意义上的客观存在，而是建构其爱情双方的真实。因此，不止《水形物语》中哑女艾丽莎与人鱼之间的奇异爱情会令我们感动，电影《她》中作家西奥多与操作系统"萨曼莎"之间的爱情也同样令人潸然泪下。然而，反观《头号玩家》中的韦德和库克，他们的爱情却是令人玩味的。

当帕西法尔见到阿尔忒弥斯的第一面时，他就深深地被这样一个性感、神秘、勇敢的虚拟角色所迷住。我们可以轻松地梳理出韦德与库克之间的感情脉络：韦德↔帕西法尔↔阿尔忒弥斯↔库克。他们的爱是通过两个虚拟的游戏角色而建立的，从而延展到现实社会爱情的结合，但是这个过程必将会产生一个无法回避的伦理问题，那就是韦德爱的到底是库克还是阿尔忒弥斯？在讨论这个问题之前，我们必须对现实身份与虚拟角色进行一定程度上的区分。因为抛开环境去谈论人本身是不客观的，我们无法将充满约束的现实与极度自由的绿洲相提并论，截然不同的环境所造就的人物必定也会有着极大的差异。所以我们必须清楚，在"绿洲"这个无法之地，所有的善与恶都会被无限放大，每一个身处其中的玩家都只是这个世界所改造之后的傀儡，并不是真正的自我，这也就能解释为什么"绿洲"中勇敢的帕西法尔回到现实依旧还是那个懦弱的韦德。那么回到对于韦德与库克之间爱情的讨论，我们就可以比较清晰地认识到，他们之间的爱并不是真正的爱，因为其中复杂的环境因素，我们甚至都不能说这是帕西法尔与阿尔忒弥斯之间的爱，他们的爱情中不仅包括对双方虚拟角色的迷恋，也掺杂着对现实中实体对象的美好想象。

结语

本文基于后人类主义思潮的大背景，以伦理视域对具有浓厚赛博朋克风格的电影《头号玩家》进行尝试性解读，分析其中存在的"身份危机""虚拟杀戮""真实与虚拟"所带来的种种伦理问题，探讨后人类世界虚拟化所带来的改变，以及它对人类的挤压与控制，试图为后人类世界的未来蓝图提供一些思考与借鉴。

（何　周，西南大学新闻传媒学院；袁智忠，西南大学影视传播与道德教育研究所）

注：

[1]孙绍谊.后人类主义:理论与实践[J].电影艺术,2018(01):12-17.

[2]Allucquère Rosanne Stone, *The War of Desire and Technology at the Close of the Mechanical Age* (Cambridge. MA:MIT Press, 1995),180.

[3]姜宇辉.失真模拟与终极杀戮——晚近好莱坞战争电影中的后人类幽灵[J].电影艺术,2018(01):18-26.

参考文献：

李浩界.好莱坞人工智能科幻电影研究[D].保定:河北大学,2017.

文以载道　美善合一

高天民

　　自三国曹丕承继荀子的"文以明道"的思想,将文章之事升华为"经国之大业,不朽之盛事",且承"千载之功"之后,又经过唐韩愈"文以贯道"的思想,宋周敦颐"文以载道"的命题最终形成。"文以载道"的观念中存在着"文"和"道"两者之间的关系问题,即文章或艺术之本体与其所传达的理念之间究竟孰重孰轻。按照周敦颐的说法:"文所以载道也。轮辕饰而人弗庸,徒饰也,况虚车乎。""文"之所以重要,关键在于"道"即思想的传达,或者传达什么样的思想。尽管"文以载道"的观念在历史上也经历了"道本文末""作文害道"的历程,但在宋人苏轼提出"艺道两进"的观念之后得以重新回归其本位,因而才被后人归结为"文以载道,美善合一"。

　　"文以载道"的观念将"文"与"道"相联系,既是对"文"的要求和重视,也是对文人的道德规约,即文人必须担当大道,以"道"的传达为己任。世界上做任何事情都有各自的行为规约,这不仅是对作为社会的人的基本要求,也是社会分工和社会结构之间的基本规则。没有这些规约,社会就会失序,人就会无德。因此,处于社会中的人就必须依照这些既定规约行事,并依这样的规约来规范自己的行为,这就涉及伦理。同样,艺术中也有这样的规约,因而也就有了艺术伦理。

　　艺术伦理是艺术家在创作中所呈现出的道德意识和行为,无疑受到社会伦理和个人伦理的制约。社会伦理决定了个人在社会中所应遵循的基本道德规约,它是构成社会中人与社会、人与人以及社会层级之间关系和稳定性的重要因素。而个人的伦理则是个人对自己的道德要求或自律,没有这种来自内心的道德自律,不仅个人道德会失陷,社会伦理亦将受到威胁。因此,个人伦理既受到社会伦理的制约,也对社会伦理产生影响。

　　中国传统艺术历来强调"真善美"的结合,而非如西方那样进行学科分类(科学探究"真"、伦理探讨"善"、艺术追求"美"),这是由中国传统文化的性质所决定的。自战国之后,中国文化经过改造最终确立了以儒家文化为主体的伦理文化,它以"仁"为中心建立起一整套的伦理体系和话语。这种强调"仁者爱人"的伦理文化由个人规约扩及社会,最终演化为一种文化伦理。这就是为什么张彦远在《历代名画记》开篇即强调"夫画者,成教化,助人伦",由此规约了艺术伦理。由此可以看出,中国传统社会伦理强调整一性与和谐,即个人自由或个人伦理服从于社会伦理,而在艺术中则主张"真善美"的统一。这种以"真善美"合一为价值取向的艺术观不仅在世界上独具特色,而且至今仍具有重要的指导意义。

但是这种社会伦理在近代以来受到了西方文化观的深刻影响,从而突出了以个人主义为价值取向的社会伦理,进而使中国传统的社会规约从社会伦理转向了个人自由,因而在规约和自由之间产生了纷争。康德将道德伦理建立在个人自由的基础上,意在强调个体的独立性及其纯粹实践理性,这在某种程度上突出了个人的道德实践价值,但在另一方面也鼓励了个人主义的泛滥,由此带来整个社会伦理的失序以及个人伦理的混乱和冲突。特别是在如今的商品经济社会中,个人主义与商品意识合流,加之整个社会价值体系的碎片化甚至价值缺失,带来了一系列的艺术伦理问题。习近平总书记在文艺工作座谈会上的讲话中提及当前中国文艺界存在的一些问题时指出:"有的调侃崇高、扭曲经典、颠覆历史,丑化人民群众和英雄人物;有的是非不分、善恶不辨、以丑为美,过度渲染社会阴暗面;有的搜奇猎艳、一味媚俗、低级趣味,把作品当作追逐利益的'摇钱树',当作感官刺激的'摇头丸';有的胡编乱写、粗制滥造、牵强附会,制造了一些文化'垃圾';有的追求奢华、过度包装、炫富摆阔,形式大于内容;还有的热衷于所谓'为艺术而艺术',只写一己悲欢、杯水风波、脱离大众、脱离现实。"这些问题在我看来就是在社会价值缺失之后的个人艺术伦理问题。

艺术与伦理问题涉及方方面面,但总的来说,可以分为艺术的内部问题和艺术的外部问题。在外部,艺术受社会诸因素影响而形成倾向,这些倾向反映在艺术家的作品中而产生价值分离。在内部,艺术本身的诸要素形成独立的审美,使得部分艺术家沉浸在其中而逐步走向"为艺术而艺术"之路。值得注意的是,在艺术内部方面形成了一个基本认识,中国美术从1989年开始发生了从艺术学本体向社会学本体的历史转向,这种转向在相当的程度上又促发了艺术的价值判断从艺术伦理转向了社会伦理。但不管何种倾向,艺术总是由具有价值判断能力的艺术家所为。另一方面,艺术作品产生的终极目的就是要影响人,而艺术家作为社会中的精神塑造者和引领者,其价值取向具有决定性作用。因此,艺术的伦理问题就是艺术家的问题。

在这里,王阳明的思想可以为我们作为个人的人生意义做一个注脚。他在《传习录》中特别强调了个体的主体性意义存在和价值:"我的灵明,便是天地鬼神的主宰。天没有我的灵明,谁去仰他高?地没有我的灵明,谁去俯他深?鬼神没有我的灵明,谁去辩他吉凶灾祥?天地、鬼神、万物,离却我的灵明,便没有天地、鬼神、万物了；我的灵明，离却天地、鬼神、万物，亦没有我的灵明。"王阳明强调了"我"的主体意义，亦即强调了主体的自觉性。但他并非孤立地看待个人的价值和自由，而是把这种价值和自由与天地神明联系在一起并使之产生意义。因此，他把这种自觉称之为"良知"，并由此形成了他著名的"良知之学"。正如他认为的，人的良知来自内心，而推及万物，人只有本持其发自内心的良知，才能知行合一，从而实现作为主体人的道德自觉。

（高天明，中国国家画院）

影像的伦理倾向无处不在

王乙涵

也许,对于影像的客观性情有独钟的电影艺术家对于影像的伦理倾向会心存质疑。但是,即便在"电影眼睛派"代表人物吉加·维尔托夫的纪录片《持摄影机的人》中,摄影师的"自我暴露"同样是影像倾向性的刻意展现。影像,作为电影表达的媒介,不可避免地兼具内容属性。无论是窥视还是展现,主观或是客观,影像的伦理倾向都对影片的情感表达有着强烈的影响。

哪怕是最客观的纪录片,都无法避免创作者的主观意识而真正做到客观还原,更何况故事片。掌控摄影机的人拥有影像建构的独特权力,经过人为创作的情节与情感让影像具有更多主观性。在故事的讲述过程中,导演运用影像的主观性来铺陈人物之间的关系与情感,通过主观浸入式的体验让观众感受现实生活中的各种可能。这种影像上的把戏拓展了人类的思想,造就了人类伦理认知的迁移。电影本身也通过影像的伦理表达,引导观众"进入"有别于常理和常态的人生体验。于是,在浪漫主义的主观影像和理性主义的客观影像中的取舍,便成了电影作者在利用影像塑造情节和人物关系中所要思考的重要问题。

有时,导演强烈的主观意念将观众直接推到主角所面临的伦理困境之中。大多数导演都不会吝惜在影片中展示自身的伦理倾向,影像成了导演推销自我意识和伦理观念的表达手段。譬如张艺谋的《红高粱》将野合渲染成超越伦理范畴的惊世骇俗;让·雅克·阿诺的《情人》和库布里克的《洛丽塔》不约而同地运用娴熟的影像修辞将偷情和不伦神圣化,让观众在观影过程中感受到背离传统伦理道德的感官刺激。瓜达格尼诺的《请以你的名字呼唤我》更是架起了一个完美的世外桃源——意大利一角的草地、阳光、泉水、果园、网球、空旷的街道、英俊的面庞、美丽的身体……这是一个只出产爱情的架空天堂。作者并不试图遮掩其中的人造痕迹,然而人造痕迹在强有力的影像说服下却很和谐,观众甚至忘却了这是一段逾矩的同性之爱,而把它与最本真、最原始的爱情同等看待。

与张艺谋、让·雅克·阿诺和库布里克不同的是,李安却喜欢利用客观影像来伪装自身的主观意识,并以此同观众达成小指头拉钩式的情感共鸣。《断背山》中的大量空镜,以及极其克制的人物情感与情节脉络,使电影中的同性之爱恍若纪录片一般娓娓道来。与此类同,他早期的《饮食男女》也将家庭间纷乱复杂的人物关系揉碎,稀释在无尽而平淡的生活细节里。这种表象的客观与其说是艺术的克制,不如说是艺术的狡黠。以克制的影像来引导观众审视伦理叙事的还有费里尼。他在电影《甜蜜的生活》里将主人公马鲁吉罗在城市各个交际场所里穿梭游动的客观审视,与人物痛楚沉沦的主观思辨交织在一起,向观众展现了个体之间关系的真实感,让观众去窥视作者的理想与野心。

电影借助影像的力量,以其自身有限的主观理念来思考人际关系的无限可能并不停地试错,从某种意义上而言也是人类社会对自身认知所付出的努力。虽然说借助主观的影像和故事来展现伦理的世界不过是抽刀断水,用静止来展现动态,用框架来测量空气,但这份认知世界的努力依然值得赞许。事实上,无论是对现实生活的真实摹写,还是对现实生活的戏剧性改造,需要借助影像展示的伦理故事都一定具有其代表性。人性伦理自有其底色,而影像赋予了它更多的可能。借助影像,艺术家们展现了人类所特有的爱恨情仇与社会百态,观众亦得以通过摄影机的镜头,或眼红心热到想与故事主角厮打一番,或坐在高高看台上冷眼旁观那世态炎凉。

(王乙涵,中国艺术研究院)

小议"较真"

熊云皓

三国时期的刘备有一句名言：勿以恶小而为之，勿以善小而不为。这话听起来当然不错，但我们如果稍加思考，或许就会想到以下问题：何为善、恶？有没有评价善、恶的绝对价值尺度？什么人具备阐释善、恶标准的合法性？善与恶之间能否转换？其转换的条件又是什么？人们常说善、恶、美、丑，它们之间的关系又如何？……

学者胡经之曾经提出以"真"和"善"作为考量"美"的标准。但所谓的"真"在中国文化中从来就是个含糊的概念指向。"较真"一词虽无太多恶意，但从城府世故者的口中轻轻吐出又充满了自信与优越感。

邓晓芒先生认为，中国传统哲学忽视语言及逻辑功能，也就是说中国的语言及思维不要求概念的"精准"，无论儒家、道家还是禅宗对之都不重视。孔子认为君子应该"讷于言而敏于行"；道家更认为"道可道，非常道"，认为但凡能说出来的都不是真理之道；禅宗更是强调"不立文字"。

与之相异，西方哲学从苏格拉底时期就强调求"是"、求"真"，也由此提出：以"语音"创建意义、接受意义及汇集意义；存在与心灵、事物与情感之间存在的自然指称关系，强调逻辑与理性的"逻各斯"，进而提出了"本体论"之说。简而言之，所谓本体论亦是关于"存在"概念及意义的思考和追问，或是由于在语言中最普遍、最关键而不可缺失，才被赋予一切事物存在的本根、本体之意。

或许正是这样的差异，人们对于中国艺术作品的判断与规则总有不少含糊的印象。

南朝谢赫提出绘画"六法"中的第一法："气韵生动"里的"气韵"一词便是如此。"气"源于《周易》，强调阴阳二气相互作用、相摩相荡、氤氲交感，产生宇宙万物，充满玄幻神秘主义的模糊性。虽然后人努力将其阐述为"气度韵致"或是"意境韵味"，却难掩一家之言的嫌疑。貌似放之四海而皆准，细究下去，总似雾里看花，影影绰绰中难以认清这个评判标尺的准确刻度。

笔者想起近年来不少圈内人津津乐道的"四僧""四王"之争，人为地将体制内的画家与江湖画家予以对立。在我看来，这种江湖与庙堂艺术家貌似不同艺术观的表达其本质依旧一致——无非是进儒退道在画面上的投射。对比后世发生在法国德拉克洛瓦与安格尔的交锋，不久后诞生了现代主义，开创了人类艺术史上的新篇章，"四王"与"四僧"在世界艺术史上的影响几可忽略不计。无他，盖因"僧、王"之争丝毫没有触及模糊指向的文化深层肌理。后人的整理与反思也仅仅停留在浅层的技法形态上，缺乏"较真"的追问与深刻的反思。

这种民族文化基因的影响力着实不容小觑，含糊的空话、大话说多了怕是会影响人的正常思维与判断。前几年，国内有位非常活跃的艺术批评家评价某位画家的创作揭示出艺术新本体。我的乖乖！难道这位批评家不晓得艺术新本体的诞生怕是要颠覆、改写整个人类艺术史？笔者与这位画家朋友私交不错，尤其敬重他作品里带有的批判性，从创作手法上来看这位画家的手法具备一定的表现性。照理说，艺术批评家应该利用自己对艺术史的理解，结合创作者的形式语言与观念进行深入分析，为艺术家的创作提供有价值的参考建议。可这位批评家不仅不反思自己对于艺术史的隔膜，居然还洋洋洒洒写出几篇"研究"文字来阐释所谓"新本体"之说。

无独有偶，笔者不久前赴杭州参加一位画家的"当代水墨展"。在研讨会上，愚钝如在下非要界定出水墨材料与当代艺术间的关系——试图通过严肃的学术交流追问"当代水墨"的合法性是否存在？话题既出，却被擅长太极的某美院知名教授以研讨会不讨论大问题为由轻松化解：将基本概念的追问作为"大问题"而弃之，转而讨论笔墨材料的使用心得。于是，学术研讨会变成茶话会。会后，大家觥筹交错，教授居中而坐，众人举杯致敬——好一派艺术界的和谐景观。

关于艺术美丑与判断，窃以为，倘若不对传统文化进行深刻的反思，不对自我进行深刻的反思，国人不学会把"较真"作为国民性格，那么，再多华丽的文字论述只怕亦是徒劳的堆砌。

（熊云皓，南昌大学）

深知罪恶,但不宣扬罪恶

苏 刚

罗曼·罗兰说:"善与恶是同一块钱币的正反面。"在艺术高举真、善、美的火炬奋勇前进时,大多数人忽略了假、丑、恶的黑暗。其实,艺术不仅仅是对生活的歌颂,更是对现实生活中假、丑、恶的超越。马蒂斯说:"我希望,一个疲倦的、伤心的或是困惫的人,可以在我的画前享受到片刻安宁。"

艺术家的良知在于深知罪恶,但不宣扬罪恶。这是因为,不知道人性罪恶的黑暗,就不知道人性超越的艰难与艺术圣洁的价值。

何为良知呢?它的英文是conscience,在英汉词典中被解释为"天赋的道德观念"。conscience的本义是"共同知道的状态或行为",后来演化为"良知"之意。儒家经典《孟子》中讲:"人之所不学而能者,其良能也;所不虑而知者,其良知也。"对比可知,西方文化关注良知所达成的集体共识,东方文化关注良知所表现的个体自觉的状态。无论东西,"良知"一词都指向了一种不用刻意讨论或思考而达成的基本准则。然而,在当下价值观剧烈变革的年代里,追问基本共识的内涵成为一个学术热点。这无可厚非,因为人类认知是在不断追问中取得进步的。

整体来讲,艺术作品是艺术家精神世界的反映,艺术家是什么样的人,就会有什么样的作品。只是,人性如此丰富,只有一部分被艺术家发掘并表现了出来。

按照天主教义界定的人性"七宗罪",包括暴食、贪婪、懒惰、嫉妒、骄傲、淫欲、愤怒。在艺术作品中,"七宗罪"均有表现。仅以第一项"暴食"来讲,弗洛伊德笔下的胖女人体画作可谓尽人皆知。在最初的视觉震撼之余,可以清晰感知画家对于"真"的追求,对人类精神状态颠沛流离和动荡不安的心态塑造。对于画家来讲,只有把这种真实表现出来,他的画才有意义。书敏在文章中写道:"与其说画家笔下表现的是赤裸裸的芸芸众生相,不如说是对形形色色当代人精神世界的把握。你反复观瞻,再三咀嚼,在他的作品中,那种存在于当下人类精神世界的通病,比如冷漠、焦虑、迷茫、空虚及无聊心态等都有深层表现,鞭辟入里,刻画入骨,吸引人不由自主走进其中,发人深省,一吟三叹。"弗洛伊德深知人性的罪恶,但他不宣扬罪恶,而是以此揭露矛盾中的人性,并以此超越现实的羁绊。

在求真的道路上,中国当代艺术家不甘落后。朱昱的行为艺术作品《食人》令人侧目,记录了他在厨房里清洗、烹饪六个月大的死胎和食用死胎的全过程。毋庸置疑,只要是人,就不会对这种行为无动于衷。有评论者(芦花)称:"在人类历史上有很多次战争和饥荒,都发生过人吃人的现象,所有人都知道这是丑恶的,然而这种事情毕竟离我们很遥远,不痛不痒,而朱昱将它活生生地摆在了我们的面前,让你必须去面对和正视,感到恶心了是吗?那么多发生在世界上的真实的人吃人的事件该怎么说?"

  初见此作之时,实话实说,我被震撼到了。确实,以往的吃人都在史书里,在鲁迅的文章里,甚至也在当下的现实生活的黑暗角落里发生着。思考再三,这件作品的真正价值是挑战人类的道德底线,是沿着已知的罪恶真实再现罪恶。它与艺术创造力和表现力关系不大,而是以艺术的名义复制罪恶。

  无论历史还是现实,人性的罪恶毋庸置疑,但艺术之路是向上超越,还是向下愈加沉沦,这是一个值得思考的问题。至少,有良知的艺术家是深知罪恶,但不宣扬罪恶。

(苏　刚,北京师范大学)

视觉、欲望与视觉伦理

牛宏宝

有记载说,徐志摩一日从海外得一裸体图册,与友携至胡适宅以奇图共欣赏。适胡适不在家,徐志摩诸人便在客厅展册披阅,一一评点。正热闹着,胡适归,徐志摩就翻开一图让胡适看。胡适瞄了一眼,转身说,那有什么好看的,遂至书房拿出一中国图册,翻出一页说,这才有意思。该图描绘的是一副床架,被帐子罩着,床前一只女式鞋歪斜着叠在一只男式鞋上,一只猫正蹲在凌乱的鞋旁,双目紧盯着床帐。对这两种图的各自喜好,固然可见出徐的风流,胡的君子,但图像的一"露"一"隐",却更深地显出图像呈现中的四个维度:禁忌与欲望、伦理与审美。

图像的禁忌,是一种最古老的视觉禁忌,且是直接落在对眼睛这个感性器官的规训上的。无论是中国的礼器圭在凡人与神圣者之间造成的距离,还是希腊的看一眼就变成石头的神话,都是原始宗教对视觉的约束。儒家"非礼勿视",柏拉图、苏格拉底的肉身之眼与心灵之眼的等级制,则是教化阶段的视觉训诫。对视觉的这种禁忌和规训,泄露出原始宗教和礼教/伦理话语中对眼睛的求真与欲望的反向建构,即眼睛既会看到真相,又会产生欲望。大家都知道,希腊神话中,海妖塞壬的歌声对水手的致命诱惑。当奥德修为躲过塞壬的诱惑塞住水手们的耳朵却把自己捆在桅杆上得以倾听塞壬的歌声时,阿多诺认为,就是音乐的耳朵诞生的时刻。

尽管图像先于语言,且图像是通过视觉而起作用的,但原始的图像时代的图像生产却不是视觉主导的,而是巫术—神话思维主导的。到了意大利文艺复兴时期,伴随着透视法的出现,图像的生产开始被视觉的或观看的方式所主导。表面上看,透视法的图像生产方式是把求真意志彻底地赋予视觉,并将视觉观看数学化或几何化了,阿尔伯蒂最早对透视法的描述就力图把视觉观看几何化,以便使视觉观看的秩序与自然的秩序对接起来。而达·芬奇在耳朵与眼睛之间的比较,也在于阐明眼睛在求真方面的优势和理性特征,透视法就是把画家的眼睛训练成"eye of truth"。达·芬奇对解剖的探索以及佛罗伦萨美第奇家族的新柏拉图学园的光学研究,都推动了视觉的理性化进程。当笛卡儿通过"理性之光"的隐喻来图绘理性的时候,就从哲学上将视觉之光理性化了。在此过程中,一方面视觉图像走向了求真的路,与科学衔接。严格按照透视法生产的图像,也被一种科学的理性秩序所笼罩。沿着这条道路,也发展出了一种新的图像种类,即科学图像:包括解剖图、设计透视图、地理图像、天文图像等。但另一方面,此一过程也是图像生产的世俗化过程,宗教的和伦理的图像禁忌与约束被解除和放宽。尤其是在这种世俗化的进程与希腊、罗马的异教图像传统的衔接中,视觉欲望被逐渐放开,许多原来仅是神话、史诗的语言意象被转换为视觉图像,视觉欲望以酒神的隐微身份参与了这种图像的生产。那些为贵族的密室和私人空间绘制的图像,显示了这一视觉欲望的脉动,并使视觉欲望向窥视的维度迈进。当莱辛在《拉奥孔》里限定视觉艺术不能表现丑而做美学努力的时候,弗拉戈纳尔的《秋千》公然把偷窥变成了美学问题。

19世纪的照相术的完成,标志着图像生产的视觉化时代的到来,它走了两条路,一条是科学图像之路,一条是商业图像之路。而后者积极地挑战了图像生产的古老禁忌和伦理的美学限制。往镜头里看的眼睛被视觉机器强化为一个偷窥的器官,无论是为了真相还是为了欲望。这样,照相机就变成了具有偷窥原罪的机器。这成了照相机图像生产时代的图像批评的伦理向度。观影,无论如何都是一种偷窥的机制——观看别人的隐秘生活。照相机的图像生产,无论是摄影还是电影,均走在挑战伦理底线的边缘。希区柯克《后窗》的主人公,便摇摆在偷窥的极度兴奋与社区安全的伦理之间。吊诡的是,从启蒙以来的审美无利害的美学特性,在针对这种视觉机器的图像生产而展开美学批判时,恰恰承担了伦理批判的使命。

而到了当下的数字化图像生产的自媒体时代,我们似乎失去了图像生产的任何禁忌,模糊了伦理边界,任何人或商业机构,无论是为了自娱还是为了商业利益,均可把海量生产的图像发布出去,尤其是当这种公开发布面对的是匿名大众的时候,其道德风险就更大。无论是古代还是现代,图像的发布就是图像的公开化,它就走向了公众,走向了公共领域。因此,也就必然地涉及伦理问题。但在今天的自媒体时代,当人人都把赛博空间当作一个超自由的虚拟空间时,便很少有人考虑这个超自由空间的伦理底线问题。对这样的超自由空间,审美无利害的美学原则似乎不再能承担伦理批判的责任。于是,我们也不得不面临自媒体时代的图像生产对伦理、美学原则的尖锐挑战和冲击。

(牛宏宝,中国人民大学)

电影伦理学的两个维度

李 洋

几乎从电影诞生时起,围绕电影的伦理争论就没有停息过。从是否应该在电影中展现接吻,到如何正确地表达暴力,从电影分级的标准到私人生活的呈现方式,伦理问题伴随着世界电影的每个历史时期。法国哲学家列维纳斯曾断言:伦理学其实是一个光学问题,有限的可见性建立了我们与他者之间无限的伦理关系。

2010 年起,国际电影学界出现了重申伦理学的研究趋势,相关成果不断出版。2010 年,英国学者 Lisa Downing 和 Libby Saxton 主编了《电影与伦理:被阻止的邂逅》,提出了伦理问题在电影的文化研究中的重要性。2011 年,英国牛津大学出版社出版了《电影中的伦理》,结合经典影片全面拓展了伦理批评。2012 年,杜克大学的学者马克思·哈吉安诺出版了《数字电影的伦理学》,把伦理问题与数字媒介的兴起结合了起来。随后,英国埃塞克斯大学学者 Shohini Chaudhuri 在 2014 年出版了《阴暗面的电影:暴力与观赏电影的伦理学》,延伸了数字电影的兴起与真实、身体和编码相关的伦理问题。2018 年,医学伦理学教授 M. Sara Rosenthal 的《电影中的临床伦理学》一书从医学伦理学的主题切入,对影片个案进行了跨学科的伦理分析。

重提电影伦理学,不能等同于把电影的研究拖回到保守的道德领域,而恰恰是新的国际政治环境督促我们从不同的政治立场和信仰回到基本的伦理共识上,在技术加速主义下反思人类的伦理特性。总体上看,电影的伦理学研究可以呈现出两个基本维度。

其一,伦理问题在电影世界的呈现。伦理问题始终是导演和剧作家最为关注的问题,即便在历史上最挑衅道德的电影作品也体现出对道德本身的重视,当电影在挑衅道德时反过来也强化了道德感的发生。每个经典人物的行动与选择,都裹挟着伦理的动机。伦理作为主题,既是设置戏剧冲突的技巧,也强化了剧作本身的分量。《四百击》《浪子春潮》《欲望号街车》和《大理石人》……世界电影史上几乎每一场重要的民族电影运动及代表作品都触及重大的伦理问题。电影如何表达伦理问题,如何通过故事与人物建构道德观,都是电影伦理学关注的内容。过去,似乎伦理意义成为某种保守道德意志的体现,但在今天,强调在电影中建立一种伦理原则作为有限性的批评,恰恰是理性的结果,那么伦理作为一种中心原则,并不意味着回到教条,而是捍卫电影对社会的责任。

在这方面,与安乐死有关的生命伦理问题,在新世纪的西方电影创作中反复出现,比如《野蛮入侵》《深海长眠》等电影都以不同方式探讨了在不同信仰、不同社会背景下人是否有权终结自己的生命,以及主人公面临的法律和伦理上的困难;而《21克》则探讨了器官移植的发展带来的情感问题和伦理困惑;迈克尔·哈内克获得金棕榈奖的《爱》就将一对即将告别人生的夫妇置于爱与死亡这个伦理天平上考量。

其二,电影语言本身在视听层面的伦理问题。爱德华·霍尔用人与人之间的空间关系去描绘不同的社会关系,他在"空间关系学"中提出了四种关系(公共空间、交际空间、个人空间和私密空间),其对应的视觉关系恰恰是电影中最为常用的全景、中景、近景、特写这四种景别。因此,视觉与景别在无形中就确定了观众与对象之间的关系,这种关系成为调节伦理张力的重要维度。用什么视听语言去表达,既是美学问题,也是伦理问题。在反思纳粹的大屠杀时,齐格蒙特·鲍曼就把伦理的维度引入了视觉关系,他认为在现代社会我们的伦理关切与视觉有着密不可分的联系,因为道德就体现在人与人的接近,伦理问题符合接近或远离的视觉法则。我们越是靠近对象,对象在我们的视野中就越发庞大而真实,我们就越会产生强烈的情感和道德关注。因此,类似于注视和扫视等镜头技巧就不仅仅是视觉问题,也是伦理问题。在电影中,道德驱力的视觉法则恰恰与好奇的窥视法则是矛盾的,人们越远离真相就越是好奇,但是当人们一步步逼近、靠近事实时,好奇心渐渐消散,而道德驱力却逐渐加强。伴随着目光的推进,窥视的愿望被道德感所取代。

一部电影的伦理观是一个非常陌生而重要的问题,而中国是一个伦理在文化中始终占有重要地位的国家,尝试建构一种以伦理原则为优先原则的电影批评不仅没有不合时宜,反而可能找到富有中国风格的电影批评方法。

(李 洋,北京大学)

如何面对电影的"负向价值"?

段运冬

现今,我国电影产业正处于高歌猛进之中,电影与社会正在发生着强烈共振。随着向城市化的快速迈进,这种共振使得电影从未像今天这样,正以特殊的媒介属性,以及适合自身媒介的表现内容,在塑造当下人们的生活中发挥着重要作用。更有甚者,部分电影,甚至电影的部分表现内容,诸如暴力、色情、噱头,乃至对社会的介入,都在不断地冲击人们的道德底线,挑战社会伦理。为此,关于电影正负向价值功效的讨论不断进入公众视野,成为学术界不得不面临的话题。就现有讨论而言,不论电影作为艺术还是作为大众文化,对于电影正向价值的讨论似乎要充分一些。可以说,电影媒介的历史演进与美学构建,几乎都是按照电影正向价值的维度进行的。相反,电影在"负向价值"维度的存在,要不一直处于被忽视状态,要不就受到社会的谴责,并没有在理论探讨与历史呈现上得到有效耕耘。

当然,我们也不能忽视,在电影媒介的历史演进之中,对于电影在伦理道德上负向价值的表现,曾经一度被赋予邪恶、原罪等标签,是《海斯法典》限制的对象,也是电影审查处理的范畴。但是,我们不禁要问,为什么早期电影,亦即在电影起源之初,会出现这么多负向的价值存在呢? 甚至,在实行严格的电影审查之后,电影工业为什么又会重新回到电影分级的管控模式呢? 如果将媒介扩大,除电影之外,将之扩容到整个视觉媒介,这或许都是一个"有意味"的问题。对于这个问题的回答,其实,附带出另一个问题,也就是人类把自己的哪一部分心理空间交给了电影(视觉),电影(视觉)又以什么样的媒介逻辑和表现对象来逐渐适应、切合人类的这个心理需求? 哲学家斯坦利·卡维尔早已注意到,并在《看得见的世界》一书中指出:"电影的本体论条件表明,电影本质上就是色情的(当然并不是色情到不可救药的地步)……这些并不是突然的诱惑或者色情的旁白,而是满足一个无法避免的需求,尽管只是部分满足。全世界的海斯办公室都无法禁止这种做法,而只能强制影片在这个时刻中断。"斯坦利·卡维尔并不是在肆意宣扬电影的色情,而是试图指出情色对于电影的重要价值和意义。如果把他的观点进一步放大,不仅是情色,就连暴力、原始欲望等都应该被视为电影的本体元素,而情色、暴力、原始欲望本身却代表着伦理学上的负价值。因此,我们是否可以做出这样的设想,负向价值真的可以作为电影的本体论条件吗? 如果是这样,是否需要我们重新认识电影的媒介属性呢？

  电影媒介，包括绘画媒介对爱、欲望和记忆的钟爱，已经被电影的演进历史不断地证明。当然，我们并不是去一味宣扬负向价值的美学功能，而是指出在人类自身心理空间与媒介特性之间，电影媒介最喜欢的地方——爱、欲望与记忆——的负向价值，在黑暗的电影院里，只要不妨碍其他人，这是无法谴责的。但是，作为个体存在的人类，不能长久地在负向价值内"沉溺"，毕竟生活于一个复杂的社会关系之内，需要"优雅"地转身。电影媒介的逻辑就是审美个体在负向价值的沉溺与美学范式在群体价值上的优雅转身，这是以影院为空间的电影媒介与文字、绘画甚至是电视媒介都不一样的地方。所以，电影理论的演进与其他媒介之间的不同之处就在于人类心理与媒介表现之间达到了有效的镶嵌和整合，最终不断制造出新的美学范式与准则，这就是电影理论产生的基础，不应该被忽视。

（段运冬，西南大学）

后记

转眼间,大地葱绿,又是一年初夏。

今年是中国电影伦理学创立的第三个年头,作为一门全新的学科,电影伦理学面向100多年来的电影影像实践研究,已经取得了许多卓有成效的实绩。

《中国电影伦理学·2017》开启了中国电影伦理学的历史性航程,立足电影的伦理价值取向,将社会正义作为研究的终极问题。

《中国电影伦理学·2018》则继续开拓创新,探索电影伦理学研究的新方向,为电影伦理学的理论开疆拓土,努力寻求电影伦理学研究的新范式,已经得到了国内学者们的广泛好评和强烈呼应。

今年,《中国电影伦理学·2019》将"电影伦理学的理论构建""电影伦理学的多重指涉""伦理学视野的电影批评"三个维度作为切入点,对近期的研究成果进行了梳理,继续在电影伦理学的理论构建、本土立场、研究范式等方面努力耕耘。同时,电影伦理学还将伦理向度延伸到视觉影像符号等方面,对视觉影像进行伦理追问。

电影伦理学作为电影学和伦理学相结合的新兴学科,以影像叙事形态研究为基础,以影片表现的伦理取向为主要研究对象,亟待建立自身应有的电影理论体系。电影伦理学与美学、社会学、政治学、宗教学、历史学、传播学、符号学等学科关系密切,作为现代电影理论,电影伦理理论是伦理学视角的电影理论,丰富、复杂的实践经验促使电影学与其他学科不断融合创新,电影伦理学正是这种融合的新生之物。建构电影伦理学的体系和学术范畴,这是一项浩大的工程,可能需要几代学者筚路蓝缕、同舟共济。

价值观的多元化已经成为当代世界极为普遍又尖锐的社会问题,电影伦理学也并不是一个只关注色情与暴力的道德学说,而是一个覆盖个人、家庭、社会及人类命运的终极话题。同样,电影伦理学的研究对象并不仅仅针对中国电影,而是对一百多年来人类已有的多种多样类型和风格的电影,从各个角度出发进行伦理追问。电影批评是一项应用人文社会科学基本原理和方法论以及电影理论,分析电影作品和电影现象的学术性实践活动,对电影创作、电影欣赏和电影理论的发展和提升有着推动作用。电影批评作为对电影作品的一种理性思考,其批评的范畴已经不局限于电影文本、社会历史、文艺美学等角度,电影批评的视阈也日趋高远,它将立足电影伦理学视野下的电影批评,为中国电影理论批评的发展带来新动力和新希望。青春电影伦理、武侠电影伦理、生态电影伦理、乡村电影伦理、民族电影伦理、科幻电影伦理、印度电影伦理、后现代影像伦理等都是各研究团队和内地学者近年来涉及的方向,并成为新的电影研究课题,其研究边界是广大的,既是电影学者一个大有可为的领域,也是一座急待开发的学术富矿。

回想自 2018 年 7 月 7 日第二届论坛以来,为了编辑出版《中国电影伦理学·2019》和召开"中国电影伦理学第三届(2019)学术论坛",西南大学影视传播与道德教育研究所联合北京电影学院未来影像高精尖创新中心开展了大量切实有效的工作。第二届论坛结束后,7 月 8 日即在北碚缙云山狮子峰下的农家山庄召开了总结会,同时启动了第三届(2019)论坛议程。这以后,袁智忠教授与贾磊磊研究员就一直保持着密切联系。其间,袁智忠教授先后于 2018 年 11 月 16 日、2019 年 5 月 8 日,两次邀请贾磊磊先生来重庆商讨学术著作的文章征集、会议议题、会议时间等问题。两人还分别借同时在中国传媒大学参加第五届亚洲大学生电影节"新媒体·新内容·新势力"国际论坛(2019 年 11 月 27 日)、上海大学上海电影学院"电影叙事伦理"学术论坛(2019 年 12 月 16 日)的机会,就相关事宜予以磋商,方才形成了 2019 年 6 月 29 日在西南大学召开第三届(2019)学术论坛的决定。

这一年,西南大学影视传播与道德教育研究所、北京电影学院未来影像高精尖创新中心就电影伦理学研究开展了一系列卓有成效的学术活动和学术研究,发表了 30 余篇学术论文,"中国电影伦理学的学科建构与理论研究"获批西南大学 2019 年度中央高校基本科研重大培育项目立项(项目号:SWU1909206),"电影伦理学纲要"获批 2018 年教育部人文社科项目后期资助(项目号:18JHQ097)。在注重电影伦理学基础理论、本土立场、学科建构的同时,不断拓展研究空间和方向,呈现给大家的《中国电影伦理学·2019》即为实证。

本书的出版得到了西南师范大学出版社和米加德社长的一贯支持,西南大学新闻传媒学院虞吉院长对于本书的编辑给予了极大关心,雷刚编辑付出了超乎寻常的劳动,在此表示衷心感谢。同时,感谢北京电影学院原党委书记、北京电影学院未来影像高精尖创新中心主任侯光明、副校长王鸿海、科研处处长刘军的大力支持和有力资助。西南大学新闻传媒学院硕士研究生张明悦、鲁宁、郑义、田鹏、杨庆梅、周星宇等同学,北京电影学院未来影像高精尖创新中心的肖惠老师以及郑睿、曹紫烨和中国艺术研究院的黄今、张晓峰、王兵兵等,都为本书的出版付出了辛勤的劳动,在此一并表示感谢。

袁智忠

2019 年 5 月 18 日识于

重庆·北碚·西南大学影视传播与道德教育研究所

附录

1. 影像伦理的深度对话与多维审视——第二届中国电影伦理学高端学术论坛综述/袁智忠　刘好　王玥
2. 第二届中国电影伦理学2018学术论坛在西南大学召开
3. 电影也讲"伦理"，"德才兼备"的影片才能传递社会正能量
4. 第二届中国电影伦理学学术论坛开幕词（袁智忠）
5. 第二届中国电影伦理学学术论坛闭幕词（袁智忠）
6. 会议手册
7. 参会名单
8. 照片

1. 影像伦理的深度对话与多维审视
——第二届中国电影伦理学高端学术论坛综述

袁智忠　刘　好　王　玥

电影伦理学——中国电影理论界一个全新的交叉学科话题，它要探讨电影赋予的道德之价值、伦理之话题、思想之引导。电影这一充满魔力的影像表达方式，在让观众产生强烈艺术震撼的同时，让我们进行怎样的反思？将会为业界带来怎样的理论范式？为此，西南大学新闻传媒学院影视传播与道德教育研究所所长袁智忠教授联合北京电影学院未来影像高精尖创新中心、中国电影学派研究部部长、中国艺术研究院贾磊磊研究员，北京电影学院科研信息化处处长、北京电影学院未来影像高精尖创新中心总体部部长刘军教授共同发起，并于2018年7月7日在重庆西南大学举办了第二届中国电影伦理学学术论坛，深入探讨中国电影理论学派电影伦理学的文化使命与研究方向。来自西南大学、北京电影学院、北京师范大学、中国传媒大学、清华大学、北京大学、中国艺术研究院、中国电影家协会、中国文联电影艺术中心、中国电影资料馆、上海大学、华东师范大学、中山大学、厦门大学、四川大学、重庆大学、西南交通大学、陕西师范大学、南京师范大学、四川师范大学、海南师范大学、重庆邮电大学、重庆师范大学、四川美术学院、重庆市教科院等30多所高校与研究机构，80余名专家和学者参与了本次学术论坛。

本次论坛的开幕式由西南大学影视传播与道德教育研究所所长袁智忠教授主持，西南大学副校长崔延强教授、北京电影学院未来影像高精尖创新中心贾磊磊特聘研究员、北京电影学院科研信息化处刘军处长、江苏省文化艺术研究院副院长楚小庆研究员、上海大学影视学院陈犀禾教授、北京师范大学周星教授、海南师范大学易连云教授、西南大学新闻传媒学院院长虞吉教授等出席开幕式。

西南大学副校长崔延强教授从厘清"伦理"与"道德"的概念出发，阐释了"伦理"一词是风俗习惯和种族的概括，属社会性外显形态；而"道德"在希腊语中以中性词"德性"为译词，德性是所有生命的一种本性，没有善恶，也是一种道德。他表示，当我们把伦理、道德与影像相结合来研究时，必将产生非同一般的化学反应。北京电影学院科研信息化处处长、未来影像高精尖创新中心总体研究部刘军部长立足未来影像高精尖科技，从产业和艺术维度谈论中国电影学派的建设目标，以期通过对技术创新、产业规范以及艺术语言方面的探索,支撑中国电影学派的建构。中国电影伦理学在2017年宣告诞生,我们的学科框架体系、主要理论范式、研究方法和纲要都需要逐步丰富和完善,中国电影伦理学论坛提供了一个极好的平台,未来也将在大家的努力下齐心协力把这样一个研究推向新的高度。北京师范大学周星教授从中国电影学的研究入手指出,探讨常态化的电影理论、电影批评和电影史已经非常深入,但交叉性的学科"中国电影伦理学"则显示出一种独特的观察力,伦理学根植于电影之中,凡是涉及"人"即有伦理纠葛可探讨,无处不在,十足重要,透过影像的角度去看伦理学才会惊讶地发现电影原来有更大的天地。他非常惊奇于西南大学的袁智忠教授能够发现这一原创理论命题。楚小庆研究员从学术刊物办刊人的身份分析,学术刊物和学术研究有相辅相成的关系,从关注"知识生产+参与知识创造"的办刊理念来说,应该给予中国电影伦理学的创新以高度肯定。中国电影伦理学学术讨论关注现实、构想未来,在伦理道德的规范下进行艺术创作,既不束缚艺术的手脚又体现社会的价值,中国电影伦理学具有自身的学科优势。

本次论坛在"中国电影伦理学"的总议题统摄下,共设置了三个分论坛:"中国电影伦理学:本土立场和学科建构""中国电影伦理学:使命与担当""中国电影伦理学:多学科审视"。

一、中国电影伦理学:本土立场和学科建构

北京电影学院未来影像高精尖创新中心贾磊磊特聘研究员认为,当前中国尚未对电影采取分级制度,电影院处于对所有观众开放的现状。中国电影文化产业在走向市场的过程中,主流电影的表达题材与方式不可避免地会引入某些商业元素,因此对电影伦理的探讨显得尤为迫切。他认为,中国电影伦理学的理论表述要以一种逻辑的、推理式的、辩证的方式来建构理论范式。同时提到,良好的电影影像表达是电影伦理学未来研究的一个非常重要的命题。中国电影必须在当代学术研究的背景上,通过可以被外界理解的讲述方式建构属于中华民族的电影伦理思想大厦,并对中国伦理学的未来给予"希望它能够给中国电影乃至世界电影的创作提供一种基于影像意义的阐释与分析基础上的伦理问题的鉴别与判断的解决方案"的寄语。

上海大学影视学院陈犀禾教授认为,中国电影市场的产业化和发展正面临前所未有的机遇,此时此景提出电影伦理学具有重大意义。他认为电影伦理学不仅包括表现内容上的伦理学,还包括表现美学中的伦理学。此外,他还提出电影伦理

学研究的问题应该包括电影语言、电影风格、电影形式是否符合社会伦理道德,是否符合真善美的评价标准,以此规范电影创作者、电影批评者、电影研究者及主管部门,思考如何在"非伦理"与"伦理"中取得平衡。

中国电影学院科研信息化处刘军处长立足技术层面提出,当前电影的内涵、外在形式、技术方式都已经发生了变化。我们已经进入了一个以计算机计算为主的虚拟影像时代,将颠覆性地通过操作系统对电影进行控制性、设计性的伦理思考;探讨了人工智能和人的控制之间的关系、AI程序的价值观及审美标准、数字资产的美学标准等。他认为在虚拟现实时代,我们将通过"眼睛的监狱"对电影进行真实性的思考,通过"赋比兴"进行美的思考,通过"惩恶扬善、教化等情节的设置"进行善恶的思考,并对当前数字技术时代下的影像伦理问题进行框架性的构想。

西南大学新闻传媒学院虞吉院长提出了中国电影良心主义的美学建构,认为良心主义是中国第一代电影人在艰辛的制片实践中通过权衡、借鉴来自传统、当下和外来文化影响所确立的一个宽泛的立场和价值取向。他从影片的形态学角度提出:在形成形态学上的文艺片源流的基础上,应形成清晰稳固的文艺片格局及中国电影的"中线价值标尺"。他认为,良心主义应该是电影伦理学的重要命题。

中国传媒大学张宗伟教授认为,通过对中国传统伦理思想发展脉络的梳理,肯定中国电影学派与中国电影伦理学的建构具有十分重要的价值。新时代中国特色的电影伦理学要坚持"不忘本来"的原则,挖掘并发扬"易学"传统中优秀的伦理思想,总结并提炼中国优秀电影中所承载的伦理价值,引领中国电影道德文化建设的正确方向,为中国电影讲好中国故事提供健康的精神营养。

北京师范大学周星教授对中国电影伦理学的建立予以高度肯定,并通过宏观、中观和微观三个层面对伦理进行了阐释,认为无论从伦理电影的类型样式、内容分析、伦理感知还是伦理问题的探究来看,电影伦理均是以往被忽略而如今不可或缺之所在。他表示电影伦理学对中国电影的导向符合传统美德、现代意识和社会主义核心价值观相统一,在本土立场和学科开拓上,中国电影伦理学不同于政治学意义上或者伦理学意义上的伦理,电影中的伦理问题有其复杂性和现实性,常常触及艺术中道德边际的模糊判断,这为中国电影文化的伦理反思提供了一种新的思考。

北京师范大学艺术与传媒学院张燕教授,立足历史角度对冷战时期香港电影中的中国伦理文化进行了探讨,通过香港商业电影创作体制、香港观众与海外观众的接受、市场化运营三个方面总结了"左中右"三大格局的共通问题。冷战时期香港电影的创作类型朝向多元化发展,在此商业类型框架下,形成了家庭权利—夫妻关系、家庭冲突—亲子矛盾、家国同构—集体思想三种叙事结构,通过对其分别阐释,提出其共性在"以家切入""以人为本""以情切入"三方面,提出电影文化对于伦理问题的表达是突出的,这对当前中国电影创作的伦理价值建构有所启示。

中国电影艺术研究中心左衡副研究员,通过列举"中二""苏""绿茶婊"等青春元素,对近年国产青春片叙事当中的伦理表达进行了探讨。他指出目前多数青年在伦理观上无法和传统价值相符,出现了一些新的评判表达和判断,而所谓"新"的价值判断在当下的青春片中往往被放大。因此,如何去评判当前青春片中的伦理价值是一个值得探讨的话题,因为伦理本身就是社会共识的范式。

四川大学文学与新闻学院曹峻冰教授认为,着重对比探析电影《芳华》与《归来》的伦理价值取向,认为其从电影隐喻性的影像语言触及历史,从回避政治化和现实性方面进行叙事,进而在消极意识形态的基础上书写历史和个体的反思话语。他分析了影片中人们所熟悉的人物肖像和历史事件,表明两位导演均在艰难的创作语境中体悟历史文化与人性本真。

西南大学影视传播与道德教育研究所袁智忠教授认为,应该秉持批判思维,认为人类陷入道德困境,影像负有重大责任,有"原罪"。他从六个方面提出并阐述了基于伦理视角的电影"六宗罪",分别为:窥视合理化诱导心理犯罪、激发性幻想诱导性犯罪、直观暴力展示诱导暴力犯罪、教会或颠覆公平正义影响社会秩序、养成浅阅读习惯影响青少年思维能力、消解传统美德引发道德沦丧。因此,从伦理视角看,当前更需要积极思考什么内容可以进入电影(即电影可以拍什么),以及电影应该如何拍的问题。

二、中国电影伦理学:使命与担当

使命与担当探讨的是一门学科建设的内在规范,尤其是作为一门初创学科的中国电影伦理学,对使命与担当的探讨显得尤为关键。

北京电影学院王志敏教授聚焦中国电影伦理学的布局及方法论,指出电影伦理学研究的重要性取决于电影的重要性和伦理学的重要性。他提出,电影伦理学需解决的问题也是中国电影艺术学必须解决的问题,在某种程度上具有占领学术制高点的意义;同时,电影的伦理学可以分为公共伦理、爱情伦理、婚姻伦理、职业伦理、家庭伦理五个方面,并以公德和私德两个层面进行研究和阐释。中国电影伦理学的理论研究在已出版的两本论文集和正撰写的《电影伦理学纲要》的持续发力中完善,无疑是对电影理论的疆域具有开拓性和建构性的举措。

上海大学上海电影学院黄望莉副教授谈论电影伦理叙事中的几次转向,从电影叙事学研究入手探讨了电影伦理叙事的几个关键词:首先从电影本体内部研究入手,电影伦理需解决叙述者、文本和阅读三者之间的关系;其次明确电影内部的伦理问题和在结构叙事过程中电影影像叙事的修辞法;最后在承认观众与影片交流互动模式的前提下,指出批评家的使命所在,一方面要重视通过叙事传递意义和价值,另一方面重视读者建构性的阅读伦理,通过"为何读""怎样读"认识电影叙事伦理。对电影叙事伦理的认识,是回归电影本体内部对伦理的讨论,是影视伦理研究中应该重视的一个维度。

北京师范大学艺术与传媒学院史可扬教授提出了是电影伦理学还是伦理电影学的学术思考,即在电影伦理学研究的过程当中,需要厘清"电影伦理学""伦理电影学"和"电影的伦理学研究"三个表述,而当前的理论建构多涉及后两者;为电影伦理学的理论研究中肯地提出了值得警惕的倾向性问题,指明了电影伦理与"道德审查""道德标准"的界定和原则。

北京大学艺术学院李洋教授发现并指出了电影伦理学概念泛化的问题,厘清了伦理的边界。他理解的伦理学实体是个人,即在人的行动中如何做出选择和判断,当此行为超出伦理的界限时,正义就成为法律问题了。他还回归到电影本体层面,通过人物、叙事、视听和传播效果的研究探讨伦理话题,从伦理学的角度重新介入艺术的研究,继承中国传统赋予我们的独特性。

中国文联电影艺术中心刘浩东研究员聚焦电影产业伦理,通过对比分析中、美、韩的电影产业中悬疑、喜剧和家庭类型电影的异同,揭示了中国电影工业的产业伦理尚未完善的现状,并表示,我们不得"关门"谈电影,电影的现实就是中国的现实,中国电影在进行伦理研究时既要关注高概念的大商业片,也要在类型复制上进行思考。

中国艺术研究院潘源研究员介绍了中西理论视域下的电影伦理学研究,辨析了在中西方不同思维模式下产生的截然不同的伦理观、认知方式及方法论体系。她认为,"天人合一"观念下的中国电影无论在创作实践还是在理论归纳上,都明显体现出伦理文化、道德思维下以社会责任和人伦教化为重的电影观,形成中国电影文化的独特形态。而西方"主客二分"的"认知型"思维方式,使其在伦理研究上重视个体和自我价值的实现。中西电影理论在各自的传统思维模式与伦理观的引领下形成了迥然不同的发展脉络和风貌,各具所长又各有其短,中国电影伦理学应寻求自身独特的理论话语,实现中国当代电影理论与批评的新时代创新。

清华大学新闻与传播学院博士后庞博以本土黑色电影《白日焰火》中的"吴志贞"一角为例，将之与成型于经典好莱坞的类型形象——"致命女性"形象进行比较，并重点针对该形象在本土创作中叙事和图像志两方面的变奏甚至重构展开了细致分析和深入讨论。她指出，被称为"东方蛇蝎"（导演刁亦男语）的"吴志贞"在其叙事上填补了关于经典"蛇蝎美人"时常省略表述的"恶"的原因，以将其呈现为"被动作恶"；在造型方面，"弱化性征""减轻体量"和"粗化质感"等倒错式处理进一步折射出东方伦理观念影响下渗透的文人审美趣味。她表示，伦理问题也许并不是电影的主题，但伦理观念却在影像的"字里行间"暗暗浮现。

南京师范大学文学院贾冀川教授从社会学问题出发，探讨了中国电影中婚恋伦理的代际嬗变，提出了在时代风云、社会环境和政治变迁的映衬下理想的爱情婚姻是什么的观点。对第一代至新世纪导演作品中的婚恋观分析发现，电影是时代变迁的透视镜，每一代导演通过自己的电影表达对时代爱情婚姻的思考，也让我们通过影像认识渐渐远去的时代——人永远追求自由、建立秩序、突破枷锁，折射出当下的生存困境，并寄希望在伦理的语境下拷问电影，审查现实，反观自身。

西南大学文学院田义贵教授从问题意识入手，提出中国电影伦理学产生的社会基础是什么，电影制度设计上缺失了什么，以及电影领域中的破坏与建构、分歧与统一三个层面的问题。田义贵教授表示，电影伦理学最终要落实到具体的问题研究当中，伦理在电影领域应产生思想的力量以焕发人性的光辉，始终将伦理贯穿到整个电影作品和现象当中去。

重庆大学电影学院罗显勇副教授探讨了"伦理道德"在早期美国电影转型中的作用以及对中国早期电影研究的借鉴意义。他指出与经典好莱坞电影相比，早期美国电影在形式上更加开放，形式上的"开放性"是对叙事"含混性"的追求，在向"经典电影"转变的过程中，"伦理道德"在某种程度上发挥了重要的作用。他表示，研究早期美国电影中"歌舞杂耍表演场"与"五分钱娱乐场"所体现的"无产阶级"或"工人阶级"的"伦理道德观"对研究中国早期电影具有重要的借鉴意义。

西南大学赵敏博士认为，藏民族伦理思想的形成主要受到传统社会的本教伦理、藏传佛教伦理和儒家伦理的影响。这些思想一方面长期对藏民族的言行起到规约作用，维持着社会的稳定和谐；另一方面又暴露出其矛盾性和局限性，并在万玛才旦的电影中得到体现。与藏族电影在票房市场普遍遇冷不同，观众对"藏族题材电影"或融入了"藏族元素"的电影接受程度较高，如《冈仁波齐》《金珠玛米》《寻找罗麦》《七十七天》等作品体现出对享乐主义的消解、对正义和人性的回归、对心灵救赎的渴望等新时代伦理价值。题材融合或成为目前藏族电影走出创作困境的有效途径。

三、中国电影伦理学：多学科审视

纵观当下，我们身处一个大融合的信息时代，越来越多的新鲜事物在碰撞中涌现，时代赋予了我们更为多元的价值观，多学科的交流和研讨是当今学术研究的内在需求和时代趋势。中国电影伦理学与教育学、社会学、心理学乃至哲学、美学等众多学科之间的学术型碰撞是不可避免的文化启蒙。

华东师范大学毛尖教授立足女性的角度探讨了共和国妻子和银幕伦理，她认为，近些年电影对前任（或妻子）的草率刻板描写是对家庭女性的围剿，并提出社会主义银幕的伦理成果和语法经验是一个不断失落的过程，共和国妻子（健康、劳动能力强）成了银幕上的失踪者。相比20世纪90年代以来的银幕叙事，共和国妻子所具有的共同体精神也全部被一个个女朋友的所谓"个性"颠覆掉，造成了如今的银幕女友常常徒具银幕外貌而内在精神涣散，最后只能靠道德统摄。

浙江传媒学院项仲平教授高度肯定了中国电影伦理学的创新和特色，并感叹这样一个变革的时代，电影人才很多，但讲好中国故事的人才却很缺乏，我们电影理论的探索远远落后于电影实践，很难给予业界指导性的引领。他提出，中国优秀的文化是中华文明的灵魂，中国伦理精神又是中国文化的道德内核，是一个社会人最基本的伦理道德规范，同时，中国优秀伦理精神是中华优秀文化的重要组成部分，也是"中国梦"电影创作之活水源泉。我们要把握公与宗、仁与爱，人与人、人与社会的伦理关系和秩序，在中国梦影视创作的过程中，用新的文化启蒙运动发扬电影伦理学的意义和价值。

中国传媒大学电影研究所所长史博公教授将中国电影社会学与中国电影伦理学进行了对比研究，他指出电影社会学主要着重研究电影和社会的互动关系，并在研究中发现电影中的伦理与道德不可小觑，这一观点可以在中国电影最源远流长的忠孝观念中得以论证，他也借此呼吁广大学者在继续研究时注重道德、忠孝的伦理定位。

四川师范大学刘广宇教授围绕纪录片创作领域探索其伦理问题。他提出研究电影中的伦理问题，更多是从内容和传播效果来进行伦理思考。纪录片拍摄的内容是真人真事，道德原则是纪录片创作中要遵循的首要原则，所以记录和传播需要有伦理界限。对纪录片伦理的研究，也应从目标诉求出发，从体系上深化、完满。

厦门大学人文学院代迅教授立足自身文艺学的学科背景，客观地提出电影研究应注意采取实证研究的方法，从电影事业发展的客观事实出发，客观、中立地进行研究，不宜以电影事实屈就预设的理念。他还表示，电影与伦理学既有联系又有区别，不宜简单直接地把两者加以等同，应避免那种非黑即白、非忠即奸、营垒分明、道德脸谱化的电影批评，强化电影理论与批评自身的理论品格建设，建立一种重视实证逻辑、重视思辨推理的电影伦理学体系。

海南师范大学易连云教授立足少年儿童德育的角度，以教育工作者的身份探讨了中国科幻影视的另类穿越。他提出科幻电影与电视剧的目的在于引导人们思考，同时启发青少年儿童的想象力、创造力，但主要问题是：科幻电影不但不能达到上述目的，反而传达了错误的科技观念，在一定程度上破坏了青少年的科学想象力、道德与文化认同感。这是伦理学道德教育值得思考的关键问题，只有探寻中国电影伦理学对德育的价值，才能建构电影育人的研究思路。

陕西师范大学新闻与传播学院牛鸿英教授聚焦文本角度提出了三点思考，她认为，电影作为叙事文本需思考不同历史语境与社会情境中人的行为尺度、关系规范、道德准则；电影作为社会文本，这种独特的经济过程应与公共伦理学的旨归相一致；电影作为文化文本，映射的社会权力关系在微观政治学与文化研究的交叉视域中观测了社会权力的道德谱系与关系准则。

重庆大学美视电影学院副院长杨尚鸿教授表示，当我们把电影当成艺术，就必然涉及艺术与道德的关系，电影艺术具有不纯粹性，它是带来娱乐性的商品，也是伦理学的实验室，必须使人物在具体的社会情境之中做出抉择，并外显为行动。影像不能带来冥想与沉思，却能最大化地激发道德激情。所以，电影伦理学的任务主要不是解决故事内容的伦理问题，而是必须从影像本体论的层面触及伦理学，就像触及美学与哲学问题一样。他认为，我们的精神生活本身就是电影，观看电影，就是个体的心灵运动，这个运动是审美的，也是伦理的，电影通过艺术化的手法触动观众的心灵。

西南交通大学高力教授在对电影伦理学热度进行肯定的同时，提出还需界定伦理边限。高力教授通过对《巫山云雨》及《安阳婴儿》的边缘化叙事分析，提出如何寻找"人性"与"人性伦理"间平衡的疑问，认为人性有时候和法律、伦理之间存在类似的伦理间悖论，人性虽符合社会规范，但不符合艺术形态伦理。

重庆人文科技学院艺术学院副院长杨璟提出，电影理论的初始目的是要证明电影是一门艺术；通过描述年少时观看《南京1937》的切身体验，阐述暴力信息对儿童的负面影响；提出将哲学思辨经验性的描述、定性研究和定量研究的方法与教育学、心理学研究方法综合起来，探究伦理道德观念的形成是否属于一个更高级别的心理过程。

重庆理工大学讲师、西南大学博士生秦昕从微观层面切入，就王家卫电影中的叙事伦理展开论述。她认为，王家卫十分关注大时代背景下小人物的悲哀，他的很多作品都着力体现一种人文关怀。她以《堕落天使》《花样年华》《2046》等影片为例，就王家卫电影身处新的社会环境下的现代人的情感纠葛、都市病态心理、两性平衡等问题进行了伦理层面的分析。此外，她还提出应合理调整电影中"暴力""性"的表现形式，用诗意的表达体现人伦和真善美。

重庆市云阳教师进修学院唐红立足中小学教师的角度，认为中小学教师承担着美育的重大责任，而电影对中小学生的影响力深远。她建议从伦理角度入手，对影像的"暴力""血腥"等元素有所管控，对学生"什么该看"和"什么不该看"有所限制，探讨一种适合中国国情的电影分级制度。

四、结语

在论坛的闭幕式环节中，贾磊磊研究员、易连云教授分别对"本土立场和学科建构""使命与担当""多学科审视"三个分论坛中各专家的议题进行了归纳总结，并对学术交锋中所取得的学术成果表示了充分的肯定。贾磊磊认为，我们之所以现在研究电影伦理学，是因为电影这约一百年来对于人类社会在伦理道德上是有欠债、有负疚的。尽管我们不能把这些问题全部推给电影，但是，毋庸置疑的是，电影确实对社会、对观众造成了负面的影响。面对这种负面影响，学者不出来讲话有悖于学者的良知。然而，正像我们不能因为烟草里有尼古丁就关掉整个烟草业，我们也不能因为电影诱发了某些社会犯罪就叫停电影产业。我们现在讨论这个问题非常有意思的地方在于它指涉怎样以学术的方式来消解电影的原罪。电影的暴力和性是与生俱来的，更不要说当代电影那种血淋淋的凶杀场面、赤裸裸的性爱镜头了。我们的研究落点还是在电影的影像上，我们讨论的是影像当中发生的伦理问题——这跟现实意义上讨论伦理问题有根本性的区别。如何在电影伦理学的框架内完成对中国电影历史的再度阐释？如何判断中国电影中的良心主义？怎样看待中国文化的伦理本位主义？怎么界定中国电影的家庭伦理情节剧？……我们在中国电影的历史研究当中，还涉及国家的历史创痛与民族的历史记忆问题。对于那种揭示日本法西斯的极端暴力血腥的事实我们要如何表现？我们能不能对一个历史正义题材的电影,在伦理学的维度上提出质疑和批评?怎样就电影的艺术问题和社会的伦理问题进行相互对话?比如说怎么从伦理的视域研究人物的性格,分析人物的命运,阐释影片的主题等。这都是伦理学涉及的问题。电影和电视商业化的娱乐机制,是否提供了一个将不道德的现象合理化的可能?现在如何打通伦理学与电影学的边界是我们成功与否的关键。或者说,我们怎样能以一种既符合电影学的学术规制,又不僭越伦理学的理论范式,把这两个学术整合在一起,是我们面对的核心问题。

2017年,首届中国电影伦理学学术论坛的成功举办取得了学界的普遍认可和良好的社会反响,在此基础上,2018年7月7日各电影机构和高等院校的专家学者相聚西南大学再度进行智慧碰撞。第二届中国电影伦理学学术论坛从电影伦理学的理论建构、历史演变、横向拓展、相关学科关系的梳理等多个方面进一步厘清了电影伦理学的学科构成和学科体系。这一学术盛会聚集电影学、伦理学、美学、心理学、传播学、教育学和众多学科领域的专家学者,共同为电影伦理学本土立场和学科建构、使命与担当、多学科审视等命题交流献计,真正实现了跨界、多学科的交流和碰撞。此外,本次论坛出版的《中国电影伦理学·2018》(西南师范大学出版社6月出版),是继《中国电影伦理学·2017》以来又一本成体系的学术文献集,也是这一原创学科从创立走向成熟的理论基石。论坛闭幕式上西南大学影视传播与道德教育研究所袁智忠教授寄语:"我们要做的应该是:摒弃时下那些道德价值沦丧、审美趣味低下的伪文化,创建一种关注时代困境,揭示人生问题,抒发生命体验,寻求精神解救的'真'伦理,以期解蔽时代、反思文明、关怀人生、丰富心灵,为铸造民族新的良知、新的灵魂,去开拓更加广阔完善的社会文明、生命时空和精神境界!"第二届中国电影伦理学学术论坛既是对前一年研究成果的总结与梳理,又是下一步前进方向的规划与探索。构建和完善当代中国电影伦理学的学科体系和研究范式是学术担当和使命所在,更是现实和历史的迫切呼唤。

附录

2. 第二届中国电影伦理学2018学术论坛在西南大学召开

3. 电影也讲伦理,"德才兼备"的影片才能传递社会正能量

4. 第二届中国电影伦理学学术论坛开幕词(袁智忠)

5. 第二届中国电影伦理学学术论坛闭幕词(袁智忠)

6.会议手册

中国电影伦理学 2018

学术论坛

主办：西南大学
　　　北京电影学院

承办：西南大学影视传播与道德教育研究所
　　　北京电影学院未来影像高精尖创新中心

2018 年 7 月 7 日

一、会议名称

中国电影伦理学学术论坛

二、会议宗旨

以科学的理性精神与严谨的求实态度为宗旨认真分析,深入研究当代电影、电视界出现的一系列伦理道德问题。超越对于电影的一般性文学批评与社会批评的视域,从影像的本体特质入手,结合整个电影的工业化生产体制和大众的审美心理取向,澄清影像伦理问题的主要理论命题,集中探讨影像产生的伦理问题以及产生这些问题的客观背景,为中国影视艺术的健康发展提供理论支撑和文化资源。

三、会议目的

电影,到底给人类造成了多少心理的创伤,给家庭带来了多少的灾难,给社会造成了多少的病症,现在,所有这些问题到了应当在学术的平台上进行严肃、公正、公开、科学的讨论的时刻。为此,我们决定开启中国电影理论批评界在这个维度的历史性航程,于2018年夏季联合召开第二届中国电影伦理学学术研讨会/论坛。

四、会议议题

1. 中国电影伦理学的历史演进及其理论总结
2. 中国优秀传统伦理精神的弘扬与表达
3. 中国电影的伦理叙事
4. 中国伦理道德文化在电影中的表现
5. 中国电影伦理学的学术范式
6. 中国电影伦理学的个案研究

五、会议规模

与会人员80人。

六、会议时间

2018 年 7 月 7 日

七、会议地点

中国·重庆·北碚·桂园宾馆
地址：重庆市北碚区西南大学 5 号门

八、论文成果

《中国电影伦理学·2017》，西南师范大学出版社出版
《中国电影伦理学·2018》，西南师范大学出版社出版

九、会议议程

2018 年 7 月 7 日重庆西南大学桂园宾馆	
6:30—8:00	早餐
08:00—08:30	与会人员签到
09:00—9:40	开幕式
主持人	袁智忠　西南大学新闻传媒学院教授，博士生导师，影视传播与道德教育研究所所长
开幕式（讲话嘉宾）	1. 西南大学副校长崔延强 2. 北京电影学院科研信息化处处长刘军 3. 西南大学新闻传媒学院院长虞吉 4. 上海大学影视学院教授、博士生导师陈犀禾 5. 北京师范大学教授、北京电影学院未来影像高精尖创新中心特聘研究员周星 6. 海南师范大学教授、博士生导师易连云 7. 江苏省文化艺术研究院副院长，《艺术百家》杂志社常务副主编，研究员楚小庆
9:40—10:20	合影、茶歇
10:10—11:30	主题发言　中国电影伦理学：本土立场与学科建构

续表

2018年7月7日重庆西南大学桂园宾馆	
10:10—11:30	主持人：楚小庆 1. 贾磊磊　中国艺术研究院原副院长、研究员，北京电影学院未来影像高精尖创新中心、中国电影学派研究部特聘研究员 2. 陈犀禾　上海大学影视学院教授、博士生导师，电影学科带头人 3. 刘军　北京电影学院科研信息化处处长、未来影像高精尖创新中心总体研究部部长 4. 虞吉　西南大学新闻传媒学院教授、博士生导师，院长 5. 张宗伟　中国传媒大学教授，电影学博士生导师 6. 周星　北京师范大学教授、北京电影学院未来影像高精尖创新中心特聘研究员，艺术教育研究所所长 7. 张燕　北京师范大学教授 8. 左衡　中国电影艺术研究中心副研究员，中国电影资料馆副研究员，北京师范大学艺术与传媒学院副教授 9. 曹峻冰　四川大学文学与新闻学院教授 10. 袁智忠　西南大学新闻传媒学院教授，博士生导师
12:00—14:20	午餐、休息
14:30—17:30	圆桌论坛，集体交流
	中国电影伦理学的使命与担当 主持人：刘军　虞吉 刘军　贾磊磊　陈犀禾　王志敏　陈林侠　李洋　史可扬　史博公 楚小庆　潘源　张燕　彭流萤　索亚斌　张宗伟　刘浩东　左衡 黄望莉　庞博　高力　曹峻冰　骆平　傅明根　贾冀川　田义贵 罗显勇　刘婧　刘广宇　虞吉　贾森　余鸿康　张文博　赵敏　方龙
15:50—16:10	茶歇

续表

2018 年 7 月 7 日重庆西南大学桂园宾馆	
14:30—17:30	中国电影伦理学的多学科审视 主持人:易连云　任丑 周星　项仲平　董小玉　毛尖　屈立丰　牛鸿英　易连云　王华敏　李姗泽　高秀昌　任丑　郑家福　冯婧　江锐　邹顺康　韩敏　魏小勇　杨尚鸿　周刚　唐宏　邓建中　袁智忠　赵剑　代迅　邱正伦　段运东　彭成　田畅　高原　陈昊楠　杨璟　杨今为　邓延庆　邹霞　武静　秦昕　李园意　郑劲松
17:40—18:00	闭幕式主持人:刘军
	学术总结:贾磊磊
18:30—20:00	闭幕词:袁智忠
	晚宴
主席台就座名单:贾磊磊、崔延强、刘军、虞吉、董小玉、易连云、陈犀禾、楚小庆、郑家福、周星	

附件1：

首届中国电影伦理学学术论坛
邀请函

尊敬的_____（先生/女士）：

您好！

为了推进中国电影伦理学研究的纵深发展，促使电影伦理的学术成果得到集中体现和广泛传播，促进中国电影学研究的全面深入发展，由西南大学与北京电影学院主办，西南大学影视传播与道德教育研究中心、北京电影学院未来影像高精尖创新中心承办的"中国电影伦理学2018学术论坛"将于2018年6月22—23日在重庆莱特酒店（重庆市北碚缙云大道，西南大学5号门向缙云山方向2公里处）举办。此次会议以中国电影伦理学的当代使命为主题，分为如下6个议题：

1. 中国电影伦理学的历史演进及其理论总结
2. 中国优秀传统伦理精神的弘扬与表达
3. 中国电影的伦理叙事
4. 中国伦理道德文化在电影中的表现
5. 中国电影伦理学的学术范式
6. 中国电影伦理学的个案研究

鉴于您在电影研究领域的突出地位和重要学术影响，诚邀您莅临论坛，并就上述议题发表鸿论，嘉惠学林。

论坛真诚期待您的支持、帮助和指导！敬请拨冗与会，并复回函。

西南大学影视传播与道德教育研究所
北京电影学院未来影像高精尖创新中心
2018年6月18日

附件2：

中国电影伦理学学术论坛会议议题

1. 中国电影伦理学的历史演进及其理论总结
2. 中国优秀传统伦理精神的弘扬与表达
3. 中国电影的伦理叙事
4. 中国伦理道德文化在电影中的表现
5. 中国电影伦理学的学术范式
6. 中国电影伦理学的个案研究

附件 3：

中国电影伦理学学术论坛
会务组成员及主要联系电话

总 负 责：贾磊磊　袁智忠　刘　军
北京联系人：曹紫烨(联系电话:18510852397)
　　　　　　黄　今(联系电话:18013965486)
　　　　　　王兵兵(联系电话:15652630896)
秘 书 处：彭　成(联系电话:13983684697)
　　　　　　刘　好(联系电话:17783068008)
接 待 组：李婷婷(联系电话:15039215268)
　　　　　　崔　强　杨晨阳　张　强　鲁　艺　陈　雪
会务组组长：王　玥　(联系电话:17774971973)
组　　员：崔　强　王　琪　张明悦　牟馨馨　何　周　巴靖雯
　　　　　　杨庆梅　田素娟
新闻统稿专题：王　玥　何　周
会 议 综 述：刘　好　王　玥

7. 参会名录

第二届中国电影伦理学学术论坛

参会专家

1	贾磊磊	中国艺术研究院原副院长、研究员,北京电影学院未来影像高精尖创新中心、中国电影学派研究部部长
2	袁智忠	西南大学教授、博士生导师,影视传播与道德教育研究所所长
3	刘军	北京电影学院科研信息化处处长、未来影像高精尖创新中心总体研究部部长,研究员
4	周星	北京师范大学教授、北京电影学院未来影像高精尖创新中心特聘研究员,艺术教育研究所所长
5	陈犀禾	上海大学影视学院教授、博士生导师,电影学科带头人,中国高教影视协会副会长
6	王志敏	北京电影学院教授、博士生导师,《北京电影学院学报》主编,重庆大学美视电影学院教授、硕士生导师,华东师范大学传播学院兼职教授及博士生导师
7	项仲平	国务院政府特殊津贴专家,教育部戏剧影视学教学指导委员会委员,教育部特色专业广播电视编导专业负责人,曾担任浙江传媒学院戏剧影视研究院学术委员会主任、教授
8	毛尖	华东师范大学教授,华东师范大学中国现代思想文化研究所城市文化研究中心研究员,上海师范大学都市文化研究中心专职研究员,著名专栏作家
9	陈林侠	中山大学教授
10	李洋	北京大学艺术学院教授
11	史可扬	北京师范大学艺术与传媒学院教授
12	史博公	中国传媒大学电影研究所所长,中国区域电影文化研究中心主任
13	楚小庆	江苏省文化艺术研究院副院长,《艺术百家》杂志社常务副主编,研究员
14	潘源	中国艺术研究院研究室副主任、研究员
15	张燕	北京师范大学教授
16	彭流萤	中国文联电影艺术中心助理研究员
17	索亚斌	中国传媒大学教授,电影频道《佳片有约》栏目嘉宾主持人
18	张宗伟	中国传媒大学教授,电影学博士生导师
19	刘浩东	中国文联电影艺术中心研究员

续表

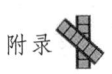

20	左衡	中国电影艺术研究中心副研究员,中国电影资料馆副研究员,北京师范大学艺术与传媒学院副教授
21	黄望莉	上海大学副教授,上海电影学院制作部主任,上海电影评论协会会员
22	庞博	清华大学博士后、助理研究员
23	牛鸿英	陕西师范大学新闻与传播学院副院长、教授
24	高力	西南交通大学影视文化研究中心主任、教授
25	曹峻冰	四川大学文学与新闻学院教授
26	骆平	四川师范大学传媒学院院长、教授
27	易连云	海南师范大学教授、博士生导师,中国教育学会德育专委会副理事长,中宣部"马工程"专家
28	夏俊	西南大学新闻传媒学院党委书记
29	贾冀川	南京师范大学文学院教授
30	王华敏	西南大学教育学部党委副书记、教授
31	李姗泽	西南大学教育学部教授、博士生导师
32	高秀昌	西南大学政治与公共管理学院哲学教授、博士生导师
33	任丑	西南大学政治与公共管理学院伦理学教授、博士生导师
34	田义贵	西南大学文学院教授、博士生导师,重庆广播影视专委会常务副会长
35	郑家福	西南大学社会科学处处长、教授
36	冯靖	重庆农业银行办公室主任,电影伦理学硕士(在读)
37	江锐	巴蜀中学特级教师,全国语文教学名师
38	邹顺康	西南大学政治与公共管理学院教授,重庆市伦理学学会副会长,中国伦理学会理事
39	崔延强	中共西南大学党委常委,西南大学副校长,西南大学研究生院院长,教授,博士生导师
40	韩敏	西南大学新闻传媒学院教授,传播学系主任
41	罗显勇	重庆大学美视电影学院副教授
42	魏小勇	重庆第二师范学院教师
43	杨尚鸿	重庆大学美视电影学院教授、硕士生导师、常务副院长
44	周刚	梁平区教委主任、研究员
45	唐红	重庆云阳县教师进修学院副教授

续表

46	邓建中	重庆市教科院政策法规处处长
47	刘婧	中国艺术研究院硕士研究生
48	刘广宇	四川师范大学教授,博士生导师
49	虞吉	西南大学新闻传媒学院教授、院长,中国高教影视学会副会长
50	赵剑	西南大学新闻传媒学院副院长,副教授
51	杨涛	西南大学新闻传媒学院党委副书记,纪委书记
52	董小玉	西南大学新闻传媒学院创院院长,教授、博士生导师
53	代迅	厦门大学人文学院教授、博士生导师
54	邱正伦	西南大学美术学院教授、博士生导师,重庆城市美学学会会长
55	段运冬	西南大学美术学院副院长、教授、博士生导师
56	贾森	长江师范学院讲师
57	余鸿康	南方翻译学院讲师
58	张文博	重庆融智学院教师
59	秦昕	重庆理工大学讲师,艺术美学博士生(在读)
60	赵敏	云南大理大学讲师,艺术美学博士生(在读)
61	彭成	重庆涉外商贸学院副教授,人事处处长,艺术美学博士生(在读)
62	田畅	重庆移通学院讲师,艺术美学博士生(在读)
63	高原	重庆阳光培训学校校长
64	陈昊楠	重庆文理学院讲师
65	杨璟	重庆人文科技学院艺术学院副教授
66	方龙	重庆师范大学副教授
67	李远毅	西南大学期刊社社长
68	程鹏	西南大学资产处副处长
69	郑劲松	西南大学党委宣传部副部长,《西南大学报》执行主编
70	杨今为	重庆第二师范学院教师
71	邓延庆	璧山区委宣传部宣传科科长
72	邹霞	上海交通大学博士,璧山区区委宣传部挂职干部
73	武静	四川美术学院教师
74	张强	西南师范大学出版社编辑
75	鲁艺	西南师范大学出版社编辑

续表

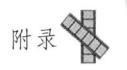

76	徐庆兰	西南师范大学出版社编辑
77	刘宜东	重庆电子工程职业学院讲师,艺术美学博士生(在读)
78	刁颖	四川美术学院副教授,西南大学博士研究生
79	罗曼	西南大学在读博士研究生
80	石纯	西南大学在读博士研究生
81	文华权	《重庆晚报》编辑